Jahrbuch Stadterneuerung

Reihe herausgegeben von
Uwe Altrock, Kassel, Deutschland
Ronald Kunze, Langenhagen, Deutschland
Gisela Schmitt, Aachen, Deutschland

Das Jahrbuch Stadterneuerung setzt sich seit 1991 mit der zunehmend vielfältigeren Praxis der Stadterneuerung in Deutschland und international auseinander. Es erscheint regelmäßig als Sammelband wissenschaftlicher Beiträge zu wechselnden Schwerpunktthemen, die durch weitere Beiträge in den nachstehenden Rubriken ergänzt werden:

- Geschichte und Theorie der Stadterneuerung
- Praxisfelder der Stadterneuerung
- Stadterneuerung im Ausland
- Lehre und Forschung
- Berichte und Rezensionen

Das Jahrbuch versteht Stadterneuerung im umfassenden Sinn als stetig sich wandelnde Daueraufgabe der Pflege und Weiterentwicklung des gesamten städtebaulichen Bestands mit dem Ziel einer nachhaltigen Aufrechterhaltung seiner Qualitäten für sämtliche Nutzerinnen und Nutzer – Bewohner, Besucher, Arbeitnehmer. Meist bedient sich Stadterneuerung besonderer rechtlicher, finanzieller, organisatorischer und personeller Ressourcen und bezieht sich auf Quartiere. Politik und Verwaltung, private Unternehmen und die Zivilgesellschaft wirken in unterschiedlichen Konstellationen an der Umsetzung von Stadterneuerungsmaßnahmen zusammen.

Das „Jahrbuch Stadterneuerung" ist Forum, Spiegel und Zeitzeuge der vielschichtigen Entwicklung eines stadtentwicklungspolitischen Handlungsfelds, das angesichts der Herausforderungen der ökologischen Nachhaltigkeit und sozialräumlicher Ungleichheit, Aufwertung und Gentrifizierung sowie der Renaissance unserer Städte mehr denn je im Zentrum der fachpolitischen und gesellschaftlichen Auseinandersetzung steht. Es richtet sich gleichermaßen an Praktiker, Wissenschaftler, Beobachter und Betroffene von Stadterneuerungsprozessen. Durch seine langjährige Begleitung der Veränderungen ist es zu einem Archiv der Leitbilder, Handlungsfelder und Fallbeispiele sowie kritischer Debatten in der wissenschaftlichen Reflexion geworden, das einen breiten Überblick über das Stadterneuerungsgeschehen vermittelt.

Weitere Bände in der Reihe http://www.springer.com/series/14364

Uwe Altrock · Detlef Kurth · Ronald Kunze ·
Holger Schmidt · Gisela Schmitt
(Hrsg.)

Programmatik der Stadterneuerung

Jahrbuch Stadterneuerung 2019

Springer VS

Hrsg.
Uwe Altrock
FG Stadtumbau/Stadterneuerung
Universitat Kassel
Kassel, Deutschland

Detlef Kurth
Lehrstuhl Stadtplanung
Technische Universität Kaiserslautern
Kaiserslautern, Deutschland

Ronald Kunze
Langenhagen, Deutschland

Holger Schmidt
Fachgebiet Stadtumbau + Ortserneuerung
Technische Universität Kaiserslautern
Kaiserslautern, Deutschland

Gisela Schmitt
Fakultät für Architektur
RWTH Aachen
Aachen, Deutschland

ISSN 2569-3220 ISSN 2569-3239 (electronic)
Jahrbuch Stadterneuerung
ISBN 978-3-658-26764-3 ISBN 978-3-658-26765-0 (eBook)
https://doi.org/10.1007/978-3-658-26765-0

Die Deutsche Nationalbibliothek verzeichnet diese Publikation in der Deutschen Nationalbibliografie; detaillierte bibliografische Daten sind im Internet über http://dnb.d-nb.de abrufbar.

Springer VS

Springer VS ist ein Imprint der eingetragenen Gesellschaft Springer Fachmedien Wiesbaden GmbH und ist ein Teil von Springer Nature.
Die Anschrift der Gesellschaft ist: Abraham-Lincoln-Str. 46, 65189 Wiesbaden, Germany

Inhaltsverzeichnis

Programmatik der Stadterneuerung

Aktuelle Herausforderungen und Entwicklungen

Jahrbuch Stadterneuerung 2019

Beinahe drei Jahrzehnte nach dem Fall der Mauer, der nachfolgenden Wiedervereinigung und der rechtlichen und wirtschaftlichen Übertragung des Systems der Städtebauförderung auf die neuen Bundesländer blicken wir auf eine Generation der Stadterneuerungspraxis zurück. Inzwischen ist diese Zeitepoche fast länger und in vielerlei Hinsicht auch facettenreicher als die davor liegenden Jahre, in denen sich die Stadterneuerung seit den 1950er Jahren in der alten Bundesrepublik und der DDR auf ihre je eigene Weise herausgebildet und zum ersten Mal systematisch entfaltet hatte. Zum Zeitpunkt der „Wende" verlegte sich der Blick auf den erheblichen Sanierungsbedarf der ostdeutschen Altstädte. Hatte es anfangs noch geheißen, die Stadterneuerung in Ostdeutschland sei eine Aufgabe, die eine ganze Generation von Fachleuten für Jahrzehnte beschäftigen würde, so zeigt sich inzwischen ein völlig verändertes Bild.

1 Stadterneuerung ist mehr als Sanierung

Bereits Anfang der 1990er Jahre wurde deutlich, dass Stadterneuerung weit mehr sein würde als eine nachholende Sanierung vernachlässigter historischer Kerne. Vielerorts erscheint zwar augenfällig, dass die baulich-investiven Erfolge der Förderung durch Bund, Land und die Europäische Union die Stadtkerne in einer vorher kaum vorstellbaren Weise instandgesetzt haben. Vor diesem Hintergrund müsste sich eine weitere umfassende Förderung von Erneuerungsmaßnahmen irgendwann mangels neuer Projektideen erschöpfen oder wäre mindestens angesichts anderer drängender öffentlicher Aufgaben ein kaum vertretbarer Luxus.

Doch die Praxis zeigt insgesamt dann doch ein völlig anderes Bild: Immer wieder entstehen aufgrund veränderter Rahmenbedingungen und der Alterung von weiteren Beständen und Quartieren neue Sanierungsaufgaben über das Einzelobjekt hinaus. Nach wie vor führt die öffentliche Förderung nachweislich zu einer umfangreichen Stimulierung privater Investitionen, die vermutlich ohne Erneuerungskonzepte auf Quartiersebene unterbleiben würden. Verblüffend zu beobachten ist, dass trotz aller politischen Debatten über die Sinnhaftigkeit der Städtebauförderung derzeit ein breiter bundespolitischer Konsens über die Weiterführung der Städtebauförderung auf Rekordniveau besteht, was sich in einer steten experimentellen Weiterentwicklung und Ausdifferenzierung niederschlägt – aller Überlegungen über eine programmatische Konsolidierung zum Trotz.

Dieser aktuelle Befund mag damit zu tun haben, dass trotz erheblicher Mittelaufwendungen die Städtebauförderung eine wenig kostenträchtige Möglichkeit darstellt, bundespolitisch städtebauliche Akzente zu setzen und dabei sowohl zahlreiche Quartiere und damit Lebenszusammenhänge zu erreichen als auch politische Duftmarken zu setzen. Das mag auch damit zu tun haben, dass die verfügbaren Steuereinnahmen momentan auf einem hohen Niveau liegen, während die Legitimation des komplexen Demokratiemodells durch populistische und autoritäre Tendenzen erheblich unter Druck gesetzt wird. Schließlich ist auch nicht zu unterschätzen, mit welcher Beharrlichkeit die Kommunen angesichts ihrer immer wieder wenigstens regional schwierigen Finanzlage darauf drängen, im Rahmen der Drittelfinanzierung über ihren Eigenanteil eine erhebliche staatliche Förderung durch Bund und Land zu erlangen.

Vor diesem Hintergrund kann die Städtebauförderung bis zu einem gewissen Grad wohl als ein Element der eingeübten Konsensdemokratie begriffen werden. Sie kultiviert in der Bundesrepublik bei allem politischen Streit an der Oberfläche immer wieder institutionelle Formen der Zusammenarbeit unterschiedlicher Ebenen, Lager und Akteurssphären, die gewissermaßen als Kitt für ein auf mühsamen Aushandlungsprozessen beruhendes wirkendes politisches System wirken. Die Städtebauförderung stellt eines der letzten von der Föderalismusreform und den neoliberalen Reformen um die Jahrtausendwende verschonten Elemente der institutionalisierten Zusammenarbeit von Bund, Länder und Gemeinden dar und ist dabei heute geradezu ein mustergültiges Vorzeigebeispiel der Zusammenarbeit – bei allen Anlässen zur Kritik im Detail.

Während die Wohnungspolitik mit ihrer Forderung nach bezahlbaren Wohnungen vor allem in den größeren Städten derzeit die fachpolitische Debatte beherrscht und die Stadterneuerung dabei durchaus inhaltlich beeinflusst, gewinnt ein neuer

Diskurs an Bedeutung: der um eine zunehmende Lähmung des Planens und Bauens durch immer umfangreicher werdende Rechts- und Verwaltungsvorschriften. Dabei werden immer wieder die ausufernden energetischen, bautechnischen und umweltrechtlichen Standards beim Planen und Bauen als Hemmnisse angeführt. Inwieweit die Stadterneuerung mit ihrer komplexen rechtlichen und programmatischen Ausdifferenzierung hier einen strukturellen Anteil hat, kann kaum seriös definiert werden – insgesamt hat sie sich aber als flexibles und eher wenig verrechtlichtes Instrument erwiesen. Gleichwohl stellt die bereits erwähnte Vielfalt an Programmen und die damit einhergehenden Anforderungen an die Umsetzung gerade die kleineren, weniger verwaltungsstarken Kommunen vor große Herausforderungen.

Zur programmatischen Entwicklung waren in den vergangenen Jahren von Seiten des Bundes Signale in unterschiedliche Richtungen zu vernehmen. Das Auslaufen des klassischen Förderprogramms der „Sanierungs- und Entwicklungsmaßnahmen" sowie die Zusammenlegung der beiden Programme Stadtumbau Ost und Stadtumbau West deuten auf eine Konsolidierung des Fördersystems. Wenngleich erstere aufgrund der Föderalismusreform unausweichlich war, zeigt bereits die Unterschiedlichkeit der Herausforderungen, Erfahrungen und Praktiken mit dem Stadtumbau Ost und dem Stadtumbau West, dass eine einfache Zusammenlegung der Programme noch keine Garantie für eine echte Konsolidierung und plausible Weiterentwicklung des Systems gibt. Die vielfältigen Ansätze für eine weitere Ausdifferenzierung des Systems, die diese Konsolidierungs-Versuche begleitet haben – Investitionsprogramme, Projektförderung im Rahmen der Nationalen Stadtentwicklungspolitik, neues Programm Zukunft Stadtgrün usw. –, zeigen wie schwierig es offenbar ist, in einem komplexen System mit vielen Mitspielern und Interessenskonflikten eine schlüssige und nachvollziehbare Fortentwicklung der Fördersystematik voranzutreiben.

Mit der Neuregelung der Finanzbeziehungen zwischen dem Bund und den Ländern wurde bereits ein Schritt dazu getan, den 2019 auslaufenden Solidarpakt II – aus dem seit 2005 die ostdeutschen Länder und Berlin zusätzliche Mittel erhalten haben – durch eine Neuregelung abzulösen. In diesem Zusammenhang ist auch immer wieder von einer programmatischen Neujustierung der Städtebauförderung zu hören. Am weitesten gehen diesbezüglich bislang die unter dem Wirtschaftsminister Sigmar Gabriel im Kabinett Merkel III ausgearbeiteten Überlegungen, die Städtebauförderung im Dritten Ring eines komplexeren Systems der Wirtschafts- und Regionalförderung anzusiedeln und stärkere Abstimmungen zwischen den unterschiedlichen Förderinstrumenten zu empfehlen (GEFRA/RUFIS 2016). Auch wenn diese Überlegungen im Kreis der Stadterneuerung kaum zur Kenntnis genommen worden sein dürften, machen sie im Kontext des 2019 auslaufenden Solidarpakts II und des Gesamtsystems der Finanzbeziehungen zwischen Bund und Ländern deutlich, dass künftig keine Garantie dafür besteht, dass über Umfang, politische Ausrichtung und inhaltliche Ausgestaltung der Städtebauförderung allein aus fachlicher Sicht entschieden werden dürfte. Dementsprechend ist damit zu rechnen, dass sich die Städtebauförderung auch weiterhin als ein Element der raumbezogenen Wirtschaftsförderung verstehen und bewähren muss.

2 Auf dem Weg zu einer Weiterentwicklung der Programmatik der Städtebauförderung?

Angesichts der oben dargestellten Rahmenbedingungen liegt es nahe, sich mit den Perspektiven einer Weiterentwicklung der Programmatik der Städtebauförderung auseinanderzusetzen. Geht man davon aus, dass sich der rechtliche Rahmen der Stadterneuerung, der im Besonderen Städtebaurecht des Baugesetzbuchs gesetzlich verankert ist, eher reaktiv an inhaltliche Veränderungen anpasst und instrumentelle Innovationen rechtlich absichert, dann stellen Geschichte und Gegenwart der unterschiedlichen Programme der Städtebauförderung den wesentlichen Ausgangspunkt derartiger Überlegungen dar. So wurden beispielsweise die Programme „Soziale Stadt" und „Stadtumbau" wenige Jahre nach ihrer Einführung 2004 im Baugesetzbuch (BauGB) verankert und als zentrale Aufgaben anerkannt, die besonderer rechtlicher Regelungen bedürfen. Das Besondere Städtebaurecht erfuhr damit eine Erweiterung des Handlungsrahmens mit einer Vielzahl von Festlegungsmöglichkeiten über die Sanierungssatzung hinaus (im einfachen oder umfassenden Verfahren), z.B. die Stadtumbausatzung, das Soziale-Stadt-Gebiet bis hin zur einfachen Gebietsfestlegung etwa bei privaten Initiativen zur Stadtentwicklung.

Programmatisch-inhaltliche Tendenzen werden dagegen bereits in der jährlich aufzustellenden Bund-Länder-Verwaltungsvereinbarung durch die Mittelzuweisungen und Eckpunkte bestimmter Programme festgelegt, durch die Programmauflegung der Länder im Detail konkretisiert (einschließlich der betreffenden Förderrichtlinien) und – bislang allerdings noch nicht umfassend – durch eine ausformulierte Bund-Länder-Programmstrategie begleitet. Die Programmatik hat sich in den letzten drei Jahrzehnten durch unterschiedliche Förderkulissen stark ausdifferenziert. Prägend für das Erneuerungsgeschehen in Westdeutschland waren vor allem in den 1970 und 80er Jahren das klassische Förderprogramm der „Sanierungs- und Entwicklungsmaßnahmen" und die ab Mitte der 1970er Jahre entwickelten Strategie der bewohnerorientierten „Behutsamen Stadterneuerung". Seit der Vereinigung Deutschlands wurden zur Bewältigung veränderter und zusätzlicher Aufgaben der Erneuerung zahlreiche neue Programme erst zusätzlich und später ersetzend aufgelegt. Dazu gehörten Sonderprogramme für Ostdeutschland wie „Planungsförderung", das inzwischen zum gesamtdeutschen Programm aufgewertete Programm „Städtebaulicher Denkmalschutz" und ab 2002 der „Stadtumbau Ost". Hinzu kamen infolge der Diversifizierung der Herausforderungen und flankiert durch die Föderalismusreform weitere neue Programme wie „Stadtumbau West", „Aktive Stadt- und Ortsteilzentren", „Kleine Städte und Gemeinden" und ab 2017 „Zukunft Stadtgrün". Insbesondere das Programm „Soziale Stadt" reagierte schon Ende der 1990er Jahre auf die wachsenden Probleme sozialräumlicher Polarisierung und stärkte insbesondere integrierte Handlungsansätze und dabei auch nicht-investive Maßnahmen.

Neben dem Bund-Länder-Programm haben der Bund und auch die Länder ergänzende Programme zur Städtebauförderung aufgelegt. Dabei haben die erst seit wenigen Jahren bestehenden Bundesprogramme durch ihre finanzielle Ausstattung und ihre für die Gemeinden als Antragsteller allgemeine Zugänglichkeit besondere Bedeutung. Im Rahmen des Programms Nationale Projekte des Städtebaus werden investive sowie konzeptionelle Projekte mit besonderer nationaler bzw. internationaler Wahrnehmbarkeit, mit sehr hoher fachlicher Qualität, mit überdurchschnittlichem Investitionsvolumen oder mit hohem Innovationspotenzial gefördert. Nationale Projekte des Städtebaus sind national und international wahrnehmbare, größere städtebauliche Projekte mit deutlichen Impulsen für die jeweilige Gemeinde oder Stadt, die Region und die Stadtentwicklungspolitik in Deutschland insgesamt. Sie zeichnen sich durch einen besonderen Qualitätsanspruch („Premiumqualität") hinsichtlich des städtebaulichen Ansatzes, der baukulturellen Aspekte und von Beteiligungsprozessen aus, verfolgen die baupolitischen Ziele des Bundes und weisen Innovationspotenzial auf.

Das Programm „Sanierung kommunaler Einrichtungen in den Bereichen Sport, Jugend und Kultur" ist Teil des Zukunftsinvestitionsprogramms der Bundesregierung und zielt auf die Behebung des Investitionsstaus bei der sozialen Infrastruktur. Gefördert werden investive Projekte mit besonders sozialer und integrativer Wirkung; dabei ist eine Gebietsbezug nicht erforderlich. Die Sanierung sowie in bestimmten Fällen auch der Ersatzneubau sozialer Gebäude sind hiernach möglich; energetische Maßnahmen sind dabei eingeschlossen. Das Programm soll dabei helfen, den hohen Sanierungsstau in diesen kommunalen Einrichtungen aufzulösen – und dient so dem sozialen Miteinander und dem Klimaschutz zugleich. Das Förderprogramm ist für die Jahre 2016 bis 2022 mit insgesamt rund 340 Mio. Euro in drei Fördertranchen (2016 bis 2018, 2017 bis 2020 und 2018 bis 2022) ausgestattet. Die Förderquote liegt in der Regel bei 45 Prozent, bei nachgewiesener Haushaltsnotlage der Kommune bei 90 Prozent.

Mit dem Investitionspakt „Soziale Integration im Quartier" unterstützt der Bund gemeinsam mit den Ländern die Gemeinden bei Investitionen in die soziale Infrastruktur. Hierfür stellt der Bund den Ländern in den Jahren 2017 bis 2020 jährlich 200 Millionen Euro als Finanzhilfe zur Verfügung; daraus ergibt sich ein jährliches Investitionsvolumen von 266 Mio. Euro. Ziel des Investitionspakts ist es, Angebote der quartiersbezogenen Integration und des sozialen Zusammenhalts zu schaffen und Einrichtungen der sozialen Infrastruktur als Orte der Integration zu qualifizieren. Die Mittel des Bundes und der Länder werden ausschließlich als Zuschüsse gewährt. Die Finanzierung der förderfähigen Kosten erfolgt zu 75 % durch den Bund, zu 15 % durch die Länder und zu 10 % durch die Gemeinden.

Häufig standen die „neuen" Städtebauförderprogramme für eine Erprobung innovativer Ansätze der Stadterneuerung. Auch wenn immer wieder seitens des Bundes betont wird, dass die neuen Städtebauförderprogramme insofern keine Neuerung darstellten, da alles, was sie an Fördertatbeständen mit sich bringen, auch zuvor schon förderfähig sei, haben die neuen Programme seit Ende der 1990er Jahre erheblich zu einem Wandel des Selbstverständnisses wie der instrumentellen Praxis beigetragen. Dies gilt etwa für zusätzliche Instrumentarien wie das Quartiersmanagement, Verfügungsfonds, öffentlich-private Partnerschaften, Standortgemeinschaften, die Aktivierung zivilgesellschaftlicher Potenziale und integrierte Stadtentwicklungskonzepte.

Insbesondere die Herangehensweise in der Sozialen Stadt ist zu einer Art „Leitprogramm" für die Stadterneuerung geworden. Dabei hat sich herausgeschält, dass die baulich-investive Ausrichtung der Städtebauförderung in einem umfassend verstandenen Sinne zwar nicht in der Lage ist, die Kofinanzierung durch eine Bündelung von (eher konsumtiven, also insbesondere auf die Finanzierung von projektbezogen eingesetztem Personal ausgerichteten) Programmen anderer Mittelgeber zu ersetzen, aber sehr wohl investitionsvorbereitende und investitionsbegleitende Maßnahmen originär zur Durchsetzung baulich-investiver Maßnahmen der Städtebauförderung gehören – und damit insbesondere das Quartiersmanagement als förderfähig anzusehen sind.

Alle Förderprogramme wurden in den vergangenen 15 Jahren umfassend evaluiert und stetig angepasst oder ergänzt, außerdem gibt es jeweils eine Begleitforschung. Neue gesellschaftliche Herausforderungen und veränderte Rahmenbedingungen bieten immer wieder Anlass, das Vorhandene auf den Prüfstand zu stellen und zu verändern. Der politische Stellenwert der Städtebauförderung war in den vergangenen Jahrzehnten „konjunkturellen" Schwankungen ausgesetzt, die sich vorwiegend in einer wechselnden Ausstattung der einzelnen Programme mit Fördermitteln niederschlugen. In den einzelnen Bundesländern gibt es eine sehr unterschiedliche Anwendungspraxis. Während z.B. in Bayern und Baden-Württemberg weiterhin fast alle Programme über die Sanierungssatzung umgesetzt werden, gibt es in Nordrhein-Westfalen oder in den Stadtstaaten ausdifferenzierte Programmumsetzungen ohne Sanierungssatzung. Auch in den Städtebauförderrichtlinien der Länder wird die Programmatik des Bundes sehr unterschiedlich interpretiert und umgesetzt.

Setzt man sich grundsätzlich mit der Programmatik der Städtebauförderung und ihrer Weiterentwicklung auseinander, stellen sich daher zahlreiche Fragen:

- Wie stellen sich die anstehenden Herausforderungen der Stadterneuerung dar und inwiefern wird die Städtebauförderung ihnen gerecht? Welche Themenfelder sollten künftig stärker berücksichtigt werden – etwa Wohnungsversorgung, Gewerbe, Mobilität, Digitalisierung oder Klimaanpassung und Klimaschutz?
- Was lässt sich aus den bundesweiten Evaluierungen der Städtebauförderprogramme für die Weiterentwicklung der Stadterneuerung folgern?
- Zeigen sich grundsätzliche Widersprüche in der Programmatik einzelner Förderansätze, oder greifen sie für für bestimmte Erwartungen zu kurz („Reparaturansatz" in der Förderung und Daueraufgaben in den Quartieren? Mit baulich-räumlichen Mitteln soziale Probleme lösen? Stadt erneuern – als Gemeinschaftsaufgabe – mit restriktiven Instrumenten etc.)?
- Welche Programmansätze sollten künftig stärker gebündelt werden, z.B. nach eher sozialräumlichen und eher städtebaulichen Ansätzen?
- Sollten die rechtlichen Rahmenbedingungen der Förderprogramme stärker im Baugesetzbuch verankert bzw. formell abgesichert werden?
- Bei welchen Themen sind formelle, bei welchen informelle Instrumente sinnvoller? Welche Bedeutung haben künftig Ausgleichsbeträge oder sanierungsrechtliche Genehmigungen?
- Wie stark sollten aktivierende Ansätze wie Quartiersfonds und Standortgemeinschaften weiter ausgebaut werden?
- Gibt es neue disziplinäre Zugänge zur Stadterneuerung etwa durch Künstler oder Medienfachleute?
- Wie lässt sich die Beteiligung der Bewohner insbesondere im Hinblick auf Kinder und Jugendliche oder auch auf ältere Bewohner verstärken?
- Welche Rolle sollten künftig – etwa aufgrund der „Wohnungsnot" in größeren Städten – die Bodenfrage oder die „Reaktivierung" der vorhandenen Instrumente wie zum Beispiel der städtebaulichen Entwicklungsmaßnahmen spielen?

Mit diesen Fragen hat sich die Tagung des Arbeitskreises Stadterneuerung an deutschsprachigen Hochschulen im Juni 2017 an der Universität Kassel auseinandergesetzt. Im Jahrbuch Stadterneuerung 2019 werden die wesentlichen Ergebnisse zusammengefasst, um einen Beitrag zur nach wie vor höchst aktuellen Debatte über die Programmatik der Stadterneuerung zu leisten. Die Beiträge streifen eine große Bandbreite von Themen, die durch die Programmlandschaft und die Praxis aufgeworfen werden. Einige Beiträge gehen auch über die aktuellen Programme hinaus und loten aus, welche relativ neuartigen Verständnisse von Stadterneuerung in die Praxis Einzug halten und wie sie möglicherweise künftig in die Programmatik integriert werden könnten.

Abbildung 1 Kalle Kunze, GRAFFITI, Kunst und Kultur im Stadtbild (Quelle: https://www.bundesstiftung-baukultur.de/sites/default/files/medien/veranstaltung/07022017/downloads/fotodokumentation_low.pdf)

3 Die Beiträge in diesem Band

Rolf Novy-Huy ist Vorstand der Stiftung Trias, die sich den Themen Boden, Ökologie und Wohnen verpflichtet sieht. Er beschreibt in seinem Beitrag anhand ausgewählter Projekte das „doppelte" Förderprinzip der Stiftung. So werden aus den Erträgen und Spenden an die Stiftung Förderungen entsprechend ihrer gemeinnützigen Stiftungsziele vergeben. Zudem wird das Stiftungskapital in Grundstücken angelegt, die von der Stiftung an gemeinwohlorientierte Wohn- und Quartiersprojekte ausschließlich im Erbbaurecht vergeben werden. Er plädiert für eine stärkere Berücksichtigung von Stiftungen als neuen Akteuren der Stadterneuerung.

Arvid Krüger beschäftigt sich in seinem Beitrag mit der Frage, wie sich nach der Ära der Privatisierung von Wohnungsbeständen (1994–2008) die Unternehmenspolitiken und Bewirtschaftungsstrategien der verschiedenen Wohnungsunternehmen und Eigentümertypen in ihren Auswirkungen auf die Wohnungsversorgung und Quartiersentwicklung in „Großen Siedlungen" darstellen.

Kultur und insbesondere die Kunst erhalten eine stetig wachsende Bedeutung in der Stadterneuerung. Erinnert sei an die etwa dreißig Jahre alte These „Stadterneuerung ist Kulturpolitik" der niederländischen Stadterneuerungspolitik. Der Stadtumbau bietet die passenden urbanen Freiräume für die freie Kunst- und Kulturszene. **Thomas Fischer** betrachtet den Kulturwandel im Rahmen der Stadterneuerung und definiert auftretende Akteurskonstellationen. An Fallbeispielen wie der Bremer Stadtteiloper in der Großwohnsiedlung Tenever oder der Großen Potemkin`schen Straße in Wittenburg (Mecklenburg) zeigt er einen erkennbaren Wandel in der Stadterneuerungspraxis.

Melana Jäckels geht der Frage nach, inwiefern das Prinzip des Crowdfundings bereits in der Stadtentwicklung angewendet wurde und welche Möglichkeiten dieses Instrument für die Stadtentwicklung bieten könnte. Ausgehend von einer Analyse der Situation des Civic Crowdfundings in Deutschland bewertet sie Potenziale und Herausforderungen, um anschließend ein Ausblick über seinen möglichen zukünftigen Einsatz zu geben.

Über Urban Art in der Stadterneuerung berichtet **Delia Rothas** in ihrem Beitrag „Nutze die Stadt!". Die Spanne zwischen umfassenden Eingriffen in das Stadtbild und teils mit geringen Mitteln über den Verfügungsfonds ermöglichten punktuellen Gestaltungen von rumstehenden Schaltkästen ist breit. Die Furcht vor den „Schmierereien" ist vor einer breiten Akzeptanz gewichen. Die fast einen ganzen Stadtteil einbeziehende Freiraumgalerie im vernachlässigten Osten der Stadt Halle (Saale) gilt als interessantes Experimentierfeld für Kunst und Kultur.

Detlef Kurth formuliert ein Plädoyer für die planungsrechtliche Sicherung und „Neusortierung“ der Förderprogrammatik – abgeleitet werden die Perspektiven für die zukünftige Städtebauförderung aus einer systematischen Rückschau und kritischen Reflexion der bisherigen Programmstrukturen in den verschiedenen Erneuerungsphasen.

Uwe Altrock beleuchtet aufbauend auf der Zwischenevaluierung des Programms Soziale Stadt, ob dieses aufgrund seiner komplexen Konstruktion und der vielfältigen Innovationen, die von ihm ausgingen, tatsächlich den Anspruch an ein Leitprogramm der Städtebauförderung erfüllen kann. Dieser war ihm vor einigen Jahren in Verbindung mit einer erheblichen finanziellen Aufstockung angetragen worden, als die Kürzungen Ende des letzten Jahrzehnts überwunden waren und sich nicht zuletzt durch Zuwanderungsphänomene schon deutlich vor 2015 neue Herausforderungen in benachteiligten Quartieren andeuteten. Er kommt dabei zu einer eher skeptischen Einschätzung und diskutiert vor diesem Hintergrund mögliche Weiterentwicklungen im Kontext der Programmstruktur der Städtebauförderung.

Philipp Kopp geht der Frage nach, wie sich der Stadtraum mittels informeller Planungen quartiersbezogen oder gar gesamtstädtisch planen und weiterentwickeln lässt. Hierfür wertet er informelle Regelwerke mit Vorgaben zur Entwicklung des öffentlichen Raums der Städte Berlin, Wien, London und Hong Kong aus und leitet daraus Handlungsempfehlungen für die zukünftige Programmatik der Stadterneuerung ab. Der Beitrag steht in einem unmittelbaren Bezug zum 2017 gestarteten Städtebauförderprogramm „Zukunft Stadtgrün“. Abweichend von diesem will der Beitrag eine Verbesserung der gesamten urbanen Infrastruktur bzw. des Stadtraums in den Aufgabenfokus der Stadterneuerung rücken.

Stefanie Rößler, Elisa Böhme, Juliane Mathey und **Robert Knippschild** gehen in ihrem Beitrag der Frage nach, ob der Schutz und die Entwicklung urbaner Biodiversität im Rahmen der Städtebauförderung künftig noch stärker verankert werden sollte. Den Fokus legen sie auf das Stadtumbauprogramm, für das sie die größten Anknüpfungsmöglichkeiten ermittelt haben.

Felix Ekardt diskutiert, wie ökologische Herausforderungen Stadterneuerung (und Stadtplanung) beeinflussen könnten. Dabei macht er deutlich, dass das Ausmaß dieser Herausforderungen im gesellschaftlichen Diskurs zwar präsent ist, aber im Handeln stark vernachlässigt wird. Zentral für seine Argumentation ist eine Ausbuchstabierung der Voraussetzungen dafür, völkerrechtlich verbindliche Klimaziele zu erreichen. In letzter Konsequenz seiner Überlegungen wird deutlich, dass sich unser Wirtschafts- und Konsummodell grundlegend ändern müsste und kleinere Anpassungen hierfür nicht ausreichen. Auch für die Stadterneuerung ergibt sich hieraus ein erheblicher Veränderungsbedarf, etwa was Bautechnologien, Flächenverbrauch und Wohnen anbetrifft.

Die Privaten Initiativen stellen einen durchaus beachtenswerten Aspekt der Stadterneuerungsprogramme dar. **Jens Kunert** erläutert dabei ein neues Konzept von „Climate Improvement Districts“, als eine Art Standortgemeinschaft für Klimaschutz und Klimaanpassung gemäß § 171f BauGB. Er argumentiert, dass viele Klimamaßnahmen wie Photovoltaik auf Dächern oder ein Blockheizkraftwerk (BHKW) nur sinnvoll sind, wenn sie gemeinsam von allen Eigentümer über eine Standortgemeinschaft getragen werden, bei der auch Unwillige über eine Pflichtabgabe und einen Aufgabenträger eingebunden werden.

Alessa Strubel benennt die wichtigsten Erfolgsfaktoren und Herausforderungen für das Innenstadtmanagement. Aus ihrer Sicht werden das City-Management und öffentlich-private Partnerschaften künftig an Bedeutung gewinnen. Ziel ist es, Verbände, Gruppen, Akteure und Bürger zu aktivieren, um die Innenstadt erfolgreich zu revitalisieren. Wichtig erscheint dabei eine intensive Kommunikation und Kooperation unter allen Verantwortlichen und Beteiligten – bis hin zur Etablierung des Innenstadtmanagements als eine kommunale Daueraufgabe.

Markus Hirth reagiert in seinem Beitrag auf eigene Praxiserfahrungen in Hessen mit dem ISEK (Integriertes städtebauliches Entwicklungskonzept) in kleinen und mittleren Städten. Programmatische Widersprüche und Umsetzungsschwierigkeiten nimmt er zum Anlass, um mit dem „responsive planning“ eine alternative Verfahrensweise darzustellen.

Nils Hans, Mona Wallraff und **Ralf Zimmer-Hegmann** nehmen in ihrem Beitrag die wichtigen Zukunftsthemen für die Stadtentwicklung zum Anlass, um sowohl inhaltliche wie auch instrumentelle Schlussfolgerungen für die Weiterentwicklung und Veränderung der Städtebauförderung zu ziehen. Es geht ihnen dabei nicht um neue (Teil-)Programme, sondern vielmehr um eine stärkere Akzentuierung, Differenzierung, Flexibilisierung und Vernetzung innerhalb der bestehenden Förderlandschaft.

Friederike Fugmann und **Daniela Karow-Kluge** beschäftigen sich im Rahmen einer Forschungsstudie mit den öffentlichen Räumen als potenziellen Begegnungsorten für eine vielfältige Stadtgesellschaft. Nach einer knappen Beleuchtung der oft widersprüchlichen Diskurse zum öffentlichen Raum gehen sie anhand von drei Fallstudien der Frage nach, welche Impulse und Konsequenzen sich aus den empirischen Erhebungen für die Quartiersentwicklung generieren lassen.

Der Beitrag von **Laura Zeidler** veranschaulicht anhand der Betrachtung eines infrastrukturellen Aufwertungsprozesses im Rahmen der Entwicklungszusammenarbeit im ländlichen Kamerun, wie Projekte scheitern können und welche Perspektiven bestehen, durch sorgfältige ethnografische Studien lokale Strukturen, Bedürfnisse und Kapazitäten besser zu berücksichtigen. Ziel ist es, Bewohner als die eigentlich Projektbegünstigten von infrastrukturell ausgerichteten Aufwertungsprozessen in der Stadterneuerung im globalen Süden stärker in den Mittelpunkt zu stellen.

Julian Schneider, Viktor Warzecha, Thomas Münchow und **Thomas Fischer** berichten über ein Studienprojekt an der Technischen Universität Kaiserslautern und eine daraus aufbauende Eigenforschung, die das Ziel hat, das Gebiet *Kaiserslautern Nordwest* als Fördergebiet „Soziale Stadt" auszuweisen. Sie beschreiben das Bestreben, die Akteure als Kooperationspartner zusammenzuführen und den Begriff „integrierte Planung" in der Stadt Kaiserslautern mit Leben zu füllen.

Franziska Maier und **Alessa Strubel** berichten über die Ergebnisse eines stadt- und landschaftsplanerischen Studienprojekts an der Universität Kassel, das sich mit Kulturlandschaftsentwicklung in den albanischen Alpen beschäftigt hat. Sie machen deutlich, wie sich im Spannungsfeld von aufkeimendem Fremdenverkehr und intensiverer Nutzung der natürlichen Ressourcen in einem hochalpinen Nationalpark ein kulturlandschaftlich bedeutender Raum behutsam und im Einklang mit den Bedürfnissen der lokalen Bevölkerung entwickeln lässt.

4 Ausblick

Stadterneuerung ist eine Daueraufgabe ohne Dauerlösung. Dennoch verändern sich die Herausforderungen und die Schwerpunkte fortwährend. Neben den sozial-orientierten Ansätzen haben Strategien zur Zentrenentwicklung und Infrastruktursicherung an Bedeutung gewonnen. Auch werden Strategien z.B. zur Klimaanpassung, zum Klimaschutz sowie zu neuen Mobilitätsformen künftig eine größere Rolle in der Stadterneuerung spielen. Außerdem „altern" weitere Bestände wie die der 1970er und 1980er Jahre und werden zu Erneuerungsschwerpunkten, zugleich werden einige Sanierungsgebiete der Anfangszeit erneut zu Sanierungsfällen. Wichtig ist eine Offenheit für neue Entwicklungen und Themensetzungen.

Wichtig erscheint es, dass es jeweils eine umfangreiche Bestandsanalyse und ein integriertes Stadtteilentwicklungskonzept gibt, aufbauend auf einer gesamtstädtischen Priorisierung. Angesichts der Anforderung an integrierte Ansätze kommt der umfassenden Planung und der partizipativen Erarbeitung von Erneuerungskonzepten eine zentrale Rolle zu. Die informellen Ansätze, Management-Aufgaben und privat-öffentlichen Kooperationen haben an Bedeutung gewonnen, sollten aber die regulativen Möglichkeiten eines Sanierungsgebiets nicht völlig überflüssig machen. Durch die Verankerung im Besonderen Städtebaurecht ist die Sanierung ein dauerhafter Bestandteil unseres Planungssystems und zugleich ein hartes Instrument der Bestandspolitik, bei dem sogar Wertsteigerungen abgeschöpft und Spekulationen entgegengewirkt werden kann, was angesichts der Wohnungsnot wieder sehr aktuell ist. Somit bleibt die Stadterneuerung auch in Zukunft ein zentraler Bestandteil einer integrierten Stadtteilentwicklung.

Literatur

Gesellschaft für Finanz- und Regionalanalysen (GEFRA), Ruhrforschungsinstitut für Innovations- und Strukturpolitik (RUFIS). (Hrsg.). (2016). Aufgaben, Struktur und mögliche Ausgestaltung eines gesamtdeutschen Systems zur Förderung von strukturschwachen Regionen ab 2020. Endbericht zum Dienstleistungsprojekt Nr. 13/14 des Bundesministeriums für Wirtschaft und Energie zum 31. März 2016. Münster/Bochum. https://www.bmwi.de/Redaktion/DE/Publikationen/Studien/gutachten-regionalpolitik-2020.pdf?__blob=publicationFile&v=4 (04.10.2018)

Die Rolle von Stiftungen in der Stadterneuerung

Rolf Novy-Huy

Zusammenfassung

Stiftungen werden von Politik und Verwaltung in Kommunen oft nur wenig als Instrument und Partner der Stadterneuerung wahrgenommen. Der Beitrag beschreibt am Fallbeispiel der Stiftung trias verschiedene Modelle und Aktionsfelder von Stiftungen bei der Förderung von gemeinwohlorientierten Stadterneuerungsprojekten. Neben der direkten Förderung von Projekten wird dabei ein besonderer Fokus auf eine gezielte Anlagestrategie des Stiftungsvermögens in solchen Projekten gelegt. Die Stiftungsprojekte verweisen auf eine zunehmende Vielfalt von aktiven „Stadtmachern", sie sind zugleich ein Indiz für eine emanzipierte und selbstbewusste Stadtgesellschaft und in vielen Städten nicht mehr wegzudenken.

1 Struktur und Arbeitsweise von Stiftungen in Deutschland

Der Autor ist als Vorstand der Stiftung Trias an einer Vielzahl an bürgerschaftlich getragenen Stadterneuerungs- oder Stadtumbauprojekten in Deutschland beteiligt. Bislang wurde dieses Thema wissenschaftlich nur wenig beleuchtet, der Autor versteht seinen Beitrag und die darin aufgeführten Beispiele als Anregung für eine weitere Beschäftigung mit dem Thema.

U. Altrock et al. (Hrsg.), *Programmatik der Stadterneuerung*, Jahrbuch Stadterneuerung, https://doi.org/10.1007/978-3-658-26765-0_1

Zunächst solle eine These vorangestellt werden: Stiftung verfügen über weniger Kraft als gemeinhin angenommen, aber sie verfügen über mehr Kraft, als sie selbst denken. Diese These sei im Einzelnen und im Folgenden erläutert. Vorab aber noch eine zurückhaltende Wertung: Die Möglichkeiten von Stiftungen sollten, bei aller Wertschätzung, nicht zu hoch angesetzt werden. Die Ausgaben aller deutschen Stiftungen werden auf circa 4,3 Mrd. Euro pro Jahr geschätzt (Bundesverband Deutscher Stiftungen 2017), das sind etwas mehr als 1 % des Bundeshaushalts für das Jahr 2017 mit etwa 329 Mrd. Euro (BMF 2017). Der weithin verbreitete neoliberale Ansatz, dass Stiftungen als besseren Akteur und Ersatz des Staates anzusehen seien, wäre also vollkommen verfehlt.

Um die Struktur der deutschen Stiftungslandschaft noch etwas genauer darzustellen, hier einige Zahlen: Es gibt in Deutschland (Stand 2018) ca. 23.000 Stiftungen des bürgerlichen Rechts, inklusive der Treuhandstiftungen dürfte die Zahl der Stiftungen insgesamt bei über 30.000 Stiftungen in der Bundesrepublik liegen. Davon sind etwa 300 Bürgerstiftungen. Allein 2018 wurden 554 Stiftungen neu gegründet. Das Vermögen aller deutschen Stiftungen wird nach Angaben des Bundesverbands Deutscher Stiftungen auf etwa 100 Mrd. Euro geschätzt. Allerdings verfügen 63,5 % der Stiftungen nur über ein Vermögen von unter einer Million Euro.

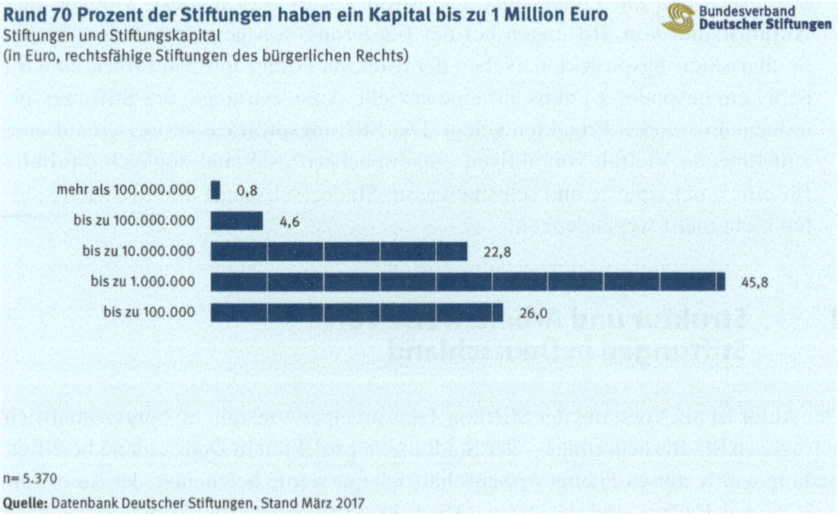

Abbildung 1 Verteilung vom Stiftungskapital der deutschen Stiftungen (Quelle: Datenbank Deutscher Stiftungen, 2017)

Wenn im Folgenden von Stiftungen gesprochen wird, ist hier zunächst eine Eingrenzung vorzunehmen: betrachtet werden nur Stiftungen, die vom Finanzamt den Status der Gemeinnützigkeit zuerkannt bekommen haben. Neben den gemeinnützigen Stiftungen gibt es viele Nicht-gemeinnützige Familien-Stiftungen, die meistens den Zweck haben, das angesammelte Vermögen im Interesse von Familien zu verwenden. Nicht betrachtet werden hier auch die Stiftungen des öffentlichen Rechtes, die von der öffentlichen Hand per Gesetz erreichtet wurden und die ihre operative Tätigkeit meist aus jährlichen, öffentlichen Zuwendungen decken.

Die „übliche gemeinnützige" Stiftung verfügt über ein Stiftungsvermögen von mindestens 50.000 Euro, welches ihr vom Stifter oder der Stifterin zur Verfügung gestellt wurde. Dieses Vermögen legt die Stiftung möglichst profitabel an, um aus den Erlösen „möglichst viel Gutes zu tun". In ihrem Ausgabeverhalten ist die Stiftung an die Ziele gebunden, die in der jeweiligen Satzung formuliert sind und die wiederum in Übereinstimmung mit der Gemeinnützigkeit, also der Abgabenordnung stehen müssen.

Obwohl viele Stiftungen wie oben dargestellt nur ein niedriges Stiftungskapital haben, machen die Stiftungen Sinn! Kleine Stiftungen decken die Aufwendungen ihres Stiftungsbetriebes in der Regel ehrenamtlich ab, oft bringen die Aktiven in den Stiftungen sogar das Benzingeld noch selbst mit. Insofern können Sie ihre Mittel vollständig für den Stiftungszweck ausgeben. Gute Kenntnisse der Problemlage – oft aus der persönlichen Betroffenheit eines Stifters heraus – und gute örtliche Kenntnisse sind einem hohen Wirkungsgrad zuträglich. Dass sie vielleicht nicht immer strategisch und wirkungsorientiert arbeiten, sondern eher spontan und mäzenatenhaft sei dahingestellt. Das es oftmals Sinn machen würde, kleine Stif tungen zusammenzulegen, um zumindest die Aufwandsseite zu optimieren, ist ein anderes Thema, dass hier angesprochen aber nicht weiter diskutiert werden kann.

Für die Stadterneuerung besteht die Chance, Projekte von zivilgesellschaftlichen Gruppen mit überschaubaren Beträgen von Stiftungen auszustatten. Bei der Öffentlichkeitsarbeit, für Veranstaltung oder ähnliches sind kleine Beträge allemal ausreichend und hilfreich. Betrachtet man die Kleinbeträge als Hebel um ehrenamtliches Engagement zu initiieren, ist die gewünschte Wirkung gegeben. Auch wenn das „Gießkannenprinzip" in der Regel negativ apostrophiert wird, sollte man es nicht geringschätzen. Denn ein „gleichmäßig gewässerte Boden" ist doch auch etwas Positives.

Kooperationen unter mehreren Stiftungen können helfen, Mittel zu bündeln und bessere Ergebnisse zu erzielen. Das Setzen von Schwerpunkten und klar umgrenzten Programmen tut ein Übriges. Wenn die Stiftungen nicht selbst auf solche Gedanken kommen: Warum soll es nicht auch von Zuwendungsempfängern angeregt werden. Ein aufgeschlossenes Stiftungsgremium sollte auch für Anregungen von außen offen sein.

Doch neben der Ausreichung von Erträgen aus dem Stiftungsvermögen soll hier die Anlage des Stiftungsvermögens thematisiert werden. *Impact Investing* und *Mission Investing* sind die Stichworte zu diesem Thema. Impact Investing bedeutet, Gelder in soziale und ökologische Vorhaben zu lenken. Mission Investing geht noch einen Schritt weiter und sucht Geldanlagen, die unmittelbar mit dem Stiftungszweck übereinstimmen und teilweise als Quasi-Förderung eingesetzt werden können. Warum diese Begriffe immer wieder viel zu stark mit der Investition in „Startups" und damit hoch-risikohafte Investitionen verbunden werden, ist allenfalls aus dem Interesse von Venture-Kapital-Vertretern zu erklären. Denn nach den geltenden Gesetzen darf eine Stiftung ihr Kapital nur in „sichere Anlageformen" anlegen und nur zu einem sehr kleinen Teil und mit hoher Vorsicht Risikoanlagen tätigen. Beim Mission Investing sind die meisten Stiftungen schon hoch zufrieden, wenn sie nach Positiv-/Negativkriterien eine bewusste, ethische Geldanlage tätigen. Das sind etwa ethisch-ökologisch orientierte Wertpapierfonds, die Investitionen in Atomkraft, Kohle, Waffen u. ä. ausschließen und sich andererseits möglichst an den „best-in-class" Akteuren orientieren und etwa Investitionen in regenerative Energievorhaben bevorzugen.

Wo liegt nun die Schnittstelle zur Stadtentwicklung und Stadterneuerung? In der Regel erwerben Stiftungen also Anteile an Fonds oder sie erwerben Aktien, bei beiden Anlageformen haben sie nur einen mittelbaren Einfluss auf die Art der Geldanlage. Denkbar wäre es aber auch, dass die Stiftungen direkt in Unternehmen oder Immobilien investieren, mit denen sie sich den „richtigen", möglichst sogar die „eigenen" Zielen verpflichtet fühlen. Wäre es für eine Umweltstiftung nicht absolut sinnvoll in Windkraft- oder Solaranlagen zu investieren? Und kann eine Stiftung, die sich für Jugendliche einsetzt, nicht auch das Gebäude des Jugendzentrums oder einen Kindergarten bauen oder kaufen?

Tradiertes Denken, sicherlich auch der höhere Aufwand für solche Vermögensanlagen, hat es bislang verhindert, dass diese Vorgehensweise in nennenswertem Umfang praktiziert wird. Die Diskussion ist jedoch, nicht zuletzt vor dem Hintergrund niedriger Renditen auf dem Kapitalmarkt intensiv in Gang gekommen. Gute Beispiele werden publiziert und regen zur Nachahmung an. So investiert die Deutsche Rockmusik Stiftung ihr Vermögen in Proberäume für Bands; die Stiftung Aktion Kulturland erwirbt landwirtschaftliche Flächen und Gebäude für die Nutzung durch Bio-Höfe.

2 Die Stiftung trias, gemeinnützige Stiftung für Boden, Ökologie und Wohnen in Hattingen an der Ruhr

Abbildung 2 Logo Stiftung trias

Die Stiftung trias wurde im Jahre 2002 mit einem Stiftungsvermögen von 75.000 Euro von Aktiven aus den Themenbereichen „selbstorganisiertes, gemeinschaftliches Wohnen“ und „ein anderer Umgang mit Grund und Boden“ gegründet. Heute verfügt sie über etwa zehn Millionen Euro Stiftungsvermögen. Die Stiftung fördert die gemeinnützigen Zwecke Bildung, Altenhilfe, Jugendhilfe, Naturschutz, Völkerverständigung und Forschung. Sie ist als mildtätig anerkannt. Den Gründungsstiftern war klar, dass die geringen Erträge nur wenig bewegen können. Von Anfang an wurde daher die Wirkung der Kapitalanlage genutzt. Die Absicht, Boden der Spekulation zu entziehen, legte nahe, Grundstücke als Vermögensanlage zu wählen. Über die Vergabe von Erbbaurechten werden Erträge erzielt und über die Zweckbindung des Erbbaurechtsvertrages gleichzeitig erreicht, dass die Grundstücke auf Dauer ideellen Zielen vorbehalten bleiben. Dies dient auch zum Schutz des Engagements von Pionieren und Stifter/innen.

Die erworbenen Grundstücke sind zu einem Teil Kapitalanlage mit normaler Verzinsung. Es werden grundsätzlich nur Grundstücke für gemeinwohlorientierte

Projekte erworben. Die im steuerlichen Sinne gemeinnützigen Projekte bezahlen oft nur einen verminderten Erbbauzins, so dass sich Vermögensanlage und Förderung kombiniert. Selbstverständlich setzt die Vergabe eines Erbbaurechts voraus, dass die Stiftung trias Eigentümerin des Grundstücks ist. Auch wenn die Stiftung mittlerweile über eine beträchtliche Anzahl an Grundstücken verfügt, war sie anfangs nicht in der Lage, allein mit ihren Mitteln aus dem Grundstockvermögen attraktive Grundstücke zu erwerben. Der Kaufpreis wurde teilweise aus Mitteln des Grundstockvermögens und zusätzlich durch Zustiftungen (zu Teil auch von den Projektinitiatoren selbst) und mit Hilfe von günstigen Darlehen finanziert, die oftmals von anderen Stiftungen und Privatpersonen ausgeliehen wurden. Alle Vorhaben sind so kalkuliert, dass sich ein Überschuss aus der Vermögensverwaltung für die gemeinnützige Zweckerfüllung ergibt.

Die Projekte der Stiftung trias sind ganz überwiegend getragen von bürgerschaftlichem Engagement. Ob gemeinschaftlich organisiertes Mehrgenerationen-Wohnprojekte, die Verbindung von Wohn- und Ateliernutzung oder das Wohnen im Denkmal, praktisch immer geht es um soziale Ansätze, ergänzt um Kultur, Kunst, Denkmalschutz u. ä. Wegen der inzwischen stark gestiegenen Einstiegspreise für leere Mehrfamilienhäuser gelangen ganz besondere Objekte in den Fokus, etwa alte Schulen und Fabriken.

Objekte, die oftmals seit Jahren vernachlässigt wurden, die als Problemimmobilien galten oder gar als „städtebaulicher Missstand“ finden so eine neue, gesellschaftlch nützliche Verwendung. Nur nebenbei sei bemerkt, dass die Gruppen, die sich ohnehin schon über die Maßen engagieren, bei der Revitalisierung der Gebäude oftmals auch noch Altlasten im Boden oder im Gebäude beseitigen. Ist das Gebäude einmal bezogen, wirkt eine solche Initiativgruppe meist deutlich über die eigenen Grundstücksgrenzen hinaus. Ein Engagement, angefangen von Hausaufgabenhilfen für Flüchtlingskinder, Lesekreis und Quartiersarbeit bis hin zur Kunst- und Kulturaktivität ist häufig vorhanden und bereichert Quartier und Kommune.

Die Stiftung ist insofern auf drei Ebenen wirksam:

- Investition von eigenen und fremden Geldern in Projekte der Stadtentwicklung,
- Unterstützung durch Zuwendungen an die Gruppen oder an Teilprojekte dieser Gruppen und
- Unterstützung zivilgesellschaftlichen Engagements im Allgemeinen.

Abbildung 3 Berlin-Spandau, Eiswerder_13 Werkstadt, Genossenschaftswohnprojekt auf Gewerbestandort (Foto: Rolf Novy-Huy)

Abbildung 4 Berlin-Karlshorst, Alte Schule, Wohnprojekt der SelbstBau eG (Foto: Rolf Novy-Huy)

Als Beispiel sei hier das Projekt Zentralwerk Kultur- und Wohngenossenschaft Dresden eG etwas umfassender vorgestellt. Initiator des Projekts ist der Kreis um den in Dresden ansässigen Kulturverein friedrichstaTTpalast e.V., der 2005 aus einer losen Gemeinschaft von Künstlern, Geisteswissenschaftlern und Handwerkern heraus gegründet wurde. Der Verein nutze eine alte Buchbinderei in der Friedrichstraße 52 in Dresden. Der Verein wurde 2008/2009 auf Grund eines Rechtsstreits in „friedrichstadtZentral e.V." umbenannt; unter diesem Namen mischte er sich mehr und mehr in seine Umgebung und die Dresdner Kulturszene ein. 2011 wurde die Wirkungsstätte des Kulturvereins verkauft und die bestehenden Nutzungsverträge gekündigt. In der Folge suchte die Initiatorengruppe nach einem neuen Gebäude, da sich das entwickelte Konzept als tragfähig und erfolgreich erwiesen hatte. Ziel war es, eine Immobilie mit einem dauerhaften Nutzungsrecht zu finden. Der Verein erkundete bald ein altes Fabrikgebäude in Dresden-Pieschen als neues Domizil. Die im Juli 2013 neu gegründete „Zentralwerk Kultur- und Wohngenossenschaft Dresden eG" entwickelt das Gelände zu einem Wohn- und Produktionsstandort für Kunst- und Kulturschaffende; der alte Ballsaal auf dem Gelände ist dabei das kulturelle Zentrum, in dem Veranstaltungen des Kulturvereins und seines Netzwerkes stattfinden, die Nachbarschaft ein- und ausgehen kann und Künstler*innen zu günstigen Konditionen Proben abhalten können.

Für die kulturellen Aktivitäten im Gebäudekomplex zeichnet weiterhin der Kulturverein „friedrichstadtZentral" verantwortlich. Er blieb ergänzend zur Genossenschaft bestehen und wurde 2016 in „Zentralwerk e.V." umbenannt. Gefüllt werden all diese Räume vornehmlich – aber nicht nur! – durch den Zentralwerk e.V. Der Kulturverein selbst und sein deutschlandweites und internationales Netzwerk finden hier Platz für das üblicherweise genreübergreifende Programm, doch auch die zahlreichen Künstlerinnen und Künstler, die auf dem Gelände ein Atelier haben oder am Artist-in-Residence-Programm des Zentralwerks teilnehmen, können hier ihre Arbeiten zeigen. Sportgruppen, Gesangsvereine oder Kindertanz finden genauso ihren Platz. Mit dem Ballsaal und den angrenzenden Räumen öffnet sich das Zentralwerk zur Nachbarschaft und zur Stadt. Dank dieser Flächen kann aus dem Zentralwerk ein Ort des Austausches werden, im ganz Kleinen wie im ganz Großen.

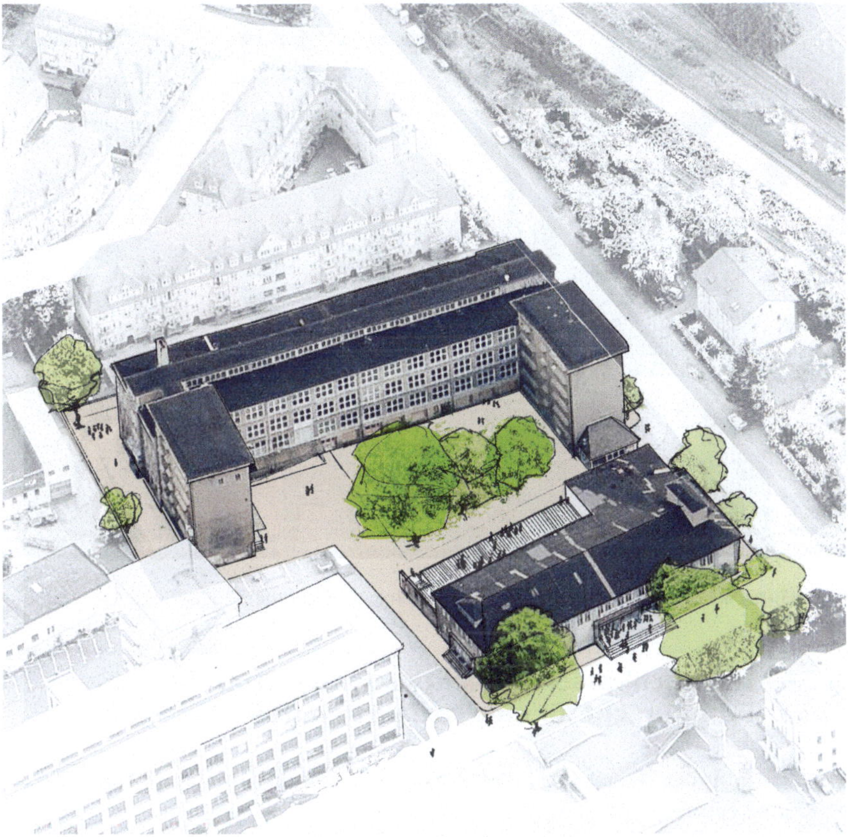

Abbildung 5 Dresden, Zentralwerk, Vogelperspektive (Quelle: schokostudio, Architekten & Ingenieure Partnerschaft GmbH)

Abbildung 6 Dresden_Ballsaal.Tanzende (Foto: Anja Kempe)

3 Die Nachbarschaft Samtweberei in Krefeld – Erbbaurecht für eine soziale Rendite

Inspiriert von der Arbeit der Stiftung trias hat sich die Montag Stiftung Urbane Räume entschlossen, statt „nur" als Förderer direkt auch als Investor aktiv zu werden. Der nachfolgende Absatz basiert auf einer von der Stiftung trias herausgegebenen Publikation (Stiftung Trias 2015) und zeigt, wie sich die Wirkung von Stiftungen durch Einsatz von Vermögens- und Zuwendungsmitteln potenzieren lässt. Die Projektbeschreibung basiert auf einem Beitrag von Frauke Burgdorf, den sie für die Stiftung Trias erstellt hat. Das Engagement der Stiftungen als Moderatoren und Konzeptentwickler in der sozialen Stadtentwicklung war stets hoch willkommen, die Montag Stiftung Urbane Räume konnte als unabhängiger zivilgesellschaftlicher Mitspieler integrierte Konzepte vorantreiben und einige Akteure zum Handeln bewegen. Jedoch reichte der Einfluss nicht aus, um gemeinsam mit der Wohnungswirtschaft oder der Kommune nachhaltige Veränderungen in der Bildungs- oder Gemeinwesenarbeit im Quartier herbeizuführen. Daher reifte der Entschluss, neue Wege der Quartiersentwicklung anzugehen und dabei eine eigene Immobilie zu erwerben. Es wurde also eine Nachbarschaft gesucht, deren sozioökonomische Perspektive ungewiss war, deren Immobilien nicht mehr oder nur zögerlich entwickelt wurden und in denen das Zusammenleben aufgrund der negativen Folgen von Armut, Überalterung und Zuwanderung vor besonderen Herausforderungen stand. Die Wahl fiel letztlich auf die alte Samtweberei in der Krefelder Südweststadt. Das Objekt wurde nach dem Ende der ursprünglichen Nutzungen in den 1970er Jahren bis 2008 von der Krefelder Stadtverwaltung genutzt. Seitdem standen die alten Produktions- und Verwaltungsgebäude leer. Die Montag Stiftung Urbane Räume nahm 2013 von der Stadt Krefeld das Angebot an, sich gemeinsam mit der Krefelder Wohnstätte an der Entwicklung des Objektes zu beteiligen.

Abbildung 7 Fassadenansicht Alte Samtweberei, Krefeld (Foto: Montag Stiftung Urbane Räume)

Abbildung 8 Aktive für die Alte Samtweberei (Foto: Axel Viola)

Das Gebiet um die Samtweberei hat niedrige Mieten und viele Leerstände, es leben viele Empfänger von Transferleistungen hier und es werden mindestens 21 Sprache gesprochen. Dieser Teil der Innenstadt hat kein besonders gutes Image. Die schöne gründerzeitliche Substanz liegt an der Achse vom Bahnhof zur Hochschule und beheimatet Menschen, die viel Lust darauf haben, sich für ihre Nachbarschaft zu engagieren.

Zivilgesellschaftliches Engagement und kommunale Steuerung

Gemeinsam mit dem Planungsdezernat der Stadt Krefeld sowie der Wohnstätte Krefeld wurde ein Handlungsprogramm entwickelt, in dem der Zweck der Immobilienentwicklung festgelegt ist: es soll Geld für das Gemeinwesen erwirtschaftet werden und so die Grundlage geschaffen werden, damit dauerhaft gemeinnützige Projekte zu fördern und Kooperationen zwischen den sozialen Trägern anzuregen. Es sollte ein Mix aus Büros für kleine Unternehmungen, Wohnen, Café und Freizeitnutzungen entstehen. Außerdem sollte sich die Nachbarschaft der Nutzer in der Immobilie so entwickeln und profilieren, dass perspektivisch Selbstorganisation und enge Verflechtung mit dem Gemeinwesen im Quartier zum „inneren Thema" werden. Auf Basis von Handlungsprogramm, Machbarkeitsstudie und einer ersten Bürgerversammlung, auf der die Bereitschaft zur Mitwirkung abgefragt wurde, wurde sodann die verbindliche Absicht erklärt, das Projekt „Nachbarschaft Samtweberei" zu beginnen. In dieser Absichtserklärung sagte die Stiftung zu, die avisierte immobilienwirtschaftliche Rendite von circa 60.000 Euro gemeinnützigen Projekten und Strukturen in der Nachbarschaft zur Verfügung zu stellen. Außerdem ging sie die Verpflichtung ein, bis Ende 2017 die für die Aufbauphase notwendigen Moderations- und Managementleistungen mit mindestens einhunderttausend Euro jährlich zu finanzieren. Die Stadt Krefeld verpflichtete sich im Gegenzug, im Rahmen des Stadtumbauwest-Programms flankierende Maßnahmen durchzuführen, wie zum Beispiel die Verbesserung der öffentlichen Räume.

Das vertragliche Fundament

Im Januar 2014 schlossen die Stadt Krefeld und die von der Stiftung gegründete, gemeinnützige Urbane Nachbarschaft Samtweberei gGmbH (UNS) einen Erbbaurechtsvertrag mit einer Laufzeit von 60 Jahren ab, in dem einige Besonderheiten festgelegt wurden:

- Das gemeinsam entwickelte Handlungsprogramm ist die inhaltliche Grundlage des Erbbaurechtsvertrages. Auf dieser Basis sollen bis 2018 in den zum Teil denkmalgeschützten Beständen rund 4.700 Quadratmeter Nutzfläche für öffentlich geförderte und frei finanzierte Wohnungen, Büros und Gewerberäume sowie ein integratives Café geschaffen werden.
- Die UNS ist verpflichtet, innerhalb von zwei Jahren nach Vertragsschluss einen Bauantrag für alle bauantragspflichtigen Teile der übertragenen Immobilie zu stellen und innerhalb von vier Jahren mindestens 70 Prozent der Objekte saniert zu haben.
- Der Erbbauzins beträgt fünf Prozent des Bodenwertes, in diesem Fall 34.000 Euro. Er wird nicht erhoben, so lange die UNS gemeinnützig ist und von den Überschüssen aus der Immobilienbewirtschaftung einen Betrag in die Gemeinwesen- und Stadtteilarbeit investiert, der mindestens so hoch ist, wie der erlassene Erbbauzinses.
- Das Erbbaurecht kann nur mit Zustimmung der Stadt weiter veräußert werden.

Mit diesem vertraglichen Fundament ist die UNS gGmbH im April 2014 gestartet und hat seit dem bereits einiges erreicht: Die Menschen aus der Nachbarschaft arbeiten intensiv an selbst organisierten Projekten mit und entwickeln laufend neue Ideen. Die Institutionen im Viertel haben sich an einem runden Tisch für die Gemeinwesenarbeit zusammengesetzt und entwickeln erste gemeinsame Strategien und Projekte, um den Lebensalltag der Menschen im Viertel zu verbessern. Schon im September 2014 konnte der erste Bauabschnitt des Projektes dank der sehr guten Zusammenarbeit von Stadt und Stiftung eröffnet werden. Ziel ist, dass sich die Stiftung aus der UNS ab 2018 zurückzieht, wobei ein Teil des von der Stiftung investierten Kapitals – in diesem Fall mindestens eine Millionen Euro – dauerhaft in der Immobilie verbleibt.

Mit dem Erbbaurechtsvertrag haben alle Seiten gewonnen. Die Stadt behält einen strukturellen Einfluss auf das Projekt und kann mit einer Sanktion aufwarten, falls die UNS keine gemeinwesenorientierten Zwecke mehr verfolgt. Die UNS kann diese Zwecke durch den Erlass des Zinses wesentlich zügiger erfüllen, weil der Erbbauzins nicht von den erwirtschafteten Mitteln abgezogen werden muss. Die Menschen im Stadtteil haben einen Moderator ihrer Anliegen, der sich langfristig engagieren wird.

Die Montag Stiftung Urbane Räume ist der Überzeugung, dass das Erbbaurecht ein wichtiges Instrument für die Verbindung von zivilgesellschaftlichem Engagement und kommunaler Steuerung sein kann. Allerdings muss es den Kommunen dafür gelingen, über eine strategische Liegenschaftspolitik Schlüsselgrundstücke und -immobilien zu erwerben. Sie müssen diese nicht notwendigerweise eigenständig entwickeln, können aber die Entwicklungsziele sehr langfristig in einem privatrechtlichen Vertrag festlegen, der unabhängig von den Veränderungen in der Politik oder bei dem zivilgesellschaftlichen Partner Bestand haben wird.

4 Communia – Bürgerstiftung für bezahlbaren Wohnraum

Ein neuer Anwendungsfall für das Erbbaurecht zur dauerhaften Sicherung von sozialen Wohnungsbau erprobt die Stiftung Trias gemeinsam mit der Stadt Metzingen. Metzingen, zwischen Reutlingen und Tübingen gelegen, ist eine prosperierende Stadt in Baden-Württemberg mit rund 22.000 Einwohnern. Eine gesunde finanzielle Lage erlaubt es der Stadt, verstärkt sozialen Wohnraum zu bauen. Diese Maßnahmen sind jedoch langfristig nicht ausreichend, da zum einen nicht genügend Grundstücke zur Verfügung stehen und zudem die Bindung im sozialen Wohnungsbau auf max. 20 Jahre beschränkt ist. Vor Ort entstand der Wunsch, Bürger und Unternehmen an der gemeinsamen Problemlösung und Zukunftssicherung der Stadt zu beteiligen. Die Grundfrage lautete: Wie kann man bezahlbaren Wohnraum schaffen und diesen über die üblichen Zweckbindungsfristen von 20 Jahren hinaus erhalten? Das Erbbaurecht und das Instrument der Stiftung schwebten der Stadt von Anfang an vor. Der Umsetzung des Vorhabens sollten jedoch keine umfangreichen Gutachten und langwierige Gründungsaktivitäten vorangehen, vielmehr war es Ziel, schnell zu handeln. Der Stadtspitze war es dabei wichtig, dass eine Lösung gefunden wurde, die langfristig angelegt ist und unabhängig von wechselnden politischen Mehrheiten funktioniert. So wurde die Idee zu einer Stiftungsgründung geboren, in deren Rahmen sich Bürger und Unternehmen für das Thema bezahlbarer Wohnraum mit Spenden und Zustiftungen in Form von Geld oder Liegenschaften einbringen können. Die Lösung lag in der Gründung einer Treuhandstiftung, die unter dem „Dach" der erfahrenen Stiftung trias angesiedelt ist. Zusammen mit der Bürgerschaft entstand so die Communia – Bürgerstiftung für bezahlbaren Wohnraum. Die Gründung konnte innerhalb eines Jahres umgesetzt werden, für die ersten drei Jahre hat die Stadt einen Finanzierungzuschuss für die Gründungs-und Verwaltungskosten der Stiftung trias zur Verfügung gestellt. Mittel für den Erwerb von Grundstücken sollen vollständig aus Spenden und Zustiftungen finanziert werden. Heute wird die Treuhandstiftung von einem Vorstand, bestehend aus Bürgern der Stadt Metzingen geführt, der Vorstand trifft die wesentlichen Entscheidungen vor Ort.

Durch die Kooperation mit der Stiftung trias wird das notwendige Knowhow zur Führung und zum Aufbau der Stiftung (juristische und steuerrechtliche Notwendigkeiten) sichergestellt und die langjährigen Erfahrungen der Stiftung trias bei der Schaffung von bezahlbarem Wohnraum oder bei der Etablierung von Wohnprojekten an die Stadt Metzingen weitergegeben. Ein erstes Vorhaben mit voraussichtlich 19 Wohneinheiten mit insgesamt 1.351 m² Wohn /Nutzfläche entsteht aktuell in der Nürtinger Str. 95 nach dem Erwerb von 812 m² von einem privaten Eigentümer und weiteren 65 qm von der Stadt Metzingen. Es war allen Beteiligten wichtig, dass bereits beim ersten Projekt der neuen Stiftung möglichst viele Partner aus der Stadt integriert werden konnten. So wurde der Kauf der Grundstücke durch eine Zustiftung der beiden Ortsbanken sowie einer weiteren Stiftung, die ein zinsloses Darlehen zur Verfügung gestellt hatte, möglich. Auf dem Grundstück wird nun ein Erbbaurecht gebildet und dieses an die Postbaugenossenschaft zur Bebauung überlassen. Die Genossenschaft verpflichtet sich mittels des Erbbaurechtvertrags, den so entstandenen Wohnraum dauerhaft zu günstigen Mieten anzubieten.

Eine Entwicklungsfläche der Stadt Metzingen ist als weiteres Vorhaben bereits im Gespräch. Darüber hinaus wünschen sich die Aktiven natürlich, dass auch aus der Bürgerschaft Grundstücke zu Vorzugskonditionen oder als Schenkung angetragen werden. Langfristig soll das ganze Instrumentarium einer Stiftung: Schenken – Stiften – Vererben, für die Ziele nutzbar gemacht werde. Über die weiteren Aktivitäten erfolgt auch ein Knowhow-Aufbau, der mittelfristig dazu führen kann, dass die Communia – Bürgerstiftung für bezahlbaren Wohnraum als selbständige Stiftung des bürgerschaftlichen Rechts weitergeführt wird. Für die Stiftung trias würde diese „Entlassung in die Selbständigkeit“ mit der Befriedigung verbunden sein, dass ihr Ideengut regionalisiert gepflegt und als eigenständiges Format weiterentwickelt wird.

5 Das Forschungsvorhaben „Bürgerfonds“

In Deutschland existieren ca. 2 Mio. Fachwerkhäuser. Oftmals liebevoll gepflegt sind sie, besonders als Teil eines historischen Ensembles, eine Attraktion bei Stadtführungen und zählen zu den begehrten Wohnlagen. Doch abseits der florierenden (Alt)Städte fristen nicht wenige Fachwerkhäuser ein kümmerliches Dasein und sind nicht selten zum Schandfleck verkommen. Die Kommunen können aus verschiedenen Gründen oftmals nicht selbst tätig werden. Dazu gehören (kommunal)rechtliche Beschränkungen, fehlende finanzielle Mittel oder Instrumente (wie bspw. kommunale Wohnungsgesellschaften). Seit Oktober 2016 arbeitet die trias im Rahmen eines BMBF-Forschungsprojektes "Kommunen innovativ", gemeinsam mit der Arbeitsgemeinschaft Deutsche Fachwerkstädte e.V. (Fulda) und der StadtLand UG (Leipzig), am Forschungsvorhaben „Bürgerfonds“. Ziel ist die Entwicklung eines bürgerschaftlich getragenen Entscheidungs- und Finanzierungsmodells für die Innenentwicklung und den Stadtumbau in schrumpfenden Klein- und Mittelstädten. Aktuell arbeiten die Forschungspartner mit Akteuren in Hessen, Niedersachsen und Thüringen an den ersten Pilotprojekten.

Die Arbeitsgemeinschaft Deutscher Fachwerkstädte, die Stiftung trias und die StadtLand UG sind nicht nur forschend, sondern gleichzeitig praxis- und umsetzungsorientiert an die Aufgabe herangetreten. Jeder bringt seine spezifischen Erfahrungen mit ein, so dass Synergieeffekte entstehen.

Zu den Aufgaben des Forschungsvorhabens gehört nicht allein die Untersuchung der von Bürgergruppen initiierten Pilotprojekte. Die Projekte werden durch den Bürgerfonds bundesweit vernetzt, um mit den Erträgen zukünftig weitere Vorhaben unterstützt zu können.

Abbildung 9 Leerstehendes Fachwerkhaus in Homberg (Efze) (Foto: Christian Darr)

Sehr vielen Menschen ist der Erhalt der historischen Bausubstanz ihrer Stadt oder ihrer Gemeinde wichtig. Die Herausforderungen sind groß: Wenn Architekten, Fliesenleger und Finanzberater auf Sozialarbeiter, Yoga-Lehrer und Heilpraktiker treffen und gemeinsam ihre Ziele verwirklichen, dann gibt es, trotz vordergründig fehlender Fachkompetenz für Bau, Immobilien, und Ökonomie durchaus eine realistische Chance ein altes Fachwerkgebäude zu erhalten. Die Gruppen vor Ort verfügen meist über wenig bis gar keine Erfahrungen, wenn es um Baukosten, Rechtsformen, Finanzpläne und Projektentwicklung geht. Häufig wird gefragt, wie kann das Eigenkapital bereitgestellt werden? Wo gibt es Zuschüsse? Mit welcher Bank kann ich sprechen? Hier waren der „Werkzeugkasten", also die gesammelte Erfahrung der Stiftung trias aus über 30 Projekten mit einem weitreichenden Netzwerk überaus hilfreich. Wenn sich das mit Bürgergeist, einer kooperativen Kommune und vielleicht noch mit Stiftungen vor Ort kombinieren lässt, ist vieles möglich.

Abbildung 10 Felsberg, Fachwerkhaus und Burg (Foto: Christian Darr)

Ein Bürgerfonds soll vorerst, aber nicht ausschließlich, auf Erbbaurechtsbasis aufgebaut werden. Die Einnahmen aus Erbbauzinsen können neuen Projekten erste Anlaufkosten vorstrecken, im besten Fall sogar etwas Eigenkapital zur Verfügung zu stellen. Gelingt es möglichst viele Gruppen so zu vernetzen, kann sich Zivilgesellschaft ein eigenes Entwicklungs- und Finanzierungsinstrument schaffen. Realistischer Weise – so viel kann man nach der Halbzeit des Forschungsvorhabens bereits sagen – wird der Bürgerfonds jedoch nur Schlagkraft entwickeln, wenn aus Bundes- oder Landesmitteln erhebliche Zuflüsse erfolgen. Bei Grundstückswerten von oft weniger als 100.000 Euro und vielleicht 3,0 % Erbbauzins müsste der Bürgerfonds andernfalls erst viele Jahre, wenn nicht Jahrzehnte, arbeiten um selbst finanzkräftig zu werden.

Stiftungen können, wie sich im geschilderten Kontext zeigt, nicht nur mit Geld, sondern auch mit Wissen und Erfahrung und ihrer Reputation behilflich sein. Lässt sich das noch mit Kooperationen vor Ort verknüpfen, steigt der Wirkungsgrad deutlich weiter an. Die Gruppe erfährt mit einem solchen Partner von Anfang an eine gewisse Aufwertung.

6 Das Erbbaurecht als modernes Instrument der Stadt- und Bodenpolitik

Die Entwicklung des Erbbaurechts lässt sich auf das römische Recht zurückführen. Das superficiarische Recht (Gebäuderecht, Baurecht, Platzrecht) regelte den Umgang und wurde im Lehensrecht angewendet. Privates Eigentum am Boden ist also nicht „naturgegeben" sondern das Ergebnis einer geschichtlichen Entwicklung. Auch in Deutschland waren lehensähnlich Rechtsverhältnisse bis ins 19. Jahrhundert durchaus noch vorhanden. Eine Neuordnung fand nicht zuletzt durch die Neufassung der Erbbaurechtsverordnung im Jahre 1919 statt. Seit 2007 wird diese Verordnung „Erbbaurechtsgesetz" genannt. Mit ihr wurde die praktische Anwendung des Erbbaurechts, insbesondere die Beleihbarkeit deutlich verbessert. Die sogenannte „Bodenfraktion" im Deutschen Reichstag, untrennbar verbunden mit der Person Adolf Damaschke, setzte damit ihr Anliegen um, die „Förderung des Wohnungsbaus, insbesondere für die sozial schwächeren Schichten und gleichzeitig die Schaffung eines Instruments zur Bekämpfung der Bodenspekulation" zu erhalten (Oefele & Winkler 1987). Die Zielsetzung dieser Verordnung zeigt sich auch darin, dass am gleichen Tage eine „Verordnung zur Behebung der dringendsten Wohnungsnot" erlassen wurde. Der Erlass der Erbbaurechtsverordnung wäre sicherlich so schnell nicht vorstellbar gewesen, hätte sie nicht auf eine intensive Debatte und Vordenker wie Henry George, Silvio Gesell, Franz Oppenheimer u. a. aufgebaut.

Beim Erbbaurecht wird die konventionelle, eigentumsorientierte Verbindung von Gebäude und Grundstück zunächst getrennt, um beide anschließend mit den besonderen Merkmalen der Sicherung von sozialer, stadtplanerischer oder ideeller Ziele wieder zu verbinden.

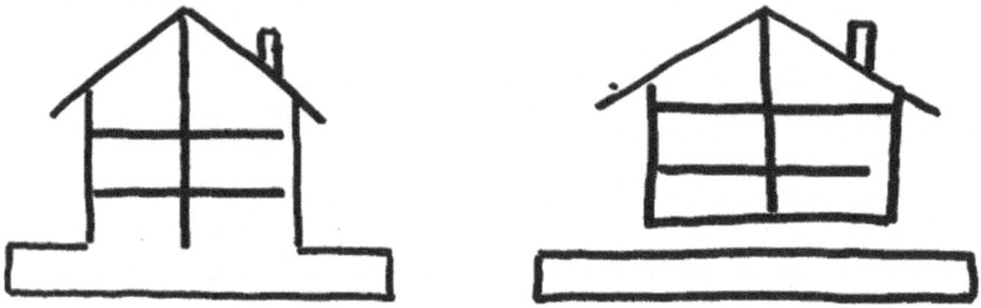

In der klassischen Betrachtung regelt das Erbbaurecht die Beziehung zwischen dem Grundstückseigentümer und dem Erbbauberechtigten. Handelt es sich beim Grundstückseigentümer um eine Kommune, so sollte die Gestaltung nicht allein dem Liegenschaftsamt überlassen werden. Wirklich interessant wird die Nutzung des Erbbaurechtes erst dann, wenn auch die Stadtplanung mit einbezogen wird. Grundstücke und Gebäude der Stadt sind ein wichtiges Instrument der Stadtplanung. Während Flächennutzungs- und Bebauungspläne ein eher grobes Instrument der planerischen Steuerung darstellen, kann über das Erbbaurecht eine direkte Steuerung auf die Entwicklung von einzelnen Grundstücken und Gebäuden genommen werden. Vielleicht soll ein Grundstück nur für 30 oder 40 Jahre vergeben werden, weil sich dann gegebenenfalls eine andere Nutzung anbieten könnte? Grundstücke sollen behalten werden – und es nur als Tauschobjekt für eine kommunale Nutzung/Zielsetzung an anderer Stelle. Mit dem Erbbaurecht kann ansonsten sogar die Fassadengestaltung oder die Nutzung des Gebäudes geregelt werden. Sicher wäre dies kein flächendeckend anzuwendendes Instrument, aber im Einzelfall kann es doch reizvoll sein, so neue Entwicklungen anzustoßen oder Fehlentwicklungen zu verhindern.

Zumindest in Deutschland ist festzustellen, dass die Finanznot der Städte diese zwingt, ihr Grundvermögen zum Höchstpreis zu verkaufen. Das ist finanzpolitisch zwar nachvollziehbar, für die Gestaltungsspielräume der Stadtplanung jedoch ein Desaster. Es stehen zunehmend weniger Baugrundstücke für öffentliche Interessen zur Verfügung und selbst Tauschgeschäfte sind „mangels Masse" schwierig. Die Stadtplanung muss daher versuchen ihre Anliegen zu verdeutlichen, um zumindest einen Mindestbestand an Grundstücken zu behalten. Eine Möglichkeit ist dann die Vergabe von Grundstücken als Erbbaurecht, denn damit verfügt sie bei den Vergabebedingungen über Gestaltungsmöglichkeiten. Zudem kommt die öffentliche Hand als Erbbaurechtsgeberin auch bei der Beendigung von Nutzungen, sogenannten Nutzungsbrüchen, wieder in die Diskussion.

Bislang sind die Möglichkeiten, nicht nur über Bebauungspläne, sondern auch über die Erbbaurechtsvergabe von Grundstücken „gestalterisch“ zu wirken, nicht wirklich erkannt. Denkbar sind beispielsweise Regelungen im Erbbaurechtsvertrag wie:

- eine Festlegung der gewünschten Nutzung, insbesondere zur Absicherung planungsrechtlicher Ziele,
- die detaillierte Festlegung von Nutzungsinhalten und der baulichen Maßnahmen,
- eine Zustimmungserfordernis bei baulicher Veränderung,
- die Vereinbarung, dass bei Nicht-Nutzung der Heimfall vereinbart wird, um spekulatives Abwarten zu verhindern,
- die Nutzung des Erbbaurechts als ein Instrument, das eine unmittelbare langfristige Verwendung des Erbbauzinses für soziale Aufgaben im Quartier ermöglicht – also die Schaffung eines Quartiersfonds.

Es ist der „Machthebel des Heimfalls“, der die Notbremse bei einer Verletzung der Zweckbestimmungen darstellt. Der Heimfall – wie viele juristische Begriffe klingt auch dieser etwas antiquiert – regelt, was bei Vertragsbruch geschieht. Der Erbbaurechtsgeber darf das Grundstück bei Vertragsbruch gegen eine im Vertrag geregelte Entschädigung an sich ziehen. Ein Vertragsbruch ist nicht nur der ausbleibende Erbbauzins, wenn er mehr als zwei Jahre nicht bezahlt wurde, sondern insbesondere auch eine nicht vertragsgemäße Nutzung der Immobilie. Auf diese Weise können Zweckbestimmungen durchgreifender und vor allem langfristiger durchgesetzt werden, als dies über Kaufvertragsregelungen möglich ist.

Üblich ist ein Erbbauzins in Höhe von vier bis fünf Prozent vom Bodenwert – auch wenn dieser bei der aktuellen Kapitalmarktlage mit Bankzinsen von unter zwei Prozent nur schwer durchsetzbar ist. Für gewerbliche Vorhaben werden in der Regel sogar noch höhere Erbbauzinsen gefordert. Es steht die Frage im Raum, warum der Erbbauzins nicht viel kreativer gestaltet werden könnte?

Vorstellbar ist zum Beispiel:

- ein variabler Erbbauzins in Abhängigkeit von den Erlösen des Grundstücks;
- ein Erbbauzins in Abhängigkeit vom Umsatz (im Einzelhandel werden solche Regelungen angewendet);
- ein Nachlass für gemeinnützige Nutzung oder
- ein Staffelerbbauzins, abhängig von der Erreichung bestimmter Ziele oder von der wirtschaftlichen Situation des Erbbauberechtigten.

Bei angespannten Grundstücksmärkten und niedrigen Kapitalmarktzinsen liegt der Zinsvorteil eindeutig beim Erbbaurechtsgeber. Wären die Kommunen nicht so hoch verschuldet, könnten sie zu sehr günstigen Zinsen sogar Grundstücke kaufen und teurer vergeben.

Anknüpfend an die historischen Bodenrefomgedanken von Damaschke und anderen Vordenkern stellt sich die Frage, warum Boden als Gemeingut dem Nutzen von privaten Eigentümern unterliegen soll. Grund und Boden wieder als „Eigentum des Volkes" zu betrachten und zu vergesellschaften erscheint heute doch eher als gewagte Utopie, wenn auch reizvoll. Ein erster Schritt wäre es aber doch, Boden vermehrt in das Eigentum von gemeinnützigen Stiftungen zu übertragen und damit die „Bodenrente" über die Verpflichtung des Gemeinnützigkeitsrechts wieder in die Gesellschaft zurückfließen zu lassen. Um den Kritikern zuvor zu kommen: Die Frage der demokratischen Entscheidungsstrukturen und Verfügungsgewalt ist damit natürlich noch nicht gelöst.

7 Stiftungen als Akteure der Stadterneuerung

Die vorgezeigten Beispiele zeigen bereits eine beeindruckende Vielfalt auf, wie Stiftungen sich sowohl für ihre Stiftungszwecke, ihre berechtigten Vermögensanlageinteressen, wie auch Stadterneuerungszielen einsetzen können. Noch einmal zusammengefasst können sich Stiftungen mit folgenden Aspekten wirksam engagieren:

- einer zielgerichteten Vermögensanlage
- soweit möglich, Vergabe von Zuwendungen an gemeinnützige Träger
- Einsatz ihrer Bonität (wirtschaftliche Kraft) und ihrer Reputation
- Nutzung ihres Netzwerks und ihre Kooperationsmöglichkeiten
- Ihr Erfahrungswissen nutzbringend in die Diskussion und Umsetzungen einbringen

Es ist festzustellen, dass Stiftungen von Politik und Verwaltung in den Kommunen noch in unzureichendem Maße als gemeinwohlorientierte Gesprächspartner erkannt und genutzt werden. Aber auch innerhalb der Stiftungen zeigt sich die Notwendigkeit, die bislang vorhandene „enge" Definition im Sinne der Philanthropie, „Gutes tun zu wollen" auszuweiten und sie mit strukturellen Verbesserungsabsichten für die Gesellschaft zu verbinden.

Die Möglichkeiten von Stiftungen als Akteure der Stadterneuerung sind bei weitem noch nicht ausgeschöpft. Festzuhalten ist zugleich aber auch, dass Stiftungen nicht der „Reparaturbetrieb“ einer fehlgesteuerten Stadterneuerungspolitik sein können und nicht sein sollten. Die Förderung und die Zusammenarbeit mit Initiativen und Projekten ist Zweck zur Sammlung von Wissen und Erfahrung. Aufgabe einer Stiftung sollte es sein, den Wandel an der Ursache des gesellschaftlichen Problems zu befördern.

In den letzten Jahren ist das Erbbaurecht vom „verstaubten“, antiquierten Regelungswerk vergangener Zeiten hin zu einem interessanten Instrument der Boden- und Stadtentwicklungspolitik avanciert. Die Chancen seiner Anwendung werden zunehmend erkannt. Leider ist in den letzten Jahren in den Kommunen viel Wissen um dessen Anwendung verloren gegangen. Schon deshalb, weil Erbbaurechte aufgelöst und als Volleigentum an die ehemaligen Erbbaurechtsnehmer verkauft wurden. Mangelndes Wissen und mangelnde Erfahrung führen aber auch zu mangelnder Kreativität und Freude in der Anwendung. Wichtig erscheint es daher, das Wissen und die Anwendungsmöglichkeiten des Erbbaurechts stärker zu vermitteln.

Darüber hinaus wäre es höchst interessant, das Erbbaurecht weiter zu entwickeln. Nachbarländer mit viel Erfahrung, sicherlich auch unterschiedlicher Nutzung des Erbbaurechts, gäben eine hervorragende Wissensbasis her, um Anregungen für die Weiterentwicklung in Deutschland zu erforschen. Interessant wären dabei sicherlich auch Erfahrungen aus England und den USA zu „land trusts“, einer gemeinwohlorientierten, sehr demokratischen Form der Bodenverwaltung. Die Stiftung trias würde für eine solche Aufgabe durchaus und gerne zur Verfügung stehen.

Literatur

BMF – Bundesministerium der Finanzen (Hrsg.). (2017). Bundeshaushalt 2017. https://www.bundeshaushalt-info.de/#/2017/soll/ausgaben/einzelplan.html (24.12.2017)

Bundesministerium für Bildung und Forschung. https://kommunen-innovativ.de/ (12.01.2018).

Bundesverband Deutscher Stiftungen (Hrsg.). (2017). Zahlen, Daten, Fakten 2017 zum deutschen Stiftungswesen. https://www.stiftungen.org/fileadmin/bvds/media/ZDF_EBOOK_final_Webgröße.pdf (24.12.2017).

Burgdorf, F. (2015). Das Erbbaurecht, ein anderer Umgang mit Grund und Boden. Stiftung trias (Hrsg.).

George, H. (2017). Fortschritt und Armut: eine Untersuchung über die Ursache der industriellen Krisen und der Zunahme der Armut bei zunehmendem Reichtum.

Oppenheimer, Franz (2016). Freier Handel und Genossenschaftswesen. Leipzig; Frankfurt am Main: Deutsche Nationalbibliothek.

v. Oefele, H.. & Winkler, K. (1987). Handbuch des Erbbaurechts. München: C. H. Beck.

Die veränderte Rolle der Wohnungswirtschaft in den Großen Siedlungen

Arvid Krüger

Zusammenfassung

Die Veränderungen der deutschen Wohnungsmärkte in den letzten Jahrzehnten war tiefgreifend. Die Ära der Privatisierung 1994–2008 lässt sich durch den Beginn des Altschuldenhilfegesetzes in Ostdeutschland (und Berlin) datieren, denn seitdem wurde den Kommunen nahegelegt, sich von Beständen ihrer öffentlichen Wohnungsunternehmen zu trennen (damals: um Altschulden der DDR-Unternehmen tilgen zu können). Dresdens Verkauf der WOBA war der Höhepunkt, seit der Finanzkrise nimmt die öffentliche Hand weitgehend von Verkäufen Abstand.

Die Veränderungen des Wohnungsmarkts haben insbesondere Große Siedlungen getroffen. Die zwischen 1919 und 1989 erbauten Siedlungen der (Spät-)Moderne sind nicht nur nach bestimmten städtebaulichen Leitbildern entstanden, sondern waren auch teil einer Sozialpolitik, wozu auch gehört, dass sie jeweils fast vollständig jeweils wenigen öffentlichen und genossenschaftlichen Eigentümern gehörten. Zum Siedlungsbau gehörte auch ein bestimmtes Rollenmodell der Wohnungsunternehmen dort.

Neue Unternehmen, die in der Ära der Privatisierung zu Besitz in diesen Siedlungen gekommen sind, definieren ihr Rollenmodell anders. Dies hat auch mit den sozialpolitischen Veränderungen derselben Zeit zu tun. Salopp kann man auch von einem „Hartz-IV-Geschäftsmodell“ sprechen. Der Artikel beschäftigt sich mit diesem Rollenmodell und beschreibt für Große Siedlungen mögliche stadträumliche Konsequenzen daraus.

U. Altrock et al. (Hrsg.), *Programmatik der Stadterneuerung*, Jahrbuch Stadterneuerung, https://doi.org/10.1007/978-3-658-26765-0_2

In den letzten beiden Jahrzehnten haben sich die deutschen Wohnungsmärkte grundlegend verändert. Obwohl in derselben Zeit auch die Städtebauförderung grundlegend umstrukturiert wurde, scheint es nur eine schwache Bezugnahme zwischen beiden Bereichen der Stadtentwicklungspolitik zu geben. Auf der einen Seite bezieht sich die Wohnungsmarktpolitik deutlich stärker auf den Neubau als auf den Bestand, zum anderen setzen sich etwa die Programme Stadtumbau und Soziale Stadt, die zu den leitbildhaften Basisprogrammen der Stadterneuerung gezählt werden können (Krüger 2019, 357ff.), wenig mit der veränderten Eigentümerstruktur in den Siedlungen auseinander. Warum das auch für den Stadtumbau gilt, ist weiter unten noch zu erläutern. Wenn es Berührungspunkte zwischen den beiden Bereichen der Stadtentwicklungspolitik gibt, dann stehen rechtsbezogene und einzelfallbezogene Aspekte im Vordergrund. Dazu gehören Regulierungsfragen z.B. zur Miethöhe und Zweckentfremdung, wenn man aus wohnungspolitischer Sicht auf die Stadterneuerung schaut oder die vielen Einzelfälle des vernachlässigten Einzeleigentums aus Sicht der Stadterneuerung auf die Wohnungspolitik (vgl. Schmidt & Vollmer 2017, S. 217). In Gentrifizierungsdiskursen werden zwar Unternehmenspolitiken einzelner Wohnungsunternehmen kritisiert, jedoch meist sehr pauschalisiert und wenig quartiersbezogen (vgl. am Beispiel der ABG Frankfurt: Metzger & Schipper 2017).

Die große Masse der Wohnungen am deutschen Wohnungsmarkt gehört privaten Vermietern. Aber die sind heute grundlegend anders verfasst als noch vor 30 bis 40 Jahren. Gerade in den Großen Siedlungen erschienen seit der Jahrtausendwende kommerziell ausgerichtete, institutionelle Vermieter massiv als neuer Akteur. Mit Großen Siedlungen lehne ich mich an den Begriff des Kompetenzzentrums Großsiedlungen an, welcher die zwischen 1919 und 1989 entstandenen Wohnsiedlungen dieses Typs als Große Siedlungen bezeichnet (vgl. Kompetenzzentrum Großsiedlungen 2017, S. 27ff.). Charakterisiert werden diese u.a. durch:

- einen eigenständigen städtebaulichen Charakter bzw. Ensemblewirkung,
- eine relativ einheitliche Bebauung,
- einen zum Zeitpunkt der Erbauung überwiegenden Mietwohnungsbau,
- eine Mindestgröße von 500 Wohneinheiten oder 1000 Einwohnern.

Außerdem werden vier Epochen durch das Kompetenzzentrum unterschieden: Siedlungen der 1920/30er Jahre, der 1950/60er Jahre, der 1960/70er Jahre im Westen und der 1970/80er Jahre im Osten (2017, S. 30). Denn meist sind in den von öffentlichen Unternehmen verkauften Paketen jene Bestände in Großen Siedlungen, die in der alten BRD als Sozialwohnungen errichtet und um die ehemals „volkseigenen" Bestände der DDR ergänzt wurden. „Was hier zu Handelsware gemacht w[u]rd[e], ist ein wesentlicher Teil der Respekt und Achtung gebietenden Wiederaufbauleistung, mit der die beiden deutschen Staaten die kriegs- und kriegsfolgenbedingte Wohnungsnot aus der Welt geschaffen haben" (Kofner 2006, S. 4).

Daher soll anhand dieses Siedlungstyps die jüngere Planungsgeschichte dahingehend dargestellt werden, wie sozialstaatliche Veränderungen und die Ära der Privatisierung (ca. 1994–2008) ineinandergriffen und einen neuartigen privat-kommerziellen Akteur auf die Bühne brachten. Im weiteren Verlauf befasst sich dieser Beitrag mit den Auswirkungen auf die Großen Siedlungen und deren Bestandsentwicklung. Die neuen Akteure (die Käufer der privatisierten Bestände) und deren Agieren soll nachgezeichnet und in den Kontext sozialstaatlicher Veränderungen seit 2003 gesetzt werden, um am Ende des Beitrags für einen typologischen Umgang mit den Wohnungsmarktakteuren in einer Großen Siedlung zu plädieren, der aus Sicht der Stadterneuerung die unterschiedlichen Akteure auch verschieden adressiert.

Ausgangspunkt ist – nach Abschaffung der Wohngemeinnützigkeit 1989/90 – der Verkauf von Millionen von Wohnungen durch öffentliche Unternehmen im Eigentum des Bundes, der Länder oder von Kommunen an internationale Investoren. Das Auftreten der neuen Akteure auf dem Wohnungsmarkt der noch zu beschreibenden Ära der Privatisierung bedeutet nichts weniger als eine grundlegende Wende, bei der auch das Selbstverständnis der Städte zur Disposition steht (Häußermann 2006, S. 159). Es handelt sich um einen radikalen Kulturbruch (Kofner 2006, S. 4), der bisweilen als Teil der „globalen Enteignungsökonomie" bezeichnet wird (Holm 2010, S. 392). Eine interessante, an dieser Stelle aber zu weit führende Betrachtung wäre die Verknüpfung dieses Gedankens (Privatisierung von öffentlich errichteten Nachkriegsbeständen) mit Pikettys Analysen, dass die Vermögensverhältnisse, die nach den Weltkriegen tatsächlich eine größere Nivellierung erfuhren, sich wieder dem Zustand einer höheren Vermögensungleichheit wie vor dem Ersten Weltkrieg annähern (vgl. Piketty 2014: 447ff.).

Doch hier soll es eher um die Tatsache gehen, dass vor allem in westdeutschen Kommunen das „Verschwinden" preiswerter Bestände aus den 1950er bis 1970er Jahren massiv für die kommunalen Wohnungsämter spürbar ist (Hausmann 2011, S. 62). Demgegenüber ist auf den entspannten Wohnungsmärkten nicht zu erwarten, dass die neuen Eigentümer ihre Mieterschaft vergraulen (Häußermann 2006, S. 161). Hausmann (2011, S. 1) benennt 250.000 Wohnungen des Bundes, 180.000 Wohnungen der Länder und 250.000 Wohnungen der Städte, die in dieser großen Welle verkauft wurden; Holm (2010, S. 391) ergänzt den Abgang einer weiteren Million Wohnungen, die kleinteilig zwischen den Jahren 1990 und 2000 privatisiert wurden, oft auch in Ostdeutschland im Rahmen der Altschuldenhilfe 1993/94. All dies markiert den Beginn einer Ära der Wohnungsprivatisierung. Von den 2,3 Millionen Zug um Zug privatisierten Wohnungen befand sich bald ein Viertel in der Hand dreier Investoren: 255.000 Wohnungen bei der Deutschen Annington (jetzt Vonovia), 168.000 Wohnungen bei der GAGFAH (einschließlich Woba Dresden und NILEG) sowie 120.000 bei Cerberus (Hausmann 2011, S. 61). Vonovia in der Nachfolge von Deutscher Annington und GAGFAH ist mit knapp ½ Million Wohnungen inzwischen das größte Wohnungsunternehmen Deutschlands.

Die Herausforderung besteht nun darin, sich mit den Folgen der Privatisierungsära auseinanderzusetzen: Quartiere, in denen vorher beinahe monopolistische Anbieterstrukturen öffentlichen oder genossenschaftlichen Eigentums vorherrschten, wurden durch Anbieterstrukturen auch im rein privaten, renditeorientierten Eigentum ergänzt. Die Siedlungen waren und sind meist in der Hand weniger großer Anbieter – es ist nicht ausgeschlossen, dass es für bis zu Viertel der Bestände auch viele kleinteilige weitere Anbieter gibt, so dass es statistisch eine polypolistische Menge an Anbietern zu geben scheint. Waren die großen Anbieter vor 1994 nur öffentliche und genossenschaftliche Unternehmen (Kompetenzzentrum Großsiedlungen 2015: 58), so gehört heute zu den „Big Playern" einer Siedlung meist eine private, renditeorientierte Wohnungsgesellschaft (oft jenes größte Unternehmen im Markt: Vonovia). Das verändert die Art und Weise, wie in der Siedlung Stadtentwicklung betrieben werden kann, ebenso fundamental wie die Veränderungen, die sich beispielsweise aus der Einführung des Planungsinstruments Quartiersmanagement nach 1998 ergeben haben. Besonders ablesbar wird dies an den Großen Siedlungen, denn die öffentlichen und genossenschaftlichen Unternehmen haben einst mehr geschaffen als nur Wohnraum. Sie haben funktionierende Siedlungen gebaut.

1 Das Funktionieren der Wohnungsmärkte – Wohnen als öffentliches Gut

Wohnen soll ein Grundrecht sein (Krummacher 2011, S. 201; Holm 2013, S. 2). Wohnungslosigkeit gilt in diesem Sozialstaat als Phänomen, dem instrumentell begegnet wird; Wohnungsversorgung ist Teil der Sozialfürsorge (Krummacher 2011, S. 201). Wohnen ist nach Meinung des Autors ein Teil staatlicher Daseinsvorsorge. Auf der anderen Seite ist die Wohnung ein Wirtschaftsgut; Immobilien sind eine wichtige Quelle privater Vermögensbildung. Die Wohnungsversorgung verläuft in einem Spannungsfeld zwischen staatlicher Regulierung und freier Marktwirtschaft. In diesem Beitrag liegt der Fokus auf der staatlichen Aufgabe, der Ausrichtung der Wohnungsversorgung in Großen Siedlungen: Geht es um die Versorgung der sozial oder ökonomisch Benachteiligten oder um die Versorgung breiter Schichten? Es ist völlig egal, wie man die Grenze zieht; ersteres bedarf eines quantitativ weit geringeren Anteils des Wohnungsmarkts für eine begrenzte Gruppe, letzteres betrifft einen substanziellen Teil der Bevölkerung – der Logik des Begriffs folgend: ‚breite Schichten'.

Daraus ergeben sich weitere fundamental verschiedene Sichtweisen auf den Wohnungsmarkt. Ist der Markt grundsätzlich in der Lage, die Bewohner in Stadt und Land mit Wohnraum zu versorgen oder muss, wie in den beiden Nachkriegsperioden in Deutschland geschehen, der Staat massiv eingreifen? Diese Frage steht in Verbindung mit der Debatte um ein Recht auf Wohnen und der Programmatik staatlicher Wohnungspolitik: Während sich die „Weimarer Republik" dafür entschied, Genossenschaften zu unterstützen und sich auf den öffentlichen und kommunalen Wohnbau fokussierte – insbesondere der Artikel 155 der Weimarer Verfassung steht bis heute für die staatliche Sicherung gesunder Wohnverhältnisse (vgl. Holm 2013, S. 2; Kuhnert und Leps 2015, S. 17, Jenkis 2000, S. 179) –, förderte die Bundesrepublik nach 1949 private Eigentümer, unterwarf sie aber strengen Regeln der Wohnraumbereitstellung. Die Wohngemeinnützigkeit wurde 1989 abgeschafft. Nach dem Verständnis einer vorherrschenden neoliberalen Wohnungspolitik sollte in den Folgejahren der Markt die Wohnungsversorgung regeln.

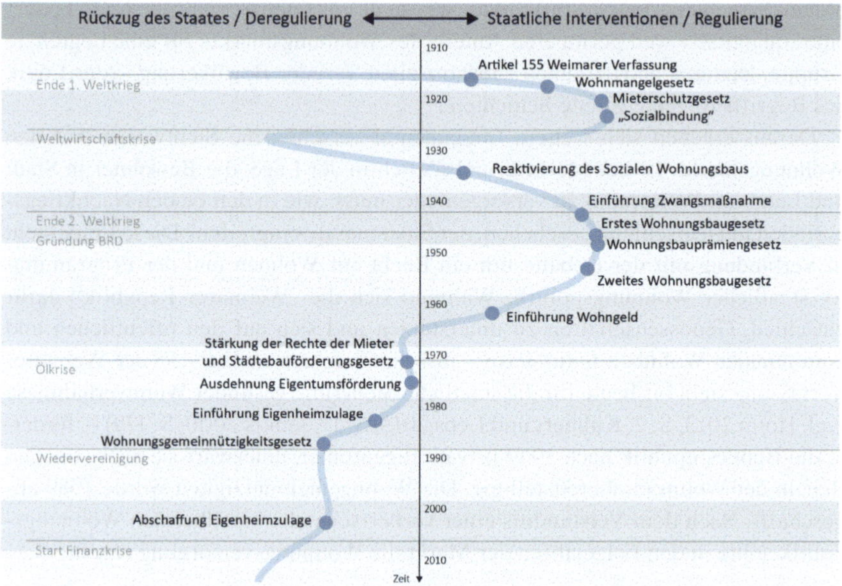

Abbildung 1 Wohnungspolitik im Zeitverlauf. Eigene Darstellung, nach Bauhaus-Universität Weimar (2013b): Soziale Wohnraumversorgung in den wachsenden Metropolregionen Hamburg, Frankfurt-Rhein-Main und München (unveröffentlicht). Planungsprojekt Studiengang Urbanistik. Studierendenreport. Weimar: Bauhaus-Universität Weimar (Grafik auf S. 95).

2 Die Ära des Ausverkaufs 1994–2008: Responsibilisierung und Finanzialisierung

Die Abschaffung der Wohngemeinnützigkeit 1989 ermöglichte es Unternehmen, Renditen oberhalb der zuvor limitierten 4 % zu erwirtschaften. Hier war der Politikwechsel auch Teil des Funktionswandels der großen Wohnungsunternehmen: weniger Sicherstellung der Wohnungsversorgung, mehr aktive und möglichst erfolgreiche Teilnahme am Markt. Andere Ursachen für diesen inzwischen Finanzialisierung der Wohnungswirtschaft genannten Prozess sind nach Heeg (2013, S. 76) der demografische Wandel, die Unterbewertung deutscher Wohnimmobilien im internationalen Vergleich, die Reurbanisierung und inzwischen die Finanzkrise von 2008 (vgl. Voigtländer 2014, S. 20). Aber ebenso wie Heeg möchte ich diesen Wandel in den Kontext des Epochenwandels aus den 1980er

Jahren stellen, sie nennt dies die „Finanzialisierung sozioökonomischer Verhältnisse“ (Heeg 2013, S. 76).

Heeg fasst diesen allgemeinen gesellschaftlichen Prozess unter den Begriff „Responsibilisierung“ zusammen. Zum einen ist damit die Verschiebung vom Arbeitnehmer zum Arbeitskraftunternehmer sowie vom Sparer zum Anleger gemeint (Heeg 2013, S. 80); letztlich bedeutet das dann auch eine steigende Abhängigkeit der Haushalte von Erträgen an den Finanzmärkten, zum Beispiel im Rahmen der kapitalgedeckten Altersvorsorge. Ergo erhöhten jene Institutionen, bei denen deswegen mehr angelegt wurde, ihre eigene Dominanz in internationalen Finanzmärkten: „Eine Finanzialisierung von Immobilie und neue Kapitalsammelstellen verweisen also untrennbar aufeinander“ (Heeg 2013, S. 82).

Wohnungen wurden seit den 1980er Jahren und besonders ab den 2000er Jahren nach und nach zu einem Finanzprodukt. Ursprüngliches politisches Ziel der Entstaatlichung war in den 1980er Jahren das Auslösen eines Investitionsschubs im Wohnungsbau. In der Bundestagsdrucksache 11/2536 vom 21.6.1988 hieß es: „Die Koalitionsfraktionen versprechen sich von der Überführung der gemeinnützigen Wohnungswirtschaft in die Wettbewerbswirtschaft einige deutliche Impulse für die Baukonjunktur und ein größeres Wohnungsangebot in Ballungszentren“ (zitiert in Jenkis 2000, S. 140). Eekhoff (zitiert in Jenkis 2000, S. 139) schreibt: „Der gesamte gemeinnützige Sektor, der fast 25 % aller Mietwohnungen anbietet, wird in die Lage versetzt, aus eigener Kraft am Wohnungsmarkt zu investieren. […] Auf mittlere Sicht wird die allmählich einsetzende Erhöhung des Angebots mietensenkend wirken. Die größere Wahrscheinlichkeit und der verstärkte Wettbewerb kommen letztlich den Mietern zugute.“ Doch abgesehen von einem kurzen Hoch an Baufertigstellungen direkt nach der Wiedervereinigung sollte es noch drei Jahrzehnte dauern, bis man in Deutschland wieder von einem Bauboom sprechen konnte. Ungeachtet der einschneidenden und unvorhersehbaren Veränderungen der Rahmenbedingungen durch den Prozess der Wiedervereinigung erklärt Jenkis (2000, S. 142) das Ausbleiben eines Baubooms unmittelbar nach 1988 mit dem Fehlschluss einiger Ökonomen, die das Investitionsverhalten in der Industrie auf das Investitionsverhalten im Wohnungswesen übertrugen.

Die Wohnungsbestände in Großen Siedlungen (aber nicht nur dort) sind in den letzten 30 Jahren in stattlichen Größenordnungen von der öffentlichen Hand veräußert worden. Dadurch hat sich in mehreren „Häutungsphasen“ ein neues eigenes Teilsegment an wohnungswirtschaftlichen Akteuren herausgebildet, nämlich große institutionelle Eigentümer, welche die Wohnungen als vergleichsweise sicheres und zuverlässig Renditen abwerfendes „Asset“ betrachten. Gerade Staaten mit mindestens teilweise kapitalgedeckten Renten- und Pensionskassen investieren unmittelbar (als Staatsfonds) oder mittelbar (durch Fonds entsprechend dort ansässiger Unternehmen und Versicherungen) in diese Anlageform.

Der Tauschwert dieser Güter überwiegt inzwischen gegenüber dem Gebrauchswert, nicht nur im privatisierten oder schon immer privaten Sektor (Heeg 2013, S. 79, ausführlich hierzu Holm 2013, S. 4 mit Rückgriffen auf Marx). Entscheidend für eine Immobilie ist nur noch bedingt ihre Lage, sondern die Möglichkeit der Verzinsung des in der Immobilie angelegten Kapitals (Bredem et al. 1975, S. 25; zitiert in Holm 2013, S. 4). Dennoch ist die Lage extrem bedeutend, denn von der jüngsten Welle in der Finanzialisierung waren eben doch in erster Linie urbane Ballungsgebiete betroffen, nicht (mehr) der ländliche Raum. Heeg verweist auf Zahlen der Landesbausparkassen, wonach sich 70 % aller von 2009 bis 1202 neu oder gebraucht gekauften Eigenheime und Eigentumswohnungen in Ballungsgebieten befinden. Eine Immobilieninvestition ist nicht mehr vorrangig das Bauen eines Eigenheims, sondern in großem Maße auch der Kauf und Verkauf von Objekten in Städten, einschließlich der Kalkulation der Wertentwicklung und des Wiederverkaufswertes (Heeg 2013, S. 76). Im Mittelpunkt schein also vielfach nicht (mehr) der Gebrauchswert zu stehen, der vor allem mit dem selbstgenutzten Eigenheim konnotiert wird. Da vor allem in Großstädten ein wesentlicher Teil des privaten Kapitals in Immobilien in der Form von Finanzprodukten auf dem Markt ist, darf diese doppelgesichtige Kapitalanlageform nicht unterschätzt werden: Es geht nicht nur um das Geschäft des Vermietens an einem bestimmten Ort; es geht auch darum, Vermögen zu akkumulieren – zu wessen Gunsten auch immer.

Vor allem in Großen Siedlungen fand die Privatisierung statt, dort befinden sich nun die „Assets“, die als ertragreiche Anlage auf den Finanzmärkten gelten. Nichtsdestoweniger gilt es als Konsens, dass sie in irgendeiner Form eine preiswerte Reserve auf dem Wohnungsmarkt darstellen (vgl. z. B. Kompetenzzentrum Großsiedlungen 2015, Harnack 2013, Kil 2012, UFZ/IRS2011, Liebmann 2002). Zwar gelten auch nach der Privatisierung Sozialklauseln, aber die Optimierung der Wohnungsverwaltung (Standardisierung von Prozessen, Outsourcing von Serviceleistungen etc.) und die Optimierung des Wohnungsportfolios werden davon nicht berührt – außerdem laufen alle gängigen Sozialklauseln eines Tages aus. Und wenn man Attraktivität rein an der zahlenmäßigen Nachfrage misst und diese wiederum an kaum noch vorhandenen Leerständen, dann sind in bestimmten Stadtregionen die Großen Siedlungen durchaus nach wie vor äußerst attraktiv. Ergo heißt das – aus finanzwirtschaftlicher Sicht völlig nachvollziehbar –, dass bei nicht-elastischer Nachfrage Spielräume für Ertragssteigerungen bestehen, welche dann wiederum in Finanzmarktprodukte eingepreist werden können, um diese besser auf den Finanzmärkten platzieren zu können – gemeint ist damit deren Performance in Aktienfonds o. ä. Produkten, in welche z. B. Pensionsfonds investieren.

Zentrales Prinzip der institutionellen Eigentümer war die seinerzeit verhältnismäßig geringe Eigenkapitalquote von maximal 15 % bezogen auf die Wertsubstanz der bewirtschafteten Bestände (Holm 2010, S. 392) sowie die unternehmerische Trennung zwischen Eigentum und Bewirtschaftung (Holm 2010, S. 393), wobei es der verkaufenden öffentlichen Hand meist noch gelingt, auf die Bewirtschaftung der Wohnungen nach dem Verkauf Einfluss zu nehmen. In den ersten Jahren bleiben zumeist auch die ehemaligen öffentlichen Unternehmen als solche bestehen. Auch werden Sozialchartas vereinbart, deren Wirkung aber begrenzt ist: „Zwar scheinen sich einige Kommunalpolitiker sehr darüber zu freuen, wenn ihnen die Käufer per Vertrag noch einmal bestätigen, was bereits gesetzlich geregelt ist, …" (Häußermann 2006, S. 163), aber Sozialchartas sind im Wesentlichen – und dafür steht beispielsweise Dresden – ein Beruhigungsmittel (Kofner 2006, S. 5).

Es ist ebenso richtig, wenn festgestellt wird, dass die Mieterschaft insgesamt von der größten der Verkaufswellen um 2005 herum noch nicht so viel spürte (Hausmann 2011, S. 62) und ein Unternehmen wie Fortress/Gagfah ebenso trotz Sozialcharta Mieterhöhungen durchsetzen konnte. Denn vieles in dieser Zeit lief nicht strukturiert ab und unterschiedliche Städte machten unterschiedliche Erfahrungen. Beobachtet werden konnte aber, dass zahlreiche Kommunen durch Privatisierungen (Kofner 2006, S. 5) ihre Schuldenlast deutlich senken wollten. Dresden ist das gelungen, Kiel dagegen nicht (Hausmann 2011, S. 62).

3 Erste Abschätzungen zu den Auswirkungen auf Große Siedlungen

Einer der Gründe, warum die meisten der verkauften Bestände an international agierende Investoren gingen, war die Tatsache, dass man die eher unattraktiven Bestände verkauft hat. Gerade bei den viel stärker vorkommenden Teilverkäufen in den 1990er Jahren gab es in erster Linie nur „Ausländer", die kauften, denn die Bestände wurden von einheimischen Investoren verschmäht bzw. galten als ziemlich unverkäuflich (Holm 2010, S. 392; Häußermann 2006, S. 160, Bernt 2002, S. 14) – und es waren häufig eben die bereits erwähnten Wohnbauten des großmaßstäblichen Siedlungsbaus aus der Nachkriegszeit. Quantitativ fielen so genannte Mieterprivatisierungen (siehe unten) nicht sonderlich ins Gewicht.

Wie hat sich also der Wohnungsbestand in den Großen Siedlungen vor dem Hintergrund der Finanzialisierung ausdifferenziert? Es ist in diesem Zusammenhang notwendig, sich den Unterschied zwischen dem Wohnungsbestand einer Großen Siedlung aus der DDR oder aus der alten BRD klar zu machen. Eine DDR-Platte war, wenn man so will, in der Tradition von Weimar und Wien, preiswerter Wohnraum für breite Schichten. Plattenbauwohnungen sind kein ostdeutscher Typus von Sozialwohnungsbau, sie sind ‚normale' Moderne. Gerade in innerstädtischen Lagen lassen sich Mietpreise in oberen Segmenten erzielen. Dagegen sind viele westdeutsche Große Siedlungen als Sozialwohnungen mit entsprechenden Bindungswirkungen gebaut worden, die nach und nach auslaufen.

Die kommunale und genossenschaftliche Wohnungswirtschaft in Ostdeutschland erkannte früh, dass eine Fokussierung der eigenen Plattenbaubestände auf das unterste ökonomische Segment allein kontraproduktiv sei. Auch in die Platten flossen hohe Mittel zur Sanierung. Gemeinsam mit den Kommunen wurde das Ziel einer sozialen Mischung in den Plattenbaugebieten verfolgt, die eigene – älter werdende – Mieterschaft, war auch treu genug. Also begann man, Plattenbaubestände auszudifferenzieren – und es lag nahe, dies entlang des Sanierungsstandes zu tun. Also entstanden Kategorien, die sich grob in vollsaniert, teilsaniert und unsaniert einteilen ließen (ausführlich hierzu vgl. Hunger et al. in GdW 1998, S. 228). Vollsanierte Platten haben dabei ein dem Neubau vergleichbares Ausstattungsniveau (gerade in energetischer Hinsicht, aber auch was andere Komfortmerkmale des Wohnens betrifft), und teilsanierte Platten sind oft innerhalb der Wohnung recht hochwertig ausgestattet (Küchen/Bäder/Haustechnik). Damit ließen sich gerade in regional entspannten Wohnungsmärkten Mietpreise erzielen, die einerseits in Bezug auf die Qualität der Wohnung moderat sind, aber in Bezug auf die jeweilige Gesamtstadt eher im mittleren bis oberen Bereich des Geschosswohnungsbaus liegen. Die sanierte Platte hatte es geschafft, sich „normal" am Wohnungsmarkt zu behaupten – was vielleicht auch als ein Erfolg des Stadtumbaus Ost angesehen werden kann, der eben nicht nur ein Abrissprogramm war!

Diese Ausdifferenzierung der Wohnungstypen nach Marktsituationen lässt sich für Große Siedlungen allgemein vornehmen:

- Typ A ist dann eine Mittelschichtswohnung, die heute noch als solche genutzt wird, da sie energetisch saniert und heutigen Wohnanforderungen angepasst wurde: ein Typus, der sowohl in Ost wie West möglich ist
- Typ B ist dann eine „frühere Mittelschichts-Wohnung", die nur standardbezogen saniert ist und als preiswerte Wohnraumreserve denkbar ist. Je nach Nachfragesituation kann dieser standardisierte Typ von allen Segmenten nachgefragt werden – auch dies in Ost wie West. Etwaige Belegungsrechte sind nicht zwingend wohnungs- sondern auch block- oder quartiersbezogen denkbar.
- Typ C ist ein ursprünglich westdeutscher Wohnungstyp, die Belegungsregularien unterliegende Sozialwohnung, die daher auch nur als solche nachgefragt werden darf. Solche Wohnungen gab es nur im Westen; im Osten allerdings dort auch, wo nach 1990 Belegungsbindungen auf Wohnungen gelegt

wurden (sowohl Typ A als auch B). Doch die Belegungsbindungen laufen ohnehin früher oder später aus.
- Typ D ist notwendigerweise einzuführen als Wohnung, die durch Minimalinstandhaltung ins unterste Segment gerutscht ist, da sie unterhalb bestimmter Ausstattungsstandards liegt und daher am untersten Segment des Wohnungsmarkts nachgefragt wird, ebenso in Ost wie West denkbar.

Es ist baulich möglich, mit wenig Eingriffen die Wohnungsbestände der Typen A bis C untereinander umzuwandeln oder durch tätiges Unterlassen von Investitionen in Typ D „abrutschen" zu lassen.

4 Die Neuen in der Großen Siedlung

Dieser Abschnitt setzt sich nun mit der Käuferseite auseinander und geht der Frage nach, was diese bewog, so massiv in den deutschen Wohnungsmarkt einzusteigen. Grundsätzlich sind mit den gekauften Beständen Wertsteigerungsstrategien umsetzbar (Häußermann 2006, S. 161; Kofner 2006, S. 5). Es sollen die Potenziale der Immobilienportfolios gehoben werden, dadurch der Wert des Unternehmens gesteigert und durch Verkäufe dann liquide gemacht werden – „Man hält sich an die alte Kaufmannsregel: Buy low sell high!" (Kofner 2006, S. 5). Am Beispiel des damals größten Players in Frankfurt (Deutschen Annington, jetzt Vonovia) zeigt Holm (2010, S. 400) aus urbanistischer Sicht die Konsequenzen auf:

- Selektive Mieterprivatisierung, wo selbst bei einem Verkauf von 10 % unter Marktwert erhebliche Surplus-Einnahmen realisiert werden;
- Ertragssteigerungen der Mieteinnahmen durch konsequente Ausnutzung der erlaubten Mieterhöhungsspielräume;
- Effizientere Bewirtschaftung durch rechnergestütztes Portfoliomanagement, standardisierte Bestandsbewertungsverfahren;
- Ablösung der traditionellen Hausverwaltung durch Facility Management (auch durch effizienteren Personaleinsatz und Outsourcing);
- Verringerung der Leerstandsquoten (hier hat sich eingedenk des Bevölkerungswachstums Frankfurts die Deutsche Annington nicht anstrengen müssen).

Hausmann (2011, S. 70) übernimmt ganz allgemein die Begrifflichkeiten der „Hunter & Dealer" oder „Farmer" (wobei das Ganze auch mit Tiernamen, Stichwort „Heuschrecke" versus „Biene" funktioniert). Dies verweist auf eine Ausdifferenzierung; die Phase der hohen Dynamiken des Kaufens und Verkaufens

(„Heuschrecke,“ „Hunter & Dealer“) ist vorbei. Gerade die größeren Unternehmen setzen auf ein Geschäftsmodell des Haltens der Bestände, da sie hier in die bestandsorientierte Bewirtschaftung der Wohnungsbestände eigenständige, renditeorientierte Geschäftsmodelle einbringen konnten. Erste Hinweise darauf gibt die Portfolioanalyse nach der Boston Consulting Group (Benischke 2004, S. 109ff.).

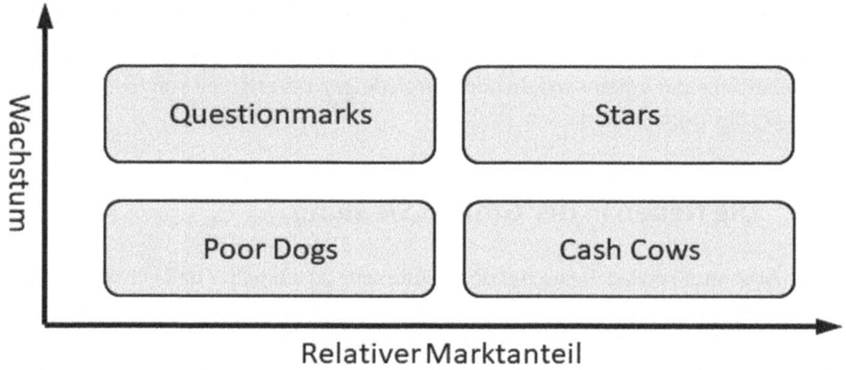

Abbildung 2 Portfoliomatrix der Boston Consulting Group. Eigene Darstellung nach: Benischke, Frank (2004): Stadtumbau aus Sicht der Wohnungswirtschaft. Wohnungswirtschaftliche Konzepte und Portfolio-Analyse im Stadtumbau. In: Roland Schröder (Hg.): Stadtumbau Ost – eine Zwischenbilanz. Berlin: Technische Universität Berlin (ISR-Diskussionsbeiträge, 54), S. 109–119 (Grafik auf S. 114).

Mit Bezug darauf lassen sich für Große Siedlungen dann folgende Ausdifferenzierungen vornehmen: Stars – Question Marks – Cash Cows – Poor Dogs:

Stars – Typ A – sind dann die energetisch sanierten, hochwertig ausgestatteten Wohnungen, die sich mittelschichtsbezogen auch höherpreisig vermieten lassen. Nach bisherigen Erkenntnissen befinden sich Wohnungen diesen Ausstattungsgrads fast nur bei Genossenschaften und kommunalen Wohnungsunternehmen. Genossenschaften und KWU sind in Großen Siedlungen eher geneigt, diese höherwertigen Wohnungen auch zu relativ moderaten Mieten aufgrund einer Bevölkerungsmischungsstrategie anzubieten.

Question Marks – Typ B/C – sind die standardsanierten Wohnungen, die in ihrer jeweiligen Entstehungszeit eher mittelschichtsaffin waren oder ehemalige Sozialwohnungen sind. Hier ist es seitens der institutionalisierten Eigentümer denkbar, dass sie diese Bestände sehr kleinteilig in ihrem Sinne weiterentwickeln. Einiges lässt sich im Rahmen von Mieterprivatisierungen einzeln verkaufen, einiges kann durch Eigeninvestitionen zu „Stars" gemacht werden und einige werden sicherlich zu *Cash Cows* (vgl. nachstehend) heruntergestuft.

Cash Cows – Typ D – sind jener Wohnungstyp, der sich über die Portfolioanalye hinaus einen eigenen Namen gemacht hat – er liefert gute Renditen und kann zur Sicherstellung des eigenen Marktanteils auch gehalten werden. *Cash Cows* sind die tragende Säule des Bestandhaltungsgeschäfts. Allerdings bedeutet das auch, dass die Instandhaltung genau dafür aufgewendet wird, diesen Status zu erhalten oder die Bestände eben in den *Poor-Dog*-Status (vgl. nachstehend) abrutschen zu lassen. Äußerlich können die Grenzen zwischen *Cash Cow* und *Poor Dog* fließend sein.

Poor Dogs – Typ D – sind jene Wohnungen, die aus Sicht des Unternehmens nur eine unbefriedigende Gewinnsituation besitzen. Damit macht man keine Verluste, die Rendite bleibt schlicht unter den Erwartungen. Unternehmen, die weitestgehend über *Poor-Dogs*-Bestände gerade bei entspannter Nachfragesituation verfügen, werden insolvent – und sind dann per se Störfaktoren der Stadtentwicklung (Bezirksamt Marzahn-Hellersdorf 2008, S. 61). Oder anders ausgedrückt: Eigentlich hat es in vielen Großen Siedlungen wahrnehmbare Verbesserungen gegeben (Kompetenzzentrum Großsiedlungen 2015, S. 47), sei es durch das Programm Stadtumbau Ost (in Einzelfällen auch Stadtumbau West) oder die Erneuerungsmaßnahmen der 1980er/West und 1990er/Ost – Erfolge, die nicht leichtfertig wieder verspielt werden sollten und die es durch die Finanzialisierung des Guts Wohnen und deren Handeln auf globalen Finanzmärkten nicht zu verspielen gilt. An jenen kam es häufig zu mehrfachen Verkäufen der *Poor-Dogs*-Bestände, denn irgendjemandem auf dem globalen Markt konnte man ein passendes „Deutschlandportfolio" schon verkaufen und den „Poor Dogs" quasi andere Etiketten anheften. Nach der Logik des „Neuverpackens" und Neuverkaufens von Assets funktioniert ein finanzialisierter Markt (Heeg 2013, S. 91).

5 Die Zwischenerwerber und die neue Rolle ihrer Bestände nach 2003 (Hartz-IV-Reform) – eine Laborsituation

Es gibt also neben den großen – wie Vonovia – viele, meist kleine Unternehmen, deren Bestände man eher als Streubesitz oder als eine Art „Deutschlandportfolio" bezeichnen kann: Irgendwelche Wohnungen in irgendwelchen Städten und Gemeinden, die letzten Endes nur Assets in irgendwelchen Fonds darstellen. Vor Ort bleiben sie dennoch Wohnungen mit einer bestimmten Nachfrage.

Nicht vernachlässigt werden darf als neue Rahmenbedingung überdies die Hartz-IV-Reform 2003, eine der einschneidenden Veränderungen der Sozialsysteme. Die Kosten der Unterkunft (KdU) als Sozialleistungen ermöglichen es, sich bei kleinem oder nicht vorhandenem eigenen Einkommen Mietzahlungen zu leisten – hier übernimmt das „Amt" (in der Regel die Sozialdezernate der Kommunen) die Wohnkosten und zwar entsprechend öffentlich bekannter meist gemeindespezifischer Höchstsätze. Teil dieser Regelungen war auch eine maximal förderfähige Wohnungsgröße, was in der Anfangszeit zu „Härtefällen" führte, in denen Hartz-IV-Empfänger die Auflage bekamen, ein Zimmer in ihrer Plattenbauwohnung zur Nichtnutzung versiegeln zu lassen. Dies stellte einen äußerst absurden Moment in einer zu erwartenden Wanderungsbewegung von Hartz-IV-Haushalten in preiswertere Bestände dar.

Die kommerziellen Eigentümer merkten in den entspannten Wohnungsmärkten – eben meist ostdeutscher Plattenbaugebiete nach 2003 – sehr bald, dass sie sich an den ortsüblichen KdU-Sätzen des neu eingeführten Hartz-IV-Systems orientieren konnten. Den niedrigen Höchstsätzen der Kosten der Unterkunft (KdU) nach § 22 SGB II (sowie: § 35 SGB XII) entsprachen dann auch die Mieten in jenen Häusern. Das war kalkulatorisch zuverlässig und ließ sich später auch in allen anderen Großen Siedlungen – egal ob Ost oder West – anwenden, und zwar unabhängig von der Frage, ob man sich in einem eher angespannten oder entspannten Wohnungsmarkt befand. In ersterem ließen sich bei Minimierung der eigenen Kosten auf dem Niveau von gerade einmal werterhaltenden Investitionen zuverlässige Miethöhen und somit zuverlässige Renditehöhen erzielen. Der zweite Fall entsprach dem, was man aus den Schrumpfungsregionen Ostdeutschland kannte. Letzten Endes gelang es, ein stabiles Verhältnis aus möglichst niedrigen Erhaltungsinvestitionen und kontinuierlich darüber zu veranschlagenden Mieteinnahmen entsprechend örtlicher KdU-Regelung zu sichern: Das „Hartz-IV-Geschäftsmodell" (Diamantis 2013, S. 21, zitiert in Heeg 2013, S. 92) war geboren.

Die Laborsituation Ostdeutschlands nach 2000 ist hierbei nicht zu vernachlässigen. Seit der Einführung von „Hartz IV" werden Bestände, die man perspektivisch im Stadtumbau Ost auch hätte aufgeben können, so gut nachgefragt, dass man erkennen musste, dass es zumindest diesen einen marktkonformen Weg gibt, einkommensschwache Haushalte zu versorgen, nämlich durch transparente KdU-Sätze, an denen sich die Verwalter und Eigentümer sinnvoll orientieren. Die Einnahmen aus den „KdU-Mieten" ermöglichten kalkulatorisch bei geringstmöglicher Instandhaltung immer noch eine Rendite, die den Erwartungshaltungen der kommerziellen Anbieter gerecht wurde. Die Miete wird auch sicher und stetig von der öffentlichen Hand überwiesen. Man muss sich in den einst homogenen Plattenbausiedlungen auch daran gewöhnen, dass sich nicht nur die Wohnungsbestände als solches ausdifferenziert haben, sondern dass sie nun auch unterschiedliche Marktsegmente bedienen. Solange die Minimalinstandhaltung nicht mit einer spür- und sichtbaren Vernachlässigung oder Verfall einhergeht (Stichwort: städtebauliche Missstände), fallen ökonomische Argumente gegen eine solche Verwertung von Wohnimmobilien schwer.

Insgesamt wird nachvollziehbar, dass es zu einer rationalen Entscheidung eines Unternehmens gehören kann, die eigenen Bestände nicht aufzuwerten, sondern *Cash Cows* sein zu lassen. Das wird im Vergleich zu den Aufwertungsstrategien der kommunalen und genossenschaftlichen Unternehmen in der Zeit der Neubauerneuerung (1980er West/1990er Ost) und des Stadtumbaus dann als Desinvestition wahrgenommen. Desinvestition seitens der neuen Eigentümer war bisher das häufigere Phänomen in Großsiedlungen als Aufwertung und Verdrängung (Holm 2010, S. 400, Holm 2014, S. 27), wenn es zu größeren Veränderungen in den Beständen nach der Privatisierung kommt. Das gilt nicht nur für Plattenbauten und deren westdeutsche Pendants. Nach Holm (2014, S. 26) ist die Gefahr der gezielten Vernachlässigung als „Discount-Wohnen" gerade bei den Beständen der 1920er bis 1950er Jahre virulent. Gerade in westdeutschen Städten mag dies eine größere Rolle spielen als in Siedlungen der 1960er bis 1980er Jahre – es kommt jedoch in Beständen aller Zeitepochen vor und hat sogar eine Enquête-Kommission des Landtags NRW beschäftigt (Holm 2014, S. 25, Landtag NRW 2013). Das „Schöne" für Investoren ist, dass mit dem Instrument der REITs (Real Estate Investment Trusts) inzwischen ein Instrument existiert, das dieses Geschäftsmodell finanzökonomisch institutionalisiert (Kofner 2006, S. 11f.). Es handelt sich um ein reines Finanzanlageprodukt, bei dem sich Risiko bzw. Gewinn und Besteuerung auf der Anlegerseite befinden. Meist berührt der Zustand der Immobilien die Verkäuflichkeit des Anlageprodukts nicht.

Den „Immobilientrudelflug" kann man steuern – um in dem Bild zu bleiben –, indem man ein paar Schleifen bei „geringere Einnahmen/gleichbleibende Kosten" dreht, so dass die Einnahmen noch knapp oberhalb der Renditeerwartung des Finanzanlageprodukts – REITs oder Aktien eines Immobilienunternehmens – liegen. Ansonsten steigt man als Investor aus und in ein anderes Finanzanlageprodukt ein. Je größer und damit angenommen diversifizierter ein Immobilienunternehmen ist, desto eher wird es in der Lage sein, diese Schleifen zu halten. Je kleiner, desto eher wird so ein Trudeln auch auf das Finanzprodukt Wohnen durchschlagen – und damit werden die Insolvenzen bei kleineren Unternehmen tendenziell wahrscheinlicher – auch wegen geringerer Diversifizierung der Wohnungsbestände. Bei den kommerziellen Anbietern im Segment des Miet- und Geschosswohnungsbaus gibt es eben nicht nur Großanbieter. Viele Zwischenerwerber der 1990er/2000er Jahre waren Neu- oder Ausgründungen oder besaßen kleine und mittlere Unternehmensgrößen. Zwischenerwerber hatten kein langfristiges immobilienwirtschaftliches Interesse, für sie waren die Wohnungen „nur" Assets in einem mit Gewinn zu veräußernden Portfolio. Und wie überall in der Wirtschaft gibt es Erfolg und Misserfolg im Management.

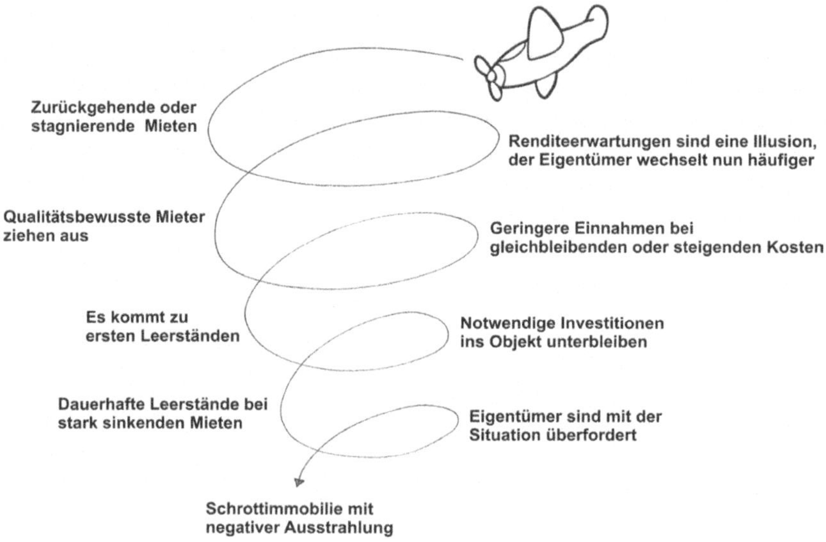

Abbildung 3 Immobilientrudelflug. Entnommen aus: Schmidt, Holger; Vollmer, Maximilian (2012): Der Eigentümer, das unbekannte Wesen? Über die Notwendigkeit der Mobilisierung privater Immobilieneigentümer. In: Raumplanung 164/5–2012, S. 19–23 (Grafik auf S. 20, mit frdl. Genehmigung der Autoren).

Dass die Zwischenerwerber überhaupt so nachhaltig ins Spiel kamen, geht auf die oben bereits angedeutete Fehleinschätzung von Ostdeutschland in den 1990er Jahren zurück. Die öffentlichen und genossenschaftlichen Unternehmen aus DDR-Zeiten mussten, um den Löwenanteil ihrer Altschulden an den Bund abzugeben, einen Teil ihrer Bestände veräußern (Haller 2012, S. 46). Dies sollte vornehmlich durch Einzelprivatisierung der Wohnungen an Mieter geschehen, doch die Mieter waren trotz der auch für bescheidene Einkommen attraktiven Angebote nicht dafür zu gewinnen – jedenfalls nicht massenweise (GdW 1998, S. 209; Kompetenzzentrum Großsiedlungen 2015, S. 61). Auch die angepriesenen Wertsteigerungspotenziale überzeugten nicht. Zudem war kaum ein Unterschied zwischen Mieter und Eigentümer erkennbar (GdW 1998, S. 210), denn die meisten Einzeleigentümer nutzten nachvollziehbarerweise die Angebote der Unternehmen, die Wohnung weiter professionell zu verwalten. Es war schließlich notwendig, aus den Gebäuden keinen „Schweizer Käse" werden zu lassen (Kompetenzzentrum Großsiedlungen 2015, S. 58). Nachdem es nach 1994 den Wohnungsunternehmen erlaubt wurde, an Zwischenerwerber zu verkaufen, kamen sie auch auf die geforderten Verkaufszahlen. Bereits 1996 war bereits knapp die Hälfte der insgesamt verkauften Wohnungen an jene Zwischenerwerber gegangen (GdW 1998, S. 210) – eine erste Welle des Ausverkaufs der zuvor gemeinnützigen Bestände. Ein Beispiel hierfür ist die 1997 gegründete Berliner Prima-Wohnungsgesellschaft (Prima, kurz für Privatisierungsmanagement). Seit 2009 ist die Deutsche Annington (heute Vonovia) deren Eigentümer (Landtag NRW 2013, S. 115).

6 Die Gefahr kleiner Ghettos und der Umgang mit dieser Gefahr

Die Quartiersentwicklung besitzt zwei Seiten: Einerseits entsteht ein (unsaniertes) billiges Segment, welches zumindest quantitativ eine Entlastung gesamtstädtischer Wohnungsmärkte bedeuten kann – sofern die baulichen Mindeststandards eingehalten werden. Andererseits entstehen auf Mikroebene „schlechte Adressen" (Häußermann 2000, Häußermann und Kapphahn 2002), insbesondere wenn man den Cash Cows und Poor Dogs regelrecht ansieht, dass in ihnen „die Ärmeren" wohnen. Und je nach Lage kann dies für andere Anbieter negative externe Effekte bewirken, wie sich am Steilshooper Zentrum in Hamburg nachweisen lässt, das hier nur exemplarisch angeführt werden soll. Das sogenannte Stelzenwohnhaus der Gagfah, das unmittelbar im Zentrum der Siedlung die Gründgensstraße überspannt und stetig verfiel, wurde zu einer negativen Ikone und damit zu einem Symbol für den Verfall der ganzen Siedlung (der natürlich nur für die 28 % der Bestände im Eigentum der Gagfah der Realität entsprach; die Sanierung begann 2016/17).

Doch „funktionale Missstände" auf kleinstem Raum zu finden, gelingt ebenso in vielen Großen Siedlungen – und auch hier bieten ostdeutsche Plattenbausiedlungen nach dem Stadtumbau Ost das ein oder andere lehrreiche Beispiel. Gerade wo erfolgreich rückgebaut wurde, gibt es das Phänomen von Restbeständen übrig gebliebener Wohngebäuden, in die in den gesamten 30–35 Jahre ihrer Existenz nicht investiert wurde, die von armen Haushalten gut belegt sind und durch den – erfolgreich gesteuerten Rückbau – auch quasi von infrastruktureller Versorgung abgeschnitten sind und nun wirklich in eine „ghettoisierte" Randlage gerieten. Dies ist ein krasses, aber nicht allein Stadtumbau-Ost-Gebieten vorbehaltenes Phänomen – hier entstehen, fast lehrbuchartig, mögliche soziale Brennpunkte.

Es geht dabei auch nicht um die Frage, ob die entstandenen (Rest-)Quartiere von Feld und Wiese umgeben sind, wie im exemplarischen Fall Stendal-Süd oder sich innerhalb einer Siedlung durch Rückbaustrategien „innere Peripherien" ergeben, wie in vielen anderen Quartieren der frühen Stadtumbau-Ost-Ära. Zur Erläuterung: Stendal-Süd in Randlage der Stadt wurde fast vollständig rückgebaut, einzig eine Handvoll privatisierter Wohnbauten blieb übrig, wo sich nun u. a. angesichts der lokal unterdurchschnittlichen Mieten benachteiligte Gruppen räumlich ballen. Es ist im Übrigen auch müßig zu überlegen, ob „Große" wie die Vonovia oder die „unbekannten" kleinen privaten Vermieter schlimmer sind. Einerseits „sind [g]anze Stadtquartiere im Ruhrgebiet, die traditionell zu werksverbundenen Wohnungsunternehmen aus dem Montanindustriesektor zählten, [...] an die Deutsche Annington, immeo/FDL und andere Finanzinvestoren veräußert worden. Private Equity Investments befinden sich im Ruhrgebiet vielfach gebündelt in benachteiligten Quartieren." (Landtag NRW 2013, S. 106). Andererseits: „Da die Verkäufe kleinerer, im Kontext der unternehmensinternen Bewertung unattraktiven Portfolien (poor dogs) durch die großen Bestandshalter häufig an kleinere Verwerter führen, kommt es zu einer immer größeren Zersplitterung der Eigentümerstrukturen und bei steigenden Preisen zu einem immer höheren Renditedruck in der Bewirtschaftung. ... [I]nsbesondere die Vertreter der zweiten und dritten Generation, die sog. Reste-Rampe, [gelten] als besonders problematisch (2013, S. 109f.)

7 Ausblick

Abschließend lässt sich konstatieren, dass sich in den vergangenen 15 bis 20 Jahren sowohl aufgrund der Erneuerungsgeschichte der Großen Siedlungen als auch durch die Privatisierungen in der Wohnungswirtschaft ein ausdifferenziertes Angebot an Wohnungsmarktsegmenten herausgebildet hat. Während Große Siedlungen in der fordistischen Zeit vor der Herausforderung standen, eine soziale Mischung bei homogenen Wohnungstypen sicher- oder herzustellen, scheint dies heute einfacher zu sein: unterschiedliche Segmente ziehen unterschiedliche Milieus an. Die unterschiedlichen Segmente halfen auch beim Abbau imagebezogener Vorurteile. Gerade in den ostdeutschen Schwarmstädten lässt sich beobachten, dass die Plattenbausiedlungen dort durchaus auf differenzierte Nachfragegruppen treffen, die nicht ausschließlich aus Preisgründen in der Siedlung wohnen. Insgesamt kann man hier von einer Normalisierung in Bezug auf gesamtstädtische Wohnungsmärkte sprechen; die Große Siedlung ist hier ein akzeptierter Teil des städtischen Wohnungsmarkts.

Nichtsdestoweniger bleibt eine Besonderheit der Großen Siedlungen bestehen: Aufgrund der begrenzten Menge an unterschiedlichen Eigentümern pro Siedlung sind die Aktionen der Eigentümer stark wirksam für die jeweilige Siedlung. Gleichzeitig sind sie in der Lage, bestimmte Produktinnovationen in hohen Skalen am Markt anzubieten und für etwaige Innovationen Skaleneffekte ausnutzen. Das gilt für ganz unterschiedliche Strategien wie den kleinteiligen altenfreundlichen Umbau genauso wie für die kalkulatorische Orientierung an den KdU-Sätzen.

Eine wohnungspolitische Strategie für eine Große Siedlung muss sich also dieser Segmentierung und den Begründungszusammenhängen für einzelne Segmente (wie dem „Hartz-IV-Segment") stellen. Es ist auch eine zu akzeptierende Interpretation des Artikels 14 GG, wenn ein Unternehmen seine Bewirtschaftung so optimiert, dass es Mieten zum jeweils lokalen KdU-Satz anbietet. Unakzeptabel wird eine solche Unternehmensstrategie, wenn sie sichtbar und unsichtbar zu einer Vernachlässigung der Bausubstanz führt. Ebenso ist nichts dagegen einzuwenden, wenn durch Investitionen Bestände in „Stars" verwandelt werden. Gerade die energetische Sanierung der ostdeutschen Plattenbausiedlungen ist nicht nur in klimapolitischer Hinsicht ein Erfolg; die damit verbundenen Erneuerungsmaßnahmen im Innern der Wohnungen haben auch Aufwertungen des „Plattenbaustandards" ermöglicht, was es einigen Unternehmen (hier meist Genossenschaften und kommunalen Unternehmen) ermöglicht hat, mittelschichtsaffine Wohnungsangebote zu unterbreiten – sei es, um Bestandsmieter zu halten oder neue in Großen Siedlungen zu akquirieren. Diese Idee der Aufwertung steht allen Unternehmensformen anheim. Unakzeptabel mag eine solche Strategie erst werden, wenn sich für eine Siedlung nachweisen lässt, dass die Entstehung von „Stars" kausal mit einer Verdrängung einhergeht. Dieser kausale Zusammenhang entstünde, wenn massenwirksam (Skaleneffekte!) aus der sozialen Belegungsbindung fallende Wohnungen ausschließlich unter der Inkaufnahme von Mieterwechsel aufwändig mit dem Ziel der Bildung von „Stars" saniert werden, es also eine nach außen sichtbare Strategie des „Austauschs" von Mieterschichten in einer Siedlung gibt. Entscheidend ist, dass die Maßstäbe sich verschoben haben. Einst gab es in Großen Siedlungen quasi nur Genossenschaften und gemeinnützige Wohnungsunternehmen von Bund, Land und Kommune.

Das führt zu einem zweiten Ausblick. Spezifisch für die gemeinnützige Wohnungswirtschaft sind auch all jene Leistungen, die heutzutage eher holzschnittartig unter den Begriff Stadtrendite – verstanden als ein freiwilliger unternehmerischer Renditeverzicht zugunsten von quartiersbezogenen Aufgaben (Krüger 2019, S. 79) – gefasst werden (vgl. auch Krüger 2019, S. 348f.). Viele öffentliche Unternehmen waren auch die jeweiligen Erbauer einer Siedlung. Für viele Unternehmen insbesondere der kommerziellen Wohnungswirtschaft gibt es dagegen keinen spezifischen Bezug zur Großen Siedlung, geschweige denn zu einer ganz bestimmten Großen Siedlung. Auch die sozialpolitische Programmatik des Siedlungsbaus der Moderne spielt keine Rolle für neue Player mehr. Mit „Neue Heimat" und „Gemeinnützige Aktiengesellschaft für Angestellten-Heimstätten (GAGfAH)" verschwanden nicht nur Namen, sondern auch Unternehmensphilosophien. Jenseits des Experiments, das es mit dem „Housing Improvement District" in Hamburg-Steilshoop gegeben hat – hier wurde mit Umlagebeträgen ein Teil des Freiraums der Siedlung neu gestaltet –, gibt es wenige Beispiele eines Einbringens von privatwirtschaftlichen Ressourcen in (öffentliche) Erneuerungsprozesse. Auch in Dortmund-Scharnhorst hatte sich die noch öffentliche LEG-NRW als Eigentümerin gegenüber der Kommune zur Kooperation mit anderen Wohnungsunternehmen verpflichtet. Die LEG (nun ohne NRW im Namen) blieb auch privatisiert beim Erneuerungsprozess des wohnungswirtschaftlichen Quartiersmanagements dabei. Aber aus dem Einzelfall lässt sich keine Generalisierung schlussfolgern (vgl. Krüger 2019, S. 96ff.).

Wenn private Wohnungsunternehmen keinen Anreiz haben, sich in Großen Siedlungen für Stadtrendite einzusetzen, bleiben also die öffentlichen Wohnungsunternehmen, die aber auf diesem Feld perspektivisch in einen Konflikt geraten. Selbstverständlich ist die Versorgung mit preiswertem Wohnraum eine wichtige Aufgabe für sie, aber je mehr sie dieser nachkommen, desto weniger Stadtrendite-Mittel werden ihnen zur Verfügung stehen, um weitergehende Erwartungshaltungen zu erfüllen. Spannend wird der Moment, wenn den alteingesessenen genossenschaftlichen und öffentlichen Unternehmen in einer Großen Siedlung von kommerzieller Seite sowohl beim Buhlen um Mittelschichtshaushalte als auch im „KdU-Segment" Konkurrenz entsteht (Krüger 2019, S. 309ff.). Bisher ist eher typisch, dass die neuen kommerziellen Unternehmen sich auf die unteren Preisgruppen in einer Großen Siedlung fokussieren. Doch mehr und mehr sind allgemeine Aufwertungsstrategien auch bei diesem neuen Unternehmenstyp festzustellen (in der Praxis meistens durch Verdrängung nach Modernisierung bemerkbar).

Um nicht missverstanden zu werden – es geht dabei nicht darum, wer aus dieser Konkurrenz besser herauskommt, es geht darum, wer zu welchen Bedingungen zum Akteur der Aufwertung bestimmter Wohnblöcke einer Siedlung wird. Sind die öffentlichen Unternehmen und Genossenschaften die Akteure der Aufwertung, so kann aus den erzielbaren Mietsteigerungen eine Stadtrendite erwirtschaftet werden, welche als Ressource dem Quartier insgesamt zugute kommt; und dann, vermittelt durch den Einsatz dieser Ressource in sozialen Infrastrukturen, Nachbarschaftsprojekten im Geiste der Sozialen Stadt o. ä. durchaus jenen Bevökerungsteilen zugute kommen kann, welche in den nicht aufgewerteten Wohnungsblöcken der Siedlung bleiben oder in diese ziehen. Anders ist dies, wenn kommerzielle Unternehmen aufwerten und keine Stadtrendite abschöpfbar ist. Auch wenn es diese Modelle des Abschöpfens gibt; Siedlungen wie Steilshoop und Scharnhorst sind eben Einzelfälle (vgl. Krüger 2019, S. 316ff.).

Daher ist es wohl zielführender, sich auf Basis der neuen Akteursrolle von Unternehmen, allenfalls Bereitsteller preiswerten Wohnraums in einer Großen Siedlung zu sein, damit auseinanderzusetzen, welche Konsequenzen dies für die politisch-planerische Steuerung hat. Es bringt wenig, darüber zu lamentieren, dass heutige private Wohnungsunternehmen anders agieren die traditionellen Eigentümer, die zum Teil auch als Unternehmen gemeinsam mit diesen Siedlungen „wuchsen." Fondsgesellschaften wollen etwas anderes als Genossenschaften und Kommunen. Die Gemeinsamkeit der Vermieter kann allerdings in einem Wunsch nach Stabilität liegen: eine Stabilität der Renditen – egal ob als Stadtrendite, Reinvestition oder Ausschüttung – und eine Stabilität der Vermietungssituation in Großen Siedlungen. Mit Blick hierauf sollten künftig Überlegungen zu planerischen Strategien für Große Siedlungen entwickelt werden.

Literatur

Bezirksamt Marzahn-Hellersdorf (2008). Mehr Qualität durch Beteiligung, Stadtumbaustrategien in Marzahn-Hellersdorf. Berlin.

Benischke, Frank (2004). Stadtumbau aus Sicht der Wohnungswirtschaft. in Schröder, Roland (Hrsg.), Stadtumbau Ost Eine Zwischenbilanz, ISR-Diskussionsbeiträge Nr. 54. Berlin. Technische Universität, S. 109–119.

Bernt, Matthias (2002). Risiken und Nebenwirkungen des Stadtumbaus Ost. UFZ-Diskussionspapiere Nr. 5/2002. Leipzig.

GdW (Hunger, Bernd et al.). (1998). Überforderte Nachbarschaften: zwei sozialwissenschaftliche Studien über Wohnquartiere in den alten und den neuen Bundesländern im Auftrag des Gesamtverbands der Wohnungswirtschaft.

Haller, Christoph (2012). Die Suche nach Entwicklungsperspektiven für schrumpfende Städte und Regionen, Dissertation an der Uni Kassel.

Harnack, Maren (2013). Wie steht es um das Bild der großen Wohnsiedlungen in der Öffentlichkeit? in Kompetenzzentrum Großsiedlungen (Hunger Bernd et al.), Leben in großen Wohnsiedlungen – Soziale Stadt – Stabile Nachbarschaften – Bezahlbares Wohnen. Berlin, S. 36–47.

Häußermann, Hartmut (2006). Marktplatz oder Gemeinwesen? Der politische Inhalt der Verkaufspolitik und die Folgen für die Stadtentwicklung. in vhw-Forum Wohnen und Stadtentwicklung Heft 2/2006, S.159–163.

Häußermann, Hartmut (2000). Die Krise der Sozialen Stadt. in Aus Politik und Zeitgeschichte Bd. 10–11/2000, S. 13–21.

Häußermann, Hartmut und Kapphan, Andreas (2002). Berlin: Von der geteilten zur gespaltenen Stadt? Sozialräumlicher Wandel seit 1990. Wiesbaden: VS-Verlag.

Hausmann, Dierk (2011): Privatisierung kommunaler Wohnungsbestände und ihre Konsequenzen für die Stadtentwicklung am Beispiel von Frankfurt am Main. In: Paul Gans & Hans Nachtkamp (Hrsg.): Soziale Ungleichheit, Segregation und Integration. Mannheim: Lehrstuhl für Wirtschaftsgeographie der Universität Mannheim, S. 61–74.

Heeg, Susanne (2013). Wohnungen als Finanzanlage, Auswirkungen von Responsibilisierung und Finanzialisierung im Bereich des Wohnens. in sub:urban Heft 1/2013, S.75–99.

Holm, Andrej (2014). Wiederkehr der Wohnungsfrage. In: Aus Politik und Zeitgeschichte Heft 20–21/2014, S.25–30.

Holm, Andrej (2013). Wohnen als soziale Infrastruktur. veröffentlicht auf links-netz.de im Januar 2013 (http://links-netz.de/archiv.html (29.09.2017).

Holm, Andrej (2010). Institutionelle Anbieter auf deutschen Wohnungsmärkten, neue Strategien der Wohnungsbewirtschaftung. In: Informationen zur Raumentwicklung Heft 5–6/2010, S. 391–402.

Jenkis, Helmut (2000). Die gemeinnützige Wohnungswirtschaft im Widerstreit der Interessen und Meinungen. Eine kommentierte Dokumentation zur Aufhebung des Wohnungsgemeinnützigkeitsgesetzes, Zeitschrift für öffentliche und gemeinwirtschaftliche Unternehmen zugleich Organ der Gesellschaft für öffentliche Wirtschaft Beiheft 26/2000. Baden-Baden: Nomos-Verlag.

Kil, Wolfgang (2012). Wie steht es um das Bild der großen Wohnsiedlungen in der Öffentlichkeit? in Kompetenzzentrum Großsiedlungen (Hunger Bernd et al.), Klimaschutz und Energiewende – Potenzial der großen Wohnsiedlungen. Berlin, S. 46–57.

Kofner, Stefan (2006). Alternativen zur Wohnraumprivatisierung durch Private Equity und REITs, Gemeinnützige Wohnungsunternehmen, Housing Investment Trusts und steuerbegünstigte Pfandbriefe. Zittau.

Kompetenzzentrum Großsiedlungen (Hunger, Bernd et al.) (2017). Prinzipien für den Bau neuer Wohnsiedlungen. Berlin.

Kompetenzzentrum Großsiedlungen (Hunger, Bernd et al.). (2015). Perspektiven großer Wohnsiedlungen [Studie Weiterentwicklung großer Wohnsiedlungen im Auftrag des GdW und des Hauptverbands der Deutschen Bauindustrie]. Berlin.

Krüger, Arvid (2019): Neue Steuerungsmodelle in der Stadterneuerung und daraus folgende Anforderungen an die Städtebauförderung, die Kommunen und die gemeinnützige Wohnungswirtschaft. Dissertation an der Fakultät Architektur und Urbanistik der Bauhaus-Universität Weimar (Disputation: Dezember 2018); im Erscheinen.

Krummacher, Michael (2011). Kommunale Wohnungspolitik. in Heinz-Jürgen Dahme und Norbert Wohlfahrt (Hrsg.), Handbuch kommunale Sozialpolitik. Wiesbaden: VS-Verlag, S. 201–214.

Kuhnert, Jan & Leps, Olof (2015). Neue Wohnungsgemeinnützigkeit, Wege zu langfristig preiswertem und zukunftsgerechtem Wohnraum, Studie im Auftrag der Bundestagsfraktion Bündnis 90/Die Grünen. Berlin/Hannover.

Landtag NRW (2013). Enquetekommission Wohnungswirtschaftlicher Wandel und neue Finanzinvestoren auf den Wohnungsmärkten in NRW, Abschlussbericht als Drucksache 16/2299 vom 25.02.2013. Düsseldorf.

Liebmann, Heike (2002). Zwischen Gestern und Morgen: Perspektive der Großsiedlungen in Ostmitteleuropa vor dem Hintergrund aktueller Tendenzen der Stadtentwicklung. in Hannemann, Christine & Kabisch, Sigrun (Hrsg.), Neue Länder – neue Sitten? Transformationsprozesse in Städten und Regionen Ostdeutschlands. Berlin: Schelzky und Jeep, S.144–162.

Metzger, Joscha & Schipper, Sebastian (2017): Postneoliberale Strategien für bezahlbaren Wohnraum? Aktuelle wohnungspolitische Ansätze in Frankfurt am Main und Hamburg. In: Barbara Schönig, Justin Kadi & Sebastian Schipper (Hg.). Wohnraum für alle?! Perspektiven auf Planung, Politik und Architektur. Bielefeld: transcript, S. 181–212.

Müller, Nicola (2005). Private Eigentümer am Wohnungsmarkt. In: RaumPlanung Heft 122/2005, S. 197–202.

Örtl, Maximilian (2016). Das Quartier Gotha-West. Wohnungsunternehmen als Akteure der (integrierten) Stadtteilentwicklung, (prämierte) Bachelor-Thesis an der Bauhaus-Universität Weimar (unveröffentlicht). Weimar.

Piketty, Thomas (2014). Das Kapital im 21. Jahrhundert. München: Beck.

Schmidt, Holger & Vollmer, Maximilian (Hg.). (2017). Fokus Wohnungsleerstand. Ausmaß, Wahrnehmung, kommunale Reaktionen. Ludwigsburg: Wüstenrot Stiftung.

Schmidt, Holger & Vollmer, Maximilian (2012). Der Eigentümer das unbekannte Wesen? Über die Notwendigkeit der Mobilisierung privater Immobilieneigentümer. In: RaumPlanung Heft 164/5–2012, S.19–239.

Voigtländer, Michael (2014). Herausforderungen der Wohnungspolitik. In: Aus Politik und Zeitgeschichte Heft 20–21/2014, S.19–24.

UFZ/IRS (2011). White Paper Zukunftschancen ostdeutscher Großwohnsiedlungen – Vorrangiger Forschungsbedarf http://www.ufz.de/export/data/2/100271_White_Paper_final.pdf (29.09.2017).

Stadtumbau und Kultur

Neue Zugänge zur Vermittlung von städtischen Umbauprozessen

Thomas Fischer

Zusammenfassung

Gerade in schrumpfenden Kommunen erscheint es als besonders wichtig, die Realität des Schrumpfens, die damit verbundenen *Verlusterfahrungen* und notwendigen städtischen Umbauprozesse mit anderen Mitteln und über neue Zugänge besser verständlich zu machen und Betroffene zu aktivieren. In letzter Zeit werden hierfür vermehrt auch *künstlerische Ausdrucksformen* genutzt. Basierend auf eigenen Erfahrungen des Autors ist es zentrales Anliegen des Beitrags, den Gegenstand solcher *kulturellen Prozesse im Stadtumbau* als Forschungsgegenstand aufzurufen und genauer zu untersuchen. Eine deutschlandweite *Befragung der Stadtumbaukommunen* liefert erstmals statistisches Material zum Thema, das dann in *vier vertiefenden Fallstudien* anschaulich wird. Für die Planungspraxis werden mögliche *Aktionsfelder* katalogisiert und *Anwendungsprinzipien* abgeleitet. Am Ende wird deutlich, dass Kunst und Kultur nicht schmückendes Beiwerk der Planung sondern ein eigenständiger Bestandteil im Stadtumbauprozess sein können.

U. Altrock et al. (Hrsg.), *Programmatik der Stadterneuerung*, Jahrbuch Stadterneuerung, https://doi.org/10.1007/978-3-658-26765-0_3

Immer öfter zeigt sich in der Planungspraxis ein erhebliches Defizit bei der Vermittlung planerischer Inhalte. Gerade für die komplexen Zusammenhänge der Stadterneuerung und des Stadtumbaus ist es besonders wichtig, diese mit anderen Mitteln und über neue Zugänge leichter verständlich zu machen. In letzter Zeit werden vermehrt dazu auch künstlerische Ausdrucksformen genutzt. Im Rahmen meiner Dissertation zum Thema Stadtumbau und Kultur habe ich diese Aspekte genauer untersucht. Im Beitrag werden die zentralen Erkenntnisse der Forschungsarbeit vorgestellt, im wissenschaftlichen Kontext platziert und beschrieben. Neben zentralen Wandlungsprozessen in der städtischen Gesellschaft, Begriffsbestimmungen und Definitionen beinhaltet der Aufriss Erkenntnisse aus einer empirischen Befragung der Stadtumbaukommunen und den daraus abgeleiteten Untersuchungen vier vertiefender Fallstudien. Darüber hinaus wird kurz auch ein Vorschlag zur Systematisierung in Form eines Kataloges möglicher Aktionsfelder (z.B. *Ausstellungs-Kultur, Festival-Kultur, UrbanArt-Kultur etc.)* unterbreitet. Ferner werden die vier entscheidenden Hauptakteursgruppen (Bund/Länder, Kommunen, Zivilgesellschaft, Kulturschaffende) für die Anwendungspraxis identifiziert und deren Einflussmöglichkeiten skizziert. Am Ende stehen zwölf Grundprinzipien als Handlungsempfehlungen für den Planungsalltag.

Inhaltlich greift der Beitrag gleich mehre Schwerpunktthemen vorausgegangener Ausgaben des Jahrbuchs Stadterneuerung auf. So plädiert Anja Nelle in ihrem Beitrag „Stadtumbau Ost in innerstädtischen Altstadtquartieren" aus dem Jahrbuch 2012 für „eine neue Offenheit der Politik für experimentelle Erneuerungsansätze". Darüber hinaus stellt sie fest: „Die Stadtentwicklungspolitik des Bundes und der Länder sowie die Praxis in einigen Stadtumbaukommunen lassen sich zunehmend auf die Förderung von innovativen Ansätzen, Initiativen und Netzwerken ein" (Nelle 2012, S. 170). Im Jahrbuch Stadterneuerung 2013 macht Holger Schmidt in seinem Beitrag „Stadtumbau braucht neue Behutsamkeit" im Hinblick auf die Stadtumbaupraxis deutlich: „Die öffentliche Hand ist künftig immer mehr als Ermöglicher und Unterstützer, (sic!) denn als allwissende Planungsinstitution gefragt. Ganz wichtig ist eine offene und transparente Vermittlung des Stadtumbauprozesses" (Schmidt, H. 2013, S. 124f). Schließlich wird auch im Beitrag „Jugendbauten – neue Potentiale für Quartiere" von Siri Frech im Jahrbuch Stadterneuerung 2014/2015 deutlich, welche Energie und Reserven über kulturelle Projekte für die Stadtentwicklung mobilisiert werden können (Frech 2014, S. 115–131).

1 Theorie: Wandlungsprozesse

Theoretische Grundlage der Forschungsarbeit bilden vier sich gegenseitig überlagernde Wandlungsprozesse in der Stadt, in der Kultur sowie zwischen Bürgerschaft und Planung. Genau diese Wandlungsprozesse sind es, die das klassische Planungsgeschehen mit seinem tradierten Instrumentenkasten und den eingespielten Abläufen zunehmend an seine Grenzen stoßen lassen.

Eine Vielzahl an Einflussfaktoren bewirkt einen steten Wandel der *Städte* und beeinflusst deren Entwicklung nachhaltig. Neben allgemeinen Tendenzen wie Globalisierung, Klimawandel, digitale Vernetzung und neue Mobilitätsformen sind dies für schrumpfende Städte vor allem demografische Einflüsse, eine veränderte Arbeitswelt, die Individualisierung der Lebensstile sowie der Städtewettbewerb. Festzustellen ist, dass besonders schrumpfende Städte aktiv auf den Veränderungsdruck reagieren müssen. Da diese Veränderungen unmittelbar in den Alltag der Menschen eingreifen, ist es dabei wichtig, die Realität des Schrumpfens und die damit verbundenen Verlusterfahrungen bewusst wahrzunehmen und anzuerkennen. Denn erst danach können neue Perspektiven für die betroffenen Standorte entwickelt werden.

Aber nicht nur die Städte sind im Wandel – auch die *Bürgerschaft* selbst ist in Bewegung. Die Neudefinition von Demokratieverständnis und Mitbestimmung verändert auch die Erwartungshaltung der zivilgesellschaftlichen Akteure im Stadtumbau. Wachsende Teile der Bürgerschaft emanzipieren sich vom etablierten Obrigkeitsdenken. Sie fordern nicht nur einen fairen Umgang auf Augenhöhe, sondern auch mehr direkte Einflussmöglichkeiten auf Entscheidungen. Man schaut genauer hin, auf das, was in der eigenen Stadt passiert, man protestiert und diskutiert öffentlich. Die neuen modernen Kommunikationswege und sozialen Netzwerke beschleunigen den „Bürgerwandel“ noch zusätzlich. Es kommt so zu einer Neuorientierung und Neuorganisation der städtischen Bürgergesellschaft.

Parallel zu diesen Veränderungen wandelt sich auch die Kultur. Genauer gesagt, das Verhältnis zwischen Stadt und Kultur verändert sich – es wird offener. Der Stadtumbau öffnet hierzu die passenden urbanen Freiräume für die freie Kunst- und Kulturszene. Zudem verlässt die Kultur ihrerseits zunehmend ihre etablierten Orte (Theater, Museen, Konzerthäuser) und sucht sich temporäre, öffentlich zugängliche Raumsituationen – wie z.B. eine U-Bahnstation zwischen Mülheim/Ruhr und Essen, die 2009–2010 temporär zum Spielort der sogenannten Eichbauoper wurde. Dokumentiert und diskutiert wurden diese Tendenzen u.a. auch beim großen Ausstellungsprojekt KULTUR:STADT der Akademie der Künste in Berlin 2013 oder im Zukunftslabor Kunst und Stadtentwicklung während der IBA Hamburg 2012. Das Kompetenzzentrum für Kultur- und Kreativwirtschaft des Bundes in Berlin bestätigt, dass eine solche wechselseitige Stimulierung zwischen Kultur und Stadt auch nachhaltige wirtschaftliche Anstoßeffekte auslöst (vgl. Gespräch Rost/Kober 2013). Es zeigt sich, Stadt und Kultur bewegen sich offen und bewusst aufeinander zu.

Auch die *Planung* selbst muss sich vor dem Hintergrund dieser Veränderungen weiter wandeln. Dabei stößt das klassische Planungsgeschehen mit seinen gewohnten Abläufen (Planung > Bürgerinfo > Umsetzung) und den informellen wie formellen Instrumenten mehr und mehr an seine Grenzen. In Zusammenarbeit mit dem Leibniz-Institut für ökologische Raumentwicklung (IÖR) Dresden entwickelte die „Bertelsmann Stiftung" vor einigen Jahren (2008) einen Strategiezyklus für die Gestaltung des demographischen Wandels auf kommunaler Ebene. Im Kern geht es darum, Stadtentwicklungsprozesse mehr als bisher akteursbezogen und ressortübergreifend zu gestalten. Gerade in den letzten Jahren werden demzufolge auch neue Modelle wie beispielsweise die „Selbstgemachte Stadt", der „Informelle Urbanismus" (BBSR 2014) oder der „Do-It-Yourself-Urbanismus" (2014) kontrovers diskutiert.

Dabei kommt der Kommunikation und Vermittlung gerade bei Stadtumbaumaßnahmen eine immer zentralere Rolle zu. Die Menschen wollen zu Recht verstehen, warum, wann und wo zum Beispiel Rückbau- bzw. Umbaumaßnahmen notwendig sind und was danach folgt. In diesem Sinne können die Planungsbeteiligten z.B. kulturelle Prozesse auch nutzen, um die komplexen Zusammenhänge des Stadtumbaus besser und verständlicher zu vermitteln. Die Gefahr, dass Partizipation zu reinem Entertainment verkommt – Klaus Selle spricht in diesem Zusammenhang von „Particitainment" (vgl. Selle 2014) – gilt es dabei zu vermeiden. Kurzum, neben der klassischen Planung braucht es mehr und verstärkt eine Kultur des Dialogs.

Ein Blick auf die *Akteurskonstellation* in der Stadterneuerung zeigt: Drei wesentliche Akteure nehmen entscheidenden Einfluss. *Erstens* üben der Staat bzw. die Kommune administrative und hoheitliche Gewalt aus. *Zweitens* verfolgen die Marktakteure zumeist ein kommerzielles Interesse. *Drittens* schließlich die Bürger- und Zivilgesellschaft, die u.a. vermehrt eine soziokulturelle Mitbestimmung einfordert. Den Eigentümern kommt gerade in der Stadterneuerung eine Schlüsselrolle zu, sie sind sehr verschieden und verfolgen oft sehr unterschiedlichen Interessen. Zudem treten sie sowohl als Marktakteure aber (durch ihre Bindung an das Quartier) auch als Teil der Zivilgesellschaft auf.

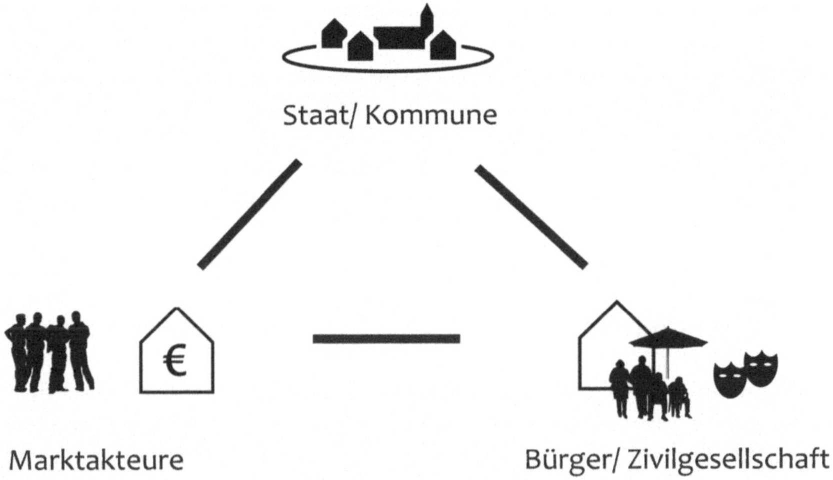

Abbildung 1 Akteurskonstellation in der Stadterneuerung (Fischer 2015)

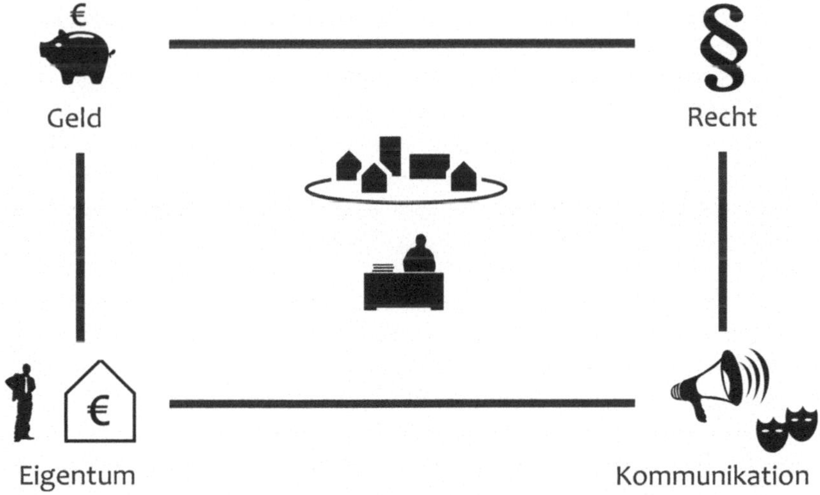

Abbildung 2 Steuerungsmöglichkeiten in der Stadterneuerung (Fischer 2015)

Zur Steuerung und Anregung von Stadterneuerungs- bzw. Stadtumbauprozessen stehen der Kommune als Rahmen vier zentrale Instrumente zur Verfügung: *Erstens* Geld, das heißt, private wie öffentliche Investitionen oder Förderung. *Zweitens* rechtliche Instrumente wie z. B. das besondere Städtebaurecht. *Drittens* die Frage des Eigentums – hierbei ist insbesondere die Eigentümer-Objekt-Konstellation zu beachten. Und schließlich *viertens* die Kommunikation – im Sinne der gezielten Vermittlung von Veränderungsprozessen. Und genau hier können kulturelle Prozesse wirken.

2 Kommunikation und Kultur in der Stadterneuerung

Der **Kommunikation** und Vermittlung kommt dabei gerade bei Stadtumbau- bzw. Stadterneuerungsmaßnahmen eine immer zentralere Rolle zu. In diesem Sinne können die Planungsbeteiligten kulturelle Prozesse nutzen, um Stadterneuerung bzw. Stadtumbaumaßnahmen besser und verständlicher zu vermitteln. Denn angesichts der skizzierten gesellschaftlichen Veränderungen gewinnen neue Akteure und Disziplinen mit kulturellen Zugängen zunehmend an Einfluss in der Stadterneuerung bzw. im Stadtumbau. Dadurch wird der administrativ-hoheitliche Planungs-, Beteiligungs- und Umsetzungsprozess auch zu einem kulturellen Prozess. Künstler und Kulturschaffende selbst sind jedoch keine eigenständigen Stadtentwickler. Sie können vielmehr einen wichtigen Beitrag dazu leisten, komplexe Stadtentwicklungsprozesse verständlicher zu machen.

Vor diesem Hintergrund lassen sich *kulturelle Prozesse* definieren als öffentlich wirksame, künstlerische Aktivitäten mit kommunikativem, wirtschaftlichem und/oder geistig-kulturellem Potenzial, welche für die Belange des Stadtumbaus/ Stadterneuerung als besonderer Form der Stadtentwicklung eingesetzt werden können.

Auch Uwe Altrock verweist darauf das kulturelle Prozesse als „performative Ansätze" in der Planung, das planerische Repertoire sinnfällig ergänzen, indem sie die Voraussetzungen für erfolgreiche beteiligungsorientierte Planung schaffen können (Altrock 2014, S.31). Kulturelle Prozesse sind somit nach Auffassung des Autors: ein kommunikativer Bestandteil der Beteiligung.

Bei der Beteiligung gibt es jedoch ein zentrales Dilemma, welches als Partizipationsparadox (vgl. Schmidt, J. 2013) bezeichnet wird. Danach entwickeln sich bei Planungsprozessen Einflussmöglichkeit und Aufmerksamkeit entgegengesetzt zueinander (→ Abb. 3). Dieses offensichtliche Dilemma ist eine wesentliche Ursache für den wachsenden Unmut vor allem auf der Ebene der Bürgerschaft, aber auch bei Planern, Verwaltung und politisch Verantwortlichen. Der

Aufruf zu mehr Beteiligung wird in der Planungspraxis zwar inzwischen gehört, doch ist deren qualifizierte Umsetzung in der Praxis noch nicht alltäglich.

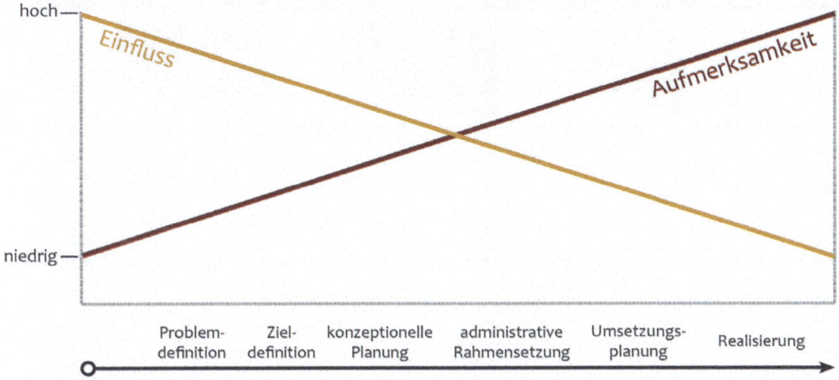

Abbildung 3 Partizipationsparadoxon (Fischer 2015, S. 85)

Ableitung Modellzyklus

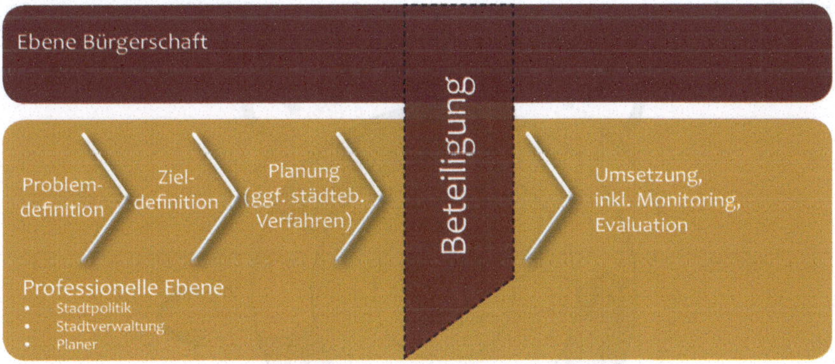

Abbildung 4a Modifiziertes Modell fürsorgender Planung und Information (Fischer 2015, S. 87)

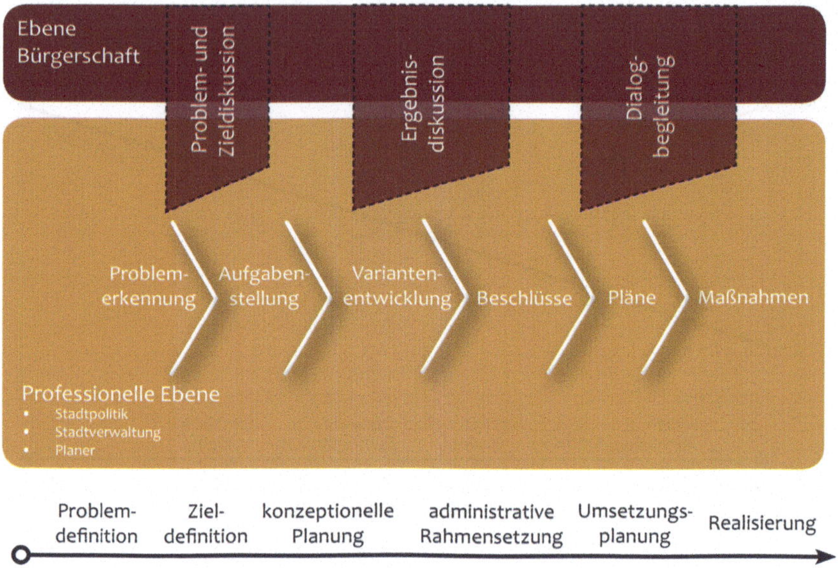

Abbildung 4b Dialogisches Beteiligungsmodell (Fischer 2015, S. 88)

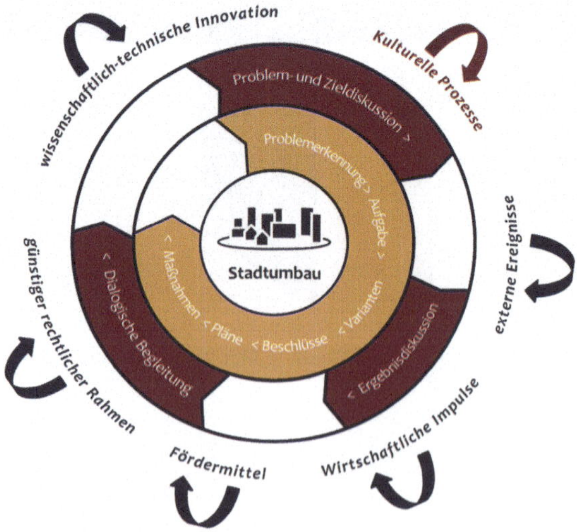

Abbildung 4c Externe Triebkräfte die auf den zyklischen Stadtumbauprozess wirken (Fischer 2015, S. 90)

Begünstigt wird dieses Dilemma auch dadurch, dass viele Kommunen noch immer am bewährten *Modell der fürsorgenden Planung* festgehalten, in welcher die Beteiligung im Wesentlichen zumeist zentral auf die Informationsvermittlung zwischen Planungs- und Umsetzungsphase reduziert ist (➔ Abb. 4a). Die Bürgerschaft soll weiterhin darauf vertrauen, dass die Fachleute zusammen mit den gewählten Volksvertretern fürsorgend richtig planen. Im Konfliktfall kann der Informationspunkt aber für beide Seiten schnell zum Frustrationspunkt werden. Denn bei auftretenden Konflikten fühlen sich die Einen durch die späte Information übergangen, und die Anderen trauern dem verschenkten Planungsaufwand nach. Auch eine Modifizierung dieses Modells in Form von transparenteren Planungsschritten bewirkt wenig, da sie eher nach innen auf Stadtpolitik und Gremien als an die zivilgesellschaftlichen Akteure gerichtet ist.

Einige Kommunen sind da bereits weiter und machen mit einem *dialogischen Beteiligungsmodell* gute Erfahrungen. Dabei gibt es während des gesamten Prozessverlaufes (d.h. von der Problem- und Zieldefinition über die konzeptionelle Planung, die administrative Rahmensetzung, bis hin zur Umsetzungsplanung und Realisierung), im Wechsel verschiedene Formen des Dialogs und der Mitwirkung (➔ Abb. 4b). Der Dialog bleibt aber auch über die Realisierung hinaus erhalten, da im Sinne der fortwährenden Entwicklung einer Stadt der lineare Planungsprozess auch als zyklischer angesehen werden kann. Denn nach dem Ende der Realisierung mag zwar die konkrete Planung abgeschlossen, die Gebietsentwicklung ist es jedoch nicht. Sie setzt sich fort und damit beginnt nach einer mehr oder weniger langen Ruhephase auch die Planung wieder von neuem.

Auf den Zyklus wirken von außen verschiedene *externe Triebkräfte als Impulsgeber* ein. Neben externen Ereignissen, wirtschaftlichen Impulsen, Fördermitteln sowie günstigen rechtlichen Rahmenbedingungen oder wissenschaftlich-technischen Innovationen können diese nach Auffassung des Autors auch kulturellen Prozesse sein (➔ Abb. 4c).

Dabei sind drei Wirkungsdimensionen erkennbar: *Erstens* kann über kulturelle Prozesse die Aufmerksamkeit von bisher passiven Akteuren geweckt und können letztere dadurch auch aktiviert werden, *zweitens* können kulturelle Prozesse als Transportmittel für bestimmte Inhalte dienen und diese auf neue Weise vermitteln und *drittens* gibt es umgekehrt Rückmeldung und Reflexion darüber, welche Anliegen, Meinungsbilder und Ideen die Akteure selbst einbringen wollen. Die drei genannten Wirkungsdimensionen kultureller Prozesse (Aufmerksamkeit, Inhalt, Reflexion) treten innerhalb des Prozessverlaufes in unterschiedlicher Intensität auf bzw. haben einen unterschiedlichen Wirksamkeitsgrad. Entscheidend im Hinblick auf die Wirkung ist allerdings auch der Zeitpunkt, an dem sie in den Prozessablauf eingestellt werden. Es steht die These, dass gezielt eingesetzt sich die dialogische

Beteiligung bereits überaus positiv auf die Bilanz des Aufmerksamkeits-Einfluss-Dilemmas auswirkt. Davon ausgehend bleibt festzustellen, dass diese Werte durch kulturelle Prozesse noch weiter gesteigert werden können. Da der Einsatz kultureller Impulse jedoch weder personell noch materiell dauerhaft möglich ist, sollten diese Impulse zielgenau an den Punkten konzentriert werden, an denen es auch etwas zu entscheiden gibt und wo demnach ein Dialog auch sinnvoll ist.

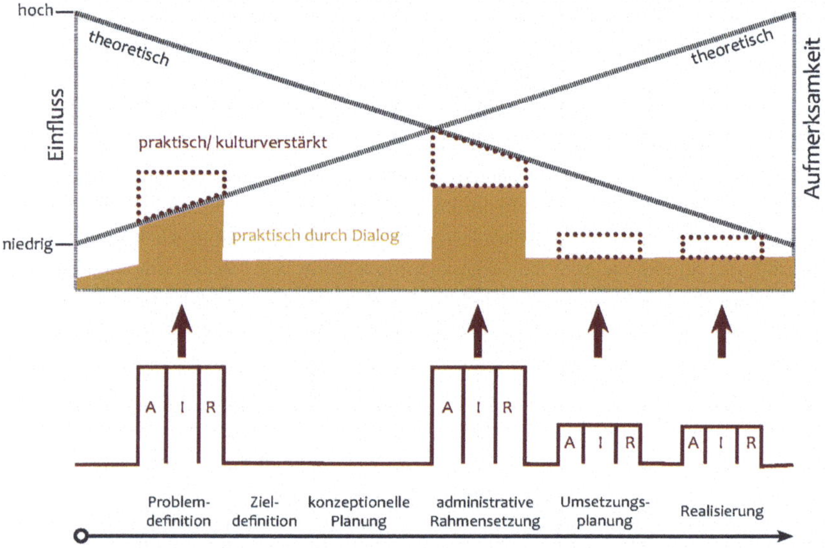

Abbildung 5 Wirkungsdimensionen und Wirkungspunkte kultureller Prozesse (Fischer 2015, S. 92)

3 Befragung der Stadtumbaukommunen

Um diese Triebkräfte und Wirkungsdimensionen zu identifizieren und genauer zu analysieren, ist ein Blick in die **Planungspraxis** erforderlich. Bei genauerer Betrachtung wurde deutlich, dass die Suche nach aussagekräftigen Beispielen kultureller Prozesse im Stadtumbau sehr aufwendig und mühsam ist, da es bisher weder eine einheitliche Erfassung noch eine systematische Einordnung gibt.

Obwohl seit einigen Jahren vermehrt die Nutzung kultureller Vermittlungsprozesse etwa im Rahmen von Internationalen Bauausstellungen z.B. in Dessau (IBA-Stadtumbau 2010) oder in Wilhelmsburg (IBA-Hamburg) zu verzeichnen ist, bleibt das Thema in der aktuellen Förderpraxis nur wenig ausgeprägt. Aus diesen Gründen erfolgte im Rahmen des Forschungsvorhabens eine schriftliche Befragung der Stadtumbaukommunen in Ost und West zum Thema: *Kulturelle Interventionen im Stadtumbau* ergänzt. Dies erfolgte in enger Kooperation mit den beiden Bundestransferstellen Stadtumbau Ost und Stadtumbau West.

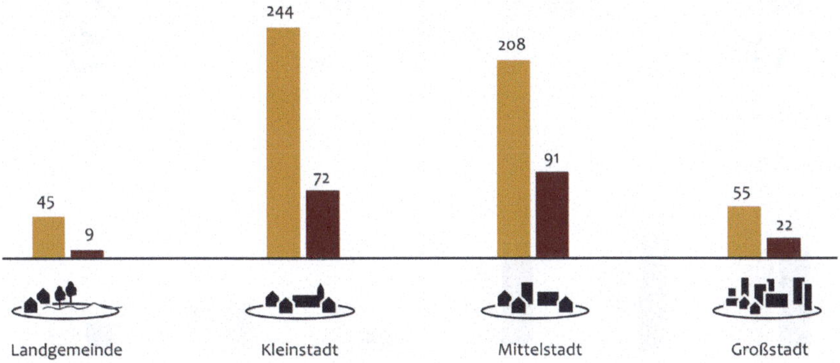

Abbildung 6 Rücklauf Befragung der Stadtumbaukommunen (Fischer 2015, S. 101)

Dabei war die Rücklaufquote mit durchschnittlich 35 % in Ost und West überaus erfreulich. Die überwiegend positive Resonanz zeigt, dass kulturelle Prozesse zwar noch nicht flächendeckend als strategisches Instrument in der Stadtentwicklung eingesetzt werden, aber das Thema ganz offensichtlich in den Kommunen angekommen ist. Im Detail werden auch Auffälligkeiten sichtbar – so sind z. B. die Rückläufe in Sachsen-Anhalt (ASL, DE, HAL, KÖT) und Hessen (Eschwege, Wanfried) mit ca. 50 % überdurchschnittlich hoch – vermutlich ist dies mit der IBA-Stadtumbau 2010 bzw. mit der Arbeit der Hessenagentur zu erklären.

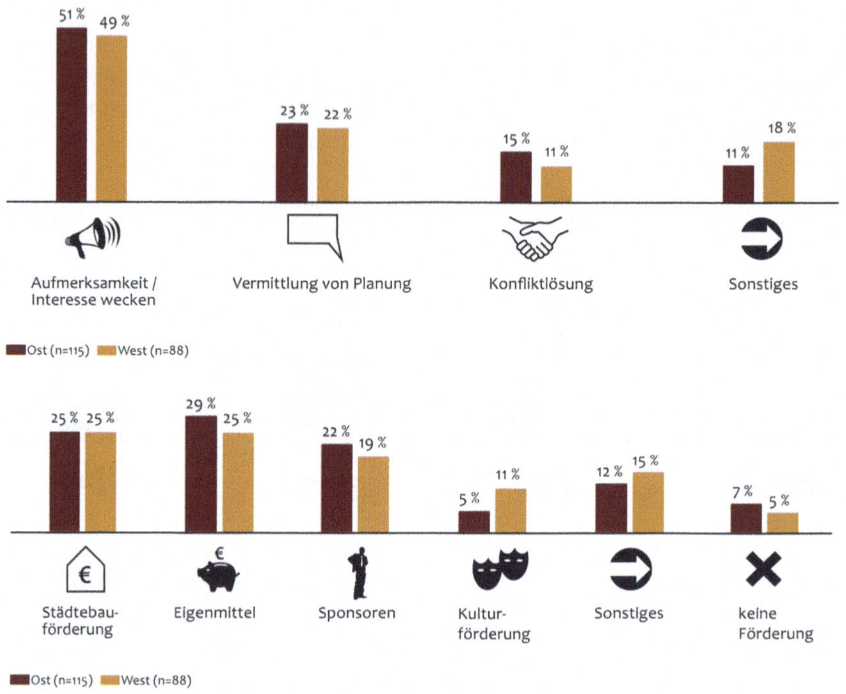

Abbildung 7a-b Anlass/Grund und Finanzierung kultureller Prozesse in den Stadtumbaukommunen (Fischer 2015, S. 102)

Einige Ergebnisse der Befragung seien hier kurz erwähnt:

Auf die Frage nach dem *Anlass/Grund* zeigt die Grafik (→ Abb. 7a), dass kulturelle Prozesse vor allem dazu genutzt werden um Aufmerksamkeit und Interesse zu wecken, außerdem werden sie in vielen Kommunen als wertvolle Übersetzungs- und Vermittlungshilfe angesehen.

Auf die Frage nach dem *Turnus* ist bemerkenswert, dass immerhin zwei Drittel der Impulse nicht als einmaliger Event verstanden werden, sondern zu festen Zeiten bzw. in einem festen Turnus stattfinden – was wiederum auf eine gewisse Verstetigung kultureller Prozesse hinweist.

Bei der Frage nach der *Finanzierung/Förderung* (→Abb. 7b) ist der relativ hohe Eigenanteil auffällig. Bei der Städtebauförderung (25 %) kamen aufgrund der unklaren Fördermodalitäten weniger Stadtumbaumittel, sondern eher aus der sozialen Stadt oder den Programmen zugeordneten Verfügungsfonds zum Einsatz.

Insgesamt sind die Initiatoren offenbar gezwungen, kreativ im Einwerben und in der Beschaffung von Finanzierungsmitteln zu sein (Das Spektrum ist breit und reicht von Sponsoring bis hin zu Sachspenden bzw. dem Einsatz der eigenen Arbeitskraft). Immer wieder wird in diesem Zusammenhang auch die Forderung nach besseren Förderungsmodalitäten laut.

In der Verwaltungsvereinbarung Bund/Länder finden sich z.Zt. dazu noch keine konkreten Hinweise. Anders in den Förderrichtlinien der Länder: In einigen Ländern wie in Bayern, Rheinland-Pfalz, Saarland, Schleswig-Holstein werden bspw. „Vergütungen für die Leistungen bildender Künstler" als förderfähig beschrieben.

In den thematischen Expertengesprächen bestätigten die Bundestransferstellen Stadtumbau Ost und West, dass in der Praxis am häufigsten versucht wird, kulturelle Initiativen als Teil der Öffentlichkeitsarbeit zu fördern. Inwieweit das gelingt, hängt sehr stark von der zuständigen Bewilligungsbehörde ab. In der Befragung der Stadtumbaukommunen wurde deutlich, dass sowohl das Verständnis als auch die Ermessensspielräume der Anerkennung sehr unterschiedlich ausfallen. Insofern wäre es wichtig, für den Einsatz von Kunst und Kultur in der Städtebauförderung künftig eigenständige Regelungen (z.B. erleichterte Anerkennung als Fördertatbestand) zu treffen.

Abbildung 8 Anwendungsbereiche kultureller Prozesse (Fischer 2015, S. 103)

Inhaltlich zeigt sich in der *Anwendung* ein breites Spektrum (→Abb. 8) von Festen über Lesungen bis hin zur Straßenkunst, wobei Ausstellungsformate besonders beliebt sind. Häufig werden verschiedene aktive Elemente (Stadtspaziergang oder Pflanzaktionen) mit eher passiven Elementen (Ausstellung, Lesung oder Musik) kombiniert. Zusätzlich hatten die Kommunen die Gelegenheit die Wirkung kultureller Prozesse mit Hilfe von Schulnoten individuell einzuschätzen. Betrachtet man die Mittelwerte, ist durchgängig eine positive Einschätzung erkennbar. So geben kulturelle Prozesse im Planungsprozess wichtige neue Impulse, fördern die Beteiligung und erleichtern insgesamt die Vermittlung des Stadtumbaus. Nur bei den Aspekten nachhaltige Wirkung und Verstetigung der Aktivitäten können die meisten der befragten Kommunen noch keine abschließende Bewertung abgeben.

Insgesamt hat die Befragung nicht nur den Projektfundus wesentlich erweitert, sondern viele wertvolle Einblicke und Anregungen offenbart. Nach Sichtung des großen Projektfundus von über 100 recherchierten Projekten lassen sich in einer Systematisierung die verschiedenen Motive und Ansätze in sieben Aktionsfeldern zusammenfassen und ordnen.

Abbildung 9 Katalog der Möglichkeiten kultureller Prozesse (Fischer 2015, S. 116)

Der im Bild dargestellte Katalog der Möglichkeiten (aus *Ausstellungs-Kultur, Festival-Kultur, Musik-Kultur, Sport im urbanen Raum, UrbanArt-Kultur, Temporären Installationen* und *Theater-Kultur)* versteht sich als ein erster Entwurf, welcher künftig überprüft und fortgeschrieben werden sollte. Es würde den Rahmen dieses Beitrages sprengen, auf die einzelnen Aktionsfelder näher einzugehen.

4 Fallstudien

Um ein noch fundierteres Bild zu erhalten, wurden vier Projekte ausgewählt und als **Fallstudien vor Ort** vertiefend untersucht. Die Auswahl der Fallstudien erfolgte nach folgenden Kriterien:

1. Inhaltliche Ausrichtung/Themenvielfalt bzw. Innovationsgrad
2. Stadtgröße bzw. Stadttypus
3. Schrumpfungskontext
4. Regionale Verteilung (in die Programmgebiete Stadtumbau Ost und West)

Im Vergleich der Fallstudien wird deutlich, dass die strategische Ausrichtung der kulturellen Prozesse sehr unterschiedlich sein kann.

Abbildung 10 Stadtteilopern in Bremen-Tenever (GSO 2014)

Fallstudie 1: die *Stadtteiloper* in der Bremer Großwohnsiedlung Tenever. Die ungewöhnliche Hausgemeinschaft aus der Gesamtschule Bremen-Ost und der Deutschen Kammerphilharmonie Bremen war hier der Auslöser für einen Kreativimpuls, der einen ganzen Stadtteil immer wieder neu in Bewegung setzt. Zusammen mit der Stadtteilgruppe Tenever sind so seit 2009 bereits sieben thematische *Stadtteilopern* erfolgreich inszeniert worden. Dabei steht immer ein Herkunftsland der aus über 100 Nationen stammenden Bevölkerung im Fokus. Der inzwischen weitgehend sanierte ehemals randstädtische Problemstadtteil hat dadurch eine überregional wirkende neue Identität als kreatives Quartier erhalten. Die Initiatoren der *Stadtteilopern* in Tenever verfolgen dabei eine langfristige Strategie, um so das Potenzial der Hochkultur nicht nur für die kulturelle Bildung, sondern für eine positive Entwicklung des ganzen Stadtteils zu nutzen. Die letzte Inszenierung „Menuchims Reise“ im Mai 2017 erlebte eine sehr positive Resonanz im Stadtteil und in den Medien und zeugt nach Auffassung des Autors von dem ungeheuren Potential und der Strahlkraft für den Stadtteil.

Abbildung 11 Freiraumgalerie in Halle an der Saale (Fischer 2015)

Fallstudie 2: die *freiraumgalerie* in Halle-Freiimfelde. Ihr Grundgedanke ist es, die Stadt als Leinwand bzw. als Galerie zu sehen. Erste Anwendung fand diese Idee in einem Quartier am alten Schlachthof mit einer Leerstandsquote von über 40 %, welches darüber hinaus mit Prostitution, Drogen, Müll etc. verbunden wurde. Die kommunalen Stadtplaner hatten diesen Standort bereits aufgegeben. In vergleichsweise kurzer Zeit (seit 2011) ist es einer Gruppe junger Künstler gelungen, mittels großen Wandmalereien und Graffitikunst ein ganzes Quartier sozial wie kulturell wiederzubeleben und damit auch nachhaltige Investitionen in die Bausubstanz anzustoßen. Im Ergebnis werden langsam die Flächen knapp, weil in der Folge Haus für Haus saniert wird. Da inzwischen auch die Stadtpolitik und die Stadtverwaltung das kreative Potenzial der *freiraumgalerie* für die Gesamtstadt erkannt haben, wird eine Übertragung auf andere Quartiere (Halle-Neustadt 2017) ins Auge gefasst. Inwieweit dieser Transfer gelingt, ist allerdings noch offen.

Abbildung 12 Stadtspiele in Realversion in Mülheim an der Ruhr (Ringlokschuppen 2015)

Fallstudie 3: die *Stadtspiele* in Mülheim an der Ruhr. Seit 2011 versucht die freie Bühne des ringlokschuppen e.V. mit Hilfe von sogenannten *Stadtspielen in Realversion* jedes Jahr aufs Neue die verschiedenen Probleme städtischen Zusammenlebens (wie Migration, Integration, Generationenkonflikte oder auch wirtschaftlicher Strukturwandel) zu thematisieren. Und der Erfolg gibt ihnen Recht. Entgegen der allgemeinen Skepsis gelingt es immer besser, einen gesamtstädtischen Dialog anzuregen, der weit über die Stadtspielzeit hinausgeht. Dies hat auch Auswirkungen auf den Planungsalltag z.B. bei der Leitbilddiskussion oder in einem Charette-Verfahren im ExWoSt-Forschungsfeld *Innovation für Innenstädte*. Beim letzten Stadtspiel *Die 54. Stadt* konnte sich der Autor als Teilnehmer selbst davon überzeugen, wie ansteckend und inspirierend diese *Stadtspiele* sind.

Abbildung 13 Große Potemkinsche Straße in Wittenburg/Mecklenburg (Kockot 2014)

Fallstudie 4: die Kleinstadt Wittenburg in Mecklenburg. In dieser überaus aktiven und prosperierenden Kleinstadt war ausgerechnet die alte Hauptgeschäftsstraße im Zentrum von der positiven Gesamtentwicklung wie abgekoppelt. Dies veranlasste den alten Bürgermeister selbst nach Hilfe zu suchen. Er fand sie bei einem freien Journalisten und einem Projektkünstler, der zu dieser Zeit eine Gastprofessur an der Hochschule Wismar innehatte. Gemeinsam erarbeiten sie eine Konzeptidee zur sozialen Wiederbelebung der alten Hauptschlagader der Stadt („Große Straße"). Für einen Sommer wurde unter dem Motto: „*Große Potemkinsche Straße*" die alte Hauptstraße mit Musik, Tanz und Theater bespielt und mit Licht, Strickfassaden und Kino in Szene gesetzt. Danach war nach Aussage der Akteure zwar nicht alles anders, aber doch vieles besser geworden. Vor allem die Stimmungslage, Vermietungs- und Sanierungstätigkeit und vor allem das Bewusstsein: „Wir können gemeinsam etwas verändern", und dieser Geist lebt immer noch fort. Am Ende ist das Projekt auch der Nachweis, dass es nicht nur in größeren Städten kulturelle Prozesse gibt, sondern dass solche kreativen Impulse auch auf dem Land zu finden sind.

5 Fallstudien im Vergleich

Die städtebaulichen Gebietskulissen zwischen den Fallbeispielen könnten unterschiedlicher nicht sein. Keines der Fallbeispiele ist ohne die aktive Beteiligung der Bürgerschaft denkbar. Die Kulturschaffenden der vier Fallstudien bewegten sich mit ihrer Kunst in den öffentlichen Raum und suchten dabei selbstbewusst die Auseinandersetzung mit dem Kontext Stadt. Auch kamen in den Fallstudien die Kommunen mit ihren klassischen Planungsinstrumenten nicht weiter. Stadtpolitik und Verwaltung mussten sich bewegen und haben, wenn auch in unterschiedlicher Ausprägung, eine neue Kultur des Dialogs und der Zusammenarbeit zugelassen.

Auf Basis der kurz skizzierten theoretischen und praktischen Herleitungen lassen sich folgende zentrale Erkenntnisse ableiten, nach denen kulturelle Prozesse vor Ort in den Kommunen eingesetzt, gefördert und angewendet werden können. Diese sind im Folgenden jeweils den vier Hauptakteursgruppen zugeordnet:

Bund und Länder als normative Ebene und Förderer der Stadtentwicklung: Zunächst gilt es hier die rechtliche Rahmensetzung zu prüfen und ggf. anzupassen. Das schließt insbesondere die Förderrichtlinien mit ein. Gerade deren starre unflexible Anwendung ist (nach Aussage vieler der befragten Kommunen) ein zentrales Hemmnis bei der Umsetzung kleiner kultureller Maßnahmen in der Praxis. Die Anerkennung und Aufnahme kultureller Vermittlung als Förderbestandteil gäbe einen entscheidenden Impuls für mehr kreativen Geist im Stadtumbau. Darüber hinaus sind kulturelle Prozesse als fester Bestandteil der Programmfortschreibung im Stadtumbau zu verstehen, welche entsprechend dokumentiert und in einer einheitlichen Datenbank für den interkommunalen Austausch zur Verfügung zu stellen wie z.B. unter www.werkstatt-stadt.de sind.

Kommunalpolitik & Kommunalverwaltung als Koordinatoren und Entscheidungsebene der Stadtentwicklung: Nach Auffassung der meisten Verantwortlichen ist es entscheidend, innerhalb des eigenen Gestaltungsrahmens Ermessensspielräume besser zu nutzen. Das heißt konkret mehr dulden, fördern, initiieren. Dazu ist ämterübergreifendes Handeln statt Dienst nach Vorschrift gefragt. Von den Kulturschaffenden wird einhellig ein direkter kommunaler Ansprechpartner mit gebündelter Kompetenz gefordert, welcher als Vermittler zwischen den unterschiedlichen Denkweisen auftreten kann. Voraussetzung ist bei allen Beteiligten der Mut zum Dialog statt der Scheu vor Auseinandersetzung.

Zivilgesellschaftliche Akteure als aktive Mitgestalter der Stadtentwicklung: Hier geht es in erster Linie darum, die lokale Kompetenz von Personen, Netzwerken und Orten für die Meinungsbildung zu nutzen. Zivilgesellschaftliche Akteure sind dabei nicht nur Initiatoren, sondern auch Weiterentwickler und Etablierer von Motiven. Doch ist Vorsicht geboten, denn man darf die Akteure nicht überfordern oder zur Durchsetzung planerischer Ziele missbrauchen.

Kulturschaffende selbst als Impulsgeber und Übersetzer: Ausschlaggebend sind und bleiben für die Kulturschaffenden eine starke Grundidee sowie die inhaltliche Bindung zu Personen und Orten. Für die allermeisten Kulturschaffenden waren zudem umfassende wie fundierte Recherchen, welche auch mehrere Monate in Anspruch nehmen können, entscheidend für den Erfolg. Sie sehen eine grundsätzliche Aufgabenteilung zwischen Stadtplanung (real/konkrete Perspektive) und Kultur (abstrakt/experimentelle Perspektive). Das beinhaltet auch bewusste Provokationen und Widersprüche zu den klassischen Planungsabläufen zu setzen, denn genau diese mitunter auch gegensätzlichen Energien machen kulturelle Prozesse – das zeigen die Fallbeispiele deutlich – so wertvoll.

Um das umfassende Kompendium an Erkenntnissen und Empfehlungen der Forschungsarbeit möglichst praktikabel und handhabbar zu machen, wurden diese nachfolgend weiter stark verdichtet und zu *zwölf allgemeinen Grundprinzipien* zusammengefasst.

An dieser Stelle seien exemplarisch zwei noch nicht genannte Aspekte herausgegriffen, welche von Akteuren immer wieder angesprochen wurden: Erstens – bei aller Ernsthaftigkeit in der Sache gilt es dennoch, *spielerisch zu bleiben*, denn der Spaßfaktor ist ein wesentliches Motivationselement für den zweiten Punkt, *selbst aktiv zu werden*, denn es geht bei kulturellen Prozessen eben nicht um eine reine Bespaßung, sondern um aktive Mitwirkung. Gleichzeitig übernehmen die Selbstaktiven dabei eine Art Vorbild- und Multiplikatorenfunktion.

01. Bedürfnissituation durch genaue Analyse ermitteln
02. Direkten Kommunalen Ansprechpartner suchen
03. Netzwerk von Akteuren, Sympathisanten bilden
04. Ressort- und Disziplinenübergreifend zusammenarbeiter
05. Externe Übersetzer & Vermittler einsetzen
06. Offenen Dialogprozess führen
07. Spielerisch bleiben
08. Bewusste Provokationen setzen und Experimentieren
09. Zeit für Denkpausen und Widersprüche nehmen
10. Selbst aktiv werden
11. Unbürokratisch und gezielt fördern
12. Ordentliche Dokumentation anfertigen und den fachlichen Austausch unterstützen

Abbildung 14 Grundprinzipien für die Planungspraxis (Fischer 2015)

Aufgrund der Vielfalt kultureller Interventionen/Prozesse und der sehr unterschiedlichen Ausgangslagen vor Ort verstehen sich diese Prinzipien für die Praxis weniger als ein klassischer allgemeingültiger Werkzeugkasten, sondern vielmehr als eine Hilfestellung zur Orientierung für den praktischen Einsatz im Planungsalltag.

6 Resümee/Ausblick

Insgesamt weisen die vorliegenden Erkenntnisse eindeutig darauf hin, dass trotz der verschiedenen Blickwinkel (der Initiatoren, Planer, Verwaltung, Kulturschaffende, Bürger etc.) kulturelle Prozesse als ein belebendes Element angesehen werden können und ein enormes Potenzial besitzen, den Planungsalltag im Stadtumbau und der Stadterneuerung für alle Akteure gleichermaßen zu bereichern. Denn sie erzeugen *erstens* Aufmerksamkeit und motivieren zum Mitmachen, *zweitens* geben sie den Planern Möglichkeiten an die Hand, komplexe Planungsinhalte und Ideen, in einer verständlichen Form, Bürgern und Entscheidungsträgern zu vermitteln und *drittens* erhalten die verschiedenen Akteure über sie die Gelegenheit zur Reflexion und Diskussion. Werden sie an den richtigen Wirkungspunkten eingesetzt, sind sie nach Einschätzung der befragten Kommunen, darüber hinaus in der Lage, das *„Aufmerksamkeits-Einfluss-Dilemma"* deutlich zu mindern, und dadurch Stadtumbauprozesse transparenter, verständlicher und greifbarer zu machen.

Abschließend lässt sich noch folgender weiterer Forschungsbedarf feststellen: Es gilt insbesondere die Verbindung zwischen Städtebauförderung einerseits und Kulturförderung andererseits genauer auszuloten sowie die aktuellen Fördermodalitäten und Prioritäten kritisch zu hinterfragen. Auch ein internationaler Vergleich bietet sich an, zumal ähnliche Prozesse auch international zu beobachten sind. Schließlich wären auch die Aktionsfelder im *Katalog der Möglichkeiten* zu überprüfen, fortzuschreiben bzw. kulturwissenschaftlich näher zu untersuchen.

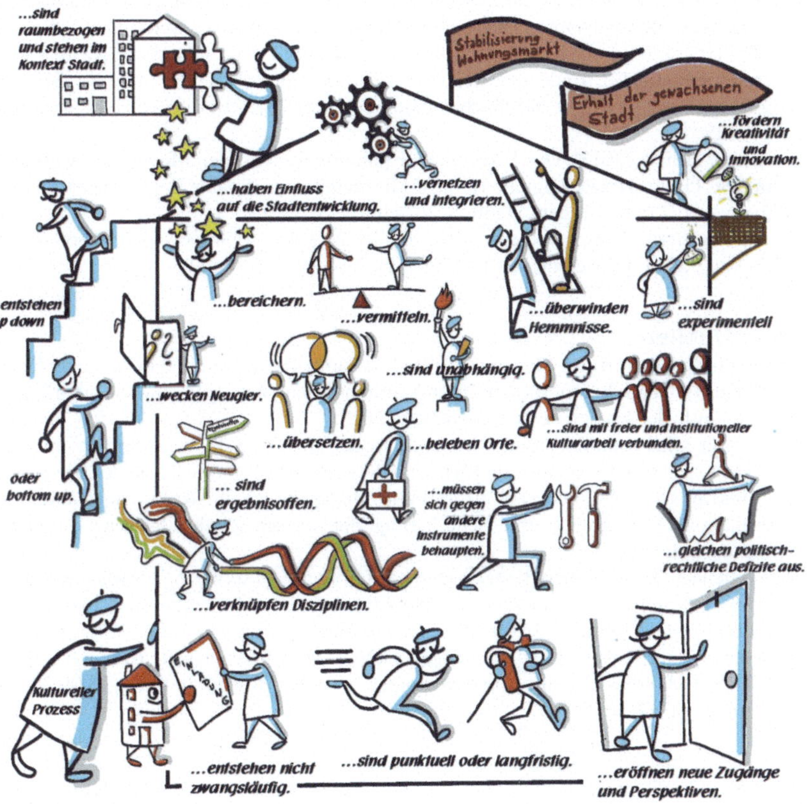

Abbildung 15 Charakteristika kultureller Prozesse (Fischer 2015, S. 92)

Literatur

Altrock, Uwe (2014). Das Ende der Angebotsplanung? Instrumente der Planung im Wandel. In: Patrick Küpper et. al. (Hrsg.). Raumentwicklung 3.0 – Gemeinsam die Zukunft der räumlichen Planung gestalten. Hannover, S. 15–32.

Fischer, Thomas (2015). Stadtumbau und Kultur. Neue Zugänge zur Vermittlung von städtischen Umbauprozessen. Dissertation Technische Universität Kaiserslautern.

Frech, Siri (2014). Jugendbauten neue Potentiale für Quartiere Erkenntnisse aus dem ExWoSt-Forschungsprojekt „Jugend belebt Leerstand". In: Altrock, U.; Kunze, R.; Schmitt, G. & Schubert, D. (Hrsg.). Jahrbuch Stadterneuerung 2014/2015. Berlin: Verlag Uwe Altrock, S. 115–131.

Nelle, Anja (2012). Städtebauförderung unter Schrumpfungsbedingungen: Stadtumbau Ost in innerstädtischen Altstadtquartieren. In: Altrock, U.; Kunze, R.; Schmitt, G.. & Schubert, D. (Hrsg.). Jahrbuch Stadterneuerung 2012. Berlin: Universitätsverlag, S. 157–172.

Schmidt, Holger (2013). Ende der Behutsamkeit? In: Altrock, U.; Kunze, R.; Schmitt, G. & Schubert, D. (Hrsg.). Jahrbuch Stadterneuerung 2013. Berlin: Universitätsverlag, S. 119–125.

Schmidt, Jan-Hinrik (2013). Das Partizipationsparadox der sozialen Medien. In: E. Bettermann & R. Grätz (Hrsg.). Digitale Herausforderung. Internationale Beziehungen im Zeitalter von Web 2.0. Göttingen: Steidl, S. 165–169.

Selle, Klaus (2014). Particitainment – Beteiligung ist gut – sofern sie nicht stört. In: der architekt 02/2014. Düsseldorf: corps Verlag, S. 27–33.

Weitere Quellen

Bürgergesellschaft (Stiftung Mitarbeit) (2015). Zukunft der Bürgerbeteiligung, verfügbar unter https://www.buergergesellschaft.de/mitentscheiden/grundlagen-leitlinien/grundlagen/zukunft-der-buergerbeteiligung/(24.04.2015).

Gespräch mit Christian Rost und Christoph Kober (2013). Schlüsselgespräch mit dem Kompetenzzentrum für Kultur- und Kreativwirtschaft des Bundes. 06.06.2014 in Berlin.

GSO – Gesamtschule Bremen-Ost (2014). Fallstudiengespräch zur Kultur im Stadtumbau in Bremen-OTE (Akteurssicht) Schulleitung der Gesamtschule Bremen-Ost (GSO), 01.10.2014 in Bremen.

Kockot, Michael (2014). Fallstudiengespräch zur Großen Potemkinschen Straße in Wittenburg (Akteurssicht) mit dem Initiator und Mitarbeiter im Projektteam, 22.09.2014 in Wittenburg (Mecklenburg), 23.09.2014 in Schwerin.

Ringlokschuppen e.V. (2014). Fallstudiengespräch zu Stadtspielen in Realversion in Mülheim/Ruhr (Akteurssicht) mit dem Intendanten des Ringlokschuppen e.V., 13.09.2014 in Mülheim an der Ruhr.

Hinweis

Die Grafiken sind in Zusammenarbeit mit Viola Kirchner (geb. Spurk) entstanden. Für das Graphic Recording zeichnet E. Paetsch verantwortlich.

Civic Crowdfunding

Ein Instrument für eine lebendige Stadtentwicklung

Melana Jäckels

Zusammenfassung

In den letzten Jahren widmeten sich insbesondere Blogbeiträge und Zeitschriftenartikel mit der Thematik des Urbanism Crowdfundings, wobei sich die Auseinandersetzungen mit der Idee, das Schwarmfinanzierungsprinzip auf Projekte der Stadtentwicklung zu übertragen, deutlich in ihrer Tiefe und Motivation unterschieden. Während die Thematik von einem Großteil der Planenden und Stadtpolitiker*innen unkommentiert blieb, wurde das Konzept besonders von Internetblogger*innen und Stadtaktivist*innen enthusiastisch als das neue Instrument für eine demokratische und partizipative Stadtentwicklung angepriesen.

U. Altrock et al. (Hrsg.), *Programmatik der Stadterneuerung*, Jahrbuch Stadterneuerung, https://doi.org/10.1007/978-3-658-26765-0_4

Der Wunsch von Teilen der Bevölkerung hin zu einer selbstorganisierten Stadtentwicklung ist zwar vielerorts zu erkennen, die Rolle des Internets hierbei ist jedoch noch ungeklärt. Unstrittig ist jedoch der Umstand, dass Crowdfunding auch in Deutschland in den vergangenen Jahren kontinuierlich an Volumen und Wirkungsmacht gewonnen hat und sich das Themenspektrum der Kampagnen fortlaufend erweitert. Es stellt sich die Frage, ob und in welcher Form sich diese Entwicklungen auf die Entstehung von Projekten im Sinne des Urbanism Crowdfundings auswirken. Wie viele und welche Kampagnen gab es bereits? Wie sieht die Urbanism-Crowdfunding-Landschaft in Deutschland tatsächlich aus? Was ist realistisch, was ist Utopie?

Im folgenden Kapitel wird der Frage nachgegangen, inwiefern das Prinzip des Crowdfundings bereits in der Stadtentwicklung angewendet wurde und welche Möglichkeiten dieses Instrument für die Stadtentwicklung bietet oder bieten könnte. Nach der Beschreibung des Phänomens wird anhand der Sammlung von Projektdaten eine Analyse der Situation des Civic Crowdfundings in Deutschland im Jahr 2015 gegeben. Anschließend folgt die Einschätzung der Anwendbarkeit von Crowdfunding für die Stadtentwicklung anhand der Bewertung von Potenzialen und Herausforderungen, um anschließend einen Ausblick über seinen möglichen zukünftigen Einsatz zu geben.

1 Was ist Crowdfunding?

Zunächst einmal ist Crowd*funding* eine Unterkategorie des Crowd*sourcings*. Diese Bezeichnung ist an den Begriff des *Outsourcings* angelehnt. Bei dem Neologismus wird jedoch bereits anhand der Benennung deutlich, aus welcher Quelle geschöpft wird: Wissen, Ideen und Entwürfe, Arbeitsleistung und Finanzmittel werden nicht mehr von Dienstleistenden und Banken erbracht, sondern aus der Macht der Menge geschöpft – der Crowd. Auf speziellen Online-Plattformen können die Aufgaben kommuniziert, von einer undefinierten Gruppe Freiwilliger mithilfe von Informations- und Kommunikationstechnologien sowie mittels digitaler Werkzeuge standortunabhängig erbracht und anschließend ausgetauscht werden. Die erzielten Resultate können dabei ganz unterschiedlicher Natur sein: Eine Ressource, die aus der Macht der Menge geschöpft werden kann, ist vorhandenes Wissen. Beim Crowd Wisdom wird dieses gesammelt und geordnet (Beispiel Wikipedia) (vgl. Kaltenbeck 2011, S. 6). Bei der Crowd Creation werden die Menschen aufgerufen, ihre Ideen und Entwürfe für bestimmte Fragestellungen und Projekte einzubringen und kreativ und schöpferisch tätig zu sein (Beispiel Bürgerforum zu Visionen für eine Stadt). Das Crowd Voting ist die am meisten verbreitete

Form. Hier wird die Internet-Community dazu aufgerufen, zu unterschiedlichen Sachverhalten ihre Meinungen und Empfehlungen abzugeben (Beispiel Kundenrezessionen bei Amazon). Crowdfunding als weitere Kategorie hat das Ziel, von der Crowd monetäre Unterstützung zu erhalten (vgl. Leimeister 2012, S. 389f).

Crowdfunding ist ein Finanzierungsmodell, welches dazu beitragen kann, dass Projekte unabhängig von großen Investoren oder öffentlichen Trägern verwirklicht werden können (vgl. Europäische Kommission 2014, S. 2). Der Begriff definiert sich selbst: Die Finanzmittel – *funds* – stammen von vielen individuellen Geldgebern aus der undefinierten Menge – der *crowd* -, wobei sich diese jeweils mit sehr kleinen bis mittleren Beiträge an einem Projekt beteiligen.

Projektinitiator*innen starten auf Online-Plattformen einen offenen Aufruf, ihre Idee oder ein Vorhaben finanziell zu unterstützen. Jede Person, die Kenntnis von dem Projekt nimmt und dessen Realisierung für wichtig hält, kann dieses fördern. Nach Aussage einer Studie des Fraunhofer Instituts für System- und Innovationsforschung ist das grundlegende Motiv der Unterstützenden, sich mit dem Thema und den Zielen des Projekts identifizieren zu können. Das Bedürfnis nach Selbstdarstellung spielt dabei eine ebenso wichtige Rolle wie die Steigerung des persönlichen Nutzens und das Vertrauen in das Projekt (vgl. Hemer 2011, S. 42ff). So eignet sich diese Form der Kapitalsammlung vor allem für Absichten, bei denen davon auszugehen ist, dass sie auf traditionellen Wegen kaum zu finanzieren wären; häufig sind die zu erwartenden Renditen für klassische Finanzierer zu gering (vgl. Hartmann zitiert in Metze 2012).

Der Begriff Crowdfunding bezieht sich dabei lediglich auf den Finanzierungskanal, es gibt verschiedene Ausprägungen, die sich vor allem in Bezug auf die zu erwartende Gegenleistung unterscheiden. Es besteht ein direkter Zusammenhang zwischen Projektart, Motiven und der Wahl des genutzten Crowdfunding-Modells (vgl. Brandmeyer 2014, S. 36).

In der vorangehenden Abbildung werden die hauptsächlichen Ausprägungen dargestellt, die heute im Rahmen des Crowdfundings angewendet werden. Das Finanzierungsmodell befindet sich jedoch noch in einem frühen Stadium. Es ist davon auszugehen, dass sich diese Modelle in Zukunft weiterentwickeln und erweitern werden (vgl. Europäische Kommission 2014, S. 4).

Der Fokus des vorliegenden Texts liegt dabei speziell auf Crowdsupporting als Erscheinungsform. Crowdsupporting stellte die bisher meistangewendete Form des Crowdfundings dar, wobei das Volumen bei Crowdinvesting rasant aufholt (Für Gründer 2017). Wird über Crowdfunding gesprochen, handelt es sich in der Regel um diese Ausprägung. Wie in der Abbildung zu erkennen, ist für diese Form die nicht monetäre Gegenleistung auschlaggebend. Dabei handelt es sich häufig um das Produkt selbst, für dessen Herstellung bzw. Umsetzung das Geld gesammelt wird. Hierbei kann es sich beispielsweise um ein Buch, ein Musikalbum oder Eintrittskarten handeln. Auch die folgenden Ausführungen beziehen sich zunächst ausschließlich auf diese Form des Crowdfundings.

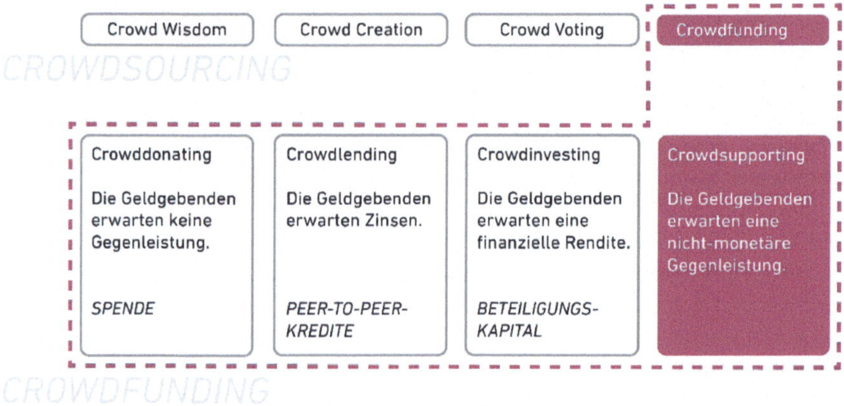

Abbildung 1 Übersicht der Ausprägungen des Crowdsourcings und Crowdfundings (Eigene Darstellung)

Doch wie funktioniert diese Finanzierungsmethode? Bei der Erstellung einer typischen Crowdsupporting-Kampagne auf einer Plattform ist eine Aufführung zahlreicher Angaben notwendig, neben der Beschreibung der Idee und deren medialer Untermalung müssen u.a. das gewünschte Zielbudget und das Enddatum eingegeben werden. Innerhalb des Finanzierungszeitraums können Interessierte die Projektinformationen einsehen, die Kampagne mit frei bestimmbaren Beträgen unterstützen und die Gegenleistung wählen. Die Auszahlung an die Projektinitiator*innen erfolgt nach dem Alles-oder-nichts-Prinzip. Danach erhalten die Projektinitiatoren das Geld nur, wenn bis zum Ablauf der Finanzierungsphase das angegebene Zielbudget erreicht wurde. Bei erreichtem Budget nutzen die Initiator*innen die erhaltenen Summen zur Herstellung des angegebenen Produkts und senden den Unterstützenden die gewählten Geschenke zu. Andernfalls werden die gespendeten Summen wieder an die Unterstützenden zurückgezahlt.

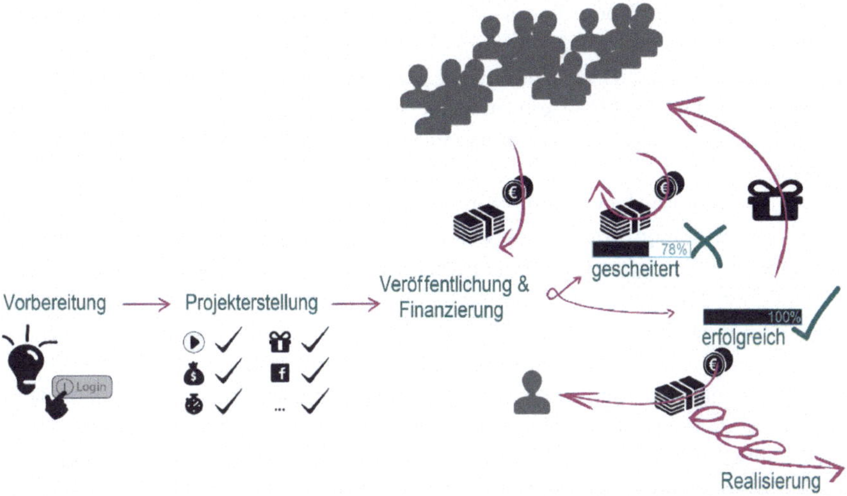

Abbildung 2 Ablauf einer typischen Crowdsupporting-Kampagne (Eigene Darstellung)

Nach der Gründung der ersten deutschen Crowdfunding-Plattform *startnext* im Jahre 2010 konnte Crowdfunding bis 2015 immense jährliche Umsatzgewinne verzeichnen. Seit dem Jahr 2016 nimmt der Umsatz auf den größten deutschen Plattformen jährlich jedoch nicht mehr so stark zu wie in den Jahren zuvor. Auch verändert sich die Zusammensetzung der Spenden. So werden seit dem genannten Zeitraum zwar pro Projekt durchschnittlich höhere Summen finanziert, die Gesamtanzahl der Projekte geht dabei aber leicht zurück oder stagniert. Auch für die kommenden Jahre wird ein weiterer Anstieg des Umsatzes sowie eine Zunahme größerer Projekte prognostiziert (Klein & Pinkert 2017).

Nachdem durch den Aufschwung des webbasierten Crowdfundings auch das Themenspektrum der umzusetzenden Projekte immer weitreichender wurde, erfuhren einzelne Projekte im Rahmen der Stadtentwicklung große Aufmerksamkeit und trugen so dazu bei, den Diskurs über Crowdfunding in der Stadtentwicklung anzustoßen. Das bekannteste Projekt dabei dürfte der *+pool* in New York sein. Ein kreuzförmiges Schwimmbecken, das auf dem Hudson River schwimmt und das Wasser durch unterschiedliche Filterschichten direkt aus dem Fluss nimmt. Das Projekt findet sich nach Kampagnen für Testfilter und einen Prototyp mit insgesamt über 310.000 US-Dollar Einnahmen aktuell in der Finanzierungsphase zum Bau des Pools (Stand Juli 2017: 370.000 US-Dollar, vgl. Pluspool 2017). In Europa stach besonders die erfolgreiche Kampagne des *luchtsingel* hervor, einer

Fußgängerbrücke in Rotterdam. Die Brücke, deren Umsetzung von der Stadt erst in entfernter Zukunft aufgrund mangelnder Ressourcen eingeplant war, wurde durch eine von einer Bürgerinitiative gestartete Kampagne finanziert und 2013 fertiggestellt. Sie erschließt ein zuvor vernachlässigtes Areal, dessen Belebung durch die neue Verbindung erhofft und bisweilen auch erreicht wurde (Luchtsingel 2017).

Doch wodurch heben sich diese und andere Civic-Crowdfunding- bzw. Urbanism Crowdfunding-Projekte von den restlichen Kampagnen ab? In erster Linie werden durch diese beiden Begriffe Projekte beschrieben, die Aufgaben der Stadtentwicklung darstellen oder zumindest einen nicht unerheblichen Einfluss auf diese bzw. eine Nachbarschaft haben können. Civic Crowdfunding unterscheidet sich demnach im Produkt vom herkömmlichen Crowdfunding: Es werden Güter produziert, die nicht konkurrierend und nicht ausschließend sind, d.h. es entstehen öffentliche (und halböffentliche) Güter. Anzumerken ist hierbei, dass die Begriffe Civic Crowdfunding und Urbanism Crowdfunding weitestgehend synonym verwendet werden, wobei die Bezeichnung Urbanism Crowdfunding insbesondere in Internetbeiträgen geläufiger ist.

Abbildung 3 Fußgängerbrücke luchtsingel in Rotterdam (Foto: Ossip van Duivenbode, https://www.archdaily.com)

Mit Zunahme der Civic-Crowdfunding-Projekte auf typischen Plattformen wurde das Potenzial des Transfers des Finanzierungsmodells auf die Stadtentwicklung erkannt und Plattformen, die das Konzept des Crowdfundings ausschließlich auf Projekte mit nachbarschaftlichem Bezug anwenden, entstanden hauptsächlich im angelsächsischen Raum. Hierzu zählen insbesondere *neighborly* und *ioby* aus den USA und *spacehive* aus Großbritannien. Auffällig bei diesen Plattformen ist, dass die Projekte im Vergleich zu deutschen Projekten teilweise hohe Crowdfunding-Summen erzielen konnten, mit denen auch einige soziale oder technische Infrastrukturprojekte umgesetzt werden konnten (vgl. hierzu die Projektseiten der jeweiligen Plattformen).

In Deutschland ist am 6. Februar 2015 mit *Padercrowd* die erste offiziell auf eine nachhaltige Stadtentwicklung fokussierte Crowdfunding-Plattform online gegangen. Ziel ist es, die Bürger*innen- und Unternehmerschaft stärker in die Stadtentwicklung einzubinden und vor allem Paderborn als Wirtschafts- und Gründungsstandort zu stärken (vgl. Padercrowd 2015). Das Projekt *Stadtmacher* wird von der Nationalen Stadtentwicklungspolitik gefördert. Die grundlegende Idee ist ähnlich: Bürger*innen können Projekte einreichen und diese mit Beratung und Unterstützung eines Fachteams weiterentwickeln und auf den Weg der Finanzierung und Umsetzung bringen (vgl. Nationale Stadtentwicklungspolitik 2015). Beide Plattformen konnten im Vergleich bisher nur wenige Projekte umsetzen und finanzieren; auch ist bei der Plattform *Padercrowd* der angekündigte Stadtentwicklungsbezug nur teilweise erkennbar. Seit Mai 2014 existiert von den Volks- und Raiffeisenbanken eine Crowdfunding-Plattform mit dem Titel *Viele schaffen mehr*, an der sich 19 Regionalstellen beteiligen. Den Volks- und Raiffeisenbanken ist es ein wichtiges Anliegen, lokale und regionale Ideen mit sozialem Hintergrund zu fördern (vgl. Volks- und Raiffeisenbanken 2015). Dabei fallen viele der Kampagnen in die Kategorie Civic Crowdfunding, und so konnten über diese Plattform deutlich mehr Projekte finanziert werden als über die beiden zuvor genannten. Auffallend war hier auch, dass überdurchschnittlich viele der Civic-Crowdfunding-Projekte im ländlichen Raum zu verorten waren. Die Initiative *Place2help* bietet modulare Komplettlösungen für die Anwendung von Crowdfunding zur Entwicklung von Städten und Gemeinden an, d.h. die Organisation baut regionale und lokale Crowdfunding-Plattformen auf und wirkt beim Portalbetrieb mit, koordiniert die Projekte und begleitet diese von der Ideenfindung bis hin zur Umsetzung und Kontrolle. *Place2help* kooperiert dabei direkt mit den Kommunen und unterscheidet sich hierdurch von den drei zuvor genannten Plattformen (Place2help 2015). Eine erste Kooperation entstand 2015 mit der Landeshauptstadt München; der Erfolg dieses Konzepts bleibt abzuwarten (vgl. Place2help München 2017).

In den letzten beiden Jahren haben sich zudem mehrere lokale Crowdfunding-Plattformen gegründet, auf welchen auch Projekte der Stadtentwicklung zu finden sind. Zwar ist die Projektanzahl auf diesen Webseiten eher gering, aber so führen zum Beispiel die Plattform *Hannover Machen* die Kategorie „Verkehr und Mobilität" (vgl. Bürgerbüro Stadtentwicklung e.V. 2017) und die Plattform *99 Funken* der Sparkassen die Kategorie „Stadt- und Regionalplanung" (vgl. Neorot GmbH 2017). Auch die 2015 gegründete Plattform *sponsort* fokussiert sich auf regionales Crowdfunding, zudem finden sich hier Projekte zu den Themen „Infrastruktur und Architektur". Ein besonderes Angebot bei diesem Anbieter ist der Crowdfond, der Stiftungen und gemeinnützigen Organisationen gewährt wird, sobald diese die Hälfte der Finanzierungssumme erreicht haben.

2 Bestandsaufnahme der Civic Crowdfunding-Projekte in Deutschland

Dieses Kapitel beschreibt und analysiert die Situation des Civic Crowdfundings in Deutschland zum Stichtag am 31. Januar 2015 anhand von gesammelten Projektdaten in Deutschland: Die Tendenzen und Auffälligkeiten im Hinblick auf die finanziellen Rahmenbedingungen, die inhaltliche Ausrichtung, die räumliche Verteilung sowie die Art der Projektinitiatoren der bisher aufgetretenen Civic Crowdfunding-Projekte werden dargestellt und erläutert.

Auf 15 deutschen bzw. deutschsprachigen Plattformen (Startnext I VisionBakery I Inkubato I Viele-schaffen-mehr Volksbanken-Raiffeisenbanken I Krautstarter I Dreamojo I Oneplanetcrowd I Ecocrowd I 100days I Nordstarter Hamburg I Der Hamburger Weg I Crowdfunding Berlin I Dresden Durchstarter I Crowdfunding Bad Nauheim I Unikat Crowdfunding Kassel I Crowdfunding Südbaden I bw crowd I Rostock Republic) wurden die Projekte, die den beschriebenen Merkmalen von Civic Crowdfunding entsprechen, herausgefiltert und in eine Datenbank überführt. Untersucht wurden alle generellen Plattformen, Plattformen mit thematischem Schwerpunkt auf Nachhaltigkeit sowie die regionalen und lokalen Plattformen. Mit *Stadtmacher* und *Padercrowd* waren die beiden erwähnten deutschen Plattformen mit Stadtentwicklungsbezug zurzeit der Erhebung noch nicht aktiv, weshalb deren Projekte nicht in der Datenbank auftauchen.

Von jeder Civic-Crowdfunding-Kampagne wurden folgende acht Attribute erfasst:

- Status
- Plattform
- Zielbudget
- Erreichtes Budget
- Standort
- Initiatoren
- Unterstützerzahl
- Zeitraum

Weiter wurden nach ausgiebiger Untersuchung der Beschreibungstexte alle Projekte in Kategorien eingeteilt, um möglicherweise eine Tendenz der Projektinhalte erkennen zu können.

In Deutschland wurden bis zum 31.01.2015 75 Kampagnen zu Projekten gestartet, die Themenfeldern der Stadtentwicklung zuzuordnen sind. 64 Projekte davon waren am Stichtag abgeschlossen, 35 Kampagnen haben ihr Zielbudget erreicht, was einer Erfolgsquote von 55 % entspricht. Durchschnittlich wurde ein Projekt von 68 Unterstützenden gefördert, der durchschnittliche Beitrag lag bei 78 Euro. Insgesamt wurden durch Civic Crowdfunding in Deutschland über 330.000 Euro gespendet, wovon mehr als 284. 000 Euro an erfolgreiche Projekte ausgezahlt werden konnten.

Überblick über die gewünschten und erreichten Zielsummen

Der Median der Zielbudgets aller 64 abgeschlossenen Projekte liegt bei 6.250 Euro, das arithmetische Mittel bei 19.475 Euro, da einige wenige Projekte erheblich über den restlichen Zielwerten liegen und den Durchschnitt somit deutlich erhöhen. Ähnliches ist bei der erreichten Summe zu beobachten: Durchschnittlich wurden 8. 920 Euro eingesammelt, der Median liegt mit 2.230 Euro weit darunter.

Mit 44 Projekten wurde bei über der Hälfte der Projekte das Zielbudget nicht über 5.000 Euro festgesetzt, d.h. ein Großteil der Projekte bleibt auf einem sehr niedrigen finanziellen Niveau verglichen mit sonstigen Projektkosten in der Stadtentwicklung. Nur neun Projekte hingegen peilten ein Zielbudget an, das über 20.000 Euro liegt und sich somit in einem Rahmen bewegt, in dem im Regelfall einzelne kleinere Teilaufgaben in der Stadtentwicklung umzusetzen sind. Die meisten Stadtentwicklungsprojekte spielen sich aber auch weit jenseits dieser Budgetgrenzen ab.

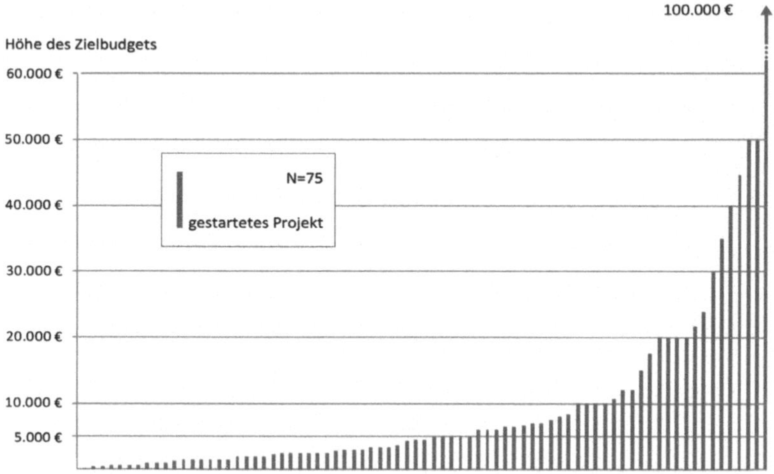

Abbildung 4 Zielsummen der einzelnen Civic-Crowdfunding-Projekte (Eigene Darstellung)

Die höchste Zielsumme gab ein Projekt vor, das es den Bürger*innen mittels einer Online-Plattform ermöglichen sollte, selbst bei politischen Entscheidungsfindungen mitwirken zu können, um so zu einer effektiven Bürgerbeteiligung insbesondere auch in der Stadtentwicklung beizutragen; von den gewünschten 100.000 Euro kam mit Spenden in Höhe von 158 Euro nicht einmal ein Prozent des Zielbudgets zusammen.

Auffällig ist, dass die vier höchsten Zielsummen nicht erfolgreich abgeschlossen werden konnten. Insgesamt ist zu erkennen, dass Projekte mit sehr hohen Zielsummen häufig nur eine geringe oder gar keine Unterstützung erhalten haben. Auch weitere Projekte, deren Zielbudgets sich im Rahmen um die 30.000 Euro bewegten, waren nicht erfolgreich. Eine Wechselwirkung zwischen der Höhe des Zielbudgets und der Erfolgsquote ist also zu erkennen. Mit Ausnahme einer hohen Erfolgsrate im Zielbudgetbereich von 10.000 bis 20.000 Euro sinkt die Erfolgsquote, je höher das Zielbudget angesetzt ist. Eine Aussage dahingehend zu treffen, dass die Höhe des Zielbudgets ausschlaggebend für den Erfolg einer Crowdfunding-Kampagne sei, wäre nicht korrekt. Der Erfolg einer Kampagne ist von vielen weiteren Faktoren abhängig. Auch ist die Anzahl der Projekte mit hoher Zielsumme zu gering, um hier eine gesicherte Aussage machen zu können.

Bei den erfolgreichen Projekten ist bemerkenswert, dass viele die beantragten Zielsummen nur knapp überschreiten, was zu einer Auszahlung der Summen berechtigt. 23 von 35 erfolgreichen Projekten erreichten einen Fundingwert zwischen 100 und 120 %, 17 davon überschritten den Wert von 110 % nicht. Nur bei vier der 35 erfolgreichen Projekte wurde die beantragte Zielsumme deutlich überschritten. Auch bei den nicht erfolgreichen Projekten gibt es Besonderheiten. So bleiben von 27 Projekten 19 unter der 10 %-Marke, zwei davon erhalten sogar gar keine Unterstützung. Nur ein Projekt verpasst die erfolgreiche Finanzierung knapp.

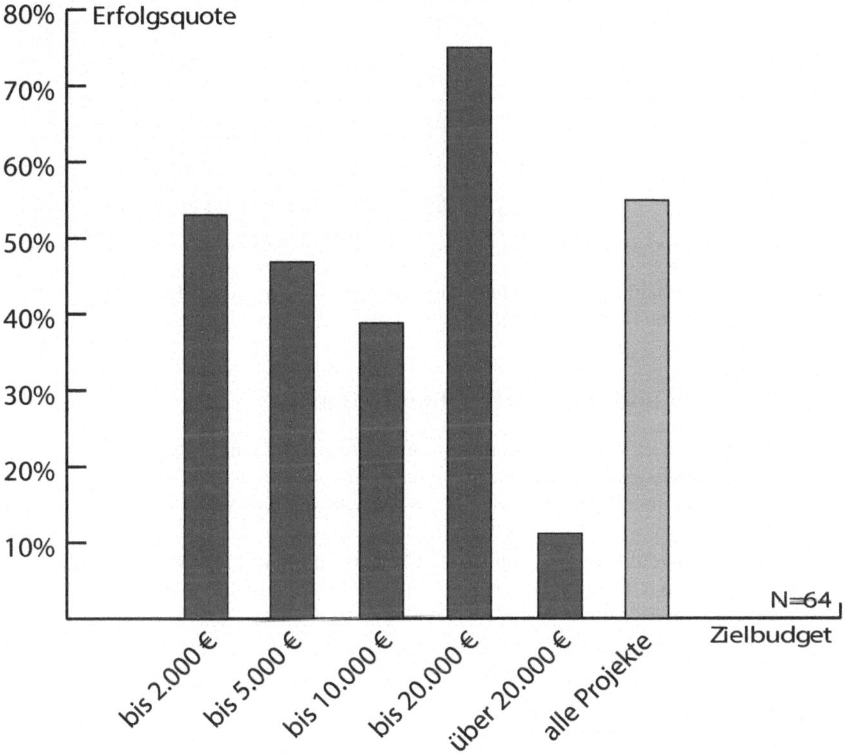

Abbildung 5 Erfolgsquoten bei unterschiedlichen Zielbudgethöhen (Eigene Darstellung)

Inhalte und Themenbereiche

Alle geschilderten Civic-Crowdfunding-Kampagnen wurden unterschiedlichen Kategorien zugeordnet, die verschiedene Schwerpunkte der Stadtentwicklung verfolgen: städtebaulich und stadtplanerisch, ökologisch, ökonomisch und kulturell.

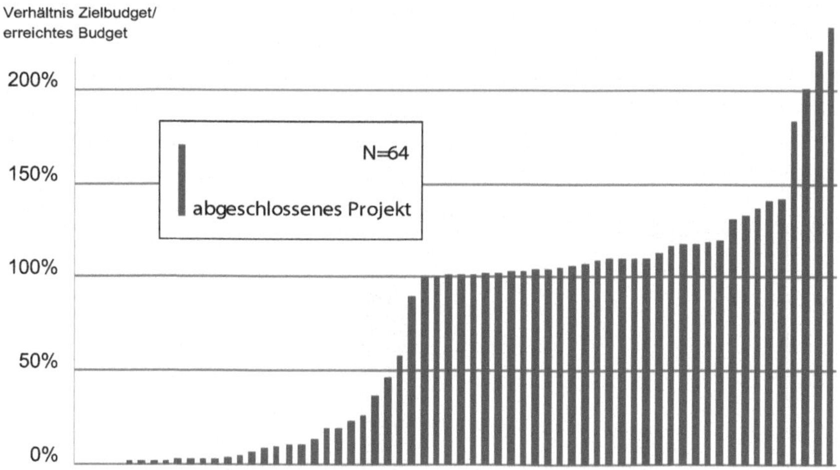

Abbildung 6 Verhältnis des erreichten Budgets zum Zielbudget bei den einzelnen Projekten (Eigene Darstellung)

Städtebaulicher und planerischer Hintergrund

Instrumente: Entwicklung neuer Werkzeuge zur Ermöglichung und Erleichterung von Aufgaben im Kontext der Stadtplanung.	**Sanierung und Denkmalpflege:** Erneuerung und Erhalt von Gebäuden von öffentlichem Interesse.
Technische Infrastruktur: Auf- und Ausbau von öffentlich nutzbarer technischer Ausstattung.	**Gestaltung öffentlichen Raums:** Anlage und Gestaltung von öffentlichen Park- und Platzanlagen.

Ökonomischer Hintergrund

Tourismus und Stadtmarketing: Verbesserung und Vermarktung des touristischen Angebots und Steigerung der Attraktivität der Stadt als Wohn- und Arbeitsstandort.	**Wirtschaftsförderung:** Maßnahmen zur Belebung der lokalen und regionalen Wirtschaft mittels materieller und personeller Unterstützung.

Ökologischer Hintergrund

Umweltschutz und -bildung: Maßnahmen zum Schutz und Erhalt von Natur und Landschaft sowie Förderung eines verantwortungsvollen Umgangs mit Umwelt und Ressourcen.	**Gemeinschaftliche Bewirtschaftung:** Gärtnerische Nutzung öffentlicher Flächen innerhalb von Städten und Dörfern durch eine offene Gemeinschaft.

Kultureller Hintergrund

Zwischen- und Leerstandsnutzung: Aktivierung von leerstehenden Arealen durch Zuführung einer temporären öffentlichen Nutzung.	**Zentrale Kultureinrichtungen:** Errichtung und Entwicklung von Treffpunkten unterschiedlicher kultureller und sozialer Angebote.

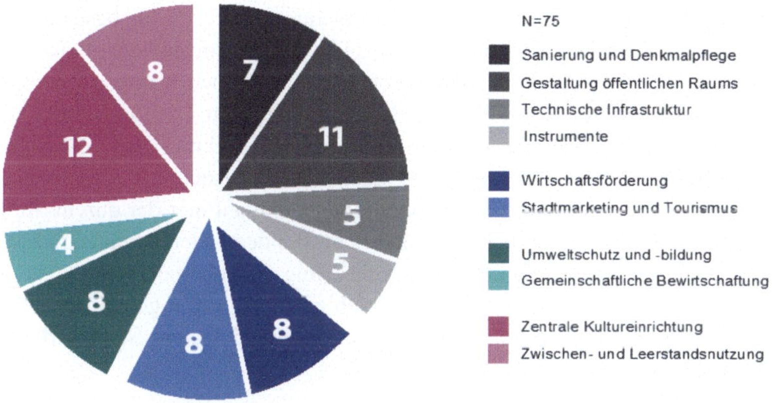

Abbildung 7 Verteilung und Anzahl der Civic-Crowdfunding-Projekte nach Kategorien (Eigene Darstellung)

Die meisten Projekte verfolgten einen städtebaulichen oder planerischen Schwerpunkt; ca. ein Drittel aller Projekte lassen sich diesem Schwerpunkt zuordnen: Insgesamt entfallen mit 136.943 Euro 41 % des durch Civic Crowdfunding eingesammelten Betrags auf diesen Bereich. Die restlichen Kategorien verteilen sich relativ ausgeglichen auf die anderen Schwerpunkte.

Die größte Anzahl an Projekten in einer Kategorie gibt es bei der Errichtung zentraler Kultureinrichtungen (12) und der Gestaltung des öffentlichen Raums

(11). Beides sind Themen, mit denen die Bewohner*innen einer Stadt oder Gemeinde relativ leicht in Berührung kommen und welche viele Menschen betreffen. Daher scheint es logisch, dass es in dieser Kategorie eine relativ große Anzahl an Projekten gibt. Kategorien, die weniger alltäglich und weiter spezialisiert sind, wie Kampagnen zur Errichtung technischer Infrastruktur oder der Entwicklung neuer Instrumente, werden weniger von Bürger*innenseite angestoßen.

Interessant ist aber auch eine Beachtung der Themen, für die kein Projekt gestartet wurden, etwa Projekte, die konkret alternative oder erneuerbare Energiegewinnung fördern (anders bei Crowd*investing*) oder Kampagnen, die die Bildung bezahlbaren Wohnraums zum Ziel haben. Auch die Finanzierung von Entwürfen, Konzepten, Plänen oder die Durchführung von Studien wurde nicht verfolgt. Neben den hier untersuchten Projekten gibt es 19 Projekte, die sich mit den Themen Stadt und Stadtgesellschaft auseinandersetzen, deren Umsetzung aber eher über emotionale und künstlerische Kanäle erfolgte.

Doch sind bestimmte Themengebiete erfolgreicher als andere? Die Projekte mit kulturellem Hintergrund hatten mit einer Erfolgsquote von 72 % die besten Chancen, finanziert zu werden, gefolgt von den Projekten aus dem städtebaulichen und planerischen Segment mit 59 % erfolgreich abgeschlossenen Kampagnen. Auch die erfolgreichsten Kategorien kommen aus diesen Gebieten. Die Leerstands- und Zwischennutzung ist zwar die mit dem kleinsten durchschnittlichen Zielbudget (2.756 Euro), aber dafür diejenige mit der höchsten Erfolgsquote (86 %). Ähnlich hoch ist sie bei der Sanierung und Denkmalpflege, obwohl hier der durchschnittliche Zielbetrag (8.049 Euro) deutlich höher liegt. Bei den anderen beiden Schwerpunkten scheiterten mehr Projekte, als dass sie erfolgreich finanziert werden konnten. Am schlechtesten schnitten die Kategorien zur Anlage von gemeinschaftlich bewirtschafteten Gärten mit einem Erfolgsanteil von 25 % und Stadtmarketing mit 29 % ab.

Räumliche Verteilung

Welche Auffälligkeiten gibt es bei der räumlichen Verteilung der Civic-Crowdfunding-Projekte in Deutschland? Wenig überraschend ist Berlin die Stadt mit den meisten Civic-Crowdfunding-Projekten (neun Projekte), gefolgt von Hamburg mit sieben Projekten. Ein anderer Konzentrationsbereich ist Sachsen mit insgesamt 14 Projekten. Besonders Leipzig sticht mit sechs Kampagnen heraus, aber auch in Dresden, Chemnitz und Görlitz starteten jeweils zwei Kampagnen. In der Metropolregion Rhein-Ruhr wurden zwölf Kampagnen geschaltet, wovon vier in Köln zu verorten sind.

In Baden-Württemberg und Bayern gab es nur wenige Civic-Crowdfunding-Projekte. Insgesamt sind in diesen beiden großen und bevölkerungsreichen

Bundesländern nur acht Civic-Crowdfunding-Kampagnen gestartet. In den großen städtischen Ballungsräumen München, Nürnberg und Stuttgart sind gar keine entsprechenden Kampagnen angesiedelt. Auch in den nördlichen Flächenbundesländern ist die Dichte der Civic-Crowdfunding-Projekte eher gering. Insgesamt ist zwar eine Tendenz zu Städten und städtischen Räumen zu erkennen, aber besonders durch Kampagnen auf der Plattform der Volks- und Raiffeisenbanken gibt es auch Projekte in ländlichen Räumen.

Leider liegen keine Untersuchungen zur räumlichen Verteilung der Gesamtheit aller deutschen Crowdfunding-Kampagnen vor, aber bei stichprobenhaften Untersuchungen der oben genannten Großstädte zeigt sich, dass davon auszugehen ist, dass Civic-Crowdfunding-Projekte eher dort auftauchen, wo auch das Phänomen Crowdfunding an sich eher verbreitet ist.

Für die Gründe der räumlichen Verteilung, sowohl den allgemeinen Gebrauch von Crowdfunding als auch die Anwendung von Civic Crowdfunding betreffend, können hier nur Vermutungen angestellt werden. So scheinen Regionen mit weniger starker Wirtschaft mehr zu Civic Crowdfunding zu tendieren als andere. Sowohl Sachsen als auch das Ruhrgebiet sind stark vom Strukturwandel betroffen, und vielleicht bietet gerade der hohe Anteil an Leerstand und Brachflächen Möglichkeitsräume für die Bewohner*innen, die dem Wunsch, die Stadt zu gestalten, Raum geben. In München als Gegenbeispiel ist das durch die im Bundesvergleich geringe Leerstandsquote und den geringen Anteil an innerstädtischen Brachflächen nicht gegeben. Inwieweit die finanzielle Situation der Kommune auf die Civic-Crowdfunding-Aktivität hinweist, ist schwer zu beurteilen, da bei einer Bewertung der Haushaltssituation einer Kommune viele unterschiedliche Faktoren zu beachten sind.

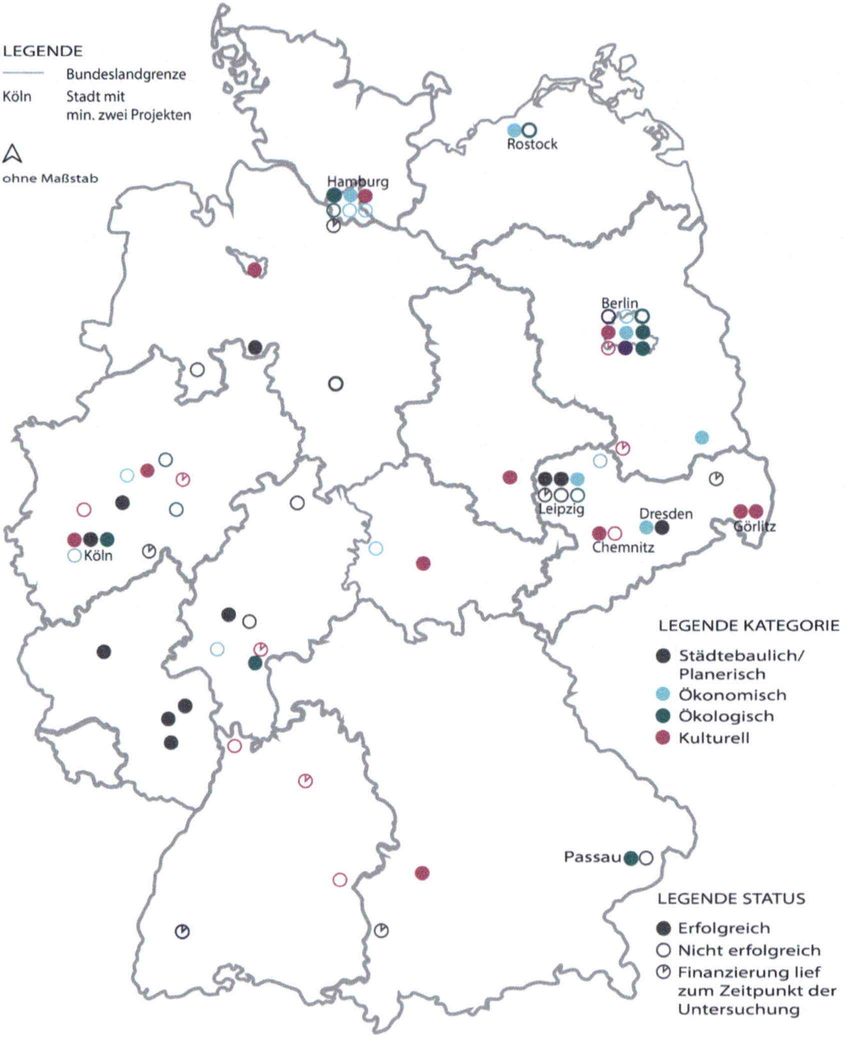

Abbildung 8 Räumliche Verteilung der Civic Crowdfunding-Projekte in Deutschland (Eigene Darstellung)

Form der Initiator*innen

Die Kampagnen werden zu 61 % durch Vereine oder sonstige Organisationen gestartet (39 von 64 abgeschlossenen Projekten), es gibt aber keinen Hinweis darauf, dass solche Projekte erfolgreicher sind. Die Erfolgsquote der Projekte mit Vereinshintergrund liegt bei 56 %, die Erfolgsquote der Projekte von Einzelpersonen bei 52 %.

Während bei den meisten Kategorien eine ausgeglichene Verteilung dahingehend zu erkennen ist, ob die Initiatoren einer Kampagne als Privatpersonen oder Organisation wirkten, sind bei anderen klare Tendenzen zu erkennen. So sind ausschließlich alle Projekte, die sich mit Sanierung oder Denkmalpflege befassen, von Initiativen gestartet worden. Auch bei den Kampagnen zur Gestaltung des öffentlichen Raums waren meistens Vereine die Initiatoren, ebenso wie bei den Projekten des Umweltschutzes und der Umweltbildung. In der Kategorie Stadtmarketing und Tourismus überwiegt deutlich der Anteil der privaten Projektstarter*innen.

Weitere Besonderheiten

Bei der Untersuchung der Beschreibungstexte fällt auf, dass Projekte erfolgreicher sind, wenn die mit den Spenden umzusetzende Aufgabe konkret und detailliert beschrieben ist. Wenn für ein bestimmtes Ziel bisher Bemühungen unternommen worden sind und die Kampagne nun für die Finanzierung einer bestimmten Teilaufgabe dienen soll, ist eine höhere Spendenbereitschaft erkennbar als bei Projekten, die sich noch in der Start- oder Initiierungsphase befinden. Am Beispiel heißt das, dass eher für den Ausbau einer Brandschutztür gespendet wird, sodass ein Raum als kultureller Ort genutzt werden darf, anstatt für die Idee, einen neuen kulturellen Ort aufzubauen. Wahrscheinlich suggeriert das potenziellen Unterstützenden, dass die Projektleitenden bereits viel Zeit und Energie in ihre Idee investiert haben. Somit kommt bei den Lesenden nicht das Gefühl auf, von diesen für die Finanzierung einer Idee „ausgenutzt" zu werden.

Kleines Zwischenfazit

Die zivilgesellschaftlichen Projekte, die mit Crowdfunding finanziert wurden oder aktuell finanziert werden, thematisieren verschiedenste Bereiche, wobei die Vorhaben mit kulturellem sowie planerischem und baulichem Inhalt die häufigsten und erfolgreichsten sind. Außerdem variieren die Projekte in Größe und Ausmaß, großmaßstäbliche Projekte blieben bisher jedoch aus. Es zeigt sich eine Tendenz, bei der höher budgetierte Projekte geringere Erfolgschancen aufweisen als diejenigen Kampagnen mit niedrigeren Zielsummen. Weiter gibt es räumliche Konzentrationen, in denen für urbane Projekte stärker auf Crowdfunding zurückgriffen wird, während Civic Crowdfunding in anderen Regionen noch keine Anwendung fand.

3 Herausforderungen und Schwierigkeiten

Mit welchen Schwierigkeiten sehen sich Projektinitiator*innen und Expert*innen bei dem Transfer von Crowdfunding auf die Stadtentwicklung konfrontiert und wie können diese umgangen oder sogar gelöst werden? Die Aufgabenstellungen und Akteursstrukturen in der Stadtentwicklung sind komplex und vielschichtig. Viele verschiedene Absichten aus unterschiedlichsten Fach- und Interessenbereichen müssen erkannt und koordiniert werden. Ebenso müssen die Vorgehensweise und die Ergebnisse in das vorhandene Konstrukt aus Regelungen und Vorgaben eingebunden werden. Eine Maßnahme der Stadtentwicklung kann im Regelfall nicht auf eine Crowdfunding-Kampagne reduziert werden, weder inhaltlich noch zeitlich oder finanziell. Durch die Komplexität der urbanen Aufgabe ist deren „Herunterbrechung" auf eine Kampagne unzweckmäßig. Wie kann nun aber Crowdfunding als neue Finanzierungsmethode in dieses Geflecht eingebettet werden, um zu einer transparenten Stadtentwicklung beitragen zu können?

Eine große Erschwernis für die Finanzierung von Stadtentwicklungsprojekten mittels Crowdfunding ist die Höhe der Projektkosten klassischer Aufgaben. Die benötigten Finanzmittel sind im Regelfall ungleich höher als die ermittelten Zielbudgets und die erreichten Einnahmen der deutschen Civic-Crowdfunding-Projekte. Eine mögliche Lösung, um auch größere urbane Aufgaben realisieren zu können, ist die Verlagerung des gesamten Betrages auf unterschiedliche Teilaufgaben und die schrittweise Schaltung mehrerer Kampagnen. Dadurch kann auch die lange Zeitspanne, die in den meisten Fällen von der Idee bis zur Fertigstellung einhergeht, überbrückt werden. Auch ist es sinnvoll die Finanzierung solcher Aufgaben auszulagern, die sich durch ein relativ sicher kalkulierbares Budget auszeichnen und bei denen zuverlässig unerwartete Mehrkosten auszuschließen sind. Denn im Falle entstehender Mehrkosten bleibt sonst die Frage zu klären, wer für diesen Kostenanstieg aufkommt. Die Finanzierung der Projekte muss zudem nicht ausschließlich über die Bevölkerung getragen werden. Auch ein Modell der Kostenteilung zwischen öffentlichen Stellen bzw. Investoren und den Bürger*innen bietet sich an. Weiter stellt für viele besonders finanzschwache Kommunen die Bereitstellung des Eigenanteils zum Erhalt bestimmter Förderungen von Ländern, Bund und EU ein Hindernis dar. Unter Umständen kann hier Crowdfunding zur Aufbringung dieser Summen beitragen und somit erhebliche finanzielle Vorteile für die jeweilige Stadt oder Gemeinde bringen. Ein weiterer kostensenkender Faktor bei den bisherigen Civic-Crowdfunding-Projekten im Vergleich zu traditionellen städtischen Maßnahmen ist der teilweise enorme unentgeltliche Aufwand, der von Seiten der Bürger*innen in den Projekten und Kampagnen geleistet wird. Diese Bereitschaft zum Ehrenamt sollte nicht unterschätzt werden und auch in Überlegungen zur Umsetzung bestimmter Projekte einfließen. Es ist auch denkbar, eine Crowdfunding-Kampagne nicht ausschließlich auf finanzielle Unterstützung anzulegen, sondern auch die Möglichkeit zu geben, freiwillige Mithilfe und Bereitstellung kostenloser qualifizierter Dienstleistungen von Seiten der Bevölkerung einbringen zu können.

Die Produkte der meisten Civic-Crowdfunding-Kampagnen sind nicht transportabel, sie sind standortgebunden. Das kann die Anzahl der potenziellen Nutzer*innen erheblich verringern. Meist muss der Großteil der benötigten Summen von nicht mobilen Anlagen aus einem bestimmten lokalen oder regionalen Umkreis zusammengetragen werden. Durch die Besonderheit der räumlich begrenzten Reichweite der Projekte in der Stadtentwicklung muss die Idee vor allem mit Personen und Institutionen kommuniziert werden, die direkt davon betroffen und an einer Umsetzung interessiert sein könnten. Der Fokus der Vermarktung muss also auf einen lokalen Kontext gelegt werden. Eine limitierte lokale Reichweite kann natürlich auch die Reichweite der Spendenbereitschaft begrenzen. Daraus mag sich zunächst der Schluss folgern lassen, Civic-Crowdfunding-Kampagnen seien in großen Agglomerationen ertragreicher, da hier auf ein Projekt aufgrund der größeren Einwohner*innenzahl mehr potenzielle Nutzer*innen kommen und somit auch mehr potenzielle Unterstützende. Bei dem bisherigen Budgetniveau in Deutschland zeigt sich jedoch eine sehr gute Erfolgsrate der Civic-Crowdfunding-Projekte in ländlichen Räumen, die besonders durch die Plattform der Volks- und Raiffeisenbanken gefördert werden.

Gleichzeitig muss bei einer Übertragung des Prinzips des Crowdfundings auf Projekte der Stadtentwicklung „eine Balance zwischen globaler Beteiligung und lokalen Auswirkungen" (Brandmeyer 2014) gefunden werden. Aufgrund des Aufrufs im Internet besteht ein weltweiter Zugriff auf die Kampagne und so kann es passieren, dass sich das Problem der begrenzten Reichweite der realisierten Projekte umkehrt: Für eine Idee gibt es Unterstützung durch eine globale Community, gerade weil diese Personen *nicht* durch die Umsetzung des Projekts persönlich berührt würden. Es sollte vermieden werden, dass Außenstehende über die Köpfe der Einwohner*innen entscheiden, was in deren Stadt oder Nachbarschaft geschehen soll.

Die Immobilität vieler Güter des Civic Crowdfundings beschränkt nicht nur die weltweite Verbreitung und Nutzung des Produkts, sondern schließt auch eine andere Nutzung an dieser Stelle aus. Beispielsweise kann auf einer kleinen innerstädtischen Freifläche nicht gleichzeitig eine neue Parkanlage, ein Schwimmbad *und* ein Freizeitzentrum gebaut werden, auch ein Gebäude kann nur eine begrenzte Anzahl an Nutzungen beherbergen. Der öffentliche Raum kann nicht von jeder*m nach Belieben gestaltet werden, denn dieser soll nicht nur allein die Belange des*der Einzelnen, sondern auch die aller anderen Bürger*innen berücksichtigen. Gleichzeitig müssen sich Projekte in der Stadtentwicklung an verschiedenste Vorschriften und Genehmigungen halten. Besonders in Deutschland ist die Bürokratie häufig ein hemmender Faktor für die Umsetzung von Vorhaben. Wird eine Kampagne gestartet, bevor abzusehen ist, ob die benötigten Genehmigungen erteilt werden, kann es passieren, dass trotz erfolgreichen Crowdfundings die Idee nicht umgesetzt werden kann. Für transparente Kommunikation und die Vermeidung von Missverständnissen ist bei dem Gros der Projekte eine Zusammenarbeit der Projektinitiator*innen mit den öffentlichen Stellen unabdingbar.

Deshalb ist es sehr wichtig, dass möglichst frühzeitig alle Seiten, die von einer Entscheidung betroffen sein können, zusammenkommen und sich im Dialog für die Realisierung einer Idee entscheiden, bevor eine Finanzierung über Crowdfunding angestoßen wird. Für diese Phase bietet es sich an, sowohl die Ideenentwicklung als auch die Entscheidungsfindung über die Werkzeuge des Crowdsourcings und der Kreativität der Bürger*innen zu generieren. So werden alternative Ansätze zur Lösung bestehender Fragestellungen und Probleme in die Diskussion eingebracht und die Entscheidung wird von einem Großteil der Beteiligten getragen, was auf das Resultat einer folgenden Crowdfunding-Kampagne positiv wirken kann.

Bei einer Vielzahl von Stadtplanungsprojekten handelt es sich nicht um einmalige Instandsetzungen, sondern um langfristige Investitionen. Die Überlegungen zum weiterführenden Betrieb dürfen nicht separat von den Planungen zur Instandsetzung eines Projekts erstellt werden, sondern es muss ein gemeinsames Vorgehen geben. Je nach Art und Ziel des Projekts kann zunächst eine Zwischennutzung entsprechend dem langfristigen Vorhaben eingeleitet werden, um die Resonanz und Annahme durch die Bevölkerung zu testen, bevor ein Raum für eine dauerhafte Nutzung festlegt wird. Der Schritt zum temporären urbanen Experiment kann zusätzlich das Interesse weiterer Personengruppen auf sich lenken und so ein Netzwerk von Befürwortenden für zukünftige langfristige Absichten aufbauen.

Beim Umgang mit Stadt und Lebensraum werden immer Fragen und Bedenken nach Gerechtigkeit und Mitbestimmung laut, so auch bei der Diskussion um die Anwendbarkeit von Crowdfunding in der Stadtentwicklung. Crowdfunding wird oft als gerechtes Mittel gesehen, das jeder*m erlaube, eigene Ideen einzubringen und sich für das einzusetzen, was sie oder er für wichtig hält, aber inwiefern treffen diese Aussagen zu? Crowdfunding als unfehlbares Demokratiewerkzeug ist nur eine Illusion, denn die Voraussetzungen zur Teilnahme an einer Kampagne sind sehr ungleich verteilt: Neben Internetzugang und dem sprachlichen Verständnis muss die Vorgehensweise von Crowdfunding bekannt und ein gewisses Bewusstsein für Mitgestaltungsmöglichkeiten bei Projekten der Stadtentwicklung gegeben sein. So wird Crowdfunding auch bei einer umfassenden Marketing-Strategie nicht alle Bevölkerungsgruppen erreichen können; eine repräsentative Beteiligung allein über Crowdfunding wird aufgrund der zuvor genannten Kriterien nicht möglich sein.

Für eine Crowdfunding-Kampagne und deren Erfolg sind die Darstellung und die Vermarktung von großer Bedeutung. Projekte mit professionell und kreativ gestaltetem Webauftritt und einer interessanten Vermarktung über die bekannten sozialen Netzwerke finden den größten Zuspruch auf den Crowdfunding-Plattformen. So kann es passieren, dass der Inhalt des Projekts hinter der Inszenierung nur noch von sekundärer Bedeutung ist. Für eine erfolgreiche Stadtentwicklung zählt aber nicht die Vermarktung oder das Vermarktungspotenzial der Projekte. Es ist nicht immer das Projekt am geeignetsten oder am sinnvollsten für eine Stadt oder Gemeinde, welches sich am besten verkaufen lässt. Der Wert eines Projekts sollte nicht an dessen Grad des Spektakulären bewertet werden.

Und schlussendlich ist und bleibt es doch eine Sache des Geldes. In vielen Beiträgen wird der Erfolg einer Crowdfunding-Kampagne als Antwort auf den Wunsch nach Legitimation einer Aufgabe beschrieben, aber zeigt die bloße Sammlung von ausreichend Kapital tatsächlich die Rechtfertigung eines Vorhabens an? Bei einer Crowdfunding-Kampagne ist die Identität und Anzahl der Unterstützer für deren Erfolg unwesentlich, solange die Zielsumme erreicht wird. Es sind solche Kampagnen im Vorteil, die das Interesse eines oder mehrerer größerer Spender*innen auf sich lenken und diese durch ihren Beitrag bereits einen Großteil der benötigten Summe abdecken. Aber ist ein Projekt, das durch wenige hohe Zuwendungen erfolgreich abgeschlossen werden kann, geeigneter als eine Kampagne, die scheitert, obwohl viele kleine bis mittlere Beträge einfließen?

Nach Abschluss einer Kampagne stellt sich die Frage nach der Kontrolle der zweckmäßigen Verwendung der gespendeten Gelder für die in der Kampagne beschrieben Maßnahmen. Wie kann die zweckmäßige sachgemäße Verwendung des zusammengetragenen Budgets überprüft werden? Werden die Spenden für anderweitige Aufgaben verwendet oder entspricht das Ergebnis nicht den angegebenen Vorgaben, führt dies nicht nur zu Unmut und Wut bei den Unterstützenden, sondern eventuell auch zur Umsetzung eines Projekts, das so oder in der abgeänderten Form nicht gewünscht oder nachgefragt wird.

4 Fazit

Im Kleinen erweisen sich viele dieser Initiativen als wertvoll. Trotzdem bleiben die Auswirkungen der Aktionen bisher noch eingeschränkt. Über die Methode des Crowdfundings war und ist es bisher nicht möglich, Lösungen für die größten

Herausforderungen der heutigen Raumentwicklung zu generieren. Crowdfunding kann aber Antreiber alternativer experimenteller Ansätze sein, die Lernprozesse in Gang setzen. Es wird die Innovations- und Anpassungsfähigkeit von Städten begünstigt, weil so ganz neue Einflüsse und Ideen eingebracht und im besten Fall auch umgesetzt werden können. Die Projekte und Kampagnen entwerfen ein neuartiges Verständnis von Stadt und Partizipation, die Bürger*innen sehen sich nicht mehr nur als Konsument*innen einer bebauten Umgebung, sondern erkennen auch ihre Wirkungsmacht als Produzent*innen der Stadt.

Civic Crowdfunding ersetzt weder formale noch informelle Offline-Beteiligungsformate, es ist vielmehr als eine innovative und zeitgemäße Erweiterung des Werkzeugkastens der Stadtentwicklung anzusehen, dessen Möglichkeiten und Grenzen bisher nur sehr bedingt ausgelotet worden sind. Crowdfunding kann dazu beitragen, die Partizipation und Transparenz zu steigern, wenn eine Zusammenarbeit zwischen Bürger*innen und städtischen Akteuren gelingt.

Bewohner*innen und Planende müssen sich jedoch bewusst bleiben, dass sich nicht so einfach „mit ein paar Klicks“ etwas verändern lässt, wie das vielleicht eine Crowdfunding-Kampagne suggerieren mag. Aber wenn initiierende Akteur*innen sich der Existenz von Herausforderungen und Grenzen bewusst sind, die mit Civic Crowdfunding einhergehen, werden wir in Zukunft sicherlich von einigen ungewöhnlichen und unkonventionellen Erfolgen hören.

Literatur

Brandmeyer, Ole (2014). Urbanism Crowdfunding – Schwarmfinanzierung in der Stadtentwicklung. Berlin.

Bürgerbüro Stadtentwicklung e.V. (2017). Hannover Machen mit der Crowd. Aktuelle Projekte, unter https://www.hannovermachen.de/projekte-unterstuetzen/(10.08.2017).

Europäische Kommission (2014). Freisetzung des Potenzials von Crowdfunding in der Europäischen Union. Brüssel: Europäische Kommission.

Für Gründer (2016). Crowdfinanzierungs-Monitor: Daten, Zahlen und Fakten zum Markt. http://www.fuer-gruender.de/kapital/eigenkapital/crowd-funding/monitor (08.12.1918).

Hemer, Joachim (2011). Crowdfunding und andere Formen informeller Mikrofinanzierung in der Projekt und Innovationsfinanzierung. Karlsruhe: Fraunhofer Institut für System- und Innovationsforschung ISI.

Kaltenbeck, Julia (2011). Crowdfunding und Social Payments im Anwendungskontext von Open Edicational Ressources. Graz.

Klein, René & Pinkert, Thorsten (2017). Crowdfinanzierung in Deutschland, in: Für Gründer Nr. 1/2017, S. 2. Frankfurt: Für Gründer.

Leimeister, Jan Marco (2012). „Crowdfunding, Crowdsourcing, Crowdvoting, Crowdcreation.“ Zeitschrift für Controlling und Management. Nr. 56, S. 388–392.

Luchtsingel unter http://www.luchtsingel.org/en/about-luchtsingel/f-a-q/(10.08.2017).

Metze, Phillip David (2012). Crowdfunding in der Stadtplanung. Hamburg.
Nationale Stadtentwicklungspolitik (2015). Projekte; unter www.nationale-stadtentwicklungspolitik.de (10.02.2015).
Neorot GmbH (o.J.). Hier springt der Funken über; Projekte; unter https://www.99funken.de/projekte.html (10.08.2017).
Padercrowd unter https://www.padercrowd.de/news/(10.02.2015).
Place2help München unter http://www.place2help.org/muenchen/(11.08.2017).
Place2help (o.J.). Crowdfunding Rhein-Main; unter http://www.place2help.org/crowdfunding-als-instrument.html (06.04.2015).
Pluspool unter https://www.pluspool.org/donate/(10.08.2017).
Volks- und Raiffeisenbanken (o.J.). Viele schaffen mehr; unter https://www.viele-schaffen-mehr.de/(02.01.2015).

Nutze die Stadt!

Urban Art in der Stadterneuerung

Delia Rothas

Zusammenfassung

Der bewusste Einsatz von Urban Art als Instrument der Stadterneuerung ist ein relative neues Phänomen. Dabei reicht die Spanne von umfassenden künstlerischen Gestaltungen bis zu punktuellen Gestaltungen von Schaltkästen. Die Furcht vor inkontrollierte „Schmierereien" scheint in der Fachwelt einer breiten Akzeptanz gewichen zu sein. Die fast einen ganzen Stadtteil einbeziehende Freiraumgalerie im vernachlässigten Osten der Stadt Halle (Saale) gilt als interessantes Experimentierfeld für Kunst und Kultur.

Wenn man genauer hinschaut, sieht man, dass die Städte voll von ihnen sind: Stencils, Tags, Murals, Sticker, Pieces, Typos, Urban Knitting, Characters etc. Sie werden von vielen Menschen als Schmierereien angesehen, beleben aber oft das Bild unserer Städte. Die Entwicklung der ursprünglich subkulturellen Kunstform Urban Art entstand aus einem fließenden Prozess heraus, sodass der genaue Entstehungszeitpunkt nicht festgelegt werden kann. Die in der Gesellschaft vertretene Ansicht, Graffiti sei eine Kunstform, die erst im 21. Jahrhundert aufkommt, ist somit nicht korrekt. Bereits im Alten Ägypten und im Alten Römischen Reich wurden Flächen in der Stadt mit Inschriften versehen. Die Urform des Graffiti besitzt starke Ähnlichkeiten mit der heutigen Form. Schon damals hatten die Menschen das Bedürfnis, sich ihrer Umgebung mitzuteilen.

U. Altrock et al. (Hrsg.), *Programmatik der Stadterneuerung*, Jahrbuch Stadterneuerung, https://doi.org/10.1007/978-3-658-26765-0_5

Die verschiedenen Ausprägungen von Graffiti und Street Art schöpfen aus kulturhistorischen Entwicklungen und haben unterschiedliche Intentionen. Manche Werke richten sich an interne Akteure und andere an das öffentliche Publikum im Stadtraum. Die niederschwellig kommunikative Wirksamkeit wird deutlich. Durch die Interaktion zwischen Stadtraum, Kunstwerk und Betrachter entsteht ein fruchtbarer Austausch, der Prozesse in der Stadterneuerung auslösen kann. Daraus leiten sich folgende Fragestellungen ab:

- Wie beeinflusst die Urban Art unsere Wahrnehmung des urbanen Raums?
- Wie kann der Einsatz der subkulturellen Kunstform z. B. in der Stadterneuerung nutzbar gemacht werden?
- Welche neuen disziplinären Zugänge für Herausforderungen in Stadt- und Raumplanung eröffnen sich dadurch?

Der Beitrag beleuchtet die Thematik der Urban Art und deren Potentiale aus einer künstlerisch planerischen Sichtweise und ist ein Plädoyer für neue Perspektiven in der Stadterneuerung durch Urban Art.

Abbildung 1 Bemalte Wände (Foto: Delia Rothas 2016)

1 Begriffsdefinitionen und Erscheinungsformen

Für eine fundierte Auseinandersetzung mit der Thematik bedarf es zuerst einer differenzierten Betrachtung einiger Begriffe. Im alltäglichen Sprachgebrauch werden die Begrifflichkeiten Public Art, Urban Art, Graffiti und Street Art oft synonym verwendet. Allerdings unterscheiden sie sich in verschiedenen Charakteristika voneinander. Im Folgenden werden die Begriffe voneinander abgegrenzt.

Public Art (gleichbedeutend mit Kunst im öffentlichen Raum) ist jede Form von künstlerischem Medium, welches geplant und ausgeführt wurde, vor dem Hintergrund, sich auf Dauer in einem öffentlichen Raum zu befinden oder dort installiert zu sein. Sie umfasst jegliche Formen der Kunst, die legal und bewilligt, beziehungsweise genehmigt in einem öffentlichen Raum ausgestellt sind. Zu dieser Kategorie kann beispielsweise Kunst am Bau eingeordnet werden (eigene Definition, 2016, basierend auf Expertengesprächen), soweit diese auf einen öffentlichen Raum wirkt.

Urban Art ist eine im (öffentlichen) Stadtraum vorkommende Kunstrichtung. Sie beinhaltet das klassische (moderne) Graffiti und die Street Art im urbanen Raum. Das wohl prägendste Merkmal ist, dass es sich hierbei um nicht-kommerzielle Kunstformen handelt, die gegebenenfalls illegal, ungefragt und unautorisiert entstehen (eigene Definition, 2016, basierend auf Expertengesprächen). Urban Art ist für jedermann frei und kostenlos zugänglich. Der Hauptunterschied zu Public Art besteht darin, dass Public Art stets legal, mit Erlaubnis und gegebenenfalls auf Nachfrage passiert.

In New York entwickelte sich das „Taggen“, bei dem man sein Pseudonym überall im Stadtraum hinterlässt. Seit jeher ist das Graffiti eine Begleiterscheinung, die in Städten zum Ausdruck kommt. Der Begriff Graffiti wurde durch einen Zeitungsartikel in den alltäglichen Sprachgebrauch aufgenommen, war aber zunächst negativ konnotiert. Als eines der vier Elemente des Hip-Hops erfährt Graffiti bis heute einen Bedeutungswandel und eine positive Umwertung.

Abbildung 2 Urban Art = Graffiti + Street Art (Eigene Darstellung, 2016)

Zunächst wird Urban Art in ihrer ursprünglichen Form mit dem Charakteristikum der Illegalität belegt. Urban Art Festivals und sonstige neue Formen des Einsatzes von Urban Art sind jedoch von der Stadt autorisiert und verlieren somit das Merkmal der Illegalität und der Nicht-Autorisierung. Dennoch unterscheidet sich die Urban Art im Wesentlichen von der Public Art, da letztere weitestgehend eine Herangehensweise darstellt, Kunst in einem öffentlichen Raum unterzubringen. Urban Art dagegen ist eine Kunstform, welche an sich gezielt im Stadtraum eingesetzt wird. Um die Begrifflichkeit beibehalten zu können, soll der bisherige Begriff für den weiteren Gebrauch modifiziert werden. Er impliziert, dass es sich um die Ursprungsform Urban Art handelt, jedoch in einer legalen und autorisierten Form. Es bietet sich hier also der Begriff „autorisierte Urban Art" zur Verwendung an. Wird im weiteren Verlauf des Beitrags von Urban Art gesprochen, handelt es sich je nach Kontext um die illegale oder die „autorisierte Urban Art".

Graffiti beschreibt üblicherweise das klassische (Style-) Writing, womit eine kunstvoll ausgearbeitete Darstellung von Buchstaben und Wörtern gemeint ist. Meist handelt es sich dabei um die Pseudonyme der Writer oder den Namen der zugehörigen Crew. Die Schrift wird in den Vordergrund gestellt. Es wird mit den Möglichkeiten der Typografie gespielt. Dabei kommt es auf die Styles an, das heißt den eigenen Stil des Künstlers und die individuelle Gestaltung seines Pieces (eigene Definition, 2016, basierend auf Expertengesprächen). In den meisten Fällen richtet sich Graffiti eher an ein beschränktes Publikum aus der entsprechenden internen Szene.

Der in der Gesellschaft gebräuchliche Begriff Graffiti stammt von dem italienischen Wort *graffito* (Plural: *graffiti*) und bedeutet ursprünglich Schraffierung. Häufig wird der eigentliche Plural Graffiti im heutigen Sprachgebrauch im Singular verwendet. Der Begriff kann auch vom altgriechischen Wort *gráphein* (= zeichnen/schreiben) abgeleitet werden (fassadenkunst.wordpress.com).

Street Art umfasst sämtliche nicht-schriftbezogene, sondern überwiegend illustrative Werke. Der Hauptunterscheid zu Graffiti besteht darin, dass Street Art bildlastiger ist und Graffiti eher das klassische (Style-) Writing beschreibt (eigene Definition, 2016, basierend auf Expertengesprächen). Üblicherweise wendet sich die Street Art an ein öffentliches Publikum.

ERSCHEINUNGSFORMEN DER URBAN ART

Ausprägungen von Graffiti (Style Writing):

Aerosol Art:
- Piece
- Bombing
- (Aerosol-) Tag

(Non-Acrosol) Tag:
- Marker
- Scratching
- Etching

Ausprägungen von Street Art:

Aerosol Art:
- Concept Wall/ Mural
- Character
- Stencil/ Pochoir

(Non-Aerosol) Art:
- Dispersion
- Sticker
- Plakatierungen (Paste-Ups/ Décollage/ Cut-Out)
- Ad Busting
- Kreidezeichnungen

Künstlerische Interventionen:
- Installationen
- Urban Knitting
- Skulpturen
- Interventionen

Abbildung 3 Ausprägungen von Graffiti und Street Art (Eigene Darstellung, 2017, basierend auf Recherche und Expertengesprächen)

Installationen, Skulpturen und Interventionen (unter der Kategorie Künstlerische Interventionen) können sowohl der Street Art als auch der Public Art zugeordnet werden. Aus der Aufzählung in der Abbildung sind nicht alle Ausprägungen von Graffiti und Street Art geeignet, um in der Stadtentwicklung zum Einsatz zu kommen. Einige, zum Beispiel Bombings und die meisten Tags, sind an die interne Graffiti-Szene gerichtet. Die allgemeingültige Ästhetik steht dabei nicht im Vordergrund, sodass sie von der breiten Masse der Bevölkerung nicht unmittelbar als schön empfunden werden oder als Gestaltungselement akzeptiert werden. Aus diesem Grund muss zwischen den einzelnen Ausprägungen von Graffiti und Street Art differenziert und eine Auswahl getroffen werden, welche für den Einsatz in der Stadtentwicklung geeignet sind.

Die Kriterien, die hierbei hinzugezogen werden, sind beispielsweise die Farbwahl, die Ausgestaltung, die Technik, das Motiv, die Botschaft bzw. die Aussage und der Ort, an dem sich das Werk befindet. Letztlich ist auch die Qualität des Kunstwerks von großer Bedeutung und entscheidet über die Akzeptanz innerhalb der Bevölkerung.

Wirkung von Urban Art

Die Wirkung und Intention sind bei Graffiti und Street Art sehr ähnlich. Bei der Street Art spielt die Bildlichkeit eine große Rolle, wodurch beim Betrachter durch das Anschauen eine Semantik hervorgerufen wird. Es kommt dabei nicht nur auf das Betrachtete, sondern auch auf den jeweiligen Betrachter an. Je nach dem, um welche Form der Street Art es sich handelt und welche Stile verwendet wurden, wirkt ein Werk anders auf den Betrachter.

Die Street Art interagiert mit dem sie umgebenden Raum, da sie in den Sinneszusammenhang aufgenommen wird und sich in das Stadtbild einfügt. Sie wird aufgrund ihrer vielen bildlichen Elemente eher als Kunst akzeptiert, als das klassische Graffiti, das oft weniger Akzeptanz findet und als „Schmiererei“ abgetan wird.

Abbildung 4 Vergleich eines Stadtraums mit und ohne Urban Art (Eigene Fotomontage, 2016; Foto: Delia Rothas 2016)

2 Raumwahrnehmung

Um die von der Urban Art ausgehende visuelle Wirkung besser zu verstehen, befasst sich der folgende Abschnitt mit den theoretischen Grundlagen der Raumwahrnehmung. Dies ist insbesondere förderlich für eine bessere Verständlichkeit, in welcher Art und Weise Urban Art im Stadtraum einen Menschen beeinflussen kann und wie ein Raum auf ihn wirkt. Es wird ein kurzer Überblick darüber geschaffen, was Raumwahrnehmung ist und wie ein Gesamtbild der uns umgebenden Umwelt zustande kommt.

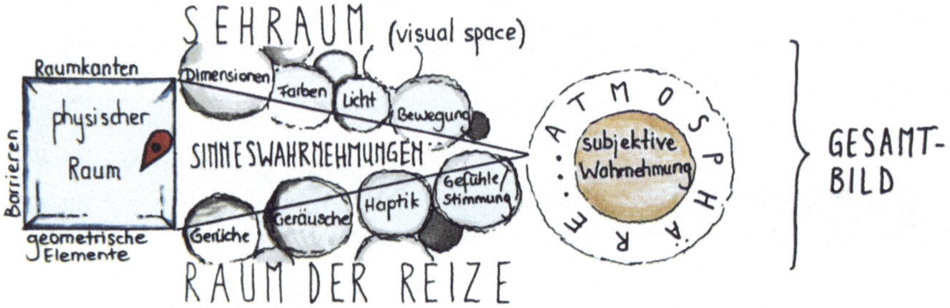

Abbildung 5 Schema der Raumwahrnehmung (Eigene Darstellung, 2016)

Die Raumwahrnehmung untergliedert sich in den Sehraum und den Raum der Reize (spektrum.de, o.S.). Als Sehraum wird das Abbild der Umgebung, das mit dem Auge wahrgenommen werden kann, bezeichnet. Es werden visuelle Reize verarbeitet. Der Raum der Reize beinhaltet alle übrigen Sinneswahrnehmungen und äußeren Einwirkungen aus dem Bereich der Umwelt, in der wir uns befinden. Dazu gehören unter anderem die auditive (das Hören) und die olfaktorische (das Riechen) Wahrnehmung (spektrum.de, o.S.).

Innerhalb des öffentlichen Stadtraums befindet man sich in einem physischen Raum, der geometrische und optische Elemente beinhaltet und somit dreidimensional ist. Durch beispielsweise unterschiedlich hohe Raumkanten und räumliche Barrieren entsteht ein Raumgefühl. Der Raum definiert sich aber sowohl durch die Dimension (Volumen und Größenverhältnisse der Flächen) als auch über den Rauminhalt. Letzterer kann in seiner Struktur homogen oder heterogen sein, je nach Art, Gestaltung und Nutzung. Durch die Struktur kommt eine Textur zustande, die man ebenfalls wahrnimmt, zum Beispiel durch das Fortbewegen, also das Laufen auf dem Boden. Außerdem gibt es die sogenannte Haptik, das Erfühlen der Oberflächen, wie dem Bodenbelag. Diese haptische Wahrnehmung des

Raumes gehört zum Raum der Reize. Dazu kommen weitere Sinneseindrücke wie das Hören und das Riechen. Es werden Gerüche wahrgenommen, die typisch für einen Ort sein können. Sie tragen dazu bei, welche Emotionen ein Ort in einem Menschen auslöst. Auch die Akustik eines Raums gehört zur Kulisse. Der Lichteinfall, der je nach angrenzender Bebauung und Bepflanzung variieren kann, spielt ebenso eine Rolle für das Wohlbefinden, so zum Beispiel auch die abendliche Beleuchtung. Menschen sind in der Lage, die Stimmung wahrzunehmen, beispielsweise wenn Hektik herrscht oder Spannungen und Aggressionen in der Luft liegen. Diese Wahrnehmung der Stimmung lässt ihn Farben unterschiedlich wahrnehmen und die Wahrnehmung der Farben wiederum löst Assoziationen aus (ZEIT online, 2013).

Letztlich ist es die subjektive Wahrnehmung, welche die Summe der Sinneswahrnehmungen darstellt, die man als Atmosphäre empfindet. Es entsteht für jedes Individuum ein eigenes Gesamtbild der vorherrschenden Situation, das maßgeblich dafür prägend ist, ob sich ein Mensch an einem Ort wohlfühlt oder nicht. Ebenso gibt es Konstanten, die jeder Mensch gleich empfindet. Daraus lassen sich Handlungsmöglichkeiten und Erkenntnisse für die Stadt- und Raumplanung ableiten, zum Beispiel welche Beleuchtungen die Problematik eines Angstraums beheben können oder welche Formen von Urban Art Menschen visuell eher ansprechen, denn diese „unbestellte Kunst im Stadtraum […] [ist ein] Phänomen, welches die Wahrnehmung des urbanen Raums seit langem mitprägt“ (Stahl 2013: 21). Sie ist eine Form der Kommunikation und trägt zur Mensch-Raum-Beziehung bei.

Als Planer muss man sich folglich bereits im Voraus derjenigen Wahrnehmung (oder des Gesamtbildes) bewusst sein, die man in einem bestimmten Raum erzeugen, verstärken oder vermeiden will, bevor man sich dazu entscheidet, eine Gestaltung des selbigen vorzunehmen.

Urban Art im Stadtraum

Bei der Interaktion zwischen einem Werk der Urban Art und dem Raum, der es umgibt, wird das Bild in den Kontext des Raumes aufgenommen. Es „bildet einen Sinneszusammenhang mit dem umliegenden städtischen Raum“ (Bayer, 2012: 12). Der Raum wirkt sich auf die Urban Art aus und andersherum wirkt sich das Kunstwerk auf den Raum aus, das eigens für den Stadtraum konzipiert wird. Der Synergie-Effekt zwischen Urban Art und dem direkten Kontakt mit dem Stadtraum lässt eine Stadt lebendiger werden.

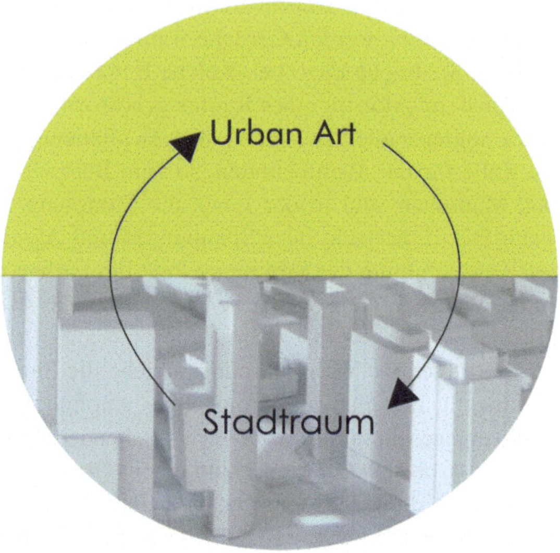

Abbildung 6 Synergie-Effekt von Stadtraum und Urban Art (Eigene Darstellung, 2016)

Die Partizipation in Prozessen mit der urbanen Kunstform steigert das Verantwortungsbewusstsein der Bewohner und hat somit mehr Bürgerengagement zur Folge. Die Bewohner können sich dadurch besser mit ihrem eigenen Lebensumfeld identifizieren und es selbst mitgestalten, wodurch ein kultureller Austausch entsteht.

Sprache der Stadt

Zwei zentrale Begriffe für den Einsatz von Urban Art in der Stadtentwicklung sind die Partizipation und die Kommunikation. Beide Worte stehen in einem engen Zusammenhang zueinander. Sie sind deshalb von großer Bedeutung, da sie grundsätzlich in Prozessen der Stadtentwicklung unabdingbar sind, wenn es um die Zukunft der Stadt geht.

Partizipation ist nicht nur „Grundlage der Demokratie" (L.I.S.T. 2012: 3), sondern auch das Mit-Einbeziehen und die Integration von beispielsweise den Eigentümern und den Bewohnern eines Stadtviertels in den Planungsprozess. Mit solchen Aktivierungsstrategien und partizipativen Ansätzen in der Stadt- und Raumplanung wird der Einbezug aller Interessen angestrebt, wodurch das Identifikationsgefühl und die Qualität des Planungsergebnisses steigen.

Die Kommunikation ist ein essentielles Werkzeug, mit Hilfe dessen Diskussionen angeregt werden sollen. Es werden Konflikte abgebaut, Probleme identifiziert und Ideen ausgesprochen. Solche Prozesse werden durch den Einsatz von Urban Art verstärkt. Das legitimiert am Ende die Entscheidungen, die innerhalb eines Projekts getroffen werden. Die Kunst setzt Impulse und eröffnet einen Dialog mit den Bewohnern und anderen Beteiligten. Somit kann die Urban Art ein Spiegel der Gesellschaft und die Sprache der Stadt werden.

Abbildung 7 Urban Art als Sprache der Stadt (Eigene Darstellung, 2016)

Broken-Windows-Theorie

Von dem Politikwissenschaftler James Q. Wilson und dem US-Kriminologen George L. Kelling erschien im Jahr 1982 das Essay „Broken Windows" (Wickert o. J.). Die darin beschriebene Broken-Windows-Theorie besagt, dass eine Abwärtsspirale des Verfalls in einem urbanen Raum ausgelöst wird, sobald einzelne Anzeichen (in diesem Zusammenhang beispielsweise das gebrochene Fenster) auftreten. Die Theorie kann auf den Kontext der Urban Art übertragen werden. Da die Hemmschwelle sinkt, wenn beim Sprühen von illegalem Graffiti, dem Wegwerfen von Müll auf die Straßen oder der Demolierung nicht mit Konsequenzen gerechnet werden muss, werden diese Anzeichen als Motivation angesehen und begünstigen einen moralischen und physischen Verfall der Umgebung.

In Bezug auf die Thematik der Urban Art könnte die Broken-Windows-Theorie jedoch aus einem anderen Blickwinkel heraus betrachtet und eine gegenteilige Theorie aufgestellt werden. Wenn gute und künstlerisch hochwertige Werke gesprüht werden, ist die Hemmschwelle vermutlich größer, diese zu „crossen" (= zu übermalen). Geht man sogar noch einen Schritt weiter, könnte man mutmaßen, dass es andere sogar motiviert, besser zu sein, wenn gute Kunst im Stadtraum vorhanden ist. Dadurch würde eine Aufwärtsspirale ausgelöst werden. Um diese Theorie zu belegen, müssten empirische Forschungen und Befragungen von Künstlern getätigt werden.

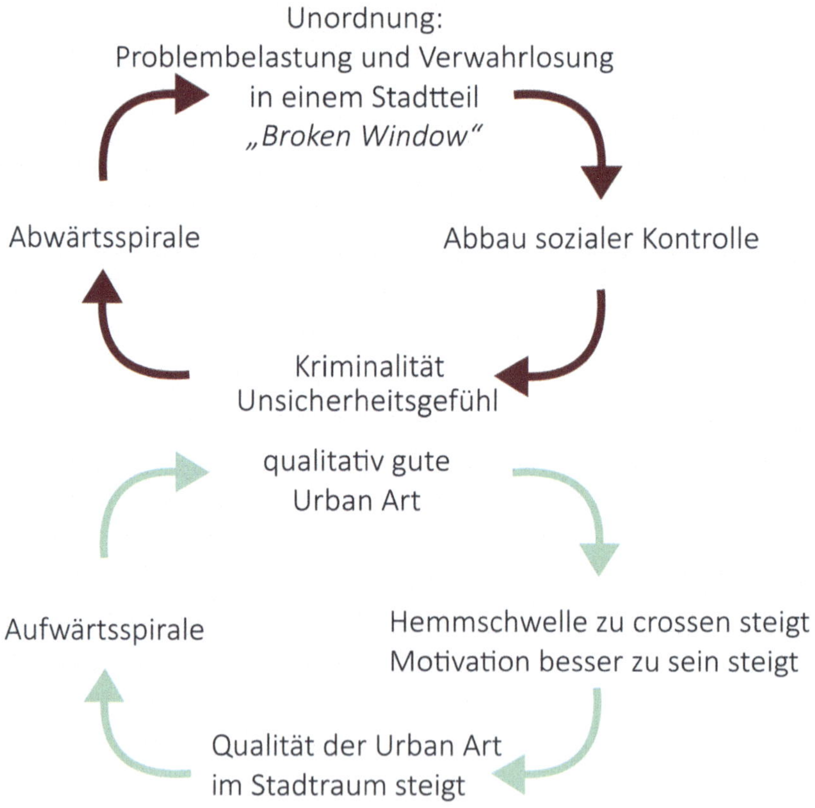

Abbildung 8 Umkehr der Broken-Windows-Theorie (oben: Eigene Darstellung, 2017, basierend auf: Laue, 2002: 354); (unten: Eigene Darstellung, 2017)

3 Fallbeispiele

Anhand zweier Fallbeispiele aus der Praxis soll verdeutlicht werden, wie der Einsatz von Urban Art in einer Stadt angewandt werden kann. Die Kunstform setzt Impulse, die Stadterneuerungsprozesse auslösen können.

Freiraumgalerie Halle an der Saale

Die Freiraumgalerie in Halle an der Saale wurde 2012 von dem Dortmunder Raumplaner Hendryk von Busse unter dem Titel „Stadt als Leinwand" ins Leben gerufen (von Busse/Schulze-Diekhoff, 2013: 37). Das von Leerstand geprägte Viertel Freiimfelde wurde durch großflächige Fassadengestaltungen zur urbanen Leinwand. Dadurch wurde eine überregionale Beachtung des Quartiers erzielt und ein Revitalisierungsprozess angestoßen.

Die Ausgangssituation des Quartiers im Osten der Innenstadt von Halle an der Saale stellte sich in einem hohen Anteil leerstehender Gebäude von teilweise bis zu 60 Prozent dar. Durch die Lage östlich des Güterbahnhofs ergibt sich eine Isolation durch die Bahngleise von der restlichen Stadt. Hinzu kommt, dass die Stadt stetig schrumpft. Dadurch waren städtebauliche, soziale und sonstige Missstände im Quartier vorzufinden, die unter anderem eine Vernachlässigung des Quartiers zur Folge hatten. Marode Gebäude, heruntergekommene Fassaden und brach liegende Flächen prägen das Bild. Die vorherrschende Perspektivlosigkeit eröffnete ein Experimentierfeld für die Realisierung der Freiraumgalerie (2017).

Im Zuge des All You Can Paint Urban Art Festivals (A.Y.C.P. Festival) wurde die Landsberger Straße zur öffentlichen Galerie und die Fassaden der Wohngebäude zur urbanen Leinwand. Ausgehend von den durch das Projekt gesetzten Impulsen, wurden Stadtentwicklungsprozesse mit Hilfe von Kunst und Kultur ausgelöst. Durch die Aufmerksamkeit, die somit erlangt wurde, konnte ein Imagewandel für das Quartier erreicht werden. Somit wurden verschiedene Ziele erreicht, wie die Sanierung von Immobilien, die Ansiedlung von Kunstateliers und Start-Ups aus der Kreativszene. Eine Brachfläche mitten im Viertel in der Landsberger Straße wurde geräumt und soll im Zuge einer kooperativen Planung mit den Bewohnern zum Bürgerpark umgestaltet werden. Finanziert wird die Umsetzung durch Mittel der Stadt Halle an der Saale und des für Bau zuständigen Bundesumweltministeriums (Urbane Nachbarschaft Freiimfelde gGmbH). Es entwickelte sich ein Bottom-Up-Prozess, bei dem die Bürger innerhalb des bürgerschaftlichen Quartierskonzepts ihr Umfeld selbst prägen.

Metropolink Festival für urbane Kunst

Das Metropolink Festival für urbane Kunst fand 2015 in Heidelberg unter der Schirmherrschaft des amtierenden Oberbürgermeisters das erste Mal statt. Die Stadt wurde zum Headquarter der urbanen Kunst, indem in fast allen Stadtteilen Wandgestaltungen durch verschiedene regionale und internationale Künstler vorgenommen wurden. Dadurch wurde ein Imagewandel der historischen „Akademikerstadt" erreicht und das Stadtmarketing angekurbelt. Im Jahr 2017 fand das Festival bereits zum dritten Mal statt.

Die Ausgangssituation für das Festival ist ein feststehendes akademisches und historisch geprägtes Image der Stadt Heidelberg. Im Zuge des ersten Metropolink Festivals 2015 wurden in Heidelberg sieben Wände von elf Künstlern in sechs Stadtteilen gestaltet, sowie 30 Stromkästen und ebenso einige Litfaßsäulen. Außerdem gab es jeweils Eröffnungsveranstaltungen zu den einzelnen Wänden und Workshops zu verschiedenen Themen für unterschiedliche Zielgruppen.

Hauptanliegen des Festivals ist es, die Urban Art in autorisierter Art und Weise in alle Stadtteile Heidelbergs zu tragen und somit den Blick auf die ganze Stadt auszuweiten, ohne am klassischen, akademischen und historischen Image von Heidelberg festzuhalten. Für Heidelberg sollte ein Imagewandel erreicht werden, ein neuer Blickwinkel auf die Stadt mit Hilfe der Urban Art. Die Bewohner und Gäste sollen für den Stadtraum und die Potentiale durch dessen Gestaltung sensibilisiert werden. Im Zuge des Stadtmarketings wurde die Urban Romantic Tour (Sight Seeing Tour) durch Heidelberg entlang der gestalteten Wände etabliert. Die Finanzierung wurde hauptsächlich durch Sponsoren und zum Teil durch die Stadt Heidelberg ermöglicht. Von Jahr zu Jahr wird das Format ausgeweitet und erstreckt sich über mehrere Veranstaltungsorte, auch außerhalb Heidelbergs (metropolink-festival.net, o.S.).

Der Vergleich der beiden Fallbeispiele zeigt, dass Urban Art in verschiedenen Bereichen wirksam sein kann. Die Freiraumgalerie bewirkte eine Aufwertung eines Quartiers und die Behebung der dortigen Missstände, indem Stadtentwicklungsprozesse ausgelöst wurden. So konnten verschiedene Förderungen in Anspruch genommen werden, zum Beispiel von der Kunststiftung Sachsen-Anhalt, dem Fonds Soziokultur und der Montag Stiftung Urbane Räume, um die Revitalisierung des Gebiets voran zu treiben und eine nachhaltige Entwicklung des Quartiers anzustoßen. Das Metropolink Festival lenkte die Aufmerksamkeit auf die Stadt Heidelberg aus einem anderen Blickwinkel heraus und erzielte einen Imagewandel der involvierten Stadtteile. Das urbane Kunstfestival setzte somit Impulse im Bereich des Stadtmarketings.

Umgang mit Schaltkästen

Flächen, die nicht genutzt werden und verkommen, wie Brandwände, Mauern, Leerstände und auch im öffentlichen Raum befindliche Schaltkästen, bieten Potential künstlerisch gestaltet zu werden. Ein Beispiel, welches hier ansetzt, ist das Projekt „Aus Grau wird bunt" der Deutschen Telekom. Im Zuge dieses Projektes bietet die Telekom als Eigentümer ihre Multifunktionsgehäuse (MFG) und Kabelverzweiger (KVZ) zur künstlerischen Gestaltung an. Früher war der Antrag, einen solchen Schaltkasten zu gestalten, ein bürokratisch aufwändiger Prozess, heute eine „formlose Email mit Skizze, Standort und aktuellem Zustand des Kastens". „Regional wird dann von der Niederlassung geprüft, ob es sich überhaupt um ein Gehäuse der Telekom handelt und ob das gewünschte Motiv umsetzbar ist". Das Motiv muss „ethisch, politisch und religiös neutral" sein und darf „keine kommerzielle Werbung" beinhalten. Außerdem darf die Farbwahl aufgrund der inneren Wärmebildung im Zusammenspiel mit der Sonneneinstrahlung nicht zu dunkel sein. Auch die Lüftungen, Scharniere und Schlösser dürfen aus diesem Grund nicht mit Farbe bedeckt werden (telekom.com, o.S.). Gehört ein Schaltkasten nicht der Deutschen Telekom, muss eine Genehmigung beim jeweiligen Stromanbieter, der Post oder sonstigen Dienstleistern, in deren Eigentum er sich befindet, eingeholt werden. Diese äußere Gestaltung schützt nach ersten Erfahrungen vor Vandalismus durch unerlaubte „Schmierereien" (*siehe Umkehrung Broken-Windows-Theorie – Kapitel 2 Raumwahrnehmung*) und kann positive Effekte auf das umliegende Stadtbild haben.

4 Querschnitt Kunst & Planung

In diesem Kontext muss sich jedoch mit der Frage nach der Planbarkeit von Urban Art auseinandergesetzt werden, da sie im Wesentlichen eine subkulturelle Herkunft aufweist und üblicherweise illegal ausgeführt wird.

Um feststellen zu können, ob und in welchem Maß Kunst und speziell Urban Art planbar ist, und wo dabei die eventuellen Grenzen der Planbarkeit liegen, muss sich vorher dem Begriff der Planbarkeit in seiner Bedeutung genähert werden. Der Duden beschreibt ihn mit „sich planen lassend" (Duden, 2017). Lässt sich Kunst und insbesondere Urban Art in Städten überhaupt planen? Die Kunst und vor allem die Urban Art sind in ihrer ungezügelten Natur von künstlerischer Freiheit geprägt. Es gibt quasi keine Einschränkungen für die Sprayer (=Graffiti-Künstler). Sie sind vollkommen ungebunden, da die Ursprungsform ohnehin eine nicht-autorisierte Kunstform im urbanen Raum ist. Lässt sich die eigentlich illegale Kunstform zu Gunsten der Planung „von der Straße holen"?

Möchten Planer die Urban Art in der Stadtentwicklung einsetzen und von deren Eigenschaften profitieren, sollten sie den Charakter, der sie ausmacht, respektieren und beibehalten. Eine zu starke Instrumentalisierung würde die künstlerische Freiheit einschränken. Bei der Planbarkeit von Urban Art geht es zweitrangig um „die systematische Entwicklung von Instrumenten zum Umgang mit Kunstwerken, [...] [sondern eher um] eine gedankliche Öffnung und Ausdifferenzierung der eigenen Tätigkeit" (Hinrichs, 2009: 9). Der Fokus liegt somit nicht auf der Einschränkung durch Instrumentalisierung der Kunstform, sondern auf der Auseinandersetzung mit Raum und Künstlern. Die Grundzüge werden beibehalten, jedoch wird sich damit beschäftigt, wie der Einsatz von Urban Art aussehen könnte. Das Hauptaugenmerk liegt auf der Auseinandersetzung des Planers mit der Gestaltung des Stadtraums und der dortigen Integration der Urban Art. Es stellt sich die Frage, wo die Grenzen der Lenkbarkeit gesetzt werden sollen. Eine Konzeption des Prozesses des Einsatzes von Urban Art und der Umsetzung eines gesamten Vorhabens ist denkbar, aber eine Versteifung? sollte vermieden werden. Generelle Offenheit ist einer der wichtigsten Parameter, um die Urform der Urban Art nicht zu verfälschen.

Im Kontext der Stadtentwicklung sollte der Stadtraum als Ganzes gesehen werden. Da Urban Art auf der Kommunikationsebene verankert ist, spielt die Bürgerbeteiligung ebenfalls eine wesentliche Rolle. Dazu können Stadtspaziergänge, die Erfassung der Orte, die negativ auffallen, oder Festivals und Feste gezählt werden. Auch die Bürgerbeteiligung erfordert eine besondere Offenheit von allen Beteiligten, passt also in ihrem Wesen gut zu der Kunstform. Letztlich ist festzuhalten, dass durchaus eine gewisse Planbarkeit möglich ist, nämlich innerhalb eines Projekts, indem der Einsatz von Urban Art konzipiert wird. Planbar ist nicht die Kunstform selbst, sondern ihre erwünschte Wirkungsweise und die Einsatzmöglichkeiten, die in das Gesamtkonzept integriert sind. *„Urban Art zeichnet sich durch ihre Direktheit und ihre Dialogorientiertheit aus – sie ist kostenfrei und niederschwellig für jede Bürgerin und jeden Bürger zugängig und hat damit das Potential, die Wahrnehmung des Stadtraumes zu verändern und eine fruchtbare öffentliche Debatte um zukunftsweisende Stadtentwicklung auszulösen." (Interview Theresia Bauer, 2016, Ministerin für Wissenschaft, Forschung und Kunst Baden-Württemberg).*

5 Fazit

Der aktuelle Trend ist deutlich zu erkennen: Immer mehr Städte nutzen Urban Art Festivals, um das Stadtbild zu verschönern und eine gezielte Wirkungsweise auf den Stadtraum zu erreichen. Noch vor einiger Zeit galten Graffiti und Street Art als Schmierereien, doch inzwischen erfahren diese subkulturellen Kunstformen einen Bedeutungswandel. Durch die Vielfalt der Thematik Urban Art ergeben sich neue Herausforderungen für die Stadt- und Raumplanung. Der Beitrag soll Anstoß zu einer neuen Sichtweise auf die Thematik der Urban Art und deren Potenziale für die Stadtentwicklung geben:

- Wie kann die Verknüpfung zwischen Kunst und im Speziellen der Urban Art mit den Handlungsfeldern der Stadterneuerung optimiert werden?
- Wie können Bottom-Up-Prozesse mit Urban Art gezielter gefördert werden?

Das Vorkommen des Phänomens der Urban Art kann als erster Indikator einer Sukzession interpretiert werden. Inzwischen werden Projekte mit autorisierter Urban Art öfter gezielt als Auftakt zur Sanierung von perspektivlosen Gebieten (zum Beispiel im Zuge der Sozialen Stadt) eingesetzt. Die Kunstform soll Aufmerksamkeit erregen und somit die Revitalisierung vorantreiben. Die individuellen Rahmenbedingungen, der „genius loci" (Geist des Ortes) und das daraus resultierende räumliche Potential werden dadurch im besonderen Maße aufgegriffen. Somit wird ein Prozess ausgelöst, der unausweichlich dazu führt, dass sich unmittelbar mit einem bestimmten Raum auseinander gesetzt wird. Durch diese Auseinandersetzung erfolgt eine Anpassung an die jeweiligen individuellen Rahmenbedingungen. Die Etablierung eines integrativen Akteursnetzwerks bildet die Grundlage für einen Bottom-Up Prozess, welcher die Stadt nachhaltig positiv beeinflusst. Dies wirkt sich auch auf benachbarte Stadtteile aus.

Das Akteursnetzwerk besteht aus Künstlern, Planern, Bewohnern, Eigentümern und Kooperationspartnern. Bei seiner Rolle, den Prozess zu koordinieren, muss der Planer davon absehen, die Urban Art zu sehr zu instrumentalisieren, sodass ein Entstehungsprozess gewährleistet ist, bei dem Stadtraum und Kunstwerk einen gegenseitigen Synergie-Effekt erwirken. Die Urban Art fördert die Kommunikation durch Eingriffe in das Stadtbild in einer niederschwelligen Art und Weise und kann somit als Sprache der Stadt angesehen werden. Alle Beteiligten sollten für die jeweils anderen Fachgebiete sensibilisiert werden, sodass ein fruchtbarer Austausch entstehen kann. Dabei muss beachtet werden, dass nicht alle Ausprägungen von Graffiti und Street Art geeignet sind, um einen positiven Effekt auf den Stadtraum zu bewirken. Grundsätzlich wird eher aus dem Repertoire der Street Art (vor allem Murals, Characters und Stencils) als aus Graffiti, also dem klassischen Style-Writing, geschöpft, da die bildlichen Elemente der Street Art häufig als ästhetischer empfunden werden als einfache Tags oder Bombings. Aus dem Bereich Graffiti wäre denkbar, auf aufwändig gestaltete Pieces zurückzugreifen.

Das sich aus dem Prozess ergebende Potential ist das Erregen von Aufmerksamkeit und das Herbeiführen eines Diskurses, Imagewandel, Aufwertung und Wertsteigerung. Die Urban Art sollte stärker im Stadtraum verankert werden. Dabei ist stets abzuwägen, ob die Rahmenbedingungen eines individuellen Raumes für den Einsatz von Urban Art geeignet sind.

Eine Anpassung der Steuerungsinstrumente ist denkbar. Veränderungen, die mehr Spielraum zulassen, das „Entkriminalisieren" der Urban Art (zum Beispiel durch mehr legale Flächen zur freien Gestaltung durch jedermann) und mehr finanzielle Förderungen stellen sich in der heutigen Praxis noch oft als langwierig und schwer realisierbar dar. Ratsam wäre hier, Planer als Spezialisten im Bereich Urban Art in der kommunalen Verwaltung direkt mit Künstlern zu vernetzen, um das größtmögliche Potential zu entfalten.

Anhand vieler Beispiele aus jüngerer Vergangenheit hat sich gezeigt, dass Urban Art einen erheblichen Mehrwert für Stadterneuerungsprozesse darstellen kann. Vorerst bleibt abzuwarten, ob es sich um einen temporär begrenzten Trend handelt oder, ob sich das Phänomen auch nachhaltig auf die Stadt- und Raumplanung auswirken kann. Deutlich ist aber, dass sich eine gedankliche Öffnung gegenüber der Thematik und deren gezieltem Einsatz entwickelt hat, die Kunstform einen Bedeutungswandel erlebt und ihr somit mehr Akzeptanz entgegen gebracht wird.

Literatur

Bangratz, M. (2016). Bürgerpark Landsberger Str. – So soll er werden. Urbane Nachbarschaft Freiimfelde. Montag Stiftung Urbane Räume. Aufgerufen unter: http://www.nachbarschaft-freiimfelde.de/buergerpark-so-soll-er-werden/(08.12.2018).

Bayer, D. (2012). Der Denkmalwert von Illegalität, Berlin: Universitätsverlag der Technischen Universität Berlin.

Bibliographisches Institut GmbH. Dudenverlag (2017). Duden. Aufgerufen unter: http://www.duden.de/rechtschreibung/planbar (08.12.2018).

Freiraumgalerie (2017). Freiraumgalerie. Halle Saale. Aufgerufen unter: http://www.freiraumgalerie.com (08.12.2018).

Heinemann, P. (2015). Stimmung lässt Menschen Farben anders wahrnehmen. WeltN24 GmbH. Aufgerufen unter: https://www.welt.de/gesundheit/psychologie/article146083967/Stimmung-laesst-Menschen-Farben-anders-wahrnehmen.html (08.12.2018).

Hinrichs, H. (2009). Der Blick von Stadtplanern auf Kunstwerke in der Stadt. Stuttgart: Städtebau-Institut der Universität Stuttgart.

Laue, C. (2002). Broken Windows und das New Yorker Modell – Vorbilder für die Kriminalprävention in deutschen Großstädten?. Düsseldorf: Landeshauptstadt Düsseldorf (Hg.): Düsseldorfer Gutachten: Empirisch gesicherte Erkenntnisse über kriminalpräventive Wirkungen.
L.I.S.T Stadtentwicklungsgesellschaft mbH (2012). Handbuch zur Partizipation. Berlin. Aufgerufen unter: http://www.stadtentwicklung.berlin.de/soziale_stadt/partizipation/download/Handbuch_Partizipation.pdf (08.12.2018)
Prüfer, Tilmann (2013). Psychologie – Schön! Färberei! In: Zeit-Online vom 4. April 2013, aufgerufen unter: http://www.zeit.de/2013/15/farben-wahrnehmung-psychologie (08.12.2018).
Spektrum Akademischer Verlag (o. J.). Lexikon der Psychologie: Raumwahrnehmung. Heidelberg. Aufgerufen unter: http://www.spektrum.de/lexikon/psychologie/raumwahrnehmung/12500 (08.12.2018).
Spektrum Akademischer Verlag (o. J.) Lexikon der Psychologie: Geruchswahrnehmung. Heidelberg. Aufgerufen unter: http://www.spektrum.de/lexikon/psychologie/geruchswahrnehmung/5775 (08.12.2018)
Stahl, J. (2013). Graffiti, Street Art, Urban Art. Einige Fragen zur Stadtwahrnehmung; In: RaumPlanung, Heft 6/2013 (Kunst im Stadtraum), Dortmund, S. 20–24.
Vollmar, L. (2017). Blog. Telekom: Aus Grau wird Bunt. Deutsche Telekom AG. Aufgerufen unter: https://www.telekom.com/de/blog/konzern/artikel/aus-grau-wird-bunt-64812 (08.12.2018)
Urbane Nachbarschaft Freiimfelde gGmbH in Halle (Saale) (o. J.). Abgerufen unter www.nachbarschaft-freiimfelde.de (08.12.2018).
von Busse, Hendryk (2015). Projektbericht Freiraumgalerie 2012–2014. Projekt von Freiraumgalerie und Postkult e. V., Halle an der Saale. Aufgerufen unter: https://www.freiraumgalerie.com/urban-development/(08.12.2018)
Von Busse, H.; Schulze-Diekhoff, V. (2013). Stadt als Leinwand. Freiraumgalerie Halle an der Saale. In: RaumPlanung, Heft 6/2013 (Kunst im Stadtraum), Dortmund, S. 36–42.
Wickert, Christian (o. J.). Broken Windows; unter https://soztheo.de/kriminalitaetstheorien/soziale-desorganisation/broken-windows-wilson-kelling/(08.12.2018)
Willibender (2017). Metropolink. Aufgerufen unter: http://www.metropolink-festival.net/about/
ZH Street ART (2010). Definition, Geschichte und Formen von Graffiti. Aufgerufen unter: https://fassadenkunst.wordpress.com/2010/03/10/test/(08.12.2018)

Perspektiven der Städtebauförderung

Plädoyer für die planungsrechtliche Sicherung der Förderprogrammatik

Detlef Kurth

Zusammenfassung

Die Stadterneuerungspolitik hat sich in den letzten Jahrzehnten stark verändert, von der großflächigen Flächensanierung in den 1970er Jahren über die behutsame Stadterneuerung in den 1980er Jahren bis hin zu einer ausdifferenzierten Programmatik, die neben der baulichen auch zahlreiche sozioökonomische Schwerpunkte enthält. Die Aufgaben wandelten sich über die Jahrzehnte von Modernisierungsbetreuungen hin zu komplexen Management-Leistungen in strukturell, sozial oder ökonomisch benachteiligten Quartieren. Die Frage ist, inwiefern sich diese Ausdifferenzierung künftig auch im Sanierungsrecht widerspiegeln könnte (§§ 136ff BauGB), wo teilweise noch die Terminologie der 1970er Jahre verwendet wird – insbesondere die Schwerpunkte Stadtumbau und Soziale Stadt sind zwar gesondert erwähnt, aber nicht wirklich in die Rechtssystematik integriert.

U. Altrock et al. (Hrsg.), *Programmatik der Stadterneuerung*, Jahrbuch Stadterneuerung, https://doi.org/10.1007/978-3-658-26765-0_6

Sanierungsrecht und Städtebauförderung bilden ein wechselseitiges System, das seit 1971 trotz immer neuer sozio-ökonomischer Rahmenbedingungen überraschend stabil geblieben ist. Das Sanierungsrecht wird i.d.R. immer mit Programmen der Städtebauförderung verknüpft, die besonderen Reglementierungen aus einer Sanierungssatzung werden also mit Förderanreizen kombiniert. Die Aufgaben der Stadterneuerung wandelten sich über die Jahrzehnte von Modernisierungsbetreuungen hin zu komplexen Management-Leistungen in strukturell, sozial oder ökonomisch benachteiligten Quartieren, entsprechend wurden zahlreiche neue Programme eingeführt. Das Sanierungsrecht wurde ab 1999 durch neue Schwerpunkte wie Soziale Stadt und Stadtumbau ergänzt, die Rechts-Systematik stimmt aber inzwischen nicht mehr mit der tatsächlichen Erneuerungspraxis überein. Es stellen sich von daher Fragen nach einer stärkeren Fokussierung der Förderprogramme sowie der Anpassung des Sanierungsrechts.

1 Historische Phasen der Stadterneuerung

Die Stadterneuerungspolitik hat sich in den letzten Jahrzehnten stark verändert: von der großflächigen und abrissorientierten Flächensanierung in den 1960er und 1970er Jahren hin zu einer kleinteiligen und behutsamen Stadterneuerung in den 1980er Jahren. Ab den 1990er Jahren differenzierte sich die Programmatik der Stadterneuerung immer weiter aus: zunächst mit Sonderprogrammen für die neuen Länder wie Städtebaulicher Denkmalschutz, später mit fachlichen Schwerpunktsetzungen z.B. für die soziale Stadt, den Stadtumbau, funktionsschwache Zentren oder ländliche Räume. Dies war verbunden mit zahlreichen neuen Städtebauförderprogrammen in Ost und West, die aber vor Ort teilweise sehr pragmatisch und beliebig angewendet werden. Aufgrund der Überlappung von Themenfeldern wurde von daher die Anzahl und Struktur der Städtebauförderprogramme bald hinterfragt.

Die rechtliche Grundlage für die Städtebauförderung im Besonderen Städtebaurecht (§§ 136ff BauGB) änderte sich in den letzten Jahrzehnten dagegen kaum. Mit der Sozialen Stadt und dem Stadtumbau finden sich seit 2004 zwei wichtige Eckpfeiler der neuen Programmatiken im BauGB, für welche auch ein neuer Rechts- und Gebietsstatus konstruiert wurde – die anderen neuen Programme werden jedoch nicht im BauGB erwähnt. Auch gibt es mit dem „integrierten Stadtentwicklungskonzept“ ein neues Planungserfordernis, das zwar in der Verwaltungsvereinbarung Städtebauförderung verlangt wird, aber im BauGB nur in den Paragraphen zur Sozialen Stadt und zum Stadtumbau verankert ist. Von daher stellt sich die Frage, wie zum einen in Zukunft die Programmatik der Städtebauförderung stärker strukturiert und gebündelt werden könnte, und wie sich zum anderen dies in einer einheitlicheren Systematik des Baugesetzbuchs widerspiegeln könnte.

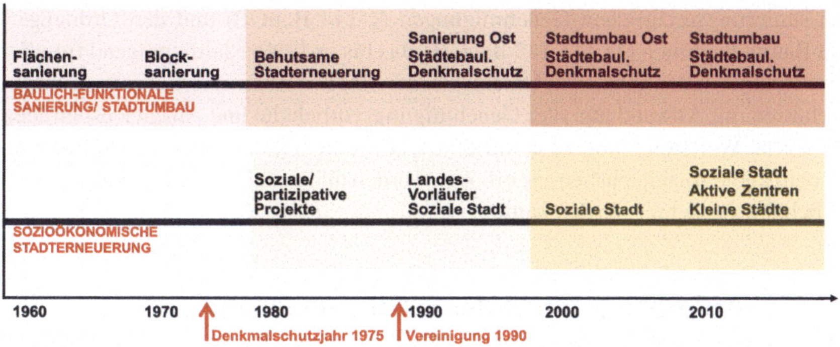

Abbildung 1 Phasen der Stadterneuerung (Quelle: eigene Darstellung)

2 Besonderes Städtebaurecht als Grundlage

Ein wichtiger Markstein für die Stadterneuerung in Deutschland war die Einführung des Städtebauförderungsgesetzes im Jahre 1971, mit dem anfangs eine Flächensanierung anhand „städtebaulicher Missstände" begründet wurde, das aber ab den 1980er Jahren flexibel genug war, um auch als Grundlage für behutsame und sozialverträgliche Ansätze zu dienen. Im Jahr 1987 ging das Städtebauförderungsgesetz in das neue Baugesetzbuch als zweiter Abschnitt „Besonderes Städtebaurecht" über, wurde aber in seinem Wesensgehalt kaum verändert. Ziel war es, besondere Mitwirkungspflichten für Eigentümer und Eingriffe in das Eigentumsrecht zu legitimieren, z.B. Genehmigungsvorbehalte bei Verkäufen oder Nutzungsänderungen sowie die Abschöpfung von Ausgleichsbeträgen.

Im Baugesetzbuch wird u.a. unterschieden zwischen der Vorbereitung der Sanierung, der Durchführung, besonderen sanierungsrechtlichen Vorschriften, den Ausgleichsbeträgen und dem Abschluss. Als Anlass der Stadterneuerung werden im § 136 BauGB städtebauliche Missstände genannt, von denen einige den heutigen Begründungszusammenhängen kaum noch entsprechen: z.B. hygienische Missstände oder Funktionsmischung (hygienische Missstände gibt es faktisch nicht mehr, Funktionsmischung wird gefördert). Unterschieden wird hierbei zwischen baulichen und funktionalen Missständen, wobei mit letzteren häufig die Flächensanierung zur Errichtung neuer Zentrenstrukturen oder Straßenerweiterungen begründet wurde.

Darauf aufbauend folgt das „klassische“ Sanierungsverfahren u.a. mit der Vorbereitenden Untersuchung (§ 141 BauGB), der Sanierungssatzung (§ 142 BauGB), den sanierungsrechtlichen Genehmigungen (§ 144 BauGB) und den Ordnungs- und Baumaßnahmen (§§ 147, 148 BauGB), das bis in 1990er Jahre prägend für alle Erneuerungsmaßnahmen war. Unterschieden wird zwischen einem „umfassenden“ Verfahren mit Anwendung aller Genehmigungsvorbehalte und Ausgleichsbeträge, wenn eine Wertsteigerung zu erwarten ist, sowie dem „vereinfachten“ Verfahren, bei dem keine Ausgleichsbeträge erhoben werden und auf einzelne Genehmigungsvorbehalte verzichtet werden kann.

3 Förderprogramme der Stadterneuerung

Das Sanierungsrecht (als verkürzte Bezeichnung für das Besondere Städtebaurecht ab § 136 BauGB) kann nicht ohne die von Bund, Land und Kommunen zu je einem Drittel finanzierte Städtebauförderung gedacht werden, über welche vor allem die Ordnungsmaßnahmen finanziert und private Maßnahmen gefördert werden. Die Förderpolitik war in den ersten 20 Jahren im Wesentlichen geprägt durch das Programm „Sanierungs- und Entwicklungsmaßnahmen“ (S+E), über welches alle Themen auf Grundlage einer Sanierungssatzung nach § 142 BauGB gefördert werden konnten. Aufgrund der Vereinigung Deutschlands wurden ab 1990 weitere Programme für die neuen Länder eingeführt, neben Sofortmaßnahmen insbesondere die Programme Städtebaulicher Denkmalschutz Ost und Stadtumbau Ost (beide wurden später auch in den alten Ländern eingeführt).

1999 wurde das Programm „Soziale Stadt“ eingeführt, mit dem erstmals ein explizierter Schwerpunkt auf soziale und infrastrukturelle Maßnahmen gelegt wurde – es hat sich inzwischen zu einem Schlüsselprogramm der Städtebauförderung entwickelt. Im Jahr 2012 lief das Programm Sanierungs- und Entwicklungsmaßnahmen aus, da aufgrund der Föderalismusreform von 2006 keine Dauerförderungen bei Bund-Länder-Programmen mehr zulässig waren (§ 104b GG). Dies war einer der Gründe, warum in den folgenden Jahren nahezu in jeder Legislaturperiode weitere neue Städtebauförderprogramme eingeführt wurden, immer mit einem besonderen fachlichen Schwerpunkt. Ein weiterer Grund lag sicher im politischen Profilierungswunsch der jeweiligen Bundesregierung. Im Jahr 2017 gab es folgende Städtebauförderprogramme (chronologisch sortiert):

Städtebaulicher Denkmalschutz Ost	seit 1991
Soziale Stadt	seit 1999
Stadtumbau Ost	seit 2002
Stadtumbau West	seit 2004
Aktive Orts- und Stadtteilzentren	seit 2008
Städtebaulicher Denkmalschutz West	seit 2009
Kleinere Städte und Gemeinden	seit 2010
Zukunft Stadtgrün	seit 2017

Abbildung 2 Städtebauförderprogramme (2018)

Das Programm „Nationale Projekte des Städtebaus“ stellt einen Sonderfall dar, da es direkt vom Bund vergeben wird und somit nicht in die Bund-Länder-Regelförderung passt, hier werden nur Einzelprojekte gefördert. Das Volumen der Städtebauförderung wurde in den letzten Jahren stark erhöht, es lag 2017 bei 790 Mio EUR Bundesanteil. Seit 1990 werden die Mittel nicht mehr paritätisch zwischen den Bundesländern verteilt, sondern die neuen Länder erhalten überproportional mehr dank der Sonder-Ost-Programme – noch bis zur Beendigung des Solidarpakts II in 2020. Außerdem werden bei Programmen wie Soziale Stadt oder Aktive Zentren soziodemographische Faktoren in den Verteilungsschlüssel eingerechnet, wenn auch mit einem geringen Anteil. Im Jahr 2017 wurden die Programme Stadtumbau Ost und West sowie Städtebaulicher Denkmalschutz Ost und West zusammengelegt. Eine offene Frage ist, wann die nächsten Programme aufgrund der Föderalismusreform auslaufen müssten – chronologisch gesehen wären es Soziale Stadt und Stadtumbau, zwei Programme, die wichtige inhaltliche Fundamente der heutigen Stadterneuerungspolitik darstellen.

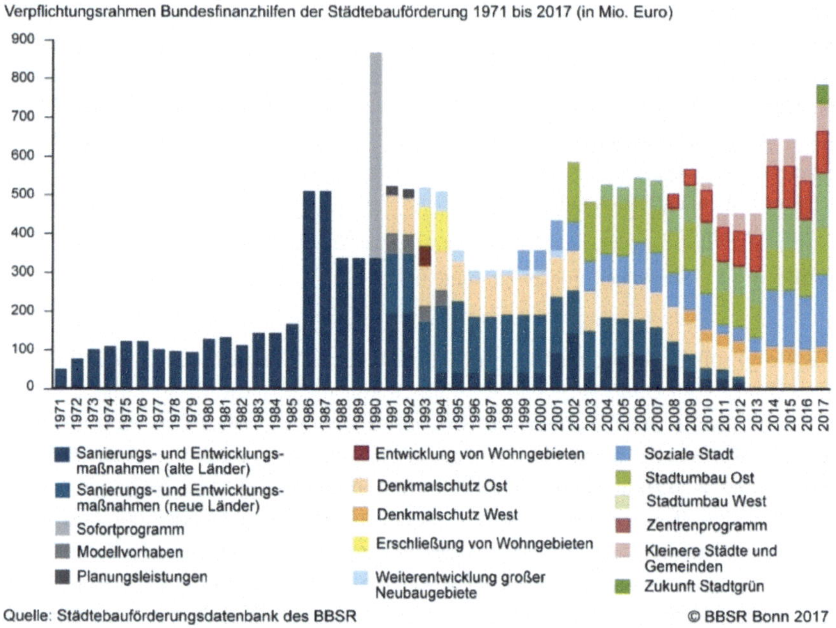

Abbildung 3 Städtebaufördermittel 1971 – 2017 (Quelle: BBSR 2017)

4 Schwerpunkte Soziale Stadt und Stadtumbau im BauGB

Obwohl sich die Stadterneuerungsschwerpunkte in den letzten zwei Jahrzehnten stark ausdifferenziert haben, wurden bei der Baugesetzbuch-Novelle im Jahr 2004 nur zwei Förderschwerpunkte explizit neu aufgenommen:

- § 171a-d BauGB Stadtumbau (neue Themen: Leerstand als Missstand, städtebauliches Entwicklungskonzept, Stadtumbau-Satzung, Stadtumbau-Vertrag)
- § 171e BauGB Soziale Stadt (neue Themen: soziale Missstände, städtebauliches Entwicklungskonzept, einfacher Beschluss)

Im Stadtumbau werden also – ergänzend zu den städtebaulichen Missständen nach § 136 BauGB – die funktionalen Missstände hinsichtlich Wohnungsleerstand neu definiert, in der Sozialen Stadt die sozialen Missstände. Mit beiden Ergänzungen wurde außerdem erstmals das „städtebauliche Entwicklungskonzept“ als neues Planungsinstrument aufgenommen, welches in der Sozialen Stadt und im Stadtumbau als innovative Grundlage für die Erneuerung dient. Inzwischen werden städtebauliche Entwicklungskonzepte (abgeleitet aus Stadtentwicklungskonzepten) gemäß Bund-Länder-Verwaltungsvereinbarung in allen Städtebauförderprogrammen als Fördervoraussetzung verlangt.

Die Kommunen haben die Wahl, ob sie die beiden Programme über ein Sanierungsgebiet nach § 142 BauGB absichern, oder sie es alternativ mit einem Stadtumbau- bzw. Soziale-Stadt-Gebiet gemäß §§ 171 a-e BauGB verbinden. Wenn ein Sanierungsgebiet ausgewiesen wird, was in einigen Bundesländern die Regel ist, gelten weiterhin der Begründungszwang über die städtebaulichen Missstände nach § 136 BauGB, die vorbereitenden Untersuchungen nach § 140 BauGB sowie die Sanierungssatzung nach § 142 BauGB. Die Neuerungen wie das Entwicklungskonzept oder die neuen Missstands-Begründungen werden in diesen Paragraphen aber nicht explizit erwähnt und werden somit nur indirekt mitgedacht. Die neueren Ansätze aus der Sozialen Stadt und dem Stadtumbau sind also nicht wirklich in das klassische Sanierungsverfahren integriert.

Wenn eine Kommune dagegen die Soziale Stadt oder den Stadtumbau ohne Sanierungssatzung durchführt, ist sie in der Umsetzung deutlich flexibler, oder sie kann vertragliche Reglungen schließen. Sie kann dann aber keine Genehmigungsvorbehalte nach § 144 BauGB geltend machen, keine Ausgleichsbeträge erheben, und es entfällt für die Grundstückseigentümer die Möglichkeit der Sonderabschreibung gemäß § 7h EStG.

Auch bei den anderen Städtebauförderprogrammen ist es der Kommune sowohl gemäß BauGB als der Verwaltungsvereinbarung selbst überlassen zu entscheiden, auf welcher rechtlichen Grundlage sie es durchführen möchte. Somit sind zur Zeit folgende Kombinationen von Städtebauförderung und Besonderem Städtebaurecht möglich (der städtebauliche Entwicklungsbereich nach § 165 BauGB wird bei der Betrachtung ausgeklammert):

§ 136ff BauGB Städtebauliche Missstände/§ 142 BauGB Sanierungssatzung:
- Sanierungs- und Entwicklungsmaßnahmen bis 2012
- Städtebaulicher Denkmalschutz Ost, West
- alle weiteren Programme

§ 171a-d BauGB Stadtumbau
- Stadtumbau
- alle weiteren Programme

§ 171e BauGB Soziale Stadt
- Soziale Stadt
- alle weiteren Programme

§ 172 BauGB – Erhaltungssatzung
- Städtebaulicher Denkmalschutz Ost/West
- Aktive Orts- und Stadtteilzentren
- Kleinere Städte und Gemeinden

5 Fehlende Widerspiegelung der Programmschwerpunkte im Baugesetzbuch

Diese Überlappung von ausdifferenzierten Förderprogrammen und uneinheitlichen rechtlichen Begründungen führt zu einer dispersen Praxis in den Bundesländern und teils verwirrenden Fallkonstellationen. So war es für die Anfangsphase in den neuen Ländern und in schrumpfenden Regionen z.B. im Ruhrgebiet ausreichend, ein Stadtumbau- oder Soziale Stadt-Gebiet nach §§ 171b oder 171e BauGB ohne Sanierungssatzung nach § 142 BauGB festzulegen. Der Schwerpunkt lag auf kooperativen Lösungen in einer schrumpfenden Region, die Anwendung von Genehmigungsvorbehalten oder Ausgleichsbeträgen war nicht erforderlich. Bei der Sozialen Stadt lag der Schwerpunkt häufig mehr auf sozialen als auf investiven Maßnahmen, deshalb konnte hier auf die Durchführung einer vorbereitenden Untersuchung nach 141 BauGB und auf die Ausweisung eines Sanierungsgebiets nach § 142 BauGB verzichtet werden.

Dies führte dazu, dass in Bundesländern mit einer starken Wachstumsdynamik wie Bayern oder Baden-Württemberg weiter alle Städtebauförderprogramme nach § 142 BauGB abgesichert wurden, auch Soziale Stadt und Stadtumbau. In vielen neuen Ländern, aber auch in Teilen von Nordrhein-Westfalen wurde dagegen das Sanierungsgebiet nach § 142 BauGB für Soziale Stadt und Stadtumbau teilweise nicht mehr angewendet.

Ab 2008 wurden mit den Programmen Aktive Zentren und später Kleine Städte und Gemeinden sowie Stadtgrün weitere wichtige Stadterneuerungsschwerpunkte eingeführt – diese werden aber im BauGB nicht explizit genannt. Somit gibt es eine rechtliche Unwucht im BauGB: Soziale Stadt und Stadtumbau werden mit eigenen Paragraphen hervorgehoben, andere zentrale Themen der Stadterneuerung aber nicht. Diese müssen dann entweder über § 136 als städtebaulicher Missstand definiert werden (obwohl es hier außer zum Klima keine inhaltlichen Anpassungen gab), oder aber nach §§ 171a-e begründet werden, obwohl sie dort nicht explizit erwähnt werden.

Außerdem sind die in §§ 171a-e erwähnten städtebaulichen Entwicklungskonzepte (ISEK) inzwischen gemäß Verwaltungsvereinbarung bei jedem Förderprogramm verpflichtend. Sie werden aber im Gesetzestext zu den Vorbereitenden Untersuchungen (VU) nach § 141 BauGB weiterhin nicht erwähnt (hier gibt es nur ein Neuordnungskonzept). Dies führt dazu, dass häufig sowohl eine vorbereitende Untersuchung und als auch ein ISEK erstellt werden, aber auf unterschiedlichen rechtlichen und fördertechnischen Grundlagen und ohne eine klare Abgrenzung.

6 Vorschlag für eine Neusortierung der Stadterneuerungsschwerpunkte

Von daher erscheint es erforderlich, sowohl die Förderprogramme als auch die rechtliche Begründung nach Besonderem Städtebaurecht neu zu ordnen und besser aufeinander abzustimmen. Bei der Einordnung der derzeitigen Förderprogramme in das Besondere Städtebaurecht könnte eine Unterteilung in bauliche, funktionale (entsprechend der Missstände nach § 136 (2) BauGB) sowie soziale Erneuerungsschwerpunkte (entsprechend sozialer Missstände nach § 171e BauGB) erfolgen:

1. Bauliche, erhaltende Erneuerung (§ 136 (2) Punkt 1 BauGB):
Insbesondere bezogen auf das Programm Städtebaulicher Denkmalschutz sowie teilweise Stadtumbau mit einem baulichen und erhaltenden Programmschwerpunkt. Schwerpunkte wären:

- behutsame, erhaltende Erneuerung
- vorbereitende Untersuchung mit Stadtentwicklungskonzept
- umfassendes Sanierungsverfahren
- sanierungsrechtliche Vorbehalte nach § 144 BauGB, i.d.R. Ausgleichsbeträge
- Bau- und Ordnungsmaßnahmen
- hohe bauliche Zuschüsse für Modernisierung

2. Funktionale Erneuerung (§ 136 (2) Punkt 2 BauGB/§ 171a-d BauGB):
Bündelung der Programme mit funktionalem Schwerpunkt wie Stadtumbau (einschließlich Klimaschutz und Klimaanpassung) sowie teilweise Aktive Orts- und Stadtteilzentren Schwerpunkte wären:

- Umbau, Brachenrevitalisierung, Leerstandsbeseitigung
- vorbereitende Untersuchung mit Stadtentwicklungskonzept
- vereinfachtes oder umfassendes Sanierungsverfahren
- sanierungsrechtliche Vorbehalte nach § 144 BauGB, i.d.R. Ausgleichsbeträge
- Bau- und Ordnungsmaßnahmen
- bauliche Zuschüsse, Abrisskosten, Entwicklungskosten

3. Sozio-ökonomische Erneuerung (§ 171e BauGB):
Bündelung der Programme mit sozialen und infrastrukturellen Missständen wie Soziale Stadt, Kleinere Städte und Gemeinden und teilweise Aktive Orts- und Stadtteilzentren mit den Schwerpunkten:

- integriertes Stadtentwicklungskonzept, Sozialraumanalysen oder andere Fachkonzepte
- umfassendes Sanierungsrecht oder Ausgleichsbeiträge i.d.R. nicht erforderlich
- Quartiersmanagement
- Verfügungsfonds, flexible, auch nicht-investive Förderstrukturen
- Anreizförderung, Kombination mit Fachprogrammen
- Verstetigung durch Eigeninitiativen oder Standortgemeinschaften

Diese Unterscheidung ist natürlich nicht immer trennscharf, in jedem Gebiet gibt es sowohl bauliche, funktionale als auch soziale Missstände. Dennoch lassen sich deutliche Schwerpunkte in der Förderpolitik herausstellen, zumal inzwischen viele Gebiete baulich saniert sind und eher funktionale oder soziale Missstände aufweisen.

7 Integration der Sozialen Stadt und des Stadtumbaus in das Sanierungsrecht

Bei dieser programmatischen Unterteilung wäre es sinnvoll, die Soziale Stadt und den Stadtumbau, also die §§ 171a-e BauGB, in die §§ 136ff BauGB zu integrieren und somit eine einheitliche Systematik im BauGB zu erreichen. Bei den städtebaulichen Missständen nach § 136 (2) müssten die demographisch bedingten Missstände aus § 171a sowie die sozialen Missstände aus § 171e BauGB ergänzt werden. In die vorbereitenden Untersuchungen nach § 141 BauGB müsste das integrierte Stadtentwicklungskonzept als Pflichtaufgabe für alle Schwerpunkte aufgenommen werden – zumal es bereits heute Fördervoraussetzung ist.

Im Sanierungsverfahren nach § 142 BauGB könnte neben dem umfassenden und vereinfachten Verfahren zusätzlich ein „einfaches" Verfahren als neuer Gebietstypus eingeführt werden, bei dem ausschließlich kooperative Maßnahmen im Sinne der §§ 171b,e BauGB angewendet werden, ohne Genehmigungsvorbehalte und Ausgleichsbeträge. Die Vorteile lägen in der Vereinheitlichung der Sanierungsmaßnahmen, der Loslösung von der Nennung einzelner Programme wie Soziale Stadt im BauGB und die Integration von ohnehin bereits praktizierten Entwicklungskonzepten und Gebietsbezügen. Ein weiterer wichtiger finanzieller Anreiz läge darin, dass auch für Maßnahmen, die bislang nach §171a-e BauGB begründet wurden, künftig die Steuerabschreibung nach § 7h EStG über einen reformierten § 142 BauGB geltend gemacht werden kann.

8 Verstetigung

Außerdem erscheint es wichtig, den Abschluss der Sanierung bzw. deren Verstetigung künftig neu zu konzipieren bzw. den neuen Programmschwerpunkten anzupassen. Die klassische Begründung zur Aufhebung der Sanierungssatzung nach § 162 BauGB wird nur noch in wenigen Fällen ausreichen. Häufig wird nach Beendigung der Förderphase und des Sanierungsrechts die Erneuerung auf niedrigerem Niveau bzw. mit mehr Nachbarschaftsinitiative fortgeführt werden. Insbesondere in den Programmen Soziale Stadt und Aktive Zentren haben sich bereits Verstetigungsansätze etabliert:

- Integriertes Prozessverständnis in den Fachverwaltungen
- Dauerhafte Sozialraum-Orientierung der Verwaltung
- Sicherung sozialer Ziele über die Milieuschutz-Satzung § 172 BauGB
- Unterstützung selbsttragender Nachbarschaftsstrukturen durch Vereine oder Initiativen
- Quartiersmanagement durch Verwaltung vor Ort oder Nachbarschaftsvereine
- Private Standortgemeinschaften nach § 171f BauGB für Einzelhandel oder Wohnen als Träger von Erneuerungsmaßnahmen

Aber auch bei Programmen wie Stadtumbau oder Städtebaulicher Denkmalschutz bieten sich Verstetigungsansätze an:

- Sicherung eines Ensembles nach Erhaltungssatzung § 172 BauGB
- Aufstellung von Gestaltungssatzungen oder Gestaltungsbeiräte
- Kontinuierliche Stadt-Instandhaltung
- Kontinuierliche Wohnungsmarktbeobachtung

9 Weiterentwicklung der Programmstrukturen

Für die künftige Ausgestaltung der Programme wären weitere strukturelle Weiterentwicklungen zu prüfen. Nach Beendigung des Solidarpakts II stellt sich die Frage, ob nach dreißigjähriger Ost- und West-Unterscheidung eine noch stärkere teilräumliche Priorisierung der Städtebaufördermittel nach wachsenden und stagnierenden Regionen sowie demographischen Faktoren möglich wäre, unabhängig davon, ob sie sich in den alten oder neuen Ländern befinden. Im Kontext der sozio-ökonomischen Erneuerung stellt sich die Frage, ob flexible Instrumente mit privatem Anteil wie Verfügungsfonds oder Standortgemeinschaften in der Städtebauförderung gestärkt werden könnten, um sie dann auch gezielt für die Verstetigung einzusetzen. Da die Instrumente für Ensembleschutz und Milieuschutz gemäß § 172 BauGB in der Städtebauförderung und in der Verstetigung an Bedeutung gewinnen, wäre es angemessen, diesen Paragraphen weiter zu detaillieren und gerichtsfester zu gestalten.

Angesichts der zunehmenden teil-regionalen Problemstellungen in der Infrastrukturbereitstellung und Stadterneuerung sollten interkommunale Kooperationen noch stärker gefördert und gefordert werden, auch als interkommunale Entwicklungskonzepte. Hierzu gehören dann auch präventive Ansätze eines kontinuierlichen Sozialraummonitoring und der Wohnungsmarktbeobachtung, um Erneuerungsschwerpunkte frühzeitig zu erkenn. Im Bund gibt es bereits regelmäßige und umfassende Evaluierungen der Städtebauförderprogramme – dies ist wird in den Ländern und Kommunen noch sehr partiell und heterogen angewendet. Angesichts des hohen Fördermitteleinsatzes wäre es wichtig, hier einheitliche Evaluierungsabstände und -kriterien durchzusetzen.

10 Neue Inhaltliche Schwerpunkte der Städtebauförderung

In der Städtebauförderung gibt es bereits eine große inhaltliche und instrumentelle Bandbreite. Neue Programme erscheinen zur Zeit nicht notwendig. Dennoch könnten bestehende Programme noch stärker inhaltlich positioniert und im oben genannten Sinne gebündelt werden. Insbesondere wäre es wünschenswert, die derzeitigen energetischen Sanierungskonzepte und Sanierungsmanager nach KfW 432 stärker in die Städtebauförderung zu integrieren. Folgende Themen könnten künftig noch weiter an Bedeutung gewinnen:

- Energetische Sanierung in Verbindung mit Stadtgestalt und Sozialverträglichkeit
- Soziale Kohäsion, Integration von Migranten
- Stärkung von kleinen Ortszentren und Kleinstadt-Zentren, Sicherung der Infrastruktur
- Klimaanpassungsmaßnahmen im Sinne des Stadtumbaus, z. B. bei Überhitzung oder Frischluftbedarf
- Funktionssicherung von Fachwerkstädten und anderen gefährdeten Baukultur-Ensembles
- Diversifizierung von Gewerbegebieten, Stärkung der produktiven Stadt und Nutzungsmischung
- Digitale Transformation, autonomes Fahren und dessen Auswirkungen auf den öffentlichen Raum
- Erneuerung der 1980er Jahre-Gebiete.

Stadterneuerung ist eine Daueraufgabe ohne Dauerlösung, sagte Peter Zlonicky bereits in den 1970er Jahren. Es werden immer wieder neue Themen und Gebietstypen auf der Agenda der Städtebauförderung stehen. Anstatt aber weiterhin immer neue Programme zu entwickeln, sollten die bestehenden stärker mit der Systematik des BauGB verknüpft werden. Die Sonderstellung der Sozialen Stadt und des Stadtumbaus im BauGB passt nicht in dessen Systematik – die damit verbundenen Innovationen und neuen Verfahren sollten in das Sanierungsrecht integriert werden. Somit könnten künftig alle baulichen, funktionalen oder sozialen Erneuerungsprogramme durch das BauGB untermauert und eine einheitliche Struktur bei Voruntersuchungen und Entwicklungskonzepten erreicht werden.

Literatur

Bundesamt für Bauwesen und Raumordnung (Hrsg.). (2011). Langzeitwirkungen und Effektivierung der Städtebauförderung. Bonn.

Bundesamt für Bauwesen und Raumordnung (Hrsg.). (2017). Gemeinsame Evaluierung der Programme Stadtumbau Ost und Stadtumbau West. Berlin.

Bundesamt für Bauwesen und Raumordnung (Hrsg.). (2017). Zwischenevaluierung des Städtebauförderungsprogramms Soziale Stadt. Bonn.

Bundesministerium für Inneres, Bau und Heimat (2018). www.staedtebaufoerderung.info/StBauF/DE/Home/home_node.html (10.08.2018)

Bundesministerium für Umwelt, Naturschutz, Bau und Reaktorsicherheit (2017). Verwaltungsvereinbarung Städtebauförderung. Berlin.

Bundesministerium für Umwelt, Naturschutz, Bau und Reaktorsicherheit (Hrsg.). (2016). Integrierte städtebauliche Entwicklungskonzepte in der Städtebauförderung. Eine Arbeitshilfe für Kommunen. Berlin.

Bundesministerium für Verkehr, Bau und Stadtentwicklung (Hrsg.). (2011). 40 Jahre Städtebauförderung. Berlin.

Bundesministerium für Verkehr, Bau- und Wohnwesen (Hrsg.). (2011). Evaluierung der Städtebauförderung. Berlin.

Haag, T., Menzel, P., Katz, J. (2007). Städtebauliche Sanierungs- und Entwicklungsmaßnahmen. Ein Handbuch. Stuttgart: Kohlhammer Verlag.

Schmitt, G., Schröteler-von Brandt, H. (2016). Stadterneuerung. Eine Einführung. Wiesbaden: Springer-Vieweg.

Erfahrungen mit der Sozialen Stadt

Auf dem Weg zu einem Leitprogramm der Städtebauförderung?

Uwe Altrock

Zusammenfassung

Der Beitrag von **Uwe Altrock** behandelt aufbauend auf den Ergebnissen der zweiten Zwischenevaluierung des Programms Soziale Stadt, inwieweit letzteres zum Leitprogramm der Städtebauförderung geworden ist, ein Anspruch, der vor einigen Jahren im Zusammenhang mit einer umfassenden Erhöhung des zur Verfügung gestellten Mittelrahmens an das Programm herangetragen wurde. Dazu bilanziert er die Stabilisierungserfolge des Programms und seine Grenzen. In einem Ausblick geht er darauf ein, wie vor diesem Hintergrund die ressortübergreifende Zusammenarbeit in der Quartiersentwicklung positiv weiterentwickelt werden könnte.

U. Altrock et al. (Hrsg.), *Programmatik der Stadterneuerung*, Jahrbuch Stadterneuerung, https://doi.org/10.1007/978-3-658-26765-0_7

Das Bund-Länder-Städtebauförderprogramm Soziale Stadt besteht seit 1999 und damit inzwischen seit rund 20 Jahren. Mit ihm verbanden sich anfangs weitreichende Hoffnungen auf einen gänzlich neuen Ansatz der Verknüpfung von baulich-investiven und sozioökonomischen Stabilisierungsbemühungen auf der Quartiersebene. Obwohl diese inzwischen sehr differenziert gesehen werden und sich längst nicht alle Hoffnungen erfüllt haben, konnte das Programm eine wechselvolle Zeit erfolgreich überdauern. Nach der Föderalismusreform aus den 2000er Jahren, die die Laufzeit der Bund-Länder-Städtebauförderprogramme eigentlich begrenzen wollte, und einer deutlichen Infragestellung durch die christlich-liberale Koalition um das Jahr 2009 erlebte die Soziale Stadt mit der Großen Koalition ab 2013 einen ungeahnten Mittelzuwachs und Bedeutungsgewinn. Er war verbunden mit der Ansage, das Programm Soziale Stadt zu einem „Leitprogramm" der Städtebauförderung zu entwickeln. Dem folgten unterschiedliche Bemühungen mehrerer SPD-Politikerinnen (Nahles et al. 2015), eine engere Kooperation ihrer für die Soziale Stadt relevanten Aufgabenbereiche zu organisieren, und schließlich eine Weiterung der Handlungsschwerpunkte des Programms im Zuge der Flüchtlingskrise 2015/2016. Dennoch wurde die Idee des Leitprogramms längst von vielfältigen neuen Herausforderungen der Stadtpolitik überstrahlt. Angesichts der boomenden Konjunktur und der Engpässe auf dem Wohnungsmarkt in Ballungsräumen könnte man meinen, die Soziale Stadt hätte aufgrund der verbesserten sozioökonomischen Lage erheblich an Bedeutung verloren. Dem steht die nach wie vor stark wahrnehmbare Polarisierung innerhalb und zwischen Städten gegenüber, so dass sozialräumliche Gesichtspunkte in der Stadtpolitik weiterhin zentrale Aufmerksamkeit verdienen – nicht zuletzt auch wegen der Folgen von Immobilienpreissteigerungen und Verdrängungseffekten.

Gleichwohl stellt sich die Frage, ob die Instrumente und Herangehensweisen des Programms dafür geeignet sind, die sozialräumlichen Herausforderungen wirkungsvoll zu bearbeiten. Vor diesem Hintergrund stellt dieser Beitrag zentrale Ergebnisse der Zwischenevaluierung des Programms vor, die 2017 veröffentlicht wurden (BBSR/BMUB 2017). Darauf aufbauend skizziert er mögliche Ansätze einer Weiterentwicklung quartiersbezogener Stabilisierungsansätze und reflektiert die Rolle der Sozialen Stadt vor dem Hintergrund der Leitprogramm-Überlegungen aus der Legislaturperiode 2013–2017.

1 Das Programm Soziale Stadt und seine Besonderheiten

Mit der Auflegung des Programms Soziale Stadt war Ende der 1990er Jahre bekanntlich die Einsicht verbunden, dass eine Fortführung der baulich-investiven Ansätze einer Aufwertung von Quartieren fehlgehen, wenn die Massierung sozialer Benachteiligung zu Stigmatisierung und mithin bisweilen zu einer selektiven Abwanderung der über ein hohes Maß an Sozialkapital verfügenden Haushalte, etwa der zahlungskräftigeren Mittelschichten und insbesondere Familien mit Kindern führe. Auch wenn die Diskussion um diese Befürchtung komplex ist, lässt sich letztere doch prägnant mit einem Teilphänomen auf den Punkt bringen: Wo viele sozial Benachteiligte ansässig sind, konzentrieren sich bildungsferne Kinder in Schulen. Eltern zahlungskräftigerer Haushalte verlassen, sofern sie materiell in der Lage sind, sich ihren Wohnstandort in der Stadt auszusuchen, das Quartier, sobald ihre Kinder schulpflichtig sind, aus Angst, dass das Niveau der Bildung in den Schulen nicht angemessen für die eigenen Kinder sei. Hinter dem dann erfolgenden Einsatz von Maßnahmen der Sozialen Stadt stehen mehrere Annahmen, die hier nicht weiter ausgeführt werden können, etwa die zur Wirkung von Quartierseffekten (Kronauer & Vogel 2004) oder zu so genannten „Abwärtsspiralen", in die Quartiere durch die selektive Abwanderung geraten und die durch die Sicherstellung einer gewissen sozialen Mischung in einem Quartier stabilisiert werden könnten (vgl. Häußermann & Siebel 2001; ARGEBAU 1998).

Ein zentraler Anstoß für die Konzeption der „Gemeinschaftsinitiative Soziale Stadt" (vgl. BBSR & BMUB 2017, S. 23) als dem Versuch einer ressortübergreifenden Zusammenarbeit über unterschiedlichste Politikfelder hinweg, war die Beobachtung, dass die genannten negativen Phänomene auch dann weiter wirken, wenn ein Quartier baulich – etwa im Rahmen einer Sanierungsmaßnahme – bereits erneuert ist. Diese Beobachtung machten insbesondere Akteure aus Nordrhein-Westfalen, wo Sanierungsmaßnahmen in sozial benachteiligten Quartieren ihre Stabilisierungswirkung zu verfehlen schienen und wo vor diesem Hintergrund als Vorläufer der Sozialen Stadt bereits ab 1993 „Stadtteile mit besonderem Erneuerungsbedarf" identifiziert wurden (Schröteler-von Brandt & Schmitt 2016, S. 189). Weitere Anstöße ergaben sich durch ähnlich geartete Bemühungen der Europäischen Union (ESF), Versuche einer sozialräumlichen Ausrichtung der Armutsbekämpfung und Sozialpolitik in Hamburg und Berlin sowie schließlich die rot-grüne Bundesregierung 1998–2005, die das Programm als Möglichkeit einer stadtentwicklungspolitischen Profilbildung erkannte. Zu vernachlässigen ist sicher auch nicht das gewandelte Verständnis von Regierungshandeln, das stärker auf die Mitwirkungswünsche der Zivilgesellschaft einzugehen begann. Mitunter wurde es als Trostpflaster einer neoliberalen Politik kritisiert, die im gleichen Atemzug mit der Ausweitung des Handlungsspektrums der Stadterneuerung die noch sehr geringen Budgetanteile für eher kommunikativ-investitionsbegleitende Maßnahmen wie Quartiersmanagements mit teilweise recht drastischen Evaluierungs- und Berichterstattungsauflagen versah.

Mit der Gemeinschaftsinitiative verband sich die Hoffnung, dass durch eine Mobilisierung vielfältiger Unterstützungsmechanismen und deren Konzentration in sozial benachteiligten Quartieren eine wirkungsvolle Möglichkeit zu deren Stabilisierung auch und gerade in sozioökonomischer Hinsicht gegeben sei. Einerseits setzten diese Überlegungen darauf, dass die Attraktivität von Quartieren in einem gewissen Maß erhöht werden könnte, wenn deren negative Stigmatisierung überwunden würde und sich damit eine Abwärtsspirale zugunsten einer besseren sozialen Mischung überwinden lasse. Andererseits ging es darum, den sozial benachteiligten Bevölkerungsgruppen direkt soziale und ökonomische Unterstützung angedeihen zu lassen, und zwar über die Individualförderung der konventionellen wohlfahrtsstaatlichen Sozialpolitik und die unternehmerisch orientierte Wirtschaftsförderpolitik hinaus.

Wesentliche Bausteine einer in diesem Sinne weiterentwickelten quartiersbezogenen Erneuerung sind instrumentell-strategischer Art (vgl. BBSR & BMUB 2017, S. 37ff). Nach wie vor ist die Förderung dabei gebietsbezogen, aber eben nicht mehr allein auf die bauliche Substanz bezogen. Durch die Konzentration bestimmter anderer nicht baulich-investiver Fördermittel in einem Gebiet der Sozialen Stadt und durch die Identifizierung sozialräumlich wirkender Maßnahmen im Gebiet sollen indirekt auch sozioökonomische Strukturen stabilisiert und gestärkt werden. Ein Schlüssel ist die Bündelung von Ressourcen über die Bund-Länder-Städtebauförderung hinaus, die aus unterschiedlichsten Quellen und Verwaltungsebenen kommen können – inklusive Unternehmen, Stiftungen oder ähnlichen Organisationen. Damit die eingesetzten Mittel sinnvoll zusammenwirken, werden zuvor als wichtige Voraussetzung Integrierte Entwicklungs- und Handlungskonzepte aufgestellt. Das bedeutet mehr als eine klassische Kostenaufstellung, die eine Liste von unverbundenen Einzelprojekten abzuarbeiten hilft. In einem Integrierten Städtebaulichen Entwicklungskonzept sollten die Bezüge der Projekte zueinander und die Wege, auf denen sie einen Beitrag zur Verwirklichung von Stabilisierungszielen leisten sollen, dargelegt werden. Diese planerische Vorarbeit ist erforderlich, weil sehr unterschiedliche Maßnahmentypen zusammenkommen. Zu ihren gehören erstens baulich-investive Maßnahmen in Infrastruktur, die dann beispielsweise wieder von sozialen Projekten genutzt werden kann. Darüber hinaus zählen zweitens investitionsvorbereitende Maßnahmen wie etwa Beteiligungs- und Planungsverfahren dazu. Drittens sind aber auch investitionsbegleitende Maßnahmen wie die Vernetzung und Unterstützung der Quartiersakteure mit der städtischen Verwaltung bis zu Quartiersmanagements bedeutsam. Schließlich sind viertens nicht-investive Maßnahmen im sozialen, ökonomischen und kulturellen Bereich zu nennen. Diese als konsumtiv anzusehenden Maßnahmen, die vor Ort Aus- und Weiterbildung, Qualifikation, Kommunikation und vieles andere unterstützen, werden als wichtiger Stabilisierungsbeitrag angesehen.

Für die Funktionsfähigkeit dieser Ansätze ist eine intensive Aktivierung und Beteiligung der Akteure vor Ort vor allem durch das Quartiersmanagement vorgesehen, im Rahmen derer Projekte entwickelt und durchgeführt werden. Dabei können kostenmäßig begrenzte Projekte durch einzurichtende Verfügungsfonds in der Obhut einer Quartiersfondsjury bzw. einem ähnlichen örtlich besetzten Vergabegremium finanziert werden. Den Projekterfolg sollen ein regelmäßiges Monitoring und eine Evaluierung sicherstellen. Diese Kontrolle ist deshalb von Bedeutung, weil die Problemstellungen vor Ort je nach Quartier sehr unterschiedlich sein können und dementsprechend auch keine gesicherten Rezepte für die Stabilisierung von Quartieren vorliegen, die wie bei der klassischen Sanierung als Blaupause mit Erfolgsgarantie angewandt werden können. Damit die Finanzierung von nicht-investiven Maßnahmen nicht zum Dauerzustand wird, sollen frühzeitig so genannte Verstetigungskonzepte entwickelt werden, die deutlich machen, auf welche Weise die stabilisierten sozialen Netzwerke und Strukturen über den begrenzten Förderzeitraum hinaus tragfähig bleiben können.

Auch auf der inhaltlichen Seite hat die Soziale Stadt eine Reihe von Neuerungen in die Städtebauförderung gebracht (vgl. BBSR & BMUB 2017, S. 71ff). Zwar zählen ganz traditionelle Handlungsfelder wie Wohnen und Wohnumfeld sowie öffentlicher Raum auch zum Kern der Sozialen Stadt, zumal auch diesbezügliche Missstände zur Benachteiligung und Stigmatisierung führen können. Darüber hinaus wird aber eine Fülle von Themen als relevant für das Wohlergehen und die Chancen der lokalen Bevölkerung angesehen, die alle einen potentiellen Beitrag zur sozialräumlichen Benachteiligung leisten können. Naheliegender Weise zählen hierzu die soziale Integration, zu deren Unterstützung Maßnahmen in den Bereichen Schule und Bildung sowie anderen Bereichen der sozialen Infrastruktur umgesetzt werden. Insbesondere der Bereich der Bildung hat sich in den letzten Jahren als zentraler Schlüssel für die Chancengleichheit herausgestellt, wobei deutliche Hinweise darauf vorliegen, dass – wie bereits oben angedeutet – Schulen und Bildungseinrichtungen ein wesentlicher Faktor für die negative Stigmatisierung und für selektive Wanderungen sein können. Überdies stellen sie einen wichtigen Ort der gesellschaftlichen Integration dar. Die Möglichkeiten einer quartiersbezogenen Förderung der lokalen Ökonomie stellen einen weiteren Baustein dar, der einen Paradigmenwechsel weg von einem klassischen Verständnis von Stadtentwicklungspolitik bedeuten und sicher auch einen Reflex auf zunehmende Tertiärisierung und das Vordringen quartiersbezogener Ökonomie in der Wissensgesellschaft darstellen. Weiter wird vermutet, dass über die Themenfelder Umwelt und Verkehr, Stadtteilkultur und Sport, Gesundheit und Sicherheit Beiträge zur Stabilisierung von Quartieren und ihrer sozialen Netzwerke geleistet werden können. Direkt angegangen wird die Frage der Stigmatisierung durch Maßnahmen zur Förderung des Quartiersimages und der Öffentlichkeitsarbeit.

Mit dieser Bandbreite von Ansätzen zur Kombination von vielfältigen Ressourcen aus sehr unterschiedlichen Handlungsfeldern stellt die Soziale Stadt eine Besonderheit im System der Städtebauförderung dar. Die bezieht nicht nur sehr explizit Ressourcen für nicht-investive Maßnahmen ein wie kein anderes der Programme, sondern sie stützt ihren Erfolgsansatz der Stabilisierung auch explizit auf das Zusammenwirken investiver und nicht-investiver Maßnahmen. Wegen des bisweilen schwach ausgeprägten Sozialkapitals, dem schwierigen Investitionsklima und der häufig bedeutenden Rolle institutioneller Wohnungsvermieter wird dabei auf die gängige Logik der Anstoß- und Bündelungseffekte (vgl. Busch, Heinze & Müller 2018) gesetzt, um die Wirkung der eingesetzten öffentlichen Fördermittel zu unterstützen, doch verlässt sich die jeweilige Maßnahme gerade nicht darauf, dass durch eine Wiederherstellung eines guten Klimas für private Investitionen die vorhandenen Missstände beseitigt werden. Die hierzu ins Leben gerufene Gemeinschaftsinitiative Soziale Stadt, an der über die Bau- und Stadtentwicklungsressorts aus Bund, Ländern und Gemeinden hinaus auch viele andere öffentliche Aufgabenträger mitwirken, stellte dabei von Anfang an eine sehr ambitionierte Strategie dar (vgl. IfS 2004).

2 Das Programm Soziale Stadt im Blickfeld der Zwischenevaluierung

Wie stets in der Städtebauförderung stellt auch bei der Sozialen Stadt der Rahmen der beabsichtigten Handlungsfelder und Instrumente ein Angebot dar, das mit Leben erfüllt und an die örtlichen Herausforderungen angepasst werden muss. Insofern ist nicht davon auszugehen, dass alle genannten Instrumente und Handlungsfelder in jeder Gesamtmaßnahme zum Einsatz kommen. Die große Diversität der geförderten Quartiere im Hinblick auf Stadt- und Quartiersgröße, Lage, bauliche und funktionale Strukturen, Problemlage und soziodemographische Indikatoren legen vielfältige Strategien zur Stabilisierung nahe. Diese Ausgangssituation erschwert jede summarische Evaluation eines Programms, in dem über 600 Gesamtmaßnahmen gefördert werden.

Schauplätze und Bandbreite der Förderung

In diesem Rahmen stellt die Identifikation der Bandbreite von Zugängen zur Bewältigung der jeweiligen Herausforderungen bereits ein eigenes Erkenntnisinteresse dar. Vor diesem Hintergrund erfolgten in den Jahren 2004 und 2015–2017 bislang zwei Zwischenevaluierungen. In diese Evaluierungen konnten Erfahrungen aus über 15 Jahren Praxis in der Programmumsetzung einfließen, die über Schlüsselpersoneninterviews, Fallstudien, Dokumentenanalysen und Bereisungen mobilisiert wurden. Eine wichtige Rolle spielte natürlich der Abgleich mit den Ergebnissen der etwa zehn Jahre früher erfolgten ersten Zwischenevaluierung, die an vielen Stellen noch von der Hoffnung auf eine Umsetzung der ambitionierten Ziele der Gemeinschaftsinitiative geprägt war.

Zunächst ist es interessant nachzuvollziehen, welche Bandbreite von Handlungsansätzen im Rahmen der Sozialen Stadt überhaupt entwickelt wurden und inwieweit sich die Länder und Kommunen des ihnen zur Verfügung gestellten Repertoires an Handlungsmöglichkeiten bedienen. Betrachtet man die Umsetzung durch die Länder, erkennt man schnell verschiedene Ausrichtungen und Schwerpunkte. So haben etwa einige Länder wie Berlin, Hamburg, Hessen und Nordrhein-Westfalen von Anfang an die vielfältigen Möglichkeiten des Programms zu einer komplexen Verknüpfung unterschiedlichster Handlungsfelder sowie die aktivierende Vernetzungsfunktion der Quartiersmanagements sehr intensiv genutzt. Die ostdeutschen Länder haben dagegen in Zeiten des Rückbaus das Programm Stadtumbau Ost und dabei die Soziale Stadt vielfach als ergänzendes Programm zur Bewältigung der schwierigen Fragen des Umzugsmanagements genutzt. Wieder andere Länder wie etwa Niedersachsen und Baden-Württemberg haben sich darauf konzentriert, einen Rahmen für die Anwendung ergänzender nicht investiver Programme zur Verfügung zu stellen, aber durch die Soziale Stadt selbst im Wesentlichen klassische Sanierungsmaßnahmen gefördert. Bis vor wenigen Jahren war dort das Quartiersmanagement sogar eine Aufgabe, die nicht über die Landesprogramme, sondern höchstens als freiwillige Aufgabe der Kommunen geleistet werden konnte.

Bei der Auswahl der Fördergebiete fällt auf, dass diese überwiegend in Groß- und Mittelstädten liegen. Dennoch wäre die Einschätzung überzogen, es handle sich bei der Sozialen Stadt um ein „Großstadtprogramm" zur Bearbeitung der großstadtspezifischen sozialen Probleme. Allerdings muss auf die besonders intensive Nutzung des Programms in Berlin hingewiesen werden. Interessanterweise sind die Fördergebiete funktional überwiegend durch Wohnnutzung gekennzeichnet. Das Klischee vom gründerzeitlichen, funktional gemischten Quartier, in dem sich die sozialen Problemlagen konzentrieren, stimmt also nicht, und das aus mehreren Gründen. Wenngleich insgesamt viele derartige Gebiete gefördert werden, gibt es in kleineren Städten gar nicht so viele gründerzeitliche Stadterweiterungsgebiete; hier sind es – vor allem in der alten Bundesrepublik – eher Teile der historischen Altstädte, in denen sich ähnliche Phänomene konzentrieren. Außer in sehr großen Städten sind diese Quartiere auch nicht einmal immer intensiv funktional durchmischt. Darüber hinaus wird die Soziale Stadt vergleichsweise häufig in Großsiedlungen aus unterschiedlichen Entstehungszeiträumen eingesetzt. Gleichwohl sind viele Gebiete auch durch eine überwiegend inhomogene Struktur ihres Baualters gekennzeichnet. Im Hinblick auf die Sozialstruktur der ansässigen Bevölkerung lässt sich feststellen, dass die Gebiete erhöhte – wenn auch nicht durchweg dramatisch hohe – Anteile an den klassischen „Problemgruppen" aufweisen. Dies gilt für Personen mit Migrationshintergrund sowie Ausländer, Arbeitslose und Alleinerziehende und naheliegender Weise auch für Transferleistungsempfänger. Dagegen weist die Altersstruktur kein einheitliches Muster auf. Feststellen lässt sich eine gegenüber der Gesamtstadt erhöhte Fluktuationsrate und teilweise ein höherer Wohnungsleerstand. Allerdings lässt sich daraus allein noch nicht die These bedrohlicher selektiver Wanderungen ableiten.

Eine Bilanz der instrumentell-strategischen Handlungsfelder

Denkt man an die Besonderheiten der Sozialen Stadt, fallen einem sofort die instrumentell-strategischen Handlungsfelder ins Auge. Der Quartiersbezug der Stadterneuerung, der ureigenes Prinzip der Städtebauförderung ist, wurde in der Sozialen Stadt durch die Bündelung begleitender Programme und die Verknüpfung von baulich-investiven Maßnahmen vor allem zur Herrichtung von soziokultureller Infrastruktur mit nicht investiven Maßnahmen stark kultiviert. Dies schlägt sich trotz des unzureichend eingelösten Anspruchs der Gemeinschaftsinitiative, Ressourcen unterschiedlicher Ressorts zu bündeln, in der schwerpunktmäßigen Verausgabung von Mitteln beispielsweise aus ESF-Programmen (wie Bildung, Wirtschaft, Arbeit im Quartier) oder JUSTiQ (JUGEND STÄRKEN im Quartier) nieder. Wenngleich durch komplementäre Landesprogramme in den Stadtstaaten ressortübergreifende Programme gelebt und eine räumliche Verknüpfung von investiven und nichtinvestiven Maßnahmen unterstützt werden – vgl. Hamburg mit dem Rahmenprogramm integrierte Stadtteilentwicklung (RISE) und Bremen mit dem Programm Wohnen in Nachbarschaften (WiN) – ressortübergreifende Kooperationen nur in geringem Umfang ausgebildet worden. Auf kommunaler bzw. Quartiersebene findet durch die Quartiersmanagements eine operative Koordination unterschiedlicher Programme und eine pragmatische ressortübergreifende Zusammenarbeit häufig in bedarfsgerechter Ausprägung statt.

Mit dem Programm Soziale Stadt haben Integrierte städtebauliche Entwicklungskonzepte Einzug in die Stadterneuerung gehalten, nachdem das klassische Programm der Sanierung und Entwicklung von eher baulich-investiven Gesamtmaßnahmen geprägt war, die auf einen Kosten- und Finanzierungsplan mit einer großen und bisweilen eher additiven Einzelmaßnahmenliste hinausliefen. Bis heute ist die Qualität integrierter Konzepte in der Sozialen Stadt sehr unterschiedlich, doch lässt sich festhalten, dass die Motivation zu einer umfassenden und weit über die baulich-investive Stadterneuerung hinausreichenden Auseinandersetzung mit den Möglichkeiten einer integrierten Aufwertung und Stabilisierung von Quartieren durch das Instrument gestiegen ist. Gewisse Defizite weisen die Konzepte nach wie vor bei der Einbettung in die Gesamtstadt, bei der Formulierung strategischer Ziele und vor allem bei der Entwicklung von Verstetigungsansätzen auf. So ist denn auch nach wie vor zweifelhaft, inwiefern die erreichten sozialen Initiativen und Vernetzungen über die Laufzeit der Förderung hinaus tragen können.

Dies ist eher selten der Fall, so dass dem mit der Sozialen Stadt geborenen Instrument des Quartiersmanagements eine Schlüsselfunktion zukommt. Diese spielen meist eine bedeutende, die Verwaltung entlastende Rolle. Sie sind allerdings kein „Selbstläufer“, und die Erwartungen an sie sind nicht immer einlösbar. Quartiersmanager sind als „Kümmerer“, „Motor“ und „Gesicht“ des Quartiers erfolgreich, stoßen aber teilweise durch eine zu geringe personelle Ausstattung an ihre Grenzen. Ihre wesentlichen Aufgabenschwerpunkte liegen mit absteigender Bedeutung in den Bereichen Empowerment, Programmmanagement, Zusammenarbeit mit der Verwaltung und Fördermittelmanagement. Wirkung erzielen sie häufig durch eine Unterstützung der Vernetzung und Zusammenarbeit im Quartier und darüber hinaus, durch eine verbesserte Einbindung und Aktivierung der Bürgerinnen und Bürger sowie vereinzelt auch durch eine Verbesserung des Quartiersimages.

Fragt man nach den erreichten Erfolgen bei der Aktivierung und Beteiligung im Quartier, so zeigt sich ein widersprüchliches Ergebnis. Information und Konsultation sind weit verbreitet, und darüber hinaus haben sich vielfach „Spezialformate“ der Mitwirkung entwickelt. Eine inklusive Beteiligungskultur ist dagegen nach wie vor unzureichend ausgeprägt. Verfügungsfonds und eine kommunal verankerte Beteiligungskultur tragen hier zum Erfolg bei und helfen beim Aufbau und der Weiterentwicklung nachbarschaftlicher Netzwerke, deren Nachhaltigkeit allerdings ungewiss ist.

Inhaltliche Handlungsfelder im Fokus – Aktivitäten und Erfolge

Betrachtet man die Aktivitäten der Fördergebiete in den Handlungsfeldern des Programms Soziale Stadt, so fällt die enorme Diversität ins Auge. Selbst das wohl etablierteste Handlungsfeld Wohnen und Wohnumfeld wird in deutlich weniger als der Hälfte der Fördergebiete bearbeitet, und im Länderdurchschnitt schwankt der Wert zwischen nahezu 80 % in Sachsen und knapp über 20 % in Bremen beträchtlich. Ähnlich sieht es auch bei den anderen Handlungsfeldern aus, wobei dort der Anteil der Fördergebiete, die das jeweilige Handlungsfeld bearbeiten, teilweise noch deutlich niedriger liegt. Trotz des bedeutenden Gewichts, das Schule und Bildung zugemessen wird, beschäftigen sich weniger als die Hälfte der Fördergebiete mit diesem Thema, und während das in Berlin mehr als 80 % der Gebiete tun, sinkt der entsprechende Wert in Rheinland-Pfalz und Baden-Württemberg auf unter ein Drittel. Hier spiegeln sich bei der Ausgestaltung des Programms neben den unterschiedlichen Strukturproblemen in den Fördergebieten insgesamt bzw. dem Anteil großstädtischer Fördergebiete auch die Länderschwerpunkte wider, die im Südwesten etwas traditioneller ausfallen als beispielsweise in den Stadtstaaten und Teilen Ostdeutschlands. Besonders auffallend ist jedoch darüber hinaus, dass weitergehende Möglichkeiten zur Verbesserung sozialräumlicher Rahmenbedingungen in den Fördergebieten beispielsweise durch eine Einbeziehung von Handlungsfeldern wie Umwelt oder Gesundheit kaum genutzt werden.

Aufschlussreich ist auch ein Blick auf die Erfolge, die in den jeweiligen Handlungsfeldern erzielt werden. Mit den bewährten Herangehensweisen konnten auch im Programm Soziale Stadt Erfolge erzielt werden. Dies schlägt sich in der meist positiven Einschätzung der materiellen Ergebnisse durch die Programmbeteiligten deutlich nieder. Eine Besonderheit ist dabei die besonders große Bedeutung von Wohnungsunternehmen – wie im Programm Stadtumbau Ost, so sind auch in der Sozialen Stadt die Fördergebiete häufig große Wohnquartiere, die von wenigen Wohnungsanbietern dominiert werden. Sie sind besonders an der Stabilisierung des jeweiligen Quartiers interessiert, um die Vermietbarkeit ihrer Bestände nachhaltig zu sichern. Dennoch lösen die Maßnahmen des Programms auch häufig private Investitionen und Aufbruchstimmung aus. Wohnumfeldmaßnahmen bringen keine eindeutig positiven Wirkungen mit sich, auch wenn man das nach den Überlegungen zu Ursachen von selektiver Wanderung mutmaßen könnte. Durch Aufwertung des öffentlichen Raums hat sich immerhin mancherorts das subjektive Sicherheitsempfinden verbessert.

Im Handlungsfeld Integration kann eine deutliche Stärkung der sozialen Netzwerke und Initiativen beobachtet werden. Migrantinnen und Migranten sowie soziale benachteiligte Gruppen stehen sehr häufig im Fokus der Maßnahmen. Dennoch bleibt die Wirkung von Projekten und Angeboten begrenzt. Ein Problem stellt die vielfach ungesicherte finanzielle und institutionelle Absicherung der Unterstützungsmaßnahmen dar. Mittel- bis langfristig sind die hohen Erwartungen an Engagementstrukturen und soziale Einrichtungen kaum zu erfüllen. Zu ergänzen ist allerdings, dass durch Nachbarschaftszentren, Feste und Veranstaltungen einerseits sowie durch Sporteinrichtungen, Sportpädagogik und Gewaltprävention immer wieder wichtige Beiträge zur sozialen Integration geleistet werden konnten.

Im Bereich Schule und Bildung werden sowohl investive als auch nicht-investive Maßnahmen überwiegend positiv eingeschätzt. Im Rahmen der Sozialen Stadt hat sich ein breites Spektrum positiv bewerteter Ansätze entwickelt, die teilweise aus unterschiedlichsten weiteren Programmen finanziert werden (Ganztagsschulen, Öffnung in den Stadtteil, Kooperationen, Verknüpfungen mit Kitas und Bildungseinrichtungen). In diesem Zusammenhang sind auch die innovative Rolle von so genannten Modellvorhaben, mit denen innovative und insbesondere nicht-investive Projekte vorübergehend gefördert wurden, sowie die vielfältigen Maßnahmen, die im Nachgang zum Pisa-Schock entwickelt wurden, besonders zu erwähnen. Bei den vielen erfolgreichen Einzelprojekten und den Ansätzen zur Förderung von Quartierszentren, bei denen Schulen einen wichtigen Baustein darstellen, sind allerdings doch komplexe Bildungsmanagementstrategien selten, die gesamthaft auf Rahmenbedingungen von Bildung und die systematische Optimierung von Bildungsübergängen achten. Insgesamt bleiben die Wirkungen der Sozialen Stadt im Hinblick auf eine Verbesserung von Bildungschancen und Bildungserfolg schwer nachweisbar – hier spielen methodische Gründe eine nicht zu unterschätzende Rolle (unterschiedliche Einzugsbereiche, Monitoring von Bildungserfolgen bei Wegzügen aus dem Gebiet usw.).

Die geringe Bedeutung vieler weiterführender Handlungsfelder muss als enttäuschend für die beinahe euphorischen Ansprüche angesehen werden, die anfangs an die Gemeinschaftsinitiative und auch das Programm Soziale Stadt angelegt wurden. So hat es beispielsweise viele Projekte im Bereich der lokalen Ökonomie gegeben, die allerdings über Qualifizierungsmaßnahmen hinaus nur untergeordnete Wirkungen aufweisen. In den Handlungsfeldern Umwelt, Verkehr und Gesundheit, deren Stellenwert als Bestimmungsfaktoren sozialräumlicher Ungerechtigkeit vielfach betont wird, sind kaum nennenswerte Aktivitäten festzustellen.

Schließlich bleibt festzuhalten, dass Image- und Öffentlichkeitsarbeit vielfach genutzt werden, um die negative Stigmatisierung der Fördergebiete anzugehen. Die Erfolge sind ganz unterschiedlich, hängen stark von den lokalen Rahmenbedingungen ab und sind, wie man nicht zuletzt an den Folgen der Armutszuwanderung aus Südosteuropa beobachten kann, nur schwer dauerhaft zu bewahren, wenn sich Quartiere neuerlich wandeln.

3 Auf dem Weg zu einem nationalen Aktionsprogramm für benachteiligte Quartiere

Wenngleich durch die Soziale Stadt in vielen Quartieren erfolgreich Stadterneuerung betrieben werden konnte, sind nur sehr eingeschränkte Anzeichen für eine erfolgreiche Umsetzung des ursprünglichen Ansatzes der Gemeinschaftsinitiative zu erkennen, über eine Verzahnung unterschiedlichster Politikfelder eine komplexe Stabilisierung zu bewirken. Ebenso kritisch muss die Hoffnung auf längerfristig wirksame Verstetigungsansätze nach Ende der Förderung eingeschätzt werden. Neue Herausforderungen etwa im Rahmen der Armutszuwanderung aus Osteuropa bedeuten für Zuwanderungsquartiere immer wieder eine Infragestellung der Stabilisierungserfolge.

Doch was kann überhaupt unter Stabilisierung verstanden werden? Die Soziale Stadt setzt in diesem Zusammenhang an fünf Dimensionen an. Erstens versucht sie, die Lebensbedingungen vor Ort durch Aufwertung des baulich-räumlichen Umfelds zu verbessern. Hier ist ein weitgehend positives Gesamtbild entstanden. In wirtschaftlich schwächeren Kommunen mit Integrationsherausforderungen sind aber auch bei baulicher Aufwertung weiterhin erhebliche sozialstrukturelle Problemlagen bestehen geblieben.

Zweitens versucht die Soziale Stadt, die Lebenschancen der lokalen Bevölkerung durch bessere (soziale) Infrastruktur und Angebote zu verbessern. Hier ist die erfolgreiche Katalysatorwirkung hergerichteter und aufgewerteter Infrastruktureinrichtungen für die soziale Entwicklung zu nennen. Dem stehen allerdings mancherorts unbewältigte Herausforderungen durch eine Schließung von Einrichtungen und Folgekosten gegenüber. Langfristig bleibt auch die bereits erwähnte und bislang unbewältigte Verstetigungsherausforderung bei der Stabilisierung sozialer Netzwerke bestehen. Drittens will die Soziale Stadt die Sozialisationsbedingungen der ansässigen Bevölkerung, gerade der Heranwachsenden, durch positive Rollenbilder und Möglichkeiten positiven sozialen Lernens unterstützen. Vielfältige Beispiele positiver Wirkungen geförderter Projekte in den Bereichen Sport, Jugend, Bildung, Integration, Kultur zeigen, dass hier einiges erreicht werden konnte. Dennoch stellen die soziale Integration und Armutsphänomene weiterhin gesamtgesellschaftliche Herausforderungen dar, die die Soziale Stadt offenbar ebenso wenig bewältigen kann wie die kleinräumige Überwindung der Langzeitarbeitslosigkeit in bestimmten gesellschaftlichen Gruppen. Viertens soll die Soziale Stadt zu einer Aufwertung des Quartiersimages und damit zur Vermeidung von Stigmatisierung und Diskriminierung beitragen. In eingeschränktem Umfang ist eine Verbesserung von Images wohl möglich. Gleichwohl stellt die mediale Zuspitzung selbst von sehr kleinräumigen sozialen Brennpunkten eine schwierige Herausforderung für die Stabilisierung von Quartieren dar.

Fünftens soll die Soziale Stadt Quartieren im politisch-administrativen System durch leistungsfähigere Governance-Strukturen angemessen Gehör verschaffen und dadurch einen Beitrag zur Stabilisierung leisten. In diesem Zusammenhang spielen integrierte Konzepte eine positive Rolle. Wichtig sind hierfür allerdings auch die planungskulturellen Rahmenbedingungen vor Ort. Quartiersmanagement und Beteiligungskultur können dabei ein Schlüssel sein.

Sehr heterogene Rahmenbedingungen und Ausgestaltungen vor Ort, eine Unterausstattung der Maßnahmen zur Erreichung ehrgeiziger Ziele und der instabile Rahmen sozio-integrativer Ansätze tragen insgesamt dazu bei, dass die Stabilität geschaffener Strukturen durch das Zusammenwirken der fünf genannten Dimensionen vielerorts erst noch zu gewährleisten ist. Vor dem Hintergrund der diskutierten begrenzten Stabilisierungserfolge bleibt somit die Frage nach einem angemessenen Umgang mit sozial benachteiligten Quartieren immer wieder neu zu diskutieren. Unbestritten dürfte dabei trotz dem Anspruch, mit der Städtebauförderung nur in einem klar begrenzten zeitlichen Rahmen Aufwertungs- und Stabilisierungsmaßnahmen zu fördern, die auch künftig weiter bestehende Relevanz des Programms sein. Ungeachtet der allgemein guten Wirtschaftslage in Deutschland besteht in benachteiligten Bevölkerungsgruppen eine verfestigte Armutsgefährdung, und soziale Entmischungstendenzen nehmen mit der Entwicklung am Wohnungsmarkt eher zu. Dazu kommen neue Zuwanderungsherausforderungen, die aktuell (2018) zwar von den innen- und migrationspolitischen Abschottungstendenzen überlagert werden, aber nichtsdestoweniger auf längere Sicht nicht zuletzt sozial benachteiligte Quartiere weiterhin in Atem halten dürften.

Erkennt man die Rolle derartiger Quartiere im Sinne von Saunders (2011) als Hauptanlaufstellen und Schauplätze der Integration von Zuwanderern sowie sozial Benachteiligten in die Stadtgesellschaft als Daueraufgabe an, so wird es möglich, sich von abstrakten Stabilisierungszielen zu verabschieden, die darauf abzielen, sozialräumliche Probleme dadurch zu lösen, dass Aufwertungserfolge ein benachteiligtes Quartier im städtischen Vergleich unauffällig machen. Dies ist in der Vergangenheit vielerorts nicht gelungen, und auch das Programm Soziale Stadt war mit diesem Ziel regelmäßig überfordert. Damit Quartiere aber der genannten Rolle als Ankunfts- und Integrationsquartier gerecht werden – setzt man voraus, dass diese in der Stadtgesellschaft im Grundsatz akzeptiert wird –, dann wäre im Sinne der alten Gemeinschaftsinitiative ein koordiniertes sozialraumbezogenes Handeln erforderlich. Bislang konnte es bei weitem noch nicht in vollem Umfang erreicht werden. Es müsste zunehmende Integrationsaufgaben sowie die

Herausforderungen Soziales, Wohnen, Bildung, Arbeit, Gesundheit und Umwelt umfassend einbeziehen, also Themen, die nicht allein mit der bisherigen Logik der Sozialen Stadt bearbeitet werden können. Gleichzeitig sollte es über eine Herrichtung baulicher Infrastrukturen Räume für verbesserte soziale, kulturelle und ökonomische Betätigungsmöglichkeiten sorgen.

Hierfür wäre ein nationales Aktionsprogramm erforderlich, das städtebaulich-investive Maßnahmen mit sozio-integrativen Fördertatbeständen verbindet, sich aber von der bisher bestehenden Federführung durch die Städtebauförderung befreit und so unterschiedliche Ressorts auf Augenhöhe einbezieht. Diese sollten dann Formulierung der Zielsetzungen, Konstruktion und Umsetzung des Aktionsprogramms gemeinsam vornehmen. Auf diese Weise könnte das bisher bestehende Städtebauförderprogramm Soziale Stadt in ein umfassenderes quartiersbezogenes Programm „oberhalb" der Städtebauförderung eingebettet werden, an dem mehrere Ressorts gleichberechtigt mitwirken. Das Dilemma der zeitlichen Begrenztheit und inhaltlichen Dominanz baulich-investiver Maßnahmen könnte auf diese Weise überwunden werden, und angelehnt an einem weiterzuentwickelnden komplexeren, vom URBAN-Programm der EU aus den 1990er Jahren inspirierten Ansatz echte umfassend-integrative Quartierspolitik betrieben werden. Das bisherige Programm Soziale Stadt wäre dann als ein „Modul" mit baulich-investivem Schwerpunkt bedarfsgerecht und zeitlich begrenzt „zuschaltbar" etwa für die Verbesserung der Wohnraumversorgung, des Wohnumfelds und der sozialen Infrastruktur. Vernetzung und Aktivierung verblieben in den Quartieren jedoch echte Daueraufgaben. Dazu müsste der instrumentelle Kern, bestehend aus Quartiersmanagement und Verfügungsfonds, auf längere Zeit erhalten bleiben, so dass „Verstetigung" mit professioneller Unterstützung eine echte Chance hat, soziale Netzwerke auf längerfristig zu stabilisieren. Ein solcher Ansatz könnte sich auf Quartiere stärkster Benachteiligung konzentrieren – was aber die Übertragung von Quartiersmanagementstrategien auf andere Stadtteiltypen und Problemlagen nicht ausschließen muss.

4 Die Soziale Stadt als Leitprogramm? Ein Ausblick vor dem Hintergrund der Programmdiskussion in der Städtebauförderung

Seit der deutschen Wiedervereinigung und insbesondere seit dem Ende der 1990er Jahre hat sich die Städtebauförderung vielfältig ausdifferenziert. Zunächst schienen vor allem zusätzliche, zeitlich befristete Herausforderungen im Zuge der Wiedervereinigung hierfür ausschlaggebend. Dafür stehen insbesondere die Einführung der Programme Städtebaulicher Denkmalschutz und später Stadtumbau Ost. Die Soziale Stadt, der von Anfang an mit der Gemeinschaftsinitiative eine Sonderrolle zukam, hat diese Entwicklung noch weiter befördert. Obwohl viele Akteure die Programmvielfalt in der Praxis kritisieren, hat die Föderalismusreform indirekt klargestellt, dass ein enger Bezug zu vorübergehend auftretenden städtischen Problemlagen als zentrale Voraussetzung für eine gemeinsame Förderung durch Bund und Land hergestellt werden muss. Insofern erscheint die Beendigung des ursprünglich allgemein angelegten Programms „Sanierungs- und Entwicklungsmaßnahmen" vor einigen Jahren konsequent. Eine weitere Konsolidierung der Programmlandschaft wird immer wieder diskutiert und steht offenbar in dieser Legislaturperiode bevor, auch wenn oder vielleicht gerade weil mit der Einführung eines weiteren Programms Stadtgrün zum Ende der letzten Legislaturperiode die Logik der integrierten quartiersbezogenen Erneuerung zusätzlich stark strapaziert wurde.

Grundsätzlich ist also durchaus zu hinterfragen, ob die jeweiligen Programme noch gebraucht werden und inwiefern sie dem Anspruch genügen, eine vorübergehende städtische Problemlage zu bearbeiten. Wäre dies nicht der Fall, müsste es den Städten selbst überlassen werden, im Rahmen ihrer kommunalen Selbstverwaltung zu entscheiden, ob sie Mittel für quartiersbezogene Stabilisierung und Erneuerung unter sozialräumlichen Gesichtspunkten aus ihrem Haushalt zur Verfügung stellen wollen. Viele Gründe sprechen zwar dafür, Anreize von außerhalb der jeweiligen Stadt für derartige Ansätze zu schaffen. Zu nennen wären etwa die vielfach prekäre Haushaltslage von Städten mit den größten sozialen Problemen, die Machtlosigkeit der sozial Benachteiligten und die Kontinuität, die eine so komplexe Aufgabe wie die quartiersbezogene Stabilisierung fordert. Dennoch ist hier die Logik der Föderalismusreform eindeutig, die derartige Gründe allein nicht für ausreichend ansieht, denn es kann ja zunächst einmal als ureigene Aufgabe der Städte angesehen werden, ihre sozialräumlichen Probleme zu bearbeiten.

Gleichwohl erscheint die derzeitige stadtpolitische Großwetterlage hier derzeit eindeutig: Bislang wurde kaum ernstlich bestritten, dass angesichts enormer sozialräumlicher Herausforderungen in den Städten die Voraussetzungen für die Weiterführung des Programms gegeben sind, ja dessen Mittelaufstockung vor einigen Jahren ist eher in die gegenteilige Richtung zu interpretieren. Als wesentliche Gründe wurden bereits die sozialräumlichen Folgen der Wohnungsmarktengpässe in Ballungsräumen und ihre Folgen, die Flüchtlingskrise und die mannigfaltigen sozialräumlichen Polarisierungstendenzen genannt. Viele Gründe lassen allerdings ein Nachdenken über die Perspektiven der Sozialen Stadt dennoch sinnvoll erscheinen: etwa die Hochkonjunktur, in der sich Deutschland seit einigen Jahren befindet, sowie die damit einhergehenden positiven Auswirkungen für viele kommunale Haushalte, die bereits seit vielen Jahren laufenden und vielerorts weit vorangeschrittenen oder abgeschlossenen baulich-investiven Erneuerungsmaßnahmen in sozial benachteiligten Quartieren und schließlich die Grenzen von Stabilisierungsmaßnahmen gerade in Quartieren, die dauerhaft als Anlaufstellen für Zuwanderung und Konzentrationspunkte sozialer Benachteiligung gelten müssen.

Dass es deshalb gleich als Leitprogramm verstanden werden muss, erscheint vor diesem Hintergrund aber eher als Akt der Symbolpolitik, dessen Motivation nach dem Ende der christlich-liberalen Koalition und deren massiver Infragestellung der Sozialen Stadt inzwischen wohl als überholt gelten darf. Worin sich die Leitprogrammfunktion – außer im politischen Bekenntnis zur Bearbeitung sozialräumlicher Problemlagen und dem daraus resultierenden hohen Mitteleinsatz von Bund und Ländern – ausdrücken sollte, ist bis heute höchstens in Konturen deutlich geworden.

Vielmehr sollte mittel- bis langfristig der Weg einer Profilierung und Spezialisierung der Programmlandschaft in Verbindung mit einer moderaten Konsolidierung weitergegangen werden. Um diesen Gedanken genauer auszubuchstabieren, ist eine kurze Diskussion der Vor- und Nachteile der Programmdifferenzierung erforderlich. Sie stellt eine persönliche Einschätzung des Autors unter Berücksichtigung langjähriger Beobachtungen der Städtebauförderung in ihrer gelebten Praxis dar. Als Hauptnachteil der Ausdifferenzierung wird aus kommunaler Perspektive immer wieder zu verstehen gegeben, es wäre doch am besten, wenn der Bund zum ursprünglichen System zurückkehren und seine Mittel in einem allumfassenden Programm ausschütten würde. Dies mag aus Sicht der Kommunen – und teilweise auch der Länder – verständlich sein, erlaubt es doch eine hohe Flexibilität bei der Mittelverausgabung. Es erscheint allerdings auch ein bisschen entlarvend, wenn so argumentiert wird, denn dahinter verbirgt sich doch – bei allem Respekt für die lokale Kompetenz bei der Identifizierung der spezifischen Problemlagen und der passenden Maßnahmen zu ihrer Bewältigung – die Hoffnung darauf, ohne große Rechtfertigungszwänge an zusätzliche Mittel für die Umsetzung von Stadtentwicklungsprojekten zu gelangen. Dies steht bis zu einem gewissen Grad im Widerspruch zur Logik der integrierten quartiersbezogenen Förderung, der es nicht darum geht, durch eine Addition unverbundener Einzelprojekte neuerliche Attraktivität in einem Quartier zu schaffen, sondern eben problembezogene Unterstützung für einen länger währenden Prozess der Stabilisierung jenseits kurzfristiger Einzelmaßnahmen und Wahlperioden von Bürgermeistern zu gewähren. Damit verbunden ist die häufig übersehene Tatsache, dass es immer eine große Zahl von Städten bzw. Quartieren gibt, die nicht in den Genuss von Fördermitteln kommen. Eine Aufweichung der Begründungsvoraussetzungen für die Einwerbung von Städtebaufördermitteln würde damit tendenziell ein Paradox verschärfen, die schon heute das System der Städtebauförderung belastet: diejenigen, die die Mittel aufgrund ihrer Probleme am meisten benötigen, sind tendenziell weniger gut in der Lage, Mittel für Voruntersuchungen aufzubringen und ihren Bedarf zu begründen. Sie sind also darauf angewiesen, dass Systeme der Gebietsauswahl und Mittelbewilligung dennoch ihren Bedarf erkennen und angemessen würdigen. Da bereits Milliarden in die baulich-investive Erneuerung von Quartieren geflossen ist, stellt sich die Situation in dieser Hinsicht auch anders dar als noch vor Jahrzehnten, als angesichts des unbestreitbaren baulichen Sanierungsbedarfs vieler Quartiere eine spezifische Begründung wohl als weniger aufwendig angesehen werden konnte – im Rahmen von vorbereitenden Untersuchungen aber gleichwohl ebenfalls gefordert war, aber möglicherweise von den meisten Kommunen auch mit vertretbarem Aufwand erbracht werden konnte.

Ein weiterer Nachteil der Programmdifferenzierung ist die Komplexität, mit der Kommunen und Bewilligungsbehörden angesichts der vielfältigen und mitunter relativ kleinen Töpfe konfrontiert sind. Es wird immer wieder berichtet, wie aufwendig es sei und wie viel Geschick es erfordert, daraus ein sinnvolles Fördermittelpaket für das jeweilige Quartier zu schneidern. Dies mag richtig sein, doch inzwischen werden Programmüberlagerungen in immer weniger Ländern zugelassen, und die Beratung durch Bewilligungsbehörden kann dazu beitragen, einen Förderantrag in dem Programm mit der größten Erfolgswahrscheinlichkeit zu stellen, um die verfügbaren Mittel im jeweiligen Land sinnvoll auszuschöpfen. Eine solche Praxis ist ein Hinweis darauf, dass die Programmdifferenzierung im Alltag nicht immer einfach anzuwenden ist.

Dennoch sollte nicht davon ausgegangen werden, dass – abgesehen von den verfassungsrechtlichen Bedenken gegen ein solches Vorgehen – sämtliche Fördermittel sinnvoll in einen großen Stadtentwicklungsfonds gebündelt werden könnten.

Als wichtiger Vorteil einer Programmdifferenzierung kann in diesem Sinn die Strukturierung von Diskursarenen nach gemeinsamen Herausforderungen gesehen werden. Hier sollte an die Erfahrungen der letzten Jahre angeknüpft werden, in denen sich etwa mit Transferstellen, programmbezogenen Statusberichten und vielfältigen Instrumenten des Erfahrungsaustauschs eine Kultur der programmbegleitenden Beobachtung und Weiterentwicklung der Programme und der jeweiligen Gesamtmaßnahmen herausgebildet hat. Sie ist nicht nur wertvoll als ergänzendes System der Beratung für die Akteure vor Ort in einer Zeit, in der die klassische Sanierung in der Obhut erfahrener Sanierungsträger einer Vielfalt unterschiedlichster Zugänge gewichen ist. Häufig beziehen diese mit ihren vertragsbezogenen und kommunikativen Praktiken ganz andere Akteure als früher ein. Quartiersbezogene Stabilisierung sollte bekanntlich anders und komplexer verstanden werden als eine bloße baulich-investive Aufwertung. Überdies sind sie die Voraussetzung für leistungsfähige Ansätze von Monitoring und Evaluation der Städtebauförderung. Angesichts der überbordenden Vielfalt der Fördermaßnahmen und der Begrenztheit der Mittel für Begleitforschung sind sie auf reife problembezogene Diskursarenen angewiesen und wären mit der Bewertung, Evaluierung und Weiterentwicklung eines großen allumfassenden Fördertopfs für Stadterneuerung oder gar Stadtentwicklung hoffnungslos überfordert wären.

Eine überschaubare und an den unterschiedlichen quartiersbezogenen Herausforderungen der Stadterneuerung orientierte Neujustierung der Programmlandschaft könnte auf ganz unterschiedliche Weise erfolgen und wird im Spannungsfeld der genannten Argumente immer einen pragmatischen Kompromiss darstellen müssen. Der Autor plädiert – wie viele andere Beobachter auch – für eine Zusammenfassung der quartiersbezogenen Programme in drei Säulen, die sich wesentlich nach den bearbeiteten Herausforderungen und mit ihnen den grundsätzlichen Zugängen zu Stadterneuerung, Stabilisierung und Aufwertung unterscheiden (vgl. dazu auch den Beitrag von Detlef Kurth in diesem Band). Sie können hier nur ansatzweise dargestellt werden, um den Fokus auf die Rolle der Sozialen Stadt zu legen, und ließen sich gerade im Hinblick auf die Zukunft der bestehenden Programme und einiger Instrumente wie etwa der Verfügungsfonds oder auch der Kooperation mehrerer Gemeinden noch weiter diskutieren. Im Extremfall ist im Rahmen der Erneuerung eine weitgehende Umstrukturierung bestehender Strukturen angezeigt – wenn soziale Zusammenhänge wenig betroffen sind, aber die baulichen Strukturen ihre Zukunftsfähigkeit weitgehend verloren haben.

In dieser ersten Säule wäre der Stadtumbau zu verorten, allerdings nicht jener Teil, der gesamtstädtische Stabilisierung durch Investitionen zur bestandsorientierten Aufwertung von historischen Innenstädten versteht. In ein solchermaßen neu verstandenes Stadtumbauprogramm passen beispielsweise Erneuerungsmaßnahmen an weitgehend aufgegebenen komplexen Produktionsstandorten, wie sie häufig im Stadtumbau West und in geringerem Umfang auch im Stadtumbau Ost vorzufinden waren. Weiterhin passen Maßnahmen einer Reparatur und Weiterentwicklung der autogerechten Stadt in diese Säule, da sie ebenfalls auf größere Eingriffe in die bauliche Struktur angewiesen sein könnten.

Die zweite Säule sollte sich stärker mit einer bestandsorientierten baulichen Weiterentwicklung insbesondere historisch gewachsener Quartiere beschäftigen, die vor allem einer funktionalen und teilweise auch einer substanzbezogenen Erneuerung bedürfen. Hier könnten sich gerade innenstadtbezogene Maßnahmen finden, die derzeit häufig im Rahmen der Programme Aktive Zentren oder Städtebaulicher Denkmalschutz gefördert werden, möglicherweise auch im Programm Kleine Städte und Gemeinden.

Als dritte Säule wären Maßnahmen zur Stabilisierung von Quartieren mit starker oder gar dominierender Bedeutung des Wohnens zu verstehen, bei denen die Möglichkeiten und Bedürfnisse der ansässigen Bevölkerung eine besondere Rolle spielen. Die zugehörigen behutsamen und stark kommunikativ geprägten Ansätze und Instrumente entsprechen in vielerlei Hinsicht denen der Sozialen Stadt, und dabei spielen sorgfältig gewählte baulich-investive Einzelmaßnahmen etwa zur Ergänzung und Anpassung der sozialen Infrastruktur nur eine wichtige Rolle in einem viel breiter gedachten Gesamtkontext.

In der dritten Säule finden neben den bisherigen Maßnahmen der Sozialen Stadt ggf. quartiersbezogene Erneuerungsmaßnahmen in peripheren Großsiedlungen auch mit einem gewissen Rückbauanteil Aufnahme, die ohnehin und auch bisher eine intensive soziale Begleitung erfordern. Sie sind bislang im Rahmen des Stadtumbau Ost mit der häufig praktizierten Kopplung von Rückbau an der Peripherie und Aufwertungsmaßnahmen im Stadtkern zwar in einen verständlichen stadtentwicklungsplanerischen Gesamtzusammenhang gestellt worden, doch erscheint diese bisweilen als beinahe zynisches Trostpflaster für die zurückgelassenen Bewohner vieler teilrückgebauter Großsiedlungen, für die eine stadtentwicklungsplanerische Perspektive mit sozialer Komponente vor Ort teilweise neu entwickelt werden müsste.

In diesem Sinne käme der Sozialen Stadt eine Schlüsselrolle in einem logisch ausdifferenzierten System der Städtebauförderung zu. Ihr die Rolle eines Leitprogramms zu geben, erscheint angesichts der mannigfachen weiteren Herausforderungen der Stadtentwicklungspolitik unangemessen. Hier sind vorrangig innerstädtische Quartiere, die einerseits die historische Identität unserer Städte ausmachen und andererseits durch Entwicklungen beispielsweise im Handel und der Lebensweise massiv in ihrer Zukunftsfähigkeit in Frage gestellt sind, sowie die weiterentwicklungsbedürftigen Hinterlassenschaften der Industriegesellschaft und der autogerechten Zurichtung unserer Städte zu nennen. Für sie wurden die beiden weiteren Säulen eines künftigen Systems der Städtebauförderung formuliert. Leiten werden die Ansätze der Sozialen Stadt die anderen Säulen nicht. Zu verschieden sind die Ansätze, die jeweils zum Tragen kommen müssen, um die Zukunftsfähigkeit von Quartieren zu sichern und diese zu stabilisieren. Inwiefern die Mittelansätze symbolisch zum Ausdruck bringen sollten, dass die Soziale Stadt ein Herzensanliegen der Stadtpolitik von Bund und Ländern ist, wird in Zukunft immer wieder neu auszuhandeln sein. Bislang spricht einiges dafür, dass die hohen Mittelansätze für die Soziale Stadt auch zukünftig angemessen sein werden. Eine größere Beachtung als bisher verdient allerdings die Idee der Gemeinschaftsaufgabe Soziale Stadt, die einstmals angetreten war, unterschiedlichste Akteure, Fördertöpfe, Denklogiken und Handlungsschwerpunkte für eine

Stabilisierung sozial benachteiligter Quartiere in einem komplexen Ansatz sozialräumlich orientierter Politik zusammenzubringen. Auch wenn dieser Ansatz bislang aufgrund seiner Komplexität, der Beharrungskräfte von Ressortdenken und der weitgehend ausschließlichen Verortung räumlich orientierter Politik in einem Bauressort vielfach an seine Grenzen gestoßen ist, wäre es die dahinter stehende Idee einer komplexen quartiersbezogenen Politik unter Einbeziehung baulicher, sozialer, ökonomischer, kultureller und anderer Ansätze einer Stabilisierung wert, zur Leitidee quartiersbezogener Politik im Allgemeinen zu werden. Das EU-Programm URBAN hat es vor vielen Jahren vorgemacht, und an die dort gesammelten Erfahrungen könnte ggf. angeknüpft werden. Darüber hinaus wäre zu überlegen, wie eine gänzlich andere, schon einmal vor einigen Jahren intensiv diskutierte, aber inzwischen zumindest im Rahmen der Stadterneuerung und erst recht der Städtebauförderung wieder in Vergessenheit geratene Herausforderung in einem noch einmal völlig anderen siedlungsräumlichen Kontext politisch zu bearbeiten wäre: die umwelt- und klimabezogene Erneuerung der nicht-kompakten (Zwischen)Stadt. Wenn sich eine Politik hierfür in einem neu verstandenen Sinn auf Quartiersebene denken ließe, müsste diese sicher die vielfach wenig ermutigenden Erfahrungen mit der Beeinflussung nicht-nachhaltiger Lebensweisen im Rahmen der Lokale-Agenda-21-Bewegung einbeziehen. Eine Verwandtschaft mit den Ansätzen der Sozialen Stadt ist hier übrigens unverkennbar. Vielleicht könnte letztere ihre Rolle als Leitprogramm auf eine ganz ungeahnte Weise spielen, indem sie die Konstruktion eines stark kommunikativ und akteursvernetzenden Zugangs zur Weiterentwicklung der Zwischenstadt über vorrangig baulich-investiv geprägte Ansätze hinaus inspiriert.

Literatur

ARGEBAU (1998). Leitfaden zur Ausgestaltung der Gemeinschaftsinitiative „Soziale Stadt“. In: Deutsches Institut für Urbanistik (Hrsg.). (1999). Vorbereitungspapiere zum Bund-Länder-Programm „Stadtteile mit besonderem Entwicklungsbedarf – die Soziale Stadt“. Berlin.

Bundesinstitut für Bau-, Stadt- und Raumforschung (BBSR) im Bundesamt für Bauwesen und Raumordnung (BBR). & Bundesministerium für Umwelt, Naturschutz, Bau und Reaktorsicherheit (BMUB) (Hrsg.) (2017). Zwischenevaluierung des Städtebauförderungsprogramms Soziale Stadt. Bonn.

Busch, R.; Heinze, M.. & Müller, A. (2018). Perspektiven quantitativer Wirkungsanalysen. Ökonomische Effekte der Städtebauförderung – Quantitative Wirkungsanalysen in der Städtebauförderung. In: Altrock, U.; Kurth, D.; Kunze, R.; Schmitt, G.. & Schmidt, H. (Hrsg.). Stadterneuerung im vereinten Deutschland – Rück- und Ausblicke. Jahrbuch Stadterneuerung 2017. Wiesbaden: Springer, S. 275–294.

Häußermann, H.. & Siebel, W. (Hrsg.). (2001). Soziale Integration und ethnische Schichtung – Zusammenhänge zwischen räumlicher und sozialer Integration. Gutachten im Auftrag der unabhängigen Kommission „Zuwanderung“. Berlin/Oldenburg.

Institut für Stadtforschung und Strukturpolitik GmbH (IfS) im Auftrag des Bundesministeriums für Verkehr, Bau und Stadtentwicklung, vertreten durch das Bundesamt für Bauwesen und Raumordnung (Hrsg.). (2004). Die Soziale Stadt – Ergebnisse der Zwischenevaluierung. Berlin.

Nahles, A. (Bundesministerin für Arbeit und Soziales); Dreyer, M. (rheinland-pfälzische Ministerpräsidentin); Özoguz, A. (Staatsministerin, Beauftragte für Migration, Flüchtlinge und Integration); Schwesig, M. (Bundesfamilienministerin);. & Hendricks, B. (Bundesministerin für Umwelt, Naturschutz, Bau und Reaktorsicherheit). (2015): Neustart in Deutschland. Für ein Jahrzehnt umfassender Gesellschaftspolitik – 12 Punkte für Zusammenhalt und Integration in Deutschland vom 01.12.2015. Download von https://www.bmfsfj.de/blob/100524/5cb853d28be748a62e85d2b97a6c89cc/integrationsprogramm-neustart-in-deutschland-data.pdf (05.12.2018).

Saunders, D. (2011). Arrival City. Über alle Grenzen hinweg ziehen Millionen Menschen vom Land in die Städte. Von ihnen hängt unsere Zukunft ab. München: Karl Blessing Verlag.

Schröteler-von Brandt, H.. & Schmitt, G. (2016). Stadterneuerung. Wiesbaden: Springer.

Zukunft Stadtraum – Entwicklung von Straßen und Plätzen als wichtige Aufgabe der Stadterneuerung

Philipp Kopp

Zusammenfassung

Der öffentliche Raum hat unterschiedliche Gesichter, Charaktere und Funktionen. Er tritt als Grünanlagen, Fußgängerzonen und Einkaufspassagen in Erscheinung. Doch auch Spielplätze, Friedhöfe und öffentlich zugängliche Einrichtungen stellen öffentliche Räume dar (vgl. Wentz 2010, S. 458). Im Fokus dieses Beitrags steht der öffentliche Stadtraum. Dieser besteht primär aus Straßen und Plätzen und wird von Robert Krier als Hauszwischenraum bezeichnet (vgl. Krier 1975, S. 3). Auf Grund seiner uneingeschränkten Zugänglichkeit, großen Nutzungsvielfalt und damit verbundenen hohen Frequentierung stellt der Stadtraum aus Sicht des Verfassers den zentralsten und öffentlichsten Bereich der Stadt dar.

Ziel des Beitrages ist es, die Bedeutung von Stadträumen für die Stadt und ihre Entwicklung bzw. Erneuerung darzulegen. Zudem geht der Beitrag der Frage nach, wie sich der Stadtraum mittels informeller Planungen quartiersbezogen oder gar gesamtstädtisch planen und weiterentwickeln lässt. Hierfür werden informelle Regelwerke mit Vorgaben zur Entwicklung des öffentlichen (Stadt-) Raums der Städte Berlin, Wien, London und Hong Kong ausgewertet. Anhand der gewonnenen Erkenntnisse sollen Handlungsempfehlungen für die zukünftige Programmatik der Stadterneuerung abgeleitet werden.

U. Altrock et al. (Hrsg.), *Programmatik der Stadterneuerung*, Jahrbuch Stadterneuerung, https://doi.org/10.1007/978-3-658-26765-0_8

Einen aktuellen Bezug des Beitrags zur Programmatik der Stadterneuerung stellt das 2017 gestartete Städtebauförderprogramm „Zukunft Stadtgrün“ dar. Dessen Förderschwerpunkt liegt auf der „Verbesserung der urbanen, grünen Infrastruktur“. Dies soll unter anderem erfolgen durch „die Aufwertung und Qualifizierung des öffentlichen Raumes, des Wohnumfeldes sowie von Grün- und Freiflächen“ (BMUB 2017b, S. 4). Der Autor möchte den von der bisherigen Förderprogrammatik abweichenden Ansatz des Förderprogramms „Zukunft Stadtgrün“ zum Anlass nehmen und die Verbesserung der gesamten urbanen Infrastruktur bzw. des Stadtraums in den Aufgabenfokus der Stadterneuerung rücken. Aus seiner Sicht kann das Förderprogramm „Zukunft Stadtgrün“ lediglich den Wegbereiter für die umfassende Auseinandersetzung der Stadterneuerung mit dem Stadtraum insgesamt darstellen.

> „Die Gestaltung und Qualität der öffentlichen Räume einer Stadt bestimmen maßgeblich deren Erscheinungsbild, Identität und Attraktivität. Dabei stehen diese Räume nicht als ein Wert an sich, vielmehr ist ihre Hauptaufgabe, den notwendigen Funktionen der Stadt Raum zu geben.“ (Wentz 2010, S. 456).

1 Dimensionen des Stadtraums für die Stadt und ihre Entwicklung

Die Bedeutung des öffentlichen Stadtraums für die Städte und ihre Entwicklung ist unbestritten (vgl. z.B. Kuklinski 2003, S. 44). Die städtebaulichen, funktionalen, sozialen und klimatischen Dimensionen des Stadtraums sind sehr vielfältig und kaum umfassend erfassbar. Vereinfacht kann man die Dimensionen des Stadtraums auf die folgenden vier elementaren Funktionen reduzieren:

1. Der Stadtraum ist der städtebauliche Repräsentationsort und die „Visitenkarte“ der Stadt (vgl. Reicher 2009, S. 248). Er gliedert die Stadt, prägt die städtische Identität und charakterisiert Adressen und Stadtteile (vgl. Selle 2010, S. 23).
2. Der Stadtraum stellt das funktionale „Rückgrat“ der Stadt dar, er ist der Raum, der die Stadt erschließt, ihre verschiedenen Bereiche und Funktionen miteinander verbindet und hierdurch die Funktionsfähigkeit der Stadt gewährleistet (vgl. Reicher 2009, S. 281).
3. Der Stadtraum als zentraler Bereich des öffentlichen Raums ist das „Grundgesetz“ der Stadt (vgl. Sieverts 2010, S. 366); der uneingeschränkt zugängliche Raum, in dem sich die Stadtgesellschaft begegnet, interagiert und zusammenlebt (vgl. Selle 2010, S. 22).

4. In Zeiten zunehmender baulicher Dichten und voranschreitenden Klimawandels kommt dem Stadtraum verstärkt die Rolle des wohnortnahen Regenerationsraums für Mensch und Natur zu, der bei entsprechender Gestaltung maßgeblich das Stadtklima beeinflussen kann (vgl. Reicher 2010, S. 355).

Aufgrund all seiner Dimensionen und Funktionen stellt der öffentliche Stadtraum einen bedeutsamen „Protagonisten" der Stadtentwicklung dar, der auch die maßgebliche „Schlüsselrolle" bei der Entwicklung bzw. Erneuerung von Stadtbereichen und -quartieren spielt (vgl. Reicher 2010, 353 f.).

Die verstärkte Fokussierung der Stadtplanung auf den Stadtraum in den letzten Jahren hängt unter anderem mit einem veränderten Verständnis von Mobilität und der zunehmenden Rückbesinnung auf die Bedeutung und Qualität der „urbanen" Stadtlagen zusammen. Die aktuellen stadt- und verkehrsplanerischen Ansätze zur Entwicklung des öffentlichen (Stadt-)Raums sind sehr vielfältig. Sie verfolgen jedoch weitgehend das gemeinsame Ziel, die autogerechte Stadt der letzten Jahrzehnte zu reparieren und den Stadtraum im Sinne gerechter Mobilitätschancen für alle Nutzer weiterzuentwickeln (vgl. BMUB 2017a, S.4). Für die mobilitätsgerechte Stadt mit kurzen Wegen wird häufig der Rückbau mehrspuriger Straßenschneisen zugunsten von verbreiterten Fuß- und Radwegen angestrebt. Gleichzeitig stellt die Wegbereitung zukünftiger alternativer und innovativer Mobilitätsformen wie zum Beispiel Elektromobilität, Car-Sharing und autonomes Fahren ein wichtiges Handlungsfeld bei der Weiterentwicklung der Stadträume dar.

Im Zusammenhang mit dem veränderten gesellschaftlichen Empfinden von Stadt und Urbanität steht außerdem die Stärkung des städtischen „Lebensraums" vermehrt im Fokus der stadträumlichen Entwicklungsmaßnahmen. Primär geht es um die Aufwertung und Erweiterung öffentlicher Stadtflächen als Aufenthalts-, Begegnungs- und Erlebnisräume. Hierfür werden vor allem Maßnahmen zur Reduzierung der Belastungen und Gefahren des motorisierten Verkehrs umgesetzt (vgl. BMUB 2017a, S.4).

2 Bedeutung des Stadtraums für die Stadterneuerung

Für die Städtebauförderung stellt der Stadtraum einen bedeutsamen räumlichen Handlungsbereich dar. Dies resultiert zum einen aus der Tatsache, dass sich der Stadtraum (noch) größtenteils im öffentlichen Eigentum befindet und Stadterneuerungsmaßnahmen deshalb kurzfristiger und unabhängig von der Mitwirkungsbereitschaft privater Akteure umgesetzt werden können. Anders verhält sich dies bei angrenzenden Flächen im privaten Eigentum.

Zum anderen können Stadterneuerungsmaßnahmen im Stadtraum vielschichtige Wirkungen innerhalb des Quartiers haben:

1. Die soziale Wirkung: Die Maßnahmen und dafür aufgewendeten Kosten sollen primär der Öffentlichkeit zugute kommen, d.h. den Bürgern, Quartiersbewohnern und Besuchern.
2. Die öffentlichkeitswirksame Wirkung: Die Maßnahmen können zur öffentlich wahrgenommenen Verbesserung innerhalb des Gebietes bzw. Quartiers führen und hierdurch den Erfolg der Stadterneuerung versinnbildlichen.
3. Der Anstoß für private Folgeinvestitionen: Die Maßnahmen im Stadtraum und ihre bereits genannten Wirkungen können Privateigentümer dazu motivieren, ihre Gebäude zu sanieren, aufzuwerten oder zu erneuern. Hierdurch stoßen die Maßnahmen einen wichtigen Beitrag privater Akteure zur Stadterneuerung innerhalb des Quartiers an.

Hervorzuheben ist zudem, dass die Stadterneuerung eine sehr wichtige Rolle bei der Entwicklung des Stadtraums spielt, da Investitionen in Straßen und Plätze außer bei stadtvermarktungsrelevanten, zentralen Lagen häufig zurückgestellt werden und selten ausschließlich mit Mitteln des kommunalen Haushalts finanziert werden (vgl. Kuklinski 2003, S. 44). Die Zuschüsse von Bund und Land im Rahmen der Städtebauförderung bestärken deshalb häufig die kommunalpolitische Motivation für Investitionen in den Stadtraum.

3 Handlungsfeld Stadtraum in der bestehenden Programmatik der Stadterneuerung

Die Bedeutung von Maßnahmen im öffentlichen Stadtraum für die Stadterneuerung spiegelt sich in der bestehenden Programmatik der Städtebauförderung wider. Die Verwaltungsvereinbarung der Städtebauförderung von 2017 schreibt für alle Programme förderfähige Maßnahmen im Stadtraum fest (siehe Tabelle auf nächster Seite).

Maßnahmen zur Aufwertung, Verbesserung und Umgestaltung des öffentlichen (Stadt-)Raums sind daher bereits ein zentrales Handlungsfeld der bestehenden Städtebauförderprogramme.

Eine besondere Rolle spielt der öffentliche (Stadt-)Raum im 2017 aufgelegten Förderprogramm „Zukunft Stadtgrün“. Das neue Förderprogramm konzentriert sich schwerpunktmäßig auf Maßnahmen zur Verbesserung der „urbanen, grünen Infrastruktur“. Das Bundesministerium des Inneren, für Bau und Heimat beschreibt auf seiner Webseite das Programmziel wie folgt: „Sie können in diesem Sinne für städtebauliche Maßnahmen eingesetzt werden, die der Anlage, Sanierung beziehungsweise Qualifizierung und Vernetzung öffentlich zugänglicher Grün- und Freiflächen im Rahmen der baulichen Erhaltung und Entwicklung von Quartieren als lebenswerte und gesunde Orte dienen. Die Maßnahmen leisten damit einen Beitrag zur Lebens- und Wohnqualität, zur gesellschaftlichen Teilhabe, zur Verbesserung des Stadtklimas und der Umweltgerechtigkeit insbesondere durch eine gerechte Verteilung qualitativ hochwertigen Stadtgrüns sowie zum Erhalt der biologischen Vielfalt und der Naturerfahrung." (BMI, 27.07.2018, online).

Programm Städtebauförderung	Mitteleinsatz für Maßnahme im Stadtraum
Städtebaulicher Denkmalschutz (Ost und West)	• Erhaltung und Umgestaltung von Straßen- und Platzräumen von geschichtlicher, künstlerischer und städtebaulicher Bedeutung; • Umsetzung von Grün- und Freiräumen
Soziale Stadt	• Verbesserung des Wohnumfeldes und des öffentlichen Raums, um das Gebiet städtebaulich aufzuwerten; • Umsetzung von Grün- und Freiräumen
Stadtumbau	• Verbesserung des öffentlichen Raums, des Wohnumfeldes und der privaten Freiflächen; • Umsetzung von Grün- und Freiräumen
Aktive Stadt- und Ortsteilzentren	• Aufwertung des öffentlichen Raums (Straßen, Wege, Plätze, quartiersverträgliche Mobilität); • Umsetzung von Grün- und Freiräumen
Kleine Städte und Gemeinden	• Umsetzung von Grün- und Freiräumen

Der Förderfokus des Programms „Zukunft Stadtgrün" ist unter anderem auf Maßnahmen zur „Aufwertung und Qualifizierung des öffentlichen Raumes, des Wohnumfeldes sowie von Grün- und Freiflächen sowie die Instandsetzung, Erweiterung und Modernisierung von […] öffentlicher Infrastruktur des Quartiers im Rahmen von quartiersbezogenen Stadtgrünmaßnahmen" ausgerichtet (BMUB 2017c, S. 4). Zudem wird die Förderfähigkeit von Maßnahmen zur „Herstellung multifunktionaler Grün- und Freiflächen von ökologischer, sozialer und städtebaulicher Bedeutung" besonders hervorgehoben (ebd.).

Die Besonderheit des Programmes im Vergleich zur bestehenden Programmatik der Stadterneuerung liegt in dem maßnahmenbezogenen und nicht problembezogenen Förderansatz: So definiert das Förderprogramm „Zukunft Stadtgrün" den Mitteleinsatz der Finanzhilfen für Maßnahmen zur Verbesserung der „urbanen grünen Infrastruktur", die „in diesem Sinne für städtebauliche Maßnahmen eingesetzt werden, die der Anlage, Sanierung beziehungsweise Qualifizierung und Vernetzung öffentlich zugänglicher Grün- und Freiflächen im Rahmen der baulichen Erhaltung und Entwicklung von Quartieren als lebenswerte und gesunde Orte dienen." (BMUB 2017c, S. 4). Das Förderprogramm „Soziale Stadt" als Beispiel bisheriger Städtebauförderprogramme verfolgt hingegen beispielsweise das formulierte Ziel, „städtebauliche Maßnahmen zur Stabilisierung und Aufwertung von Stadt- und Ortsteilen mit besonderem Entwicklungsbedarf [...], die auf Grund der Zusammensetzung und wirtschaftlichen Situation der darin lebenden und arbeitenden Menschen erheblich benachteiligt sind", durchzuführen (vgl. BMUB 2017b, S. 8).

Trotz der klar formulierten Ziele bzw. Maßnahmen des Förderprogramms „Zukunft Stadtgrün" ist dessen Fördergebiet weiterhin räumlich abzugrenzen und im Rahmen einer Vorbereitenden Untersuchung nach § 141 BauGB zu bewerten. Das Fördergebiet kann als Sanierungsgebiet, städtebaulicher Entwicklungsbereich, Erhaltungsgebiet oder als Maßnahmengebiet festgesetzt werden (vgl. BMUB 2017c, S. 4). Somit wird im Programm „Zukunft Stadtgrün", wie auch in den bisherigen Städtebauförderprogrammen ein integriertes städtebauliches Entwicklungskonzept zur Vorbereitung sowie Ziel- und Maßnahmenformulierung für das Fördergebiet gefordert und gefördert. Das Entwicklungskonzept ist in ein gegebenenfalls bereits vorhandenes gesamtstädtisches Konzept einzubinden bzw. davon abzuleiten (BMUB 2017b, S. 8).

Doch wie lassen sich die im Förderprogramm „Zukunft Stadtgrün" angestrebten Entwicklungen im öffentlichen (Stadt-)Raum vorantreiben und planen? Wie können Vorgaben für die Maßnahmen zur Entwicklung des Stadtraums definiert und kommuniziert werden?

4 Herausforderungen bei Planung und Umsetzung des Stadtraums

Die Vorbereitung und Planung der baulichen und sonstigen Nutzung der Grundstücke ist die Aufgabe der formellen Bauleitplanung des Baugesetzbuches (vgl. § 1 Abs. 1 BauGB). Die hierfür zur Verfügung stehenden Planungsinstrumente des Flächennutzungs- und Bebauungsplanes stellen für eine detaillierte Planung des öffentlichen Raums allerdings keine praktikablen Werkzeuge dar, da sich die Festsetzungsmöglichkeiten vor allem auf die hochbauliche Bauleitplanung konzentrieren. Der Stadtraum wird in der Bauleitplanung primär auf seine Funktion als verkehrlicher Erschließungsraum begrenzt. Die von der Bauleitplanung getroffenen Festsetzungen zur baulichen Anordnung, zur Nutzung und zum Maß der baulichen Vorhaben haben jedoch maßgebliche Auswirkungen auf den Stadtraum, dessen Dimensionierung und gegebenenfalls auf dessen räumliche Qualität. Die Bauleitplanung gibt somit die arrondierenden Rahmenbedingungen für den Stadtraum vor, kann jedoch nur bedingt funktionale und gestalterische Vorgaben für den öffentlichen (Stadt-)Raum formulieren.

Weitaus flexibler in Bezug auf die Ausgestaltungsmöglichkeiten und Handlungsräume der Vorgaben sind informelle Planungen z.B. in Form von Stadtentwicklungsplänen und Gestaltungshandbüchern (vgl. ARL, 27.07.2018, online). In deutschen Städten sind informelle Planungen zum öffentlichen (Stadt-)Raum jedoch gegenwärtig nur selten existent. Die vorhandenen informellen Planungen formulieren zudem nur generelle Vorgaben zur Entwicklung des öffentlichen Raums und bieten deshalb nur bedingt die Möglichkeit, entsprechende Planungsziele abzuleiten.

Bei Maßnahmen der städtebaulichen Erneuerung oder Sanierung ist in allen Programmen der Verwaltungsvereinbarung Städtebauförderung ein „integriertes städtebauliches Entwicklungskonzept, in dem Ziele und Maßnahmen im Fördergebiet dargestellt sind, die Voraussetzung für die finanzielle Förderung. Das Entwicklungskonzept ist zudem in ein gegebenenfalls bereits vorhandenes gesamtstädtisches Konzept einzubetten bzw. davon abzuleiten." (BMUB 2017b, S. 8). Doch die im Rahmen der Vorbereitung und Durchführung von städtebaulichen Sanierungsmaßnahmen ausgearbeiteten integrierten städtebaulichen Entwicklungskonzepte, meistens in Form von städtebaulichen Rahmenplänen, treffen ebenfalls nur sehr allgemeine Aussagen zur angestrebten Entwicklung des Stadtraums. Häufig beschränken sich die Vorgaben auf allgemein formulierte Zielsetzungen wie z.B. „Aufwertung des Öffentlichen Raums" (BMUB 2016, S. 25) oder auf generelle gestalterische Vorgaben. Detaillierte Maßnahmen zur funktionalen und gestalterischen Entwicklung des Stadtraums werden nicht getroffen.

Die Konkretisierung bzw. Vertiefung der formulierten Entwicklungsziele erfolgt häufig mittels teilräumlicher Gestaltungswettbewerbe oder beauftragter Gestaltungskonzepte von externen Büros. Die detaillierten und umsetzungsorientierten Planungsgrundlagen für Stadterneuerungsmaßnahmen im öffentlichen Raum werden somit zumeist einzelfallbezogen, teilräumlich und durch Beauftragung privater Büros erarbeitet.

Mit Herausforderungen verbunden ist die tatsächliche Umsetzung von Maßnahmen zur Entwicklung des Stadtraums. Die Vielzahl an unterschiedlichen Bereichen, Funktionen und nutzerspezifischen Anforderungen des Stadtraums erfordert ein interdisziplinäres fachplanungsübergreifendes Planen und Agieren. Im praktischen Alltag der Kommunalverwaltungen stehen dem klar gegliederte Fachressorts mit voneinander abgegrenzten Aufgaben- und Zuständigkeitsbereichen gegenüber. „Verwaltungsinterne Kompetenzstreitigkeiten und Ressortegoismen erschweren deshalb häufig die Planungsaufgabe Stadtraumentwicklung und führen zu Reibungsverlusten." (Kuklinski 2003, S. 44).

Gleichzeitig schränken die begrenzten finanziellen Möglichkeiten der Kommunen und die häufig geführte stadtinterne Abwägung von Ausgaben für „weiche Standortfaktoren" zugunsten von Investitionen in „harte Standortfaktoren" die stadtpolitische Legitimation von Entwicklungsmaßnahmen im Stadtraum ein (vgl. Reicher 2009, S. 16). Die kommunalen Sanierungseinsparungen im Öffentlichen Raum in den letzten Jahrzehnten haben in einigen Städten in weiten Teilen des Stadtgebietes einen erhöhten Sanierungsdruck bewirkt (vgl. Berding et al. 2010, S. 322 f.). Der Erneuerungsbedarf in den Stadträumen hat deshalb meist keinen direkten Quartiersbezug und ist nicht primär in Stadtbereichen vorhanden, die auf Grund von städtebaulichen oder funktionalen Missständen in den Fokus der Stadterneuerung geraten.

Dennoch kommt der Stadterneuerung aufgrund der beschrieben kommunalen Rahmenbedingungen eine ganz besondere Rolle bei der (Weiter)Entwicklung des Stadtraums zu. So können die städtischen oder externen Sanierungsträger als vom Gemeinderat mit der Sanierungsmaßnahme beauftragten Akteure zwischen den einzelnen städtischen Fachplanungsabteilungen vermitteln. Gleichzeitig bieten die Städtebaufördermittel für die Sanierungsgebiete einen größeren Handlungsspielraum bei der Umsetzung der Maßnahmen im Stadtraum. Dies kann zu kommunalpolitischen Entscheidungen und Investitionen ermutigen und die Stadterneuerung als einen häufig über die räumlichen Grenzen des Sanierungsgebietes hinausgehenden Stadtraum-Entwicklungsmotor agieren lassen.

5 Potentiale informeller Planungen zur großräumigen Entwicklung des Stadtraums

Informelle Planungen in Form von gesamtstädtischen oder teilräumlichen integrierten Konzepten der Stadtentwicklungsplanung dienen im Allgemeinen als Entscheidungsvorbereitung in Politik und Verwaltung. Sie stellen ein Koordinierungsinstrument für die nachfolgende Bauleitplanung und die städtische Fachplanung dar. Mögliche Konflikte können mittels der Entwicklungskonzepte frühzeitig erkannt und ausgeräumt werden, bevor mit der formellen Planung begonnen wird. „Der Vorteil dieser informellen Planung ist die hohe Flexibilität in Bezug auf die Ausgestaltungsmöglichkeiten und Handlungsräume." (ARL, 27.07.2018, online).

Bei Maßnahmen der Stadterneuerung spielen informelle Planungen in Form von integrierten städtebaulichen Entwicklungskonzepten eine bedeutsame Rolle.

Sie sollen die verfolgten Ziele und geplanten Maßnahmen darstellen und im Sinne einer integrierten Planung in bereits vorhandene gesamtstädtische informelle Planungen eingebunden oder aus diesen abgeleitet werden (vgl. BMUB 2017b, S. 8).

Die im Rahmen der Vorbereitenden Untersuchungen zu städtebaulichen Sanierungsmaßnahmen ausgearbeiteten integrierten städtebaulichen Entwicklungskonzepte in Form von städtebaulichen Rahmenplänen beinhalten in Bezug auf den Stadtraum größtenteils nur sehr allgemeine Zielformulierungen. Detaillierte Maßnahmen zur funktionalen und gestalterischen Entwicklung des Stadtraums werden nur selten getroffen.

Auch informelle Planungen, die sich gezielt auf die Entwicklung des öffentlichen (Stadt-)Raums konzentrieren, sind in deutschen Städten nur selten vorhanden. Bei den Städten über 200.000 Einwohnern hat nach Kenntnisstand des Verfassers (Stand Juni 2017) lediglich die Stadt Leipzig einen „Stadtentwicklungsplan Verkehr und öffentlicher Raum". Sonstige veröffentlichte informelle Planwerke deutscher Großstädte, die sich gesamtstädtisch mit der Entwicklung des Stadtraums auseinandersetzen, sind nicht bekannt. Die Städte Berlin, Dresden und Hamburg verfügen über Handbücher zur Gestaltung des öffentlichen Raums für die Kernstädte. Andere deutsche Großstädte verfügen über Gestaltungshandbücher zum öffentlichen Raum für städtische Teilbereiche, meistenteils für die einzelhandels- und stadtvermarktungsrelevanten Innenstadtbereiche.

Die Ausweitung der Suche über die deutschen Grenzen hinaus zeigt auf, dass internationale Großstädte wie z.B. London, New York und Hong Kong bereits über eine Vielzahl von informellen Planungen in Form von Regelwerken verfügen. Auch die Stadt Wien mit einem dem deutschen sehr ähnlichen Planungssystem hat informelle Regelwerke zum öffentlichen (Stadt-)Raum verfasst und 2018 im Rahmen ihrer Stadtentwicklungsplanung ein „Fachkonzept Öffentlicher Raum" beschlossen.

Doch was können informelle Planwerke zur Entwicklung des Stadtraums leisten? Und was sind die Themen und Inhalte, die bei der Gestaltung von Stadträumen ausschlaggebend sind?

Eine Antwort auf diese Fragen soll die Auswertung von sechs Planwerken zur Entwicklung des öffentlichen Stadtraums der Städte Berlin, Wien, London und Hong Kong bringen – angefügt ist jeweils das Erscheinungsdatum. In Berlin ist dies das „Handbuch zur Gestaltung von Straßen und Plätzen" (1999), in Wien das „Projektierungshandbuch Öffentlicher Raum" (2011). In London werden die „Streetscape Guidance" (2016) und „The vision and directions for London´s streets and roads" (2013) ausgewertet. Und in Hong Kong sind die „Hong Kong Planning Standards and Guidelines – Chapter 8: Internal Transport Facilities" (2014) sowie die „Public Open Space in Private Developments – Design and Management Guidelines" Teil der ausgewerteten Regelwerke.

Zielsetzungen, Vorgaben und Besonderheiten der einzelnen Fallstudien

Die Regelwerke verfolgen das gemeinsame Ziel, die Entwicklung des Stadtraums zu lenken und Vorgaben zu formulieren, die bei der Weiterentwicklung von Straßen und Plätzen einzuhalten sind. Die differenzierte Ausrichtung der Regelungsinhalte in den einzelnen Regelwerken macht jedoch deutlich, dass die Städte unterschiedliche Entwicklungsschwerpunkte mit den Konzepten verfolgen: Die Regelwerke aus Berlin und London legen großen Wert auf stadtgestalterische Vorgaben zur einheitlichen Aufwertung des Stadtraums als Ort der Stadtidentität und zur Definition lokaltypischer Straßencharaktere. Die Vorgaben konzentrieren sich deshalb schwerpunktmäßig auf die Materialität (z.B. Bodenbeläge) für verschiedene Nutzungsbereiche und das Stadtmobiliar. Bei den Regelwerken aus Wien und Hong Kong steht die funktionale Optimierung des Straßenraums im Vordergrund. Formuliert werden Vorgaben für die verkehrlichen Nutzungsbereiche wie z.B. Straßen, Fuß- und Radwege oder Parkplätze. Die Gestaltung der einzelnen Bereiche stellt nur einen untergeordneten Regelungsinhalt der Planwerke dar.

Allgemeine Zielsetzung aller ausgewerteten Regelwerke ist jedoch die Entwicklung bzw. Stärkung des Stadtraums in der jeweiligen Stadt unter Berücksichtigung der lokalen Rahmen- und Planungsbedingungen. So sind die Regelwerke in Berlin und Wien vor allem als kommunale Hand- bzw. Projektierungsbücher formuliert, die zur Erleichterung der verwaltungsinternen Abstimmung beitragen sollen. Die Regelwerke aus London und Hong Kong sind hingegen darauf ausgerichtet, als kommunaler Vorgabenkatalog den privaten Akteuren (Projektentwicklern, Planungsbüros und ausführenden Firmen) zur Verfügung zu stehen. Hong Kong hat für die Entwicklung und den Unterhalt von öffentlichen Stadträumen im Zusammenhang mit „privaten" Projektentwicklungen ergänzend ein eigenständiges Regelwerk formuliert.

In Berlin und Wien stellen die Regelwerke daher einen kommunalen Leitfaden für die Stadtraumentwicklung dar. In London und Hong Kong sind die Konzepte als Anforderungskatalog bzw. Arbeitsauftrag für die Privatwirtschaft formuliert. Die Ausrichtung der Regelwerke verdeutlicht hierdurch ganz nebenbei auch das unterschiedliche Grundverständnis der städtischen Zuständigkeiten bei der Entwicklung von öffentlichen (Stadt-)Räumen.

Gemeinsamkeiten der Regelwerke zur Gestaltung von Straßen und Plätzen

Trotz der unterschiedlichen Fokussierung und Ausrichtung sind alle Regelwerke weitestgehend identisch aufgebaut und gliedern sich in Kapitel zu den Themen Fuß- und Radwege, Funktionsbereiche für Stadtmobiliar und technische Infrastruktur, Flächen für Begrünung und Straßenbäume, Parkierungsflächen, Verkehrsflächen des motorisierten Individualverkehrs (MIV) sowie zu Fahrstreifen und Haltestellen des Öffentlichen Personennahverkehrs (ÖPNV). Vorgaben, die sich ausschließlich auf die Gestaltung von Plätzen beziehen werden hingegen in keinem der Regelwerke getroffen.

Die formulierten Vorgaben zur Breite der Verkehrsflächen und den einzelnen Nutzungsbereichen fallen unterschiedlich aus und spiegeln die Priorisierung der Nutzungen im Straßenraum der einzelnen Städte wider:

	Berlin	Wien	London	Hong Kong
	Handbuch zur Gestaltung von Straßen und Plätzen in Berlin (1999)	Projektierungshandbuch Öffentlicher Raum (2011)	Streetscape Guidance (2016)	HKPSG – Chapter 8: Internal Transport Facilities (2014)
Straßenbreite (Stadtstraße)	6 m	5 m PKW 6,5 m Bus	k.A.	6,75 m
Fußwegebreite	1,5–3 m	1 m/Gehstreifen	1–2 m	2–4,5 m je nach LOS
Abstandstreifen Fußweg zur Straße	1,5–3 m	0,25 m bei 30km/h, 0,50 m bei 50km/h, 1,0 m bei +50 km/h	0,65 m	k.A.
Radweg	1,5 m/Fahrspur + 0,75 m Schutz	1 m/Fahrspur + 0,40 m Schutz	k.A.	2 m/Fahrspur
Verweilstreifen vor Schaufenstern	1 m	1–3 m	k.A.	0,5–1 m

Stärken und Potentiale der ausgewerteten Regelwerke

Die Regelwerke tragen die wichtigsten funktionalen d.h. nutzerspezifischen Belange zusammen, die bei der Erneuerung der Straßen- bzw. Stadträume zu berücksichtigen sind. Zusätzlich geben die Regelwerke aus Berlin und London lokale Elemente des Stadtraums wie z.B. Stadtmobiliar, Beleuchtung und Beläge vor. Diese sind im Sinne des lokaltypischen und angestrebten Straßencharakters zu verwenden und sollen das einheitliche Straßen- bzw. Ortsbild stärken.

Die Regelwerke können hierüber einen städtischen Standard formulieren, der bei der Entwicklung und Erneuerung des Stadtraums anzuwenden ist. Dies erleichtert zum einen die verwaltungsinterne Abstimmung und entschärft die Frage der fachplanerischen Zuständigkeit. Zum anderen ermöglichen die formulierten

Standards die Einbindung von privaten Akteuren bei der Entwicklung bzw. Erneuerung öffentlicher (Stadt-)Räume. So können die formulierten Vorgaben z.B. bei ausgeschriebenen Gestaltungswettbewerben für Stadträume den privaten Entwicklern und entwerfenden Büros bei Materialität und Mobiliar ein Bild vermitteln, wie die Städte sich ihre Stadtraumentwicklung vorstellen.

Die große Stärke der Regelwerke stellt jedoch aus Sicht des Verfassers der hinter den Konzepten stehende kommunalpolitische Grundsatzbeschluss zur Entwicklung der Stadträume dar. Dieser entschärft zum einen die kommunalpolitische Diskussion über Maßnahmen und Investitionen in den Stadtraum. Zum anderen stellt der kommunalpolitische Grundsatzbeschluss einen Arbeitsauftrag an die Verwaltung und die städtischen Fachabteilungen dar, die Entwicklung des öffentlichen (Stadt-)Raums voranzutreiben.

Schwächen und Grenzen der ausgewerteten Konzepte

Auf Grund des enormen Regelungsbedarfs im Straßen- bzw. Stadtraum können die ausgewerteten Regelwerke nur einen begrenzten Beitrag zur tatsächlichen und ortsbezogenen Planung leisten. Im Fokus der Regelwerke stehen größtenteils formulierte Vorgaben zur Gestaltung, Materialität und Nutzungsgliederung der Stadträume.

Besonders den Regelwerken aus Wien und Hong Kong fehlt jedoch der stadträumliche Bezug, bzw. die Auseinandersetzung mit den tatsächlichen Rahmenbedingungen vor Ort. Hiermit gemeint sind die zur Verfügung stehenden Straßenraumbreiten, die vorhandenen oder angestrebten Nutzungen im Straßenraum wie beispielsweise MIV, ÖPNV und Radwege sowie die arrondierenden stadträumlichen Gegebenheiten wie z.B. Gebäudehöhen und -kubaturen, Erdgeschossnutzungen und Flächen für Straßengrün. Der fehlende stadträumliche Bezug erschwert die Umsetzung der formulierten Ziele, da unklar ist, welche der Vorgaben auf den konkreten Ort anzuwenden sind.

Die Planwerke aus Berlin und London versuchen den fehlenden Ortsbezug der Vorgaben aus den Regelwerken mittels definierter Straßencharaktere auszugleichen. Die Stadt London hat hierfür das Konzept „The vision and directions for London´s streets and roads“ ausgearbeitet und die „London street family“ entwickelt. Diese untergliedert das Londoner Straßennetz entsprechend der Anforderungen an Bewegung („Movement“) und Ort („Place“) in neun Straßentypen (vgl. RTF 2013, S. 92). Anschließend werden für die verschiedenen Straßentypen anhand von beispielhaften Londoner Straßenräumen die Nutzer und ihre Anforderungen sowie die mit der Entwicklung verbundenen Herausforderungen und Handlungsfelder beschrieben. Abschließend zeigt das Regelwerk die zu berücksichtigenden gestalterischen Aspekte auf und stellt graphisch die angestrebten Straßencharaktere dar.

Auch die Stadt Berlin verfolgt mit dem 1999 ausgearbeiteten „Handbuch zur Gestaltung von Straßen und Plätzen in Berlin“ einen ähnlichen Ansatz und arbeitet mit typologischen Merkmalen. Das Konzept gliedert die Berliner Straßen hierfür in unterschiedliche Raumtypen und formuliert für diese je nach vorherrschender Gebietsstruktur, Raumbreite, Randnutzung und Verkehrsbedeutung unterschiedliche Vorgaben (vgl. SenStadt 1999, B2.2 ff.). Wobei im Konzept ausdrücklich darauf hinwiesen wird, dass das Handbuch nicht das Ziel verfolge, das Entwerfen der Straßenräume überflüssig zu machen und das Straßennetz in eine Anzahl typisierter Einzelräume zu zerlegen. Es sollen mittels des Handbuchs jedoch die für die einzelnen Teile, Gebiete und Straßen Berlins typischen Elemente festgelegt werden. (vgl. SenStadt 1999, B2.1)

Die Konzepte aus Berlin und London verdeutlichen, dass sich die Städte der planerischen Grenzen ihrer Konzepte erkannt haben und versuchen, mittels stadt- und straßenräumlicher Charaktere die Vorgaben zu erweitern bzw. die definierten Vorgaben mittels der beschriebenen Charakteristik zu verorten.

Erkenntnisse der Auswertung

Die Auswertung der Konzepte und ihrer Vorgaben zeigt auf, dass sich die Kommunen der städtischen Bedeutung des Stadtraums bewusst sind und versuchen, die damit verbundene Planungsaufgabe anzugehen.

Hierfür setzen alle Konzepte für die jeweiligen Nutzungsbereiche des Stadtraums Vorgaben zur Dimensionierung und Gestaltung der nutzungsorientierten Flächen fest. Diese Vorgaben stehen jedoch nur bedingt im Zusammenhang mit der tatsächlichen stadträumlichen Situation. Dies erschwert die Verortung und Umsetzung der verschiedenen Vorgaben. Die Städte Berlin und London haben diese Schwäche der Regelwerke erkannt und versuchen, mittels definierter Straßencharaktere die räumliche Zuordnung der jeweiligen Vorgaben zu ermöglichen.

Die Regelwerke können jedoch insgesamt nur einen Teilbeitrag bei der Entwicklung des Stadtraums leisten. Die große Herausforderung der Konzepte besteht aus Sicht des Verfassers darin, die formulierten nutzerspezifischen und stadtgestalterischen Anforderungen an den Stadtraum mit den tatsächlichen räumlichen Verhältnissen des jeweiligen Stadtraums abzugleichen. Die Richtlinie für die Anlage von Stadtstraßen (RASt 06) beschreibt in diesem Zusammenhang das Prinzip der städtebaulichen Bemessung. Hierbei geht es um die Abwägung der „städtebaulich möglichen Fahrbahnbreite“ mit der „verkehrlich notwendigen Verkehrsbreite“ (vgl. Stadt Leipzig 2015, S. 33).

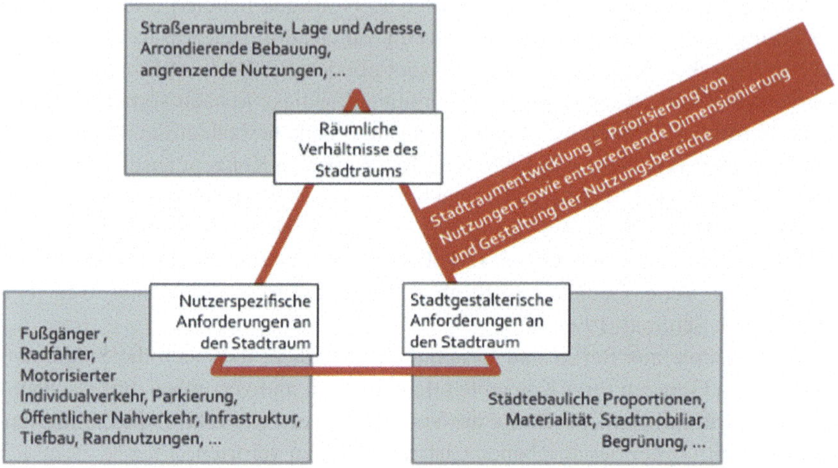

Abbildung 1 Belange der Stadtraumentwicklung (eigene Darstellung)

Neben der Dimensionierung und Gestaltung der Nutzungsbereiche muss die Planung der Stadtraumentwicklung somit eine Priorisierung der unterschiedlichen Nutzungen vornehmen. Dies sollte bei der Ausarbeitung zukünftiger oder Überarbeitung bestehender Konzepte stärker berücksichtigt werden. Die Konzepte aus Berlin und London zeigen hierfür schon erste Ansätze auf.

Nichtsdestoweniger leisten alle ausgewerteten Konzepte aus Sicht des Verfassers in ihrer Bedeutung als städtischer und kommunalpolitischer Grundsatzbeschluss sowie direkter Handlungsauftrag an Verwaltung und sonstige Beteiligte einen wichtigen Beitrag zur Entwicklung des Stadtraums. Dieses kommunalpolitische Bekenntnis darf nicht unterschätzt werden. Es forciert und erleichtert gleichermaßen die Umsetzung von Entwicklungs- bzw. Erneuerungsmaßnahmen im Stadtraum und die Bereitstellung der dafür notwendigen Haushaltsmittel.

6 Übertragbarkeit der ausgewerteten Regelwerke auf das Förderprogramm „Zukunft Stadtgrün"

Die Auswertung der Regelwerke und ihrer Inhalte zeigt auf, wie vielschichtig und komplex die Entwicklung des Stadtraums ist. Aus Sicht des Verfassers kann es daher ein guter Ansatz sein, den Entwicklungsfokus des öffentlichen (Stadt-) Raums zunächst auf die Stärkung des Stadtgrüns zu richten.

Gleichzeitig stellt sich die Frage, ob sich eine nachhaltige Stärkung der „urbanen, grünen Infrastruktur" ohne umfassende Veränderungen des gesamten Stadtraums überhaupt umsetzen lässt. Die Neuinanspruchnahme von öffentlichen Flächen für Stadtgrün ist größtenteils mit einer Umnutzung bzw. Anpassung des umgebenden Stadt- oder Straßenraums verbunden. Zudem kann die grüne, urbane Infrastruktur nicht ausschließlich auf das Stadtgrün reduziert werden. Besonders die Formulierungen bei der Aufzählung der förderfähigen Maßnahmen „Aufwertung und Qualifizierung des öffentlichen Raums" sowie „Herstellung multifunktionaler Grün- und Freiflächen" suggeriert, dass die Maßnahmen des Stadterneuerungsprogramms „Zukunft Stadtgrün" auf mehr abzielen als auf eine reine Stadtbegrünung (vgl. BMUB 2017b, S. 4).

Es wird sich zeigen, welche Inhalte und welche Form die integrierten Konzepte im Rahmen von „Zukunft Stadtgrün" haben werden. Es ist jedoch davon auszugehen, dass die Ziele und Maßnahmen auf Grund des klar definierten und fokussierten Förderrahmens weitaus detaillierter formuliert und gestaltet sein müssen. Zudem ist aufgrund der komplexen, vernetzten und gebietsübergreifenden Funktion bzw. Bedeutung des öffentlichen (Stadt-)Raums sicherzustellen, dass die Konzepte noch stärker als die bisherigen Sanierungskonzepte in den umgebenden stadträumlichen Kontext eingebunden bzw. aus diesem abgeleitet werden.

Aus Sicht des Verfassers sind die im Rahmen das Städtebauförderprogramm „Zukunft Stadtgrün" zu erarbeitenden Konzepte ein optimaler Anlass, um die Aufgabe der Stadtraumentwicklung mittels informeller Planungen fokussiert anzugehen und neue Planungsinstrumente zu entwickeln. Die ausgewerteten Regelwerke bieten hierfür Informationsgrundlagen und zeigen auf, welche inhaltlichen Vorgaben formuliert werden können. Die Inhalte der bisherigen Regelwerke stellen jedoch lediglich ein Grundgerüst dar, das durch neue Vorgaben mit stärkerem räumlichen Bezug weiterentwickelt werden muss. Die räumliche Dimension von Sanierungsgebieten kann von Vorteil sein, um den Ortsbezug der formulierten Vorgaben gewährleisten zu können.

7 Stadtraumentwicklungsplanung als eine zentrale Aufgabe der Stadterneuerung?

Die Erkenntnis, dass der öffentliche Raum das „Wesentliche des Städtebaus" ist (Wentz 2010, S. 452) und die daraus resultierende Forderung den öffentlichen Stadtraum noch stärker in den Fokus der Stadtentwicklung und Stadterneuerung zu rücken, ist nicht neu. Zudem bieten die bestehenden Förderprogramme der

Stadterneuerung allesamt bereits den Einsatz von Fördermitteln für Maßnahmen im öffentlichen Raum (siehe Kapitel 3).

Neu ist jedoch, dass es mit dem Förderprogramm „Zukunft Stadtgrün" ein ergänzendes Programm gibt, das die Verbesserung der urbanen, grünen Infrastruktur und somit die Entwicklung des öffentlichen (Stadt)Raums als zentralen Maßnahmenschwerpunkt formuliert. Dies suggeriert eine verstärkte Fokussierung der zukünftigen Städtebauförderung auf Entwicklungsmaßnahmen im öffentlichen Raum. Gleichzeitig bedeutet das ergänzende Förderprogramm eine räumliche Erweiterung des Handlungsfeldes der städtebaulichen Erneuerung von den klassischen Sanierungsgebieten hin zu Stadtbereichen, die keine gravierenden funktionalen und städtebaulichen Missstände aufweisen, jedoch aufgrund geringer oder mangelhafter urbaner grüner Infrastruktur in den neuen Fokus der Stadterneuerung geraten.

Dem neuen Ansatz einer maßnahmen- und nicht problembezogenen Städtebauförderung muss jedoch ein Umdenken in den rechtlichen Rahmenbedingungen und der praktischen Umsetzung der Stadterneuerung folgen. Es ist nicht nachvollziehbar, dass ein Stadterneuerungsgebiet des Programms „Zukunft Stadtgrün" mit klar formuliertem Maßnahmenschwerpunkt die gleichen rechtlichen und verfahrenstechnischen Vorgaben des besonderen Städtebaurechts erfüllen muss wie die bisherigen Fördergebiete mit problembezogenem, umfassendem und vielschichtigem Maßnahmenspektrum. Zudem ist abzuwarten, wie großräumig und wie genau die Abgrenzung der festgelegten Fördergebiete im Rahmen des Programms „Zukunft Stadtgrün" ausfallen wird.

Es ist außerdem davon auszugehen, dass der klar definierte Maßnahmenschwerpunkt des neuen Förderprogramms Auswirkungen auf den Detailierungsgrad des integrierten städtebaulichen Entwicklungskonzeptes haben wird. So wird es notwendig sein, die geplanten Maßnahmen zur Verbesserung der urbanen grünen Infrastruktur im öffentlichen Stadtraum noch genauer darzulegen.

Aus Sicht des Verfassers gilt es daher, die Planungsgrundlagen für die Stadterneuerung im Allgemeinen weiterzuentwickeln und ggf. neue Planungsinstrumente zu entwerfen. Ein klar formulierter Leitfaden mit detaillierten Vorgaben kann eine umfassende und großräumige Entwicklung des Stadtraums über das Thema des Stadtgrüns hinaus gewährleisten. Die bestehenden, zur Verfügung stehenden Planungsinstrumente reichen hierfür offensichtlich nicht aus. Genauere Entwicklungsziele und -vorgaben können darüber hinaus zu einer Zeit- und Kostenersparnis führen. Geld, das bisher im Abstimmungs- bzw. Planungsprozess ausgegeben wird, könnte dann in die Umsetzung der Maßnahmen investiert werden.

Das neue Förderprogramm wird sich in der Umsetzung erst beweisen und die Praxis sich auf den neuen Programmansatz einstellen müssen. Der klar formulierte Fokus des Programms auf die Verbesserung des öffentlichen (Stadt-)Raums wird jedoch äußerst positiv bewertet. Dennoch kann das Programm Zukunft Stadtgrün nur ein erster Schritt sein in Richtung Zukunft Stadtraum!

Literatur und Quellen

ARL – Akademie für Raumforschung und Landesplanung (2018). Informelle Planung auf kommunaler Ebene. https://www.arl-net.de/de/commin/deutschland-germany/33-informelle-planung-auf-kommunaler-ebeneBauGB (27.07.2018).

Berding, U.; Kuklinski, O.. & Selle, K. (2010). Öffentliche Räume – Problemwahrnehmung und Handlungsbedarf in der Praxis. In A. Havemann, K. Selle (Hrsg.). Plätze, Parks & Co. Stadträume im Wandel – Analysen, Positionen und Konzepte. (S. 315–328). Detmold: Verlag Dorothea Rohn.

BMI – Bundesministerium des Inneren, für Bau und Heimat (2018). Zukunft Stadtgrün. https://www.bmi.bund.de/DE/themen/bauen-wohnen/stadt-wohnen/staedtebau/stadtgruen/stadtgruen-artikel.html (27.07.2018).

BMUB – Bundesministerium für Umwelt, Naturschutz, Bau und Reaktorsicherheit (Hrsg.). (2016). Integrierte städtebauliche Entwicklungskonzepte in der Städtebauforderung – Eine Arbeitshilfe für Kommunen. Paderborn: Bonifatius GmbH.

BMUB – Bundesministerium für Umwelt, Naturschutz, Bau und Reaktorsicherheit (Hrsg.). (2017a). Aktive Mobilität und mehr Lebensqualität fördern. In Informationen aus der Forschung des BBSR 1/2017 (S. 4). Bonn: Bundesamt für Bauwesen und Raumordnung.

BMUB – Bundesministerium für Umwelt, Naturschutz, Bau und Reaktorsicherheit (Hrsg.). (2017b). Verwaltungsvereinbarung Städtebauförderung 2017.

BMUB – Bundesministerium für Umwelt, Naturschutz, Bau und Reaktorsicherheit (Hrsg.). (2017c). Ergänzende Verwaltungsvereinbarung Städtebauförderung 2017

Krier, R. (1975). Stadtraum in Theorie und Praxis. Stuttgart: Karl Krämer Verlag.

Kuklinski, O. (2003). Öffentlicher Raum – Ausgangslagen und Tendenzen in der kommunalen Praxis. In BMVBS/BBR (Hrsg.) Informationen zur Raumentwicklung Heft 1/2, S 39–46.

Mayor of London (Hrsg.). (2016). Streetscape Guidance, Third Edition.

FGSV – Forschungsgesellschaft für Straßen- und Verkehrswesen (Hrsg.). (2006). Richtlinien für die Anlage von Stadtstraßen – RASt 06.

Reicher, C. (2009). Der öffentliche Raum. Berlin: Jovis.

Reicher, C. (2010). Zwischen Animation und Reanimation – Der öffentliche Raum als Handlungsfeld für Architektur und Planung. In A. Havemann & K. Selle (Hrsg.). Plätze, Parks & Co. Stadträume im Wandel – Analysen, Positionen und Konzepte. (S. 348–357). Detmold: Verlag Dorothea Rohn.

RTF – Road Task Force (Hrsg.). (2013). The vision and direction for London´s streets and roads. Aufgerufen unter tfl.gov.uk/roadtaskforce

Selle, K. (2010). Stadträume im Wandel – Einführung in die Diskussion um eine zentrale Aufgabe der Stadtentwicklung. In A. Havemann & K. Selle (Hrsg.) Plätze, Parks & Co.

Stadträume im Wandel – Analysen, Positionen und Konzepte. (S. 16–87). Detmold: Verlag Dorothea Rohn.

SenStadt – Senatsverwaltung für Stadtentwicklung, Umweltschutz und Technologie, Referat Stadtgestaltung, Stadtgrün (Hrsg.). (1999). Handbuch zur Gestaltung von Straßen und Plätze in Berlin. Berlin: Kulturbuch-Verlag GmbH.

Sieverts, T. (2010). Die Gestaltung des öffentlichen Raums. In A. Havemann & K. Selle (Hrsg.). Plätze, Parks & Co. Stadträume im Wandel – Analysen, Positionen und Konzepte. (S. 358–366). Detmold: Verlag Dorothea Rohn.

Stadtentwicklung Wien, Magistratsabteilung 18 (Hrsg.). (2011). Projektierungs_handbuch: Öffentlicher Raum. Wien: Holzhausen Druck.

Stadtentwicklung Wien, Magistratsabteilung 18 (Hrsg.). (2018). STEP 2015 – Fachkonzept Öffentlicher Raum. Bad Vöslau: agensketterl.

Stadt Leipzig – Dezernat Stadtentwicklung und Bau (Hrsg.). (2015). Stadtentwicklungsplan Verkehr und öffentlicher Raum – Erste Fortschreibung. In Blaue Reihe Beiträge zur Stadtentwicklung 56. Leipzig: Friedrich Pöge.

The Government of the Hong Kong Special Administrative Region, Planning Department (Hrsg.). (2014). Hong Kong Planning Standards and Guidelines – Chapter 8, Internal Transport Facilities.

The Government of the Hong Kong Special Administrative Region, Development Bureau (Hrsg.). Public Open Space in Private Developments – Design and Management Guidelines.

Wentz, M. (2010). Der öffentliche Raum als das Wesentliche der Stadt. In A. Havemann & K. Selle (Hrsg.). Plätze, Parks & Co. Stadträume im Wandel – Analysen, Positionen und Konzepte. (S. 452–470). Detmold: Verlag Dorothea Rohn.

Biologische Vielfalt und Stadterneuerung

Potenziale und Grenzen der Städtebauförderung

Stefanie Rößler, Elisa Böhme, Juliane Mathey
und Robert Knippschild

Zusammenfassung

Urbane Landschaften haben eine besondere Bedeutung für die Erhaltung und die Förderung der biologischen Vielfalt. Biologische Vielfalt in der Stadt ist die Voraussetzung für Ökosystemleistungen, die in ihrer Bandbreite von der Regulation des Mikroklimas bis hin zur Ermöglichung von Naturerleben und naturnaher Erholung eine wichtige Grundlage für die Umwelt- und Lebensqualität in Städten darstellen. Es liegt daher sehr nahe, Biodiversität auch zum Gegenstand von Städtebauförderung und Besonderem Städtebaurecht zu machen. Allerdings sind die Rahmenbedingungen dafür in den Städten und insbesondere im städtebaulichen Bestand sehr unterschiedlich. Seit 2015 gibt es Bestrebungen, das Thema Stadtgrün in seiner gesamten Bandbreite, aber auch explizit „Biodiversität" in der Städtebauförderung stärker zu verankern. Integrierte Stadtentwicklungskonzepte oder städtebauliche Entwicklungskonzepte als Grundlage der Städtebauförderung bieten unterschiedliche Potenziale, die Belange der biologischen Vielfalt zu adressieren. Auch konkrete Erfahrungen aus Projekten der Stadterneuerung, und dabei insbesondere des Stadtumbaus, zeigen die – bisher größtenteils noch nicht ausgeschöpften – Möglichkeiten, Lebensraum- und Artenvielfalt auch bei der Entwicklung des Bestandes zu erhalten und zu entwickeln.

U. Altrock et al. (Hrsg.), *Programmatik der Stadterneuerung*, Jahrbuch Stadterneuerung, https://doi.org/10.1007/978-3-658-26765-0_9

Der Ruf nach mehr und qualitativ hochwertigem Grün in der Stadt hat derzeit Konjunktur. Wenngleich die Entwicklung von Stadtgrün im Grunde ein „altes" Thema der Stadtentwicklung ist, erfährt es, aktuell häufig als „Grüne Infrastruktur" bezeichnet, politisch unterstützt durch Ressortstrategien, wie die Nationale Strategie zur biologischen Vielfalt (BMU 2007) und aktuell durch das „Weißbuch Stadtgrün" (BMUB 2017a), einen Bedeutungszuwachs. Da Grünflächen in der Stadt sowohl Grundlage als auch Ausdruck urbaner biologischer Vielfalt (Werner & Kekey 2017) – verstanden als Vielfalt der Ökosysteme sowie der Pflanzen- und Tierarten – sind, kann man die Förderung von biologischer Vielfalt durchaus auch als Belang der Stadtentwicklung verstehen.

Die Ausgangssituation und die Rahmenbedingungen zur Erhaltung und Förderung dieser urbanen biologischen Vielfalt sind in den Städten und insbesondere im städtebaulichen Bestand sehr unterschiedlich. Seit 2015 gibt es Bestrebungen, das Thema Stadtgrün in seiner gesamten Bandbreite, aber auch explizit „Biodiversität" in der Stadterneuerung stärker zu verankern. Hierfür sind vor allem der Finanzierungsrahmen der Städtebauförderung sowie das Instrumentarium der integrierten Stadtentwicklung und des Besonderen Städtebaurechts von Bedeutung. Dabei wurden Grünflächen auch schon vor dieser Fokussierung mit Unterstützung der Programme der Städtebauförderung entwickelt. Insbesondere im Rahmen der Stadtumbauprogramme war und ist durch deren Zielstellung – der Reduzierung von Angebotsüberhängen im baulichen Bestand und der Aufwertung schrumpfender Stadtquartiere – die Entwicklung von Grünflächen ein verbreiteter Ansatz. Die Belange der Förderung der urbanen biologischen Vielfalt standen dabei jedoch selten im Fokus (BUND et al. 2017).

Der vorliegende Beitrag basiert auf zwei anwendungsorientierten Forschungsvorhaben im Auftrag des Bundesamts für Naturschutz (BfN) zur Rolle des Schutzes und der Entwicklung urbaner Biodiversität im Rahmen der Städtebauförderung. Die Projekte ermöglichten zum einen quantitative Aussagen zur Berücksichtigung der Belange der biologischen Vielfalt in Konzepten und Projekten der Stadterneuerung, insbesondere des Stadtumbaus, und zum anderen Einblicke in die kommunale Praxis der Umsetzung der Städtebauförderung. Es wird zunächst das Verhältnis der Belange des Grüns in der Stadt und der Stadterneuerung beschrieben. Folgend werden Erkenntnisse zu den Potenzialen und Grenzen der Berücksichtigung des Themas in den als Fördergrundlage erarbeiteten integrierten städtebaulichen Konzepten und konkreten Fördermaßnahmen zusammengefasst. Der Fokus liegt hierbei auf dem Stadtumbauprogramm, das bisher die größten Anknüpfungsmöglichkeiten aufweist. Abschließend werden Thesen zur künftigen Verankerung des Themas in rechtlichen und fördertechnischen Vorgaben sowie in planerischen Ansätzen und zur Bedeutung des Themas für die Praxis der Städtebauförderung formuliert.

1 Hintergrund: Stadtgrün und Stadterneuerung

Biologische Vielfalt in der Stadt, im Sinne der Vielfalt städtischer Ökosysteme sowie dort vorkommender Pflanzen- und Tierarten (Kowarik 2011; Werner 2011), wird vor allem durch Grün- und Freiräume sichtbar. Städte nehmen für den Schutz und die Entwicklung der Biodiversität eine ambivalente Rolle ein: Einerseits erfährt die biologische Vielfalt in Siedlungsgebieten eine besondere Ausprägung (Werner 2016). Durch die große Strukturvielfalt sind Städte durch ein kleinteiliges und vielfältiges Mosaik unterschiedlicher Biotope gekennzeichnet. Insbesondere die verschiedenen Frei- und Grünflächen bieten einer Vielzahl von Pflanzen- und Tierarten Lebensraum. Nicht selten finden sich in besiedelten Gebieten seltene, gefährdete oder sogar schützenswerte Arten, denn die Standortvielfalt und Dynamik der Siedlungsentwicklung ermöglicht Lebensräume, die in der die Städte umgebenden Kulturlandschaft durch die intensive Land- und Forstwirtschaft selten geworden sind (Sukopp & Wittig 1998; Kowarik 2011). Andererseits führt die Siedlungstätigkeit zum Verlust von Ökosystemen. Dies betrifft sowohl die Zerschneidung und die Versiegelung durch die Flächenneuinanspruchnahme an den Siedlungsrändern als auch den Verlust von Freiflächen im Innenbereich. Denn insbesondere auf Brachflächen, die für eine Bebauung genutzt werden sollen, haben sich häufig wertvolle Lebensräume entwickelt und nicht selten schützenswerte Pflanzen und Tiere angesiedelt (Mathey & Rink 2010; Kowarik 2013). Damit können Städte auch eine Bedrohung für die biologische Vielfalt sein.

Bedeutung von Natur in der Stadt

Die Stadtnatur als „die Gesamtheit der in urbanen Gebieten vorkommenden Natur elemente einschließlich ihrer funktionalen Beziehungen (Ökosysteme)“ (Kowarik et al. 2016: 16), erbringt sogenannte Ökosystemleistungen, d. h. Leistungen die zum menschlichen Wohlbefinden beitragen (Bastian et al. 2012). Sie trägt damit beispielsweise zur Regulation des Stadtklimas oder zur Erholung und Naturerfahrung der Stadtbewohner bei. Damit spielt Stadtnatur für die Lebensqualität und damit letztlich für die Attraktivität und Wettbewerbsfähigkeit von Städten und Stadtquartieren eine wichtige Rolle (Kowarik et al. 2016).

Grün- und Freiräume sind demnach nicht nur von hoher Bedeutung für die Arten- und Lebensraumvielfalt und damit im engeren Sinne naturschutzfachlich bedeutend, sondern erfüllen darüber hinaus auch vielfältige Wohlfahrtswirkungen für die Stadtgesellschaft, wie gesunde Lebensbedingungen, den gerechten Zugang zu Umweltressourcen oder auch zur Anpassung an den Klimawandel (Schröder et al. 2016). Schutz und Entwicklung urbaner Biodiversität sind damit zentrale Aufgabe des Stadtnaturschutzes. Entsprechend seiner Bedeutung für die Lebens-

und Umweltqualität in einer Stadt unterstützt Stadtgrün auch die Ziele der Stadterneuerung.

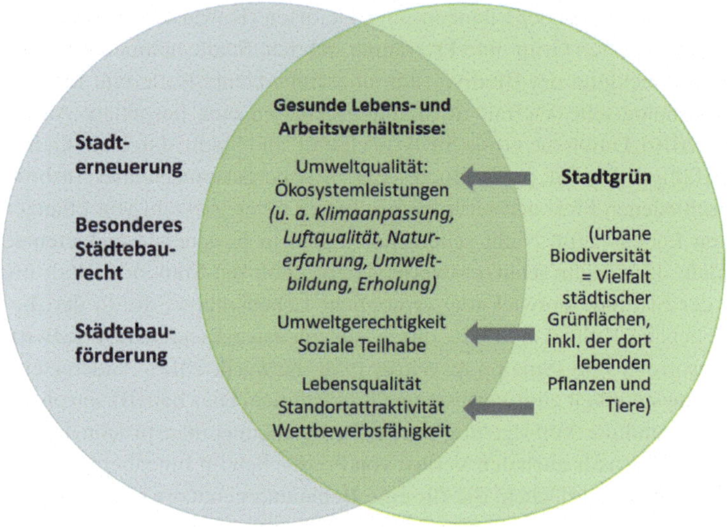

Abbildung 1 Synergien bzw. Schnittstellen zwischen der Entwicklung von Stadtgrün und der Stadterneuerung (Eigene Darstellung)

Die Schnittstellen bzw. Synergien zwischen der Entwicklung von Stadtgrün und dem Anliegen der Stadterneuerung, bestehende Stadtquartiere attraktiv und wettbewerbsfähig zu halten bzw. zu machen, werden sowohl durch die rechtlichen Vorgaben als auch durch den Förderrahmen der Städtebauförderung adressiert.

Politische Agenda

Die Förderung des Stadtgrüns war ein wichtiges Thema der Legislaturperiode des Bundestages 2013–2017. Die bereits im Jahr 2007 verabschiedete Nationale Strategie zur biologischen Vielfalt (BMU 2007) wurde durch die Naturschutzoffensive aus dem Jahr 2015 konkretisiert. Dort wird explizit auch die Stärkung der Rolle der Städtebauförderung zur Umsetzung von Maßnahmen zur Förderung von Grün in der Stadt betont. Diesbezüglich sollen Maßnahmen der Städtebauförderung inhaltlich und konzeptionell zukünftig besser mit gesamtstädtischen Grünplanungen verzahnt werden (BMUB 2015a: 25).

Die Konkretisierung der Ziele der Nationalen Strategie zur biologischen Vielfalt erfolgt in der Mehrzahl der Bundesländer in länderspezifischen Biodiversitätsstrategien. Starke Bezüge zum städtischen Kontext finden sich u.a. in den Stratgien der Länder Baden-Württemberg, Thüringen und Rheinland-Pfalz sowie der Stadtstaaten Hamburg und Berlin. Auch auf kommunaler Ebene werden dezidierte Biodiversitätsstrategien erarbeitet und verabschiedet (Kommbio et al. 2014). Darüber hinaus haben sich bisher 167 deutsche Kommunen im Bündnis „Kommunen für biologische Vielfalt" zusammengeschlossen (Stand Februar 2019), was das steigende Bewusstsein für diese Themen widerspiegelt (http://www.kommbio.de/buendnis/mitglieder/).

Im Jahr 2015 legte schließlich das Bundesministerium für Umwelt, Naturschutz, Bau und Reaktorsicherheit (BMUB) das „Grünbuch Stadtgrün" vor, das sich konkret mit der Rolle von Grün- und Freiflächen in der Stadt auseinandersetzt (BMUB 2015b). 2017 wurden die dort umfangreich aufgeführten Belange und Ansätze der Entwicklung des Stadtgrüns im „Weißbuch Stadtgrün" zu einem Handlungsprogramm der Bundesregierung (BMUB 2017a) weiterentwickelt.

Rechtlicher Rahmen

Gemäß den allgemeinen Grundsätzen des Baugesetzbuchs (u. a. § 1 Abs. 5, Abs. 6 Nr. 7 sowie § 1a BauGB) sind diverse Umweltbelange bei der städtebaulichen Entwicklung zu berücksichtigen. Dies gilt damit auch für das Besondere Städtebaurecht als Rechtsgrundlage für Maßnahmen der Stadterneuerung, d. h. der Stadtentwicklung im städtebaulichen Bestand. In Anerkennung, dass „gesunde Wohn- und Arbeitsverhältnisse" (§ 136 Abs. 2 S. 2 Nr. 1 BauGB) auch durch die von Grünflächen bereitgestellten Ökosystemleistungen unterstützt werden, ist die Sicherung, Entwicklung und Qualifizierung von Grünflächen durchaus als Aufgabe der Stadterneuerung zu sehen. Entsprechend ist in den Regelungen zur Sanierung eine unzureichende Grünausstattung und -erreichbarkeit als städtebaulicher Missstand aufgeführt (§ 136 Abs. 3 Nr. 2 lit. c BauGB). Für den Stadtumbau ist dies bisher nicht erfolgt. Allerdings gilt der Rahmen des Sanierungsrechts auch für die später ergänzten Instrumente, womit eine Anwendung auch für den Stadtumbau möglich ist (Krautzberger 2015: Vorb. § 171a-d, Rn. 27).

Förderrahmen

Das Thema der Grünflächenentwicklung wurde im Laufe der letzten Jahre immer deutlicher in den Verwaltungsvereinbarungen zur Städtebauförderung verankert. Bereits seit Einführung der Programme Soziale Stadt im Jahr 1999 und Stadtumbau Ost im Jahr 2002 sind die Finanzhilfen des Bundes u. a. für Maßnahmen zur Wohnumfeldverbesserung einsetzbar. Für den Rückbau eingesetzte Stadtumbaumittel konnten zudem für die Herrichtung von Grundstücken zur Wiedernutzung und dabei insbesondere für deren Begrünung eingesetzt werden. Insbesondere mit

Einführung des Programms Stadtumbau West im Jahr 2004 wurden die Formulierungen hinsichtlich der Möglichkeiten zur Grün- und Freiflächenentwicklung im Rahmen der Städtebauförderung weiter konkretisiert. Hier wird erstmals auf die Möglichkeit des Mitteleinsatzes der Bundesfinanzhilfen für die Verbesserung des öffentlichen Raums, des Wohnumfeldes und der privaten Freiflächen sowie für Wieder- und Zwischennutzung freigelegter Flächen verwiesen. Auch in der Präambel der Verwaltungsvereinbarung wurden ab dem Jahr 2007 explizite Bezüge hergestellt, indem die Anpassung der Stadtquartiere unter Berücksichtigung der Bedürfnisse der Bürger/-innen betont und in diesem Zusammenhang auf die Möglichkeit des Einsatzes der Mittel für den Ausbau von Spielplätzen, Grünanlagen und Sportstätten als Teil der integrierten Stadtentwicklung hingewiesen wurde. Auch die Berücksichtigung des Klimaschutzes wurde hier erstmals thematisiert. Weitere Konkretisierungen erfolgten 2009 hinsichtlich der Einsatzmöglichkeiten der Mittel im Programm Soziale Stadt zur Verbesserung des Freiflächen- und Spielangebotes.

Seit dem Jahr 2015 ist die Umsetzung von Grün- und Freiräumen explizit als Fördertatbestand in der Verwaltungsvereinbarung Städtebauförderung in allen Programmen verankert. In der Präambel wird die Bedeutung von Grün- und Freiräumen u.a. für die biologische Vielfalt hervorgehoben. Mit der Neueinführung des Programms Zukunft Stadtgrün im Jahr 2017 sollen ergänzend Maßnahmen zur Förderung grüner Infrastruktur gebündelt adressiert werden. Laut der ergänzenden Verwaltungsvereinbarung sind die Finanzmittel bestimmt für „städtebauliche Maßnahmen der Anlage, Sanierung bzw. Qualifizierung und Vernetzung öffentlich zugänglicher Grün- und Freiflächen im Rahmen der baulichen Erhaltung und Entwicklung von Quartieren“, die der „Steigerung der Lebens- und Wohnqualität, der gesellschaftlichen Teilhabe, der Verbesserung des Stadtklimas und der Umweltgerechtigkeit [...] sowie dem Erhalt der biologischen Vielfalt und der Naturerfahrung dienen“.

In den Länderrichtlinien wird sehr unterschiedlich mit den Entwicklungen der letzten Jahre umgegangen. Zum Stand Februar 2018 veröffentlichten acht Bundesländer aktualisierte Förderrichtlinien für das Jahr 2015 oder die folgenden. Diese berücksichtigen den Fördertatbestand der „Umsetzung von Grün- und Freiräumen“ in unterschiedlicher Weise. In einer Länderrichtlinie wurde die Formulierung der Verwaltungsvereinbarung übernommen, wohingegen andere Richtlinien an den bisher gängigen Formulierungen festhalten oder weiterhin keinerlei Ausführungen hierzu enthalten. Erfahrungen aus einem laufenden Forschungsvorhaben lassen vermuten, dass das Beibehalten möglichst wenig konkret formulierter Richtlinien bewusst geschieht, um möglichst viele Möglichkeiten offen zu halten und ausgewählte Belange nicht in den Vordergrund zu stellen. Man geht davon aus, dass sich die jeweiligen Antragsteller der Möglichkeiten zur Umsetzung von Grünmaßnahmen auch ohne deren explizite Nennung bewusst sind. Besonders deutlich hinsichtlich der Integration der Belange biologischer Vielfalt im Rahmen der Städtebauförderung wird die Förderrichtlinie des Landes Hessen, welche bereits seit dem Jahr 2008 „Umwelt- und Naturschutzmaßnahmen im Siedlungsbereich" erwähnt.

Hinsichtlich des Programms Zukunft Stadtgrün reagierten zum Stand Februar 2018 einige Länder bereits mit der Veröffentlichung angepasster Richtlinien oder Programmausschreibungen bzw. Programminformationen. Den „Erhalt der biologischen Vielfalt" als eines der Ziele des Programms übernahmen dabei, mit einer Ausnahme, alle Länder aus der Verwaltungsvereinbarung des Bundes.

Festzuhalten ist, dass die Städtebauförderung grundsätzlich Möglichkeiten zur Umsetzung von Maßnahmen zur Förderung biologischer Vielfalt bietet, werden die Ausführungen in den jeweiligen Richtlinien entsprechend interpretiert. Darüber hinaus verwiesen bereits der Mustererlass Städtebauförderung aus dem Jahr 2000 sowie der Leitfaden zur Ausgestaltung des Städtebauförderprogramms Stadtumbau West aus dem Jahr 2005 auf die mögliche „Entwicklung hochwertiger Parks und Grünzüge durch die Umnutzung von Brachflächen" sowie die „Begrünung und Schaffung von Biotopen" als typische Maßnahme zur Verbesserung öffentlicher Räume, des Wohnumfeldes und der privaten Freiflächen (ARGEBAU Bauministerkonferenz 2000: 3; ARGEBAU Bauministerkonferenz 2005: 14).

Freiraumentwicklung in der Stadterneuerung bisher

Auch ohne die explizite Nennung in den Förderrichtlinien ist die Entwicklung von Grünflächen seit Langem Bestandteil der Stadterneuerung. Belange der biologischen Vielfalt standen dabei i.d.R. allerdings nicht im Vordergrund, wenngleich einige Beispiele existieren, in denen dieses Thema explizit adressiert wurde bzw. Potenziale für die Förderung der Biotop- und Artenvielfalt bestehen (BfN 2015; Steen 2015; Arndt & Werner 2017).

Insbesondere im Rahmen der Programme Stadtumbau Ost und Stadtumbau West wurden zahlreiche freiraumplanerische Projekte als Folgenutzung von Rückbauflächen umgesetzt (Rößler 2010a; Buhtz et al. 2016; siehe Abbildungen 2 bis 5). Die Verfügbarkeit von Flächen als Folge von umfangreichen Rückbaumaßnahmen bot und bietet große Potenziale für die Freiraumentwicklung. Damit wird man zum einen dem Aufwertungsanspruch der Stadtumbauprogramme gerecht, Schrumpfungsprozesse positiv zu besetzen. Zum anderen ist die bewusste Entwicklung von Grünflächen oder aber auch die sich ohnehin „von Selbst" einstellende Entwicklung von Stadtnatur häufig die einzige Antwort auf die große Flächenverfügbarkeit (Rößler 2010b). Insofern ist die Umsetzung von freiraumplanerischen Ansätzen in den Stadtumbaugebieten erprobte Praxis – wenngleich in sehr unterschiedlichen Verbindlichkeiten und Qualitäten. Denn häufig konnte die Freiraumplanung nur reagieren und die Stadtumbauprozesse folgten bisher nur selten strategischen Überlegungen der Freiraumentwicklung, der Landschaftsplanung oder des Stadtnaturschutzes. Ein großer Teil der in den Stadtumbaugebieten entstandenen Flächen sind zudem Zwischennutzungen, d. h. das Baurecht besteht weiterhin und eine planerische Umwandlung in Grünflächen ist nicht erfolgt. Dies kann in mittlerweile wieder wachsenden oder stabilisierten Stadtquartieren zu Zielkonflikten führen, wenn durch den – in Teilen auch durch attraktive Grünflächen unterstützten – Aufwärtstrend die Nachfrage nach Bauland steigt und diese temporären, häufig zwischenzeitlich geschätzten Grünflächen bebaut werden sollen. Aber auch die Etablierung dauerhafter Grünflächen durch die planungsrechtliche Umwandlung oder den Kauf durch die öffentliche Hand ist nicht frei von Herausforderungen. Bei vielen dieser Flächen stellt sich die Frage nach der langfristigen Unterhaltung und der Verantwortung, insbesondere wenn diese in Stadtgebieten liegen, in denen aufgrund von Bevölkerungsrückgängen die Nachfrage und damit die Nutzungsauslastung ohnehin sinken.

Aber auch im Programm Soziale Stadt ist die Schaffung oder Aufwertung von öffentlichen Grünflächen im Sinne der Wohnumfeldaufwertung gängige Praxis (BMUB 2016). Als Orte des gleichberechtigten Naturzugangs, Sport- und Spielmöglichkeiten, aber auch als Treffpunkte für verschiedene Bevölkerungsgruppen spielen sie in vielen Gebieten der Sozialen Stadt eine wichtige Rolle.

Abbildung 2 Renaturierung eines Gewässerlaufes in Chemnitz (Foto: S. Rößler)

Abbildung 3 Stadtteilpark „Henriettenpark“ in einem Blockinnenbereich in Leipzig-Lindenau (Foto: S. Rößler)

Abbildung 4 Baumpflanzungen auf einer Rückbaufläche in Halle-Silberhöhe (Foto: S. Rößler)

Abbildung 5 Raseneinsaat auf einer Rückbaufläche im Leipzig-Grünau (Foto: S. Rößler)

2 Konzeptionelle Verankerung der Belange der biologischen Vielfalt

Laut Artikel 5 der Verwaltungsvereinbarung Städtebauförderung stellt ein „unter Beteiligung der Bürgerinnen und Bürger erstelltes integriertes städtebauliches Entwicklungskonzept, in dem Ziele und Maßnahmen im Fördergebiet dargestellt sind (§ 171b BauGB)“, die Fördervoraussetzung für die Vergabe von Finanzhilfen des Bundes zur Förderung des Stadtumbaus dar (BMUB 2017b). Diese, in den Bundesländern und einzelnen Kommunen teilweise unterschiedlich bezeichneten Konzepte bilden damit die Grundlage für die Integration verschiedener Stadtentwicklungsbelange in die Stadterneuerung.

Um Aussagen hinsichtlich der bisherigen Rolle und Eignung der im Rahmen der Städtebauförderung bzw. konkret des Stadtumbaus erstellten Konzepte zur Berücksichtigung der Belange der biologischen Vielfalt treffen zu können, wurden bundesweit ausgewählte Konzepte aus den Jahren 2011 bis 2016 analysiert. Insgesamt wurden 102 geeignete Konzepte identifiziert, die als Fördergrundlage für die Stadtumbauprogramme dienen, und zunächst einem Screening nach relevanten Schlagworten unterzogen. Nahezu alle untersuchten Konzepte enthielten ein oder mehrere Bezüge zum Thema Stadtgrün, darunter 12 Konzepte, die explizit das Schlagwort „Biologische Vielfalt“ beinhalteten. Eines der recherchierten Konzepte benennt darüber hinaus die „Entwicklung der biologischen Vielfalt“ konkret als Handlungsfeld. Es wurden 26 Konzepte ausgewählt, die das Thema Stadtgrün und biologische Vielfalt im Sinne von Good-Practice-Beispielen besonders umfangreich adressieren, und einer detaillierten Analyse unterzogen. Dazu wurden aus politischen, rechtlichen und fachlichen Grundlagen abgeleitete Kriterien angewendet, die die Belange der biologischen Vielfalt in der Stadt operationalisieren (Rößler et al. 2018).

In den berücksichtigten Konzepten fanden sich neben den Ausführungen zu freiraumplanerischen und naturschutzfachlichen Aspekten im Rahmen der Bestandsanalyse auch dementsprechende Handlungsfelder wie „Freiraum“, „Natur und Umwelt“, „Grün, Freiraum und Umwelt“. Einige der Konzepte integrierten das Thema Grün auch in Form von Leitbildern, wie bspw. „Grüne Stadt“, „Gartenstadt“, „Entwicklung der Grün- und Freiräume“. Teilweise wurden auch konkrete Projekte und Maßnahmen benannt, darunter auch Schlüsselprojekte zur Entwicklung von Grünflächen.

In den Konzepten wurden inhaltliche Schwerpunktsetzungen deutlich. Insbesondere die Freiraumvernetzung, die in allen untersuchten Konzepten adressiert wurde, scheint vor dem Hintergrund des teilräumlich wachsenden Flächennutzungsdrucks ein Schwerpunkt für viele Kommunen zu sein. Der Vernetzungsgedanke spiegelt dabei auch einen Teilaspekt der Grünen Infrastruktur wider, die als Kriterium in den untersuchten Konzepten allerdings nur einmal explizit thematisiert wurde. Berücksichtigung fanden auch die Schaffung und Aufwertung von Grünflächen in nahezu allen Konzepten. Ebenso spielten Ökosystemleistungen eine große Rolle. Besonders hervorzuheben in diesem Zusammenhang sind die Regulationsleistungen (Klimaschutz, Klimaanpassung) und kulturelle Leistungen (Treffpunkt, Bildung), die jeweils in ca. 2/3 der Konzepte thematisiert wurden. Auch konkrete Maßnahmen hinsichtlich der Förderung der Biotop- und Artenvielfalt bspw. durch das Anlegen von Biotopen, Maßnahmen zur Lebensraumaufwertung, den Erhalt von Rückzugsräumen sowie das Bereitstellen von Futter- und Nisthilfen fanden in ca. der Hälfte aller untersuchten Konzepte Berücksichtigung. Die Grünflächenvielfalt und die Gestaltung multifunktionaler Grünflächen wurden nur vereinzelt thematisiert.

Bei den in den Konzepten vorgeschlagenen Maßnahmen, für die konkret eine Finanzierung über den Stadtumbau angedacht ist, handelt es sich vielmals um Maßnahmen zur Steigerung der Aufenthaltsqualität und zur Schaffung und Aufwertung von Wegenetzen in Grünanlagen. Zum Teil wurden auch naturnahe Gestaltungen von Rückbauflächen sowie die Aufwertung von Parks genannt. Deutlich wurde aber, dass Maßnahmen zur Entwicklung und qualitativen Aufwertung von Grünflächen vielmals über andere Förderprogramme (wie z.B. EFRE) umgesetzt werden.

Ein direkter Zusammenhang zwischen der Berücksichtigung „grüner" Themen in den Konzepten und den Vorgaben der jeweiligen Länderrichtlinien zur Städtebauförderung konnte nicht festgestellt werden. Aussagekräftige Konzepte konnten auch aus Ländern ermittelt werden, deren Städtebauförderrichtlinien keinerlei Bezüge zum Thema Grün aufwiesen. Im Rahmen der Analyse verfestigte sich zudem die Annahme, dass auch Arbeitshilfen und Leitfäden des Bundes und der Länder zur Erstellung der Konzepte auf kommunaler Ebene Berücksichtigung finden, was in einigen Konzepten explizit erwähnt wurde.

3 Potenziale und Grenzen bei der Umsetzung in Stadtumbauprojekten

Neben der Frage nach der planerischen Integration stellte sich die Frage danach, wie die Umsetzung der Belange der biologischen Vielfalt in konkreten Projekten und Maßnahmen der Stadterneuerung gelingen kann. Dazu wurden bereits umgesetzte bzw. in konkreter Planung befindliche Projekte, die hauptsächlich im Rahmen der Stadtumbauprogramme umgesetzt wurden und werden und freiraumplanerische Bezüge aufweisen, recherchiert (Stand 2016). Unter Zuhilfenahme der verfügbaren Datenbanken und Publikationen sowohl der Begleitforschung zur Städtebauförderung als auch der Transferstellen zu den Stadtumbauprogrammen konnten 183 Projekte mit freiraumplanerischem Bezug identifiziert werden (Rößler et al. 2018).

Die Analyse ergab, dass knapp die Hälfte (42 %) der recherchierten Projekte nur geringes oder kein Potenzial aufweisen, die Belange der biologischen Vielfalt zu adressieren. Oft handelte es sich dabei um Platzgestaltungen oder einfache Raseneinsaaten, die über die Stadtumbauprogramme finanziert wurden. Dem gegenüber steht eine große Anzahl an Projekten und Maßnahmen, welche die Belange der biologischen Vielfalt potenziell (46 %), flankierend (10 %) oder explizit (2 %) berücksichtigen. Bei 42 – und damit über einem Drittel – der recherchierten Projekte und Maßnahmen dieser Kategorien handelte es sich um die Entwicklung bzw. Aufwertung von Parks. Weitere 18 Projekte beinhalteten Maßnahmen zur Freiraumvernetzung. Bei weiteren umgesetzten Projekten und Maßnahmen handelte es sich um die Entwicklung naturnaher Freiräume, Aufforstungen, Gärten und die Schaffung von Biotopen. Insbesondere die Entwicklung und Aufwertung von Parks, vor allem im Hinblick auf deren vielfältige Ökosystemleistungen, bietet erhebliche Potenziale hinsichtlich der Förderung biologischer Vielfalt. Deren Belange stehen im Rahmen solcher Projekte zwar nicht im Vordergrund, werden aber häufig flankierend berücksichtigt.

Viele Maßnahmen wurden durch die Bündelung verschiedener Programme umgesetzt. Es wurde deutlich, dass die Mittel der Stadtumbauprogramme dabei vielfach für den Rückbau von Gebäuden und das Freimachen der jeweiligen Flächen aufgewendet wurden. Begrünungsmaßnahmen, insbesondere unter Berücksichtigung ökologischer Aspekte, wurden im Projektverlauf häufig über andere Mittel umgesetzt (EU-Programme, Landesprogramme, andere Städtebauförderprogramme). Es konnten jedoch auch Projekte identifiziert werden, die (fast) ausschließlich mit Stadtumbaumitteln realisiert wurden bzw. werden. Vor allem hinsichtlich der Verstetigung dieser Projekte und Maßnahmen sind der Finanzierung aus der Städtebauförderung allerdings Grenzen gesetzt. Zum Teil wurde von der Umwandlung der Programmkulissen (z.B. „Stadtumbau" zu „Soziale Stadt") Gebrauch gemacht, was letztendlich zur Verstetigung der Projekte beitrug bzw. beiträgt.

4 Rolle des Stadtgrüns in der Stadterneuerungspraxis

Die Ergebnisse der Auswertung konzeptioneller Grundlagen und insbesondere umgesetzter Maßnahmen der Stadtumbauprogramme zeigen, dass die Freiraumentwicklung, und teilweise auch die Förderung der urbanen Biodiversität, bereits vor der Einführung des Fördertatbestands „Umsetzung von Grün- und Freiräumen" in die Verwaltungsvereinbarung im Jahr 2015 zum erprobten und bekannten Maßnahmenspektrum des Stadtumbaus gehörten. Dort, wo die Vielfalt der Ökosystemleistungen urbanen Grüns die Ziele der Stadterneuerung unterstützen kann, werden Grünflächen künftig ggf. noch stärker an Bedeutung gewinnen und entwickelt werden. Die Schärfung der politischen Agenda in den letzten Jahren spiegelt die wissenschaftliche Evidenz und die gesellschaftliche Bedeutung der Potenziale des Stadtgrüns wider.

Die Potenziale, die Belange der urbanen Biodiversität zu adressieren, wurden bisher allerdings noch nicht ausgeschöpft. Auch wenn einige integrierte städtebauliche Entwicklungskonzepte das Thema bereits adressieren, so wird es i.d.R. nicht als Stadtentwicklungsthema erkannt. Dabei gibt es zahlreiche Synergien und Schnittstellten mit den Zielen der Stadterneuerung, die den häufig als Nischenthema oder gar Verhinderungsbelang verstandenen Stadtnaturschutz zu einem wichtigen Bestandteil nachhaltiger Stadtentwicklung machen könnten. Integrierte Stadtentwicklung kann und soll dabei nicht den „strengen" Arten- bzw. Naturschutz ersetzen. Aber die Vielfalt an Grünflächen, und damit Lebensräumen, und die Vielfalt der Pflanzen- und Tierwelt, tragen nachgewiesenermaßen zur Lebens- und Umweltqualität in einer Stadt bei. Insofern sollte die Förderung urbaner Biodiversität, an der Schnittstelle zwischen Naturschutz und städtischer Freiraumplanung oder als Bestandteil beider Disziplinen, selbstverständliches Element integrierter Stadtentwicklung sein.

Zahlreiche Stadtumbauprojekte leisten dabei bereits heute – direkt oder indirekt – Beiträge zum Schutz und zur Entwicklung der biologischen Vielfalt in der Stadt. Vor dem Hintergrund aktueller politischer Zielsetzungen, zunehmenden kommunalen Bewusstseins und den Herausforderungen der praktischen Umsetzung könnte das Thema künftig noch mehr in den Fokus rücken. Dabei geht es häufig nicht um sich widersprechende Ansätze. Meist können verhältnismäßig kleine Anpassungen genügen (z.B. Wahl der Pflanzenarten, Pflegeansätze, Nutzungsmöglichkeiten), um sowohl den städtebaulichen Zielen als auch den Zielen des Stadtnaturschutzes zu genügen. Dabei muss natürlich immer auch gesehen werden, dass die Nutzung durch den Menschen für manche Pflanzen- und Tierarten problematisch sein kann.

Die Multifunktionalität von Stadtgrün kann in Städten mit einem hohen Flächennutzungsdruck Vielfalt ermöglichen und in Städten mit einer großen Flächenverfügbarkeit Ansätze für neuartige Nutzungs- und damit auch Unterhaltungsmodelle bieten. Insbesondere in Stadterneuerungsgebieten kann durch die Berücksichtigung der Bedürfnisse der Bürger/-innen (z.B. nach naturnaher Erholung, Naturerleben) eine Sensibilisierung und Akzeptanz für die Belange der biologischen Vielfalt in der Bevölkerung erreicht werden.

Gleich in welchem Kontext, sollte der Qualitätsanspruch der Kommunen an Freiraumentwicklung gestärkt werden und diese weniger als bisher als „Not- oder Zwischenlösung" betrachtet werden. Dazu gehört die proaktive Nutzung der Flächenpotenziale im Sinne der Freiraumvernetzung, der Gestaltungs- und Nutzungsvielfalt, explizit auch im Sinne der Förderung der biologischen Vielfalt auf Biotop- und Artenebene.

5 Perspektiven und Programmatik der Städtebauförderung

Mit der expliziten Nennung von Grün- und Freiräumen als Fördertatbestand wurde ein wichtiges Zeichen gesetzt, welches auch dazu beitragen kann, die Stellung der Belange der biologischen Vielfalt in der Stadt zu stärken. Entsprechend der Verankerung in der Verwaltungsrichtlinie des Bundes sollte dieses Thema auch in die Länderrichtlinien integriert werden; diese gilt es den aktuellen Vorgaben auf Bundesebene zeitnah anzupassen. Mit der Verankerung der entsprechenden Fördertatbestände in der Verwaltungsvereinbarung wurde die bisherige Praxis sozusagen

„nachholend" untersetzt. Gleichzeitig wurden zusätzliche Anreize geschaffen. Es bleibt abzuwarten, ob sich das Thema Stadtgrün in all seinen Facetten im Sinne eines „Mainstreamings" als selbstverständlicher Bestandteil der Stadterneuerung etabliert. Künftig sollte v. a. die Qualität von Stadtgrün stärker in den Vordergrund gerückt werden. Die Berücksichtigung der Belange der biologischen Vielfalt in der Stadt gehört dazu; hinsichtlich der Anschlussfähigkeit an die Belange der Stadterneuerung sollten allerdings geeignete Formulierungen, Argumentationslinien und Schnittstellen gefunden werden. Weiterhin bleibt zu diskutieren, inwiefern die explizite Benennung der Belange forciert werden sollte, um letztendlich zu einer noch stärkeren Berücksichtigung dieser zu führen oder ob offen formulierte Richtlinien praktikabler und ebenso zielführend sein können. Einerseits könnte eine Konkretisierung bzw. explizite Nennung den Belang sicher stärken, andererseits besteht evtl. die Gefahr der „Überfrachtung" der Stadterneuerung durch vielfältige fachplanerische Belange. Letztlich ist die Biodiversitätsförderung ein (gleichberechtigter) Aspekt nachhaltiger Stadtentwicklung – sollte also entsprechend unabhängig von expliziten Formulierungen Berücksichtigung finden. Angesichts der vielfältigen Synergien zwischen den Zielen der Stadterneuerung und den Belangen biologischer Vielfalt sollte eine Berücksichtigung letzterer im Grunde selbstverständlich sein und das Thema nicht als konträrer oder zusätzlicher Belang angesehen werden.

Verankerung in Programmen – Vielfalt vs. Bündelung

Angesichts der politischen und gesellschaftlichen Bedeutungszuschreibung war die feste Verankerung des Themas Stadtgrün in den Programmen der Städtebauförderung nötig. Mit dem 2017 zusätzlich aufgelegten Programm Zukunft Stadtgrün sollen v. a. die Freiraumvernetzung und multifunktionale Freiräume gefördert werden. Die bisherige Logik der Städtebauförderprogramme wird dabei differenziert. Die zunächst für städtebauliche Problemstellungen spezifischen Programme erhielten mit dem nunmehr in allen Programmen verankerten Fördertatbestand „Umsetzung von Grün- und Freiräumen" einen einheitlichen und gleichzeitig integrierten Auftrag. Nur zwei Jahre später wurde mit Zukunft Stadtgrün ein zusätzliches, nun wiederum thematisch ausgerichtetes Programm aufgelegt. Es bleibt abzuwarten, welcher Ansatz langfristig trägt und wie mit der Überschneidung bzw. Fokussierung in der Praxis umgegangen wird. Dabei sind verschiedene Szenarien denkbar: Die nunmehr vielfältigen Finanzierungsmöglichkeiten werden umfassend genutzt und in den jeweiligen städtebaulichen Situationen angepasst angewendet. Anstatt einer Integration kann das Thema Stadtgrün aber auch in das neue spezifische Programm verschoben werden. Dies ermöglicht zum einen dezidierte Maßnahmen, kann zum anderen aber auch den Integrationsanspruch konterkarieren. Angesichts der bei Einführung des neuen Programms unklaren zeitlichen Perspektive und der verhältnismäßig geringen finanziellen Ausstattung bietet die Beibehaltung der Verankerung in den bestehenden Programmen evtl. bessere Bedingungen für eine langfristige und selbstverständliche Integration des Themas.

Mit der Einführung wurde das Für und Wider des neuen Programms diskutiert. Vor allem auf kommunaler Ebene herrscht Uneinigkeit darüber, inwiefern das Programm tatsächlich mehr oder neue Fördermöglichkeiten bietet. Das Programm könnte die Integration der Thematik sowie eine ämterübergreifende Zusammenarbeit befördern. Spartenprogramme haben den Vorteil, dass sie auf politischer Ebene sehr viel einfacher kommunizierbar sind; Labels sind als solche sehr hilfreich. Gleichzeitig zeigen sich einige Kommunen allerdings bereits heute von der Vielfalt und Dynamik der Programme überfordert.

Mittelbündelung

In Anbetracht der Erkenntnisse aus den analysierten Stadtumbaumaßnahmen erscheint die Mittelbündelung im Rahmen der Umsetzung freiraumplanerischer Projekte, insbesondere im Hinblick auf die Realisierung vielfältig nutzbarer Grünflächen, zielführend. Während die Bündelung mit Mitteln aus EU- und speziellen Landesprogrammen gängige Praxis zu sein scheint, ist die Überlagerung von Fördergebieten der Städtebauförderung in vielen Ländern aktuell grundsätzlich nicht vorgesehen. Möglichkeiten für die Überlagerung von Programmkulissen bestehen lediglich in einigen ostdeutschen Bundesländern sowie den Stadtstaaten (Buhtz et al. 2016). Die Überlagerung bietet die Chance, Förderungen gezielt zu bündeln und ggf. größere Wirkungen der Projekte zu erzielen. Hervorzuheben ist insbesondere die Kompatibilität der Stadtumbauprogramme und des Programms Soziale Stadt (bauliche Maßnahmen, z.B. Entsiegelung von Flächen; Aufwertung bestehender Flächen; Umsetzung von Maßnahmen zur Steigerung des Naturerlebens; Integration sozialer Aspekte). Dem entgegen steht die Argumentation einiger Landesministerien, welche Überlagerungen nicht zulassen, dass alle Programme der Städtebauförderung grundsätzlich mit dem gleichen „Werkzeugkasten" ausgestattet sind (d.h. wesentliche Maßnahmen sind über alle Programme umsetzbar) und Überlagerungen entsprechend überflüssig machen. Zudem steht die Überlagerung von Gebietskulissen einer optimalen Verteilung der Mittel in den jeweiligen Ländern entgegen. Um den integrierenden Charakter der Städtebauförderung zu wahren, ist die Überlagerung von Gebietskulissen, insbesondere in Anbetracht der hohen thematischen Spezifik des neuen Programms Zukunft Stadtgrün jedoch erneut zu diskutieren.

Rechtliche Grundlagen

Da die biologische Vielfalt kein städtebaulicher Belang im engeren Sinne ist, und derzeit vermutlich wenig anschlussfähig an städtebauliche Diskussionen ist, ist ein expliziter Verweis in den Regelungen des Besonderen Städtebaurechts darauf auch in Zukunft unwahrscheinlich. Der Argumentation des Ansatzes der Ökosystemleistungen und der grünen Infrastruktur folgend, könnte aber eine Konkretisierung des städtebaulichen Missstands bzw. Funktionsmangels um Belange der Stadtnatur und Grünflächenversorgung das Bewusstsein um die Bedeutung dieser Belange und die Umsetzbarkeit stärken (Werk 2016). Ähnlich wurde mit der BauGB-Novellierung 2011 bereits zum Thema Klimaschutz und -anpassung verfahren.

Planerische Grundlagen

Integrierte Städtebauliche Entwicklungskonzepte bilden die Grundlage für die Integration verschiedener Belange der Stadtentwicklung und damit auch der Belange urbaner Biodiversität. Es bleibt abzuwarten, ob neu erstellte Konzepte auf die Integration des Fördertatbestandes „Umsetzung von Grün- und Freiflächen" reagieren. In Anbetracht der Schwerpunktsetzung des Programms Zukunft Stadtgrün, insbesondere auf den Aspekt der Multifunktionalität, könnte dieses Thema zukünftig vermehrt Berücksichtigung im Rahmen entsprechender Konzepte finden.

Die Annahme, dass umfangreiche Länderrichtlinien mit Forderungen nach Stadtgrün bzw. Biodiversität dazu führen, dass dementsprechend auch Konzepte das Thema Stadtgrün vermehrt aufgreifen, konnte in unseren Untersuchungen nicht bestätigt werden. Umso bedeutender erscheint die Qualifizierung von Arbeitshilfen und Leitfäden hinsichtlich des Themas Stadtgrün allgemein und biologischer Vielfalt im Speziellen. Damit können einerseits gezielt Wissensgrundlagen bereitgestellt werden und andererseits Akteure der Stadtentwicklung für die Themen der biologischen Vielfalt sensibilisiert werden.

6 Forschungsperspektiven

Auf Grundlage der bisherigen Untersuchungen zeichnen sich weiterführende Forschungsperspektiven ab. So stellt sich die Frage, inwiefern die für die Vergabe von Fördermitteln maßgeblichen, rechtlich aber nicht bindenden, städtebaulichen Entwicklungskonzepte bzw. Stadtentwicklungskonzepte, tatsächlich auf die Steuerung und Umsetzung von freiraumplanerischen und naturschutzfachlichen Belangen in Stadterneuerungsprozessen wirken. Zur abschließenden Beurteilung, inwiefern die seit 2015 in der Verwaltungsvereinbarung Städtebauförderung integrierten Fördertatbestände zu Grün- und Freiflächen Einfluss auf die Ausrichtung der Stadtentwicklungsinstrumente und die Umsetzung von Projekten haben, gilt es Konzepte zu analysieren, deren Erarbeitungs- oder Aktualisierungsprozess erst nach Veröffentlichung der Verwaltungsvereinbarung Städtebauförderung 2015 bzw. entsprechender Länderrichtlinien angestoßen wurde. Hinsichtlich der Wirkung von Arbeitshilfen und Leitfäden zur Erarbeitung der Stadtumbaukonzepte, könnte eine genauere Betrachtung der Rolle und Bedeutung genannter Rahmenvorgaben für die Ebene der Umsetzung Erkenntnisse für deren zielgerichtete Weiterentwicklung bringen.

Mit Blick auf die (künftige) Programmatik des Stadtumbaus und der Städtebauförderung insgesamt stellt sich die Frage, wie stark das Thema der Freiraumentwicklung i. w. S. Verstetigung im Sinne eines originären Elements der Stadterneuerung findet. Hier kann es auch aufschlussreich sein, die verschiedenen Programme vergleichend zu betrachten oder Schnittstellen zu identifizieren.

Darüber hinaus wären auch Erkenntnisse zur Rolle und Stellung der verschiedenen konzeptionellen Grundlagen im Planungsprozess einer Stadt und im Kanon der Raum- und Fachplanungsinstrumente im Hinblick auf die Umsetzung der Belange der biologischen Vielfalt in der Stadterneuerung aufschlussreich. Insbesondere eine Betrachtung des Verhältnisses zur Landschaftsplanung und der Bedeutung strategischer Freiraumplanung (z.B. im Rahmen informeller Freiraumentwicklungskonzepte) könnte Hinweise für geeignete Planungsansätze ergeben.

Literatur

ARGEBAU Bauministerkonferenz (2000). Mustererlass Städtebauförderung.

ARGEBAU Bauministerkonferenz (2005). Leitfaden zur Ausgestaltung des Städtebauförderprogramms Stadtumbau West.

Arndt, T.. & Werner, P. (2017). Möglichkeiten zum Schutz und zur Weiterentwicklung der biologischen Vielfalt in der Stadt im Rahmen der integrierten Stadtentwicklung. In: Natur und Landschaft (92) 6, S. 245–250.

Bastian, O.; Haase, D.. & Grunewald, K. (2012). Ecosystem properties, potentials and services. The EPPS conceptual framework and an urban application example. Ecological Indicators 21, S. 7–16.

BfN – Bundesamt für Naturschutz (2015). Naturschutz und Landschaftspflege in der integrierten Stadtentwicklung. Argumente, Positionen, Hintergründe. Bonn: Bundesamt für Naturschutz.

BMU – Bundesministerium für Umwelt, Naturschutz und Reaktorsicherheit (2007). Nationale Strategie zur biologischen Vielfalt. Berlin: Bundesministerium für Umwelt, Naturschutz und Reaktorsicherheit.

BMUB – Bundesministerium für Umwelt, Naturschutz, Bau und Reaktorsicherheit (2015a). Naturschutz-Offensive 2020. Für biologische Vielfalt! leben.natur.vielfalt. die Strategie. Berlin: Bundesministerium für Umwelt, Naturschutz, Bau und Reaktorsicherheit.

BMUB – Bundesministerium für Umwelt, Naturschutz, Bau und Reaktorsicherheit (2015b). Grün in der Stadt – Für eine lebenswerte Zukunft. Grünbuch Stadtgrün. Berlin: Bundesministerium für Umwelt, Naturschutz, Bau und Reaktorsicherheit.

BMUB – Bundesministerium für Umwelt, Naturschutz, Bau und Reaktorsicherheit (2016): Umweltgerechtigkeit in der Sozialen Stadt. Gute Praxis an der Schnittstelle von Umwelt, Gesundheit und sozialer Lage. Berlin: Bundesministerium für Umwelt, Naturschutz, Bau und Reaktorsicherheit.

BMUB – Bundesministerium für Umwelt, Naturschutz, Bau und Reaktorsicherheit (2017a): Weißbuch Stadtgrün. Grün in der Stadt – Für eine lebenswerte Zukunft. Berlin: Bundesministerium für Umwelt, Naturschutz, Bau und Reaktorsicherheit.

BMUB – Bundesministerium für Umwelt, Naturschutz, Bau und Reaktorsicherheit (2017b): Verwaltungsvereinbarung Städtebauförderung 2017. Bundesministerium für Umwelt, Naturschutz, Bau und Reaktorsicherheit.

Buhtz, M.; Gerth, H.; Marsch, S.; Bosch-Lewandowski, S.; Neitzel, M.; Höbel, R.. & Eisele, B. (2016). Gemeinsame Evaluierung der Programme Stadtumbau Ost und Stadtumbau West. Endbericht. Berlin, Bochum.

BUND – Bund für Umwelt und Naturschutz Deutschland; DNR – Deutscher Naturschutzring; DUH – Deutsche Umwelthilfe; NABU – Naturschutzbund Deutschland; WWF Deutschland (Hrsg.) (2017). 10 Jahre Nationale Strategie zur Biologischen Vielfalt. Jetzt handeln für Mensch und Natur: Eine Trendwende ist nötig. Eine gemeinsame Bilanz von BUND, DNR, DUH, NABU und WWF. Berlin. http://www.duh.de/fileadmin/user_upload/download/Projektinformation/Naturschutz/170529_Bilanz_10-Jahre-NBS_BUND_DNR_DUH_NABU_WWF.pdf (28.01.2018).

Kommbio; BfN & DUH (2014). Kommunale Biodiversitätsstrategien. Ein Werkstattbericht. Bündnis „Kommunen für biologische Vielfalt" e.V., Bundesamt für Naturschutz, Deutsche Umwelthilfe e. V.

Kowarik, I. (2011). Novel urban ecosystems, biodiversity and conservation. Environmental Pollution 159, S. 1974–1983.

Kowarik, I. (2013). Cities and Wilderness. A New Perspective. International Journal of Wilderness, 19 (3), S. 32–36.

Kowarik, I.; Bartz, R.. & Brenck, M. (Hrsg.). (2016). Naturkapital Deutschland – TEEB DE. Ökosystemleistungen in der Stadt – Gesundheit in der Stadt – Gesundheit schützen und Lebensqualität erhöhen. Berlin, Leipzig: Technische Universität Berlin, Helmholtz-Zentrum für Umweltforschung (UFZ).

Krautzberger, M. (2015). Kommentierung zu §§ 171a – 171e BauGB. In: Ernst, W.; Zinkhahn, W.; Bielenberg, W.. & Krautzberger, M. (Hrsg.): Kommentar BauGB, 119. EL November 2015. München.

Mathey, J.. & Rink, D. (2010). Urban wastelands – A chance for biodiversity in cities? Ecological aspects, social perceptions and acceptance of wilderness by residents. In: Müller, N.; Werner, P.. & Kelcey, J. G. (Hrsg.). Urban biodiversity and design. Oxford: Wiley-Blackwell, S. 406–424.

Rößler, S. (2010a). Freiräume in schrumpfenden Städten. Chancen und Grenzen der Freiraumplanung im Stadtumbau. Leibniz-Institut für ökologische Raumentwicklung: IÖR-Schriften, Band 50. Berlin: Rhombos.

Rößler, S. (2010b). Freiraum im Stadtumbau: zwischen Strategie und Notwendigkeit? In: Bernt, M.; Haus, M.. & Robischon, T. (Hrsg.). Stadtumbau komplex: Governance, Planung, Prozess. Darmstadt: Schader-Stiftung, S. 180–199.

Rößler, S.; Böhme, E.; Klimmer, L.. & Stumpler, M. (2018). Biologische Vielfalt und Naturschutz im Förderprogramm Stadtumbau. BfN-Skripten 493. Bonn: Bundesamt für Naturschutz.

Schröder, A.; Arndt, T.. & Mayer, F. (2016). Naturschutz in der Stadt – Grundlagen, Ziele und Perspektiven. In: Natur und Landschaft (91) 7, S. 306–313.

Steen, B. (2015). Städtebauförderung und Naturschutz – Möglichkeiten und Grenzen der Umsetzung von Naturschutzmaßnahmen im Rahmen der Städtebauförderung. Masterarbeit. TU Dresden, Fakultät Umweltwissenschaften.

Sukopp, H.. & Wittig, R. (Hrsg.). (1998). Stadtökologie. 2. Auflage. Stuttgart/Jena/Lübeck/Ulm: Gustav Fischer Verlag.

Werk, K. (2016). Naturschutzfachliche Anforderungen an eine Novellierung des BauGB. Eckpunkte aus Sicht des Beruflichen Naturschutzes. In: Natur und Landschaft, (91) 3, S. 142–145.

Werner, P. (2011). The ecology of urban areas and their functions for species diversity. Landscape and Ecological Engineering 7, S. 231–240.

Werner, P. (2016). Biologische Vielfalt im urbanen Raum. Zusammensetzung, Entwicklung und Einflussfaktoren auf Flora und Fauna. In Natur und Landschaft (91) 7, S. 314–321.

Werner, P.. & Kelcey, J. (2017). Urban Green and Biodiversity. In: Tan, P.Y & Jim, C.Y. (Hrsg.). Greening Cities: Forms and Functions. Advances in 21st Century Human Settlements. Springer Nature Singapore, S. 131–154.

Das verkannte Ausmaß ökologischer Herausforderungen

Einflussfaktoren für die Stadterneuerung und Stadtplanung

Felix Ekardt

Die Erde steht, so lautet eine gut fundierte, von einem breiten naturwissenschaftlichen Konsens getragene Einschätzung (IPCC 2014; im Überblick Ekardt 2016: § 1 B.), vor einer einschneidenden globalen Erwärmung um drei bis sechs Grad Celsius im Laufe des 21. Jahrhunderts, die durch (primär) menschlich verursachte hohe Treibhausgasausstöße ausgelöst wird, im Kern – neben Landnutzungsaspekten – durch eine starke Nutzung fossiler Brennstoffe in Bereichen wie Energieerzeugung, Produktion, Landwirtschaft, Gebäudewärme, Stromversorgung und Mobilität. Allein um die Stromversorgung geht es also keinesfalls, auch wenn sich die Debatte in Deutschland darauf mitunter stark konzentriert. Ein Klimawandel in besagter Größenordnung droht nach dem zitierten naturwissenschaftlich-ökonomischen Kenntnisstand massive ökonomische Schäden, große Migrationsgefährdungen, existenzielle Gefährdungen für Millionen Menschen und in letzter Instanz gewaltsame Auseinandersetzungen um schwindende Ressourcen wie Nahrung und Wasser auszulösen. Noch relativ wenig wird öffentlich wahrgenommen, dass es mit der Reduktion von Treibhausgasemissionen (und fossilen Brennstoffen) zugleich um die entscheidende Gegenmaßnahme gegen die Ozeanversauerung geht – und dass die fossilen Brennstoffe als Treiber des Klimawandels auch für viele andere Umweltprobleme wie Biodiversitätsverluste, gestörte Stickstoffkreisläufe oder Schadstoffausstöße und daraus resultierende Atemwegserkrankungen eine zentrale Rolle spielen.

U. Altrock et al. (Hrsg.), *Programmatik der Stadterneuerung*, Jahrbuch Stadterneuerung, https://doi.org/10.1007/978-3-658-26765-0_10

Damit gerät ein vom Okzident ausgehendes, aber zunehmend globalisiertes Zivilisationsmodell auf den Prüfstand, das in den letzten 200 Jahren maßgeblich auf einem hohen Verbrauch fossiler Brennstoffe aufbaute. Im okzidentalen und zunehmend global angestrebten Zivilisationsmodell sind fossile Brennstoffe omnipräsent. Nicht nur in Benzin und Strom, auch in Heizenergie, in Dünger, in nahezu jedem Produkt, in Kunststoffen, Textilien, medizinischen Produkten, Kosmetik oder im Transport von Waren. Hoher Konsum tierischer Nahrungsmittel, Autofahrten und Fernurlaube als Normalfall, reichlich geheizte Wohnungen, Unterhaltungselektronik u.a.m. werden deshalb durch den Klimawandel zum Problem. Mehr Ressourceneffizienz, also der sparsamere Einsatz und/oder die stärkere Kreislaufführung in Relation zu einem bestimmten Ergebnis sowie ein Umstieg auf (treibhausgasarme, allerdings nicht etwa „unerschöpfliche", da durchaus zu stark nutzbare) erneuerbarer Ressourcen respektive umweltverträgliche Alternativen werden deshalb diskursiv und politisch verstärkt in den Vordergrund gerückt.

1 Das Ausmaß der ökologischen Herausforderung

Themenfelder oder naturwissenschaftliche Daten allein ergeben freilich keine normativen Ziele. Diese – und damit auch ein Rahmen für die Stadterneuerung und Stadtplanung – ergeben sich jedoch aus Rechtssätzen dahingehend, dass insgesamt von ganz anderen Rahmenbedingungen ausgegangen werden muss, als dies meist bislang getan wird. Im Dezember 2015 haben sich die Staaten weltweit auf ein neues globales Klimaschutzabkommen geeinigt (zum Folgenden Ekardt & Wieding 2016; Ekardt 2016). Allseits wird das Paris-Abkommen (Paris Agreement/PA) enthusiastisch begrüßt, besonders weil schon das Zustandekommen irgendeiner Vereinbarung im Vorfeld deutlich bezweifelt worden war. Nun wird ab 2020 allen Staaten weltweit aufgegeben, die Bemühungen um den Klimaschutz zu intensivieren und auch Maßnahmen der Anpassung an einen teilweise nicht mehr zu verhindernden Klimawandel (Adaptation) und finanzielle Hilfen für vom Klimawandel geschädigte Staaten (*loss and damage*) verstärkt in den Blick zu nehmen. Vielfältig diskutiert wird seitdem, dass die Detailregelungen des Abkommens vage und die konkreten Emissionsreduktionszusagen der Staaten in der Höhe freiwillig und durch eine Vielzahl offener Berechnungs- und Verfahrensfragen durchlöchert sind (näher m.w.N. Ekardt & Wieding 2016).

Art. 2 Abs. 1 PA gibt völkerrechtlich verbindlich als übergreifendes Ziel allen Staaten vor, die globale Erwärmung verglichen mit vorindustriellem Niveau auf deutlich unter 2 Grad und besser noch 1,5 Grad zu beschränken. Deutlich unter (oder: weit unter – im Original „well below“) bedarf einer juristischen Auslegung. Der Wortlaut legt, da es eben „deutlich“ weniger als 2 Grad, gleichzeitig aber mehr als 1,5 Grad sein muss, etwa 1,7 oder 1,8 Grad als Temperaturgrenze nahe. Dass „Anstrengungen“ in Richtung der 1,5-Grad-Grenze unternommen werden müssen, kann ferner juristisch nicht heißen, dass dieses Ziel einfach abgesenkt werden darf. Vielmehr müssen tatsächlich Maßnahmen ergriffen werden, die weitere Reduktionen im Vergleich zu einer Grenze von 1,7 oder 1,8 Grad versprechen. Wie weitreichend genau diese Anstrengungen sein müssen, wird zwar vom Wortlaut her nicht explizit ausgeführt. Die Entstehungsgeschichte, also der Hergang der Pariser Klimaverhandlungen, legt aber nahe, dass es im Kern darauf ankommen soll, dass real versucht werden soll, die 1,5 Grad zu erreichen, sofern dies nicht unmöglich ist. Inhaltlich wird damit eine Aussage getroffen, die sich von der bisher in den Verhandlungen und in der Öffentlichkeit meist diskutierten Zwei-Grad-Grenze unterscheidet. Dies wird bislang noch relativ wenig bemerkt, hat jedoch potenziell drastische Folgen – nämlich kurzfristig nötige drastische Emissionsreduktionen im globalen Maßstab. Das Ziel einer Temperaturbegrenzung auf deutlich unter 2 Grad globale Erwärmung aus Art. 2 Abs. 1 PA, wenn man die Daten des Weltklimarates über die dafür noch maximal möglichen globalen Emissionen und gleiche Pro-Kopf-Emissionsrechte weltweit zugrunde legt, verlangt global in rund zwei Jahrzehnten Nullemissionen; für 1,5 Grad müssten Nullemissionen gar schon in einem Jahrzehnt erreicht sein. Deshalb ist der Zeithorizont der „zweiten Hälfte“ des 21. Jahrhunderts, der in Art. 4 Abs. 1 PA anklingt, absehbar nicht ausreichend.

Es geht also darum, dass in wenigen Jahren ein vollständiger Ausstieg aus der fossilen Brennstoffnutzung in den Sektoren Strom, Wärme, Mobilität sowie bei stofflichen Nutzungen (wie Mineraldünger und Kunststoffe) vollzogen werden müsste; auch die Schwellenländer müssten den Klimaschutz zeitnah vorantreiben. Doch von solchen Zielen ist man (auch) in Deutschland und der EU weit entfernt. Trotz der verbreiteten Vorstellung, man sei hierzulande „Klimavorreiter“ respektive Vorbild, wenn nicht gar insgesamt Umweltvorreiter, ist man dies in Deutschland und Europa weder von den absoluten Pro-Kopf-Emissionen (die etwa um den Faktor fünf oder zehn von einem dauerhaft und global durchhaltbaren Emissionsniveau entfernt sind) noch von der Entwicklungstendenz her (u.a. weil die Emissionsreduktionen – auf zudem hohem absolutem Niveau – von Emissionsverlagerungen in andere Länder überboten werden). Die Kosten-Nutzen-Analyse kann der Idee nach vor diesem Hintergrund verschiedene Optionen und ihre Auswirkungen betrachten und monetarisieren, beispielsweise einen Klimaschutz im Sinne der genannten Pariser Temperaturgrenze – oder umgekehrt einer Strategie des ungebremsten Fortfahrens mit dem herkömmlichen Wirtschaftsmodell. Damit ist die ökologische Herausforderung weit größer, als sie z.B. auch in Planungsprozessen gemeinhin angenommen wird. Der Klimaschutz ist hier lediglich ein Beispiel. Bezogen auf den Schutz von Biodiversität und Ökosystemen können ähnliche Aussagen getroffen werden.

2 Nachhaltigkeitsstrategien und Wirtschaftswachstum

Erneuerbare Ressourcen und Ressourceneffizienz als technische Perspektiven reichen allein voraussichtlich nicht für eine gelingende Nachhaltigkeits- und speziell Energie- und Klimawende. Daneben bedarf es wohl auch der Suffizienz. Zwar erscheint es aus mancherlei Gründen attraktiv, Umweltprobleme wie den Klimawandel rein technisch lösen zu wollen. Denn neue Technik lässt sich verkaufen und schafft Arbeitsplätze, wogegen Verhaltensänderungen häufig bedeuten, Güter aus dem Markt zu nehmen und damit letztlich das auf Wachstum ausgerichtete Wirtschaftsmodell generell in Frage zu stellen. Zudem kann ein rein technischer Wandel bequemer und deshalb leichter umsetzbar sein als das Umstellen von Verhaltensweisen. Dennoch sprechen verschiedene Aspekte eher dagegen, von einer *ausschließlich* technischen Problemlösung auszugehen. Hier werden aus Raumgründen nur einzelne genannt.

Zu nennen ist zunächst das Problemausmaß, etwa beim Klimawandel. Gemessen an bisher bekannten Innovationsgeschwindigkeiten erscheint es nur mäßig wahrscheinlich, dass allein ein Wandel hin zu erneuerbaren Energien und Energieeffizienz die fossilen Brennstoffe, wie es die Temperaturgrenze erfordern würde, innerhalb der nächsten zehn bis zwanzig Jahre in sämtlichen Sektoren und Staaten vollständig aus dem Markt nehmen könnte. Unklar ist auch, ob die Potenziale der erneuerbaren Energien von den Befürwortern wirklich immer realistisch imaginiert werden. Wohlgemerkt geht es beim Problemausmaß um eine globale Betrachtung, also darum, inwieweit die Konsumwünsche einer auf Wirtschaftswachstum und steigenden Wohlstand geeichten Weltgesellschaft rein technisch befriedigt werden können. Neue Ressourcenfunde können diese Problematik nur hinausschieben; im Falle des Klimawandels wirken sie sogar verschärfend.

Wesentlich ist zudem die voraussichtlich fehlende technische Lösbarkeit bestimmter Probleme, etwa im Bereich Ernährung. Dies schlägt den Bogen zum vielleicht wichtigsten Punkt: Existenziell (sowie ökonomisch und zur Erhaltung des Weltfriedens) müssen längerfristig neben dem Klimawandel auch weitere Umweltprobleme gelöst werden. Bei diesen jedoch ist es um technische Lösungen oft weit schlechter bestellt als beim Klimawandel. Zentrale Beispiele hierfür sind die geschädigten Ökosysteme mit dem Biodiversitätsschwund, die gestörten Stickstoffkreisläufe und die Bodendegradation. Lösungen bedeuten hier zentral, dass der Mensch sich stärker aus der Fläche zurückzieht und die agrarische Produktion drosselt. Dies impliziert ein Ende immer größerer Wohnflächen und stetig steigender tierischer Nahrungsmittel-Konsumraten; ebenso können geringere Flächenerträge durch den Wegfall des Mineraldüngers nicht durch immer weitergehende Flächeninanspruchnahmen aufgefangen werden u.a.m. Auch wird kaum die stoffliche Basis sämtlicher Wohlstandsgüter vollständig auf nachwachsende (zudem mit der Nahrungsmittelerzeugung konkurrierende und an weiteren Problemen leidende) oder quasi unerschöpfliche Ressourcen umgestellt werden können.

Trotz aller Unsicherheiten über künftige technische Entwicklungen spricht damit viel dafür, dass Technik allein zur Bewältigung der ökologischen Herausforderungen nicht genügen wird, will man nicht in existenzielle Problemlagen hineinlaufen. Es geht dabei mitnichten bloß um eine Verteilungsproblematik; es genügt wegen der Größe der Herausforderung nicht ansatzweise, wenn lediglich einige sehr Wohlhabende sich einschränken, wie die obigen Zahlen hinreichend deutlich machen sollten. Es sprengt den vorliegenden Rahmen zu zeigen, dass man all dem nicht durch das Setzen auf vermeintliche Wundertechnologien wie riesige Aufforstungen, um Klimagase zu binden, entkommen kann; kurz gesagt erreichen diese jedenfalls die anderen Umweltziele wie etwa einen drastisch verbesserten Schutz von Biodiversität und Ökosystemen (der völkerrechtlich verbindlich durch die Biodiversitätskonvention vorgegeben ist) nicht, sondern verschärfen sie eher, und auch ihre Funktionstüchtigkeit als Klimaschutzmaßnahme ist kurzfristig (wie dies nötig wäre!) unklar. Gerade Biodiversitäts- und Ökosystemschutz erfordern kurz gesagt, der Natur mehr Raum zu geben, also menschliche Ansprüche an die Flächennutzung zurückzufahren.

In einem Spannungsverhältnis steht die Suffizienz als *ein* Teil einer Nachhaltig keitswende indes zur politisch prägenden Idee ewigen Wirtschaftswachstums weltweit und auch im Okzident. Wachstum und seine Sicherstellung wird von vielen als das zentrale politisch-gesellschaftliche Ziel gesehen, hierzulande und weltweit. Größeres Wohlergehen, stabile Sozialstaaten, ein vermehrtes menschliches Glück, vermehrte Freiheit, die Schaffung von Arbeitsplätzen und vieles mehr verspricht man sich von ihm. Auch liegt in den Entwicklungs- und Schwellenländern in den nächsten Jahrzehnten eine Bekämpfung der oft dramatischen Armut nahe, die eine Art von Wirtschaftswachstum impliziert. Zugleich ist Wirtschaftswachstum allerdings ein zentraler Treiber der Klima- und Ressourcenproblematik, indem das Wachstum auch den Verbrauch fossiler Brennstoffe ansteigen lässt, trotz aller Möglichkeiten grünen Wachstums. Genau dem eifern die Schwellenländer nach.

Wenn wie gesehen Suffizienz ein wesentlicher Teil der Nachhaltigkeitswende sein muss, dann wird weniger verkauft werden (etwa weniger Urlaubsflüge). Genau das könnte, sofern es einen erheblichen Umfang annimmt, einen ungeplanten Übergang zu einer Postwachstumsgesellschaft bedeuten, also zu einer Gesellschaft, die dauerhaft ohne Wachstum auskommen oder sich sogar auf Schrumpfungsprozesse einstellen muss. Sicherlich kann man aus dem Suffizienzgedanken auch einzelne Geschäftsideen entwickeln, die mit Ansatzpunkten wie sharing, regional, slow, Dienstleistungsorientierung oder gerade Bildungsmaßnahmen und Kursen zu tun haben. Damit könnten einzelne Unternehmen wachsen. In der Summe würde echte Suffizienz aber eben, wenn sie ihre ökologischen Ziele erreicht und nicht durch Rebound-Effekte oder Problemverlagerungen in andere Länder, andere Sektoren oder hin zu anderen Umweltproblemen aufgehoben wird, mit hoher Wahrscheinlichkeit gerade darin bestehen, dass wir alle, zugespitzt gesagt, weniger kaufen. Und dies wird volkswirtschaftlich aller Wahrscheinlichkeit nach die bisherige Wachstumsgesellschaft so nicht fortbestehen lassen. Folgerichtig gibt es schon heute Unternehmen, die sich bewusst gegen Wachstum entscheiden – und noch mehr Unternehmen, die ohne direkte Absicht ohne Wachstum existieren. Hier geht es nicht darum, dass Wachstum absichtlich vermieden wird. Der Übergang zu einer Postwachstumsgesellschaft könnte schlicht die Nebenfolge einer problemadäquaten Energie- und Klimapolitik sein, wenn diese erhebliche Suffizienzanteile einschließt. Dass vermeintlich „rein qualitatives" Wachstum kein gangbarer Ausweg ist, wurde andernorts erörtert.

Die damit absehbare Endlichkeit des Wachstums ist ein großes Problem, da moderne Gesellschaften bisher vielfach von wirtschaftlichem Wachstum abhängig sind. Das erfordert Lösungen für gesellschaftliche Bereiche, die bisher teilweise vom Wachstum abhängen, etwa für den Arbeitsmarkt, die Staatsverschuldung, das Steuersystem, die Rentenversicherung und das Bankenwesen. Und zwar geht es um Lösungen sowohl für den Übergang als auch für den imaginierten Zielzustand; ersteres wird dabei fast immer vergessen. Wenn es beispielsweise dauerhaft kein Wachstum gibt, bricht die Logik zusammen, dass heutige Staatsschulden durch steigende Steuereinnahmen in Zukunft gegenfinanziert werden können. Will man ferner den Großteil der Bevölkerung im Einkommen reduzieren, aber zugleich steuerlich entlasten, konzentriert sich die Steuerlast auf eine relativ kleine wohlhabende Oberschicht, die absehbar mit Auswanderung oder zumindest Kapitalverlagerung reagieren würde. Nach gängiger ökonomischer Lehrbuchmeinung braucht der Kapitalismus folgerichtig irgendeine Form von Wachstum: Würde das Sparen attraktiver als das Investieren, bräche der Arbeitsmarkt und damit der Sozialstaat möglicherweise in der heutigen Form zusammen. Denn wenn niemand mehr Kredite aufnimmt, um etwas Neues zu entwickeln und zu produzieren, werden auch keine neuen Arbeitsplätze geschaffen, was sich wiederum auf die staatlichen Steuereinnahmen, aus denen soziale Transferleistungen finanziert werden, auswirken würde. Diese Probleme sind vielleicht lösbar, sie sind aber erheblich.

Und sie werden noch größer, wenn man bedenkt, dass zeitgleich Entwicklungen wie Digitalisierung, Automatisierung oder Globalisierung ablaufen, die sich z.B. auf den Arbeitsmarkt ebenfalls drastisch auswirken – und die schon ohne die Nachhaltigkeitsanforderungen etwa die momentane Arbeitsgesellschaft mit annähernder Vollbeschäftigung (und die daran geknüpfte Stadtplanung) weitgehend in Frage stellen dürften.

3 Folgerungen für Stadterneuerung und Stadtplanung

Nimmt man die ökologischen Herausforderungen in der skizzierten Größe an, verändern sich auch für die Stadterneuerung und Stadtplanung die Rahmenbedingungen potenziell ganz erheblich. Es geht nicht länger darum, im Grunde die heutige Stadtplanung – auch durch Stadterneuerungsmaßnahmen – mit nur vergleichsweise geringen Modifikationen fortzuschreiben. Vielmehr ändern sich einige Rahmenbedingungen so grundlegend, dass gar nicht klar ist, wie die Antworten darauf aussehen könnten. Deshalb soll hier auch nicht versucht werden, solche Antworten zu geben, sondern es sollen primär die Herausforderungen für Stadterneuerung und Stadtplanung verdeutlicht werden. Einige besonders wichtig erscheinende Aspekte sind die folgenden, wobei die Aufzählung nicht abschließend zu sein beansprucht.

Es ist grundlegend reflexionsbedürftig, mit welchen Baustoffen künftig überhaupt gebaut werden kann und – mehr noch – welche (nämlich sehr viel geringere) Menge an Baustoffen überhaupt verfügbar ist. Ein Phasing-Out aus den fossilen Brennstoffen in 10 bis 20 Jahren entzieht z.B. dem Beton in seiner heutigen Form die Grundlage. Dies kann aber auch nicht einfach durch nachwachsende Rohstoffen kompensiert werden, denn die Intensität der Flächennutzung darf nicht etwa weiter steigen, sondern muss ihrerseits reduziert werden (was deutlich geringere Anteile tierischer Nahrungsmittel erfordert, die bislang vier Fünftel der Weltagrarfläche beanspruchen; gleichzeitig kann auch nicht einfach beliebig Fläche für neue Baustoffe oder z.B. auch für die Kunststoffindustrie zum Ersetzen des dort ebenfalls ausscheidenden Erdöls mobilisiert werden). Im Kern wird also von der Notwendigkeit einer drastischen Reduktion auszugehen sein, zu bewirken durch Effizienz- wie auch Suffizienzstrategien.

Dementsprechend dürfen auch Flächenverbrauch und Wohnfläche nicht wie bislang weitergehen bzw. weiter steigen, sondern müssten von der Entwicklungsrichtung her umgekehrt werden. Ferner geht es in puncto Mobilität nicht etwa darum, die bisherige Stadtplanung fortzuführen, nur künftig auf Basis von E-Mobilität, sondern eher darum, den Autoverkehr stark zurückzudrängen. Das gilt jedenfalls, wenn man annimmt, dass auch regenerativ erzeugter Strom nicht in beliebigen Mengen zur Verfügung steht und E-Mobile zudem erhebliche neue Probleme aufwerfen (z.B. ist deren Produktion bislang mit einem deutlich größeren ökologischen Fußabdruck verbunden).

Ferner müssten sich Stadterneuerung und Stadtplanung auf eine Welt mit deutlich häufigeren und größeren Naturkatastrophen sowie mit u.U. völlig ungeahnten Migrationsströmen einstellen. Führen Nahrungs- und Wasserknappheit infolge eines absehbar nicht vollständig verhinderten Klimawandels (der ja bereits heute in Gang gekommen ist) z.B. zu großen Einwanderungswellen aus Afrika, so ist das im Hinblick auf daraus resultierende Konsequenzen zu durchdenken. Eher noch markanter steht das erwähnte drohende Ende der Lohnarbeitsgesellschaft im Raum, wie gesagt nicht allein als Konsequenz von Nachhaltigkeitsforderungen, sondern auch von Digitalisierung, Automatisierung und Globalisierung. Wenn sich damit jedoch für viele bis sehr viele Menschen (selbst wenn man finanziell ihre Versorgung vermutlich sicherstellen kann) die Frage nach künftigen Tagesabläufen und Sinngebungsprozessen völlig neu stellt, wird auch die bisherige Stadtplanung herausgefordert, die auf den sprichwörtlichen mit dem Auto täglich zur Arbeit fahrenden Vater ausgerichtet erscheint. Es sprengt momentan noch nahezu die Vorstellungskraft, sich eine Wiederkehr sozusagen des antiken Rom vorzustellen, in dem (damals wegen der Sklavenhaltung und der Kolonisierung des Mittelmeerraumes) auch nicht gearbeitet werden musste und darauf staatlicherseits mit einer Brot-und-Spiele-Logik geantwortet wurde, um Sinnverlust, Revolten u.a.m. zu vermeiden.

4 Transformation und Instrumente – gelingt der gesellschaftliche Wandel?

Ein Wandel in diese Richtung ist alles andere als banal, da er weder für Planer noch für Politiker noch für Behördenvertreter, Unternehmer, Bürger oder noch weitere gesellschaftliche Gruppen per se angenehm und naheliegend ist. Auf einer pluralistischen Methodenbasis wurde diesbezüglich wiederholt aufgezeigt (Ekardt 2016, 2017), dass nicht-nachhaltiges und nicht-suffizientes Verhalten diversen Akteuren naheliegt und vielfältige Ursachen hat. Reines Faktenwissen erwies sich dabei als für menschliches Verhalten nur sehr bedingt ursächlich. Als vor allem wichtig erwies sich, die wechselseitige Abhängigkeit der Akteure zu begreifen. So hängt das Verhalten von Bürgern und Politikern wechselseitig voneinander ab, ebenso wie zwischen Unternehmen und Kundschaft. Zu einer bestimmten Wirtschaftsweise gehören immer Kunden, die viele und ständig neue Produkte kaufen, nicht nach den Produktionsumständen fragen und sozial/ökologisch vorbildlich hergestellte Produkte zu teuer finden. Ebenso gehören aber auch Unternehmen dazu, die den Kunden bestimmte Angebote machen oder nicht machen, Bedürfnisse nach Produkten wecken wollen und ihren Absatz konstant steigern wollen, ergo die Spirale von Wachstum und hohem Ressourcenverbrauch in Gang halten. Doch ist die Beziehung eben nicht so eindeutig, als dass man in marxistischer Tradition einfach von Ausbeutung und Entfremdung reden könnte, zumal angesichts der gleichzeitig erreichten Freiheitsgewinne moderner Gesellschaften. Produktion und Konsum sind, so suggestiv die Angebote auch sein mögen, nicht einfach einseitig erzwungen, und viele kleine Anbietende und Nachfragende spielen dabei eine Rolle. Dass in diesem Wechselspiel sodann – belegbar über alle genannten methodischen Zugänge – Verhaltensantriebe wie Eigennutzen, Kollektivgutprobleme, Pfadabhängigkeiten und Werthaltungen als Motivationsfaktoren eine Rolle spielen, ist von vielen Seiten, besonders von ökonomischer Seite, beschrieben worden. Weithin übergangen werden indes zwei Faktoren, die die Unlust an der Suffizienz erst in vollem Umfang erklärlich machen.

Ein wesentlicher Faktor – ebenfalls pluralistisch belegbar – sind menschliche Normalitätsvorstellungen. Ungeachtet aller intellektuellen Einsichten leben wir unverändert in einer Hochemissionswelt. Wenn man diesen Text weglegt, ist das nächste Fleischbuffet, die nächste Autofahrt zur Arbeit oder der nächste Urlaubsflug nie weit. Diese Dinge sind heutzutage schlicht üblich, solange man sie sich finanziell leisten kann. Verabschiedet man sich gänzlich von Flugreisen, gerät man sozial womöglich als Sonderling unter Druck. Zudem befindet man sich bei Fortsetzung des aktuellen Lebensstils in Übereinstimmung mit dem Lebensstil des eigenen gesellschaftlichen Umfeldes, welches beispielsweise entsprechende Wohnungen, Autos und Fernreisen als erstrebenswert und statusrelevant markiert. Dies gilt zunehmend auch für Länder außerhalb der westlichen Welt, die sehr oft industriestaatlichen Vorbildern nacheifern. Ferner sind gerade Unternehmer*innen und Politiker*innen in aller Regel exakt den Lebensstil mit ständigen Flugreisen, üppigen Buffets, über den Globus verstreuten Freunden, regelmäßigem Fleischkonsum usw. gewöhnt, über dessen Abschaffung sie nun letzten Endes räsonieren (mit vorhersehbarem Ergebnis?). Normalitätsvorstellungen können kulturell stark variieren; dass Menschen indes zur Vereinfachung ihres alltäglichen Handelns überhaupt (unbewusst) Normalitätsvorstellungen ausprägen, scheint eine biologische Konstante zu sein.

Ebenso für uns alle, Unternehmer*innen, Politiker*innen, Verwaltungsbeamt*innen usw. relevant (wobei die Punkte nicht trennscharf zu scheiden sind) sind menschliche Gefühle, die bewusste Eigennutzen- und Wertkalküle überformen. Zu räumlich und zeitlich entfernten, unsichtbaren, in hochkomplexen Kausalitäten verursachten und daher nur schwer vorstellbaren Klimaschäden haben Menschen (Bürger, Politiker, Unternehmer) meist kaum einen gefühlsmäßigen Zugang. Umgekehrt sind die konkreten Vorteile der täglichen Autofahrt zur Arbeit und des Urlaubsflugs hier und heute vermeintlich sehr gut sichtbar. Dass raumzeitliche Abstraktion die Empathie massiv reduziert, ist auch aus der experimentellen Psychologie bekannt, etwa aus dem berühmten Milgram-Experiment, aber auch aus der Holocaust-Forschung. Außerdem bringen wir gefühlsmäßig ein durchaus beachtliches Talent für Bequemlichkeit, zum Verweilen beim Gewohnten, zum Verdrängen unliebsamer Zusammenhänge, zum „andere noch schlimmer finden und sich damit rechtfertigen" („die Geländewagenfahrer sind am Klimawandel schuld") mit. Ebenso mag die evolutionsbiologisch vermutlich erklärbare Neigung, nach „Mehrung" des eigenen Bestands (an Wählerstimmen, an Unternehmensgewinnen, an persönlichem Besitz) zu streben, ein sehr menschliches Gefühl sein – bei manchen ist sie vielleicht übersteigert zu einer regelrechten Gier. In die gleiche Richtung wirkt das triviale, aber fundamentale menschliche Streben, sich Anerkennung bei anderen Menschen durch „Positionsgüter" zu verschaffen, die mir Identität und einen Platz im sozialen Netzwerk zuweisen – also durch das Erstreben von Dingen, die mir selbst und den Mitmenschen zeigen, dass ich ein gut dastehender, netter, weltoffener Mensch bin. Dies wird ergänzt durch weitere empirisch gut bestätigte menschliche Neigungen, die ebenfalls eher fatal im Nachhaltigkeits- und Klimakontext wirken: Nichtglaubenkönnen kommender Katastrophen; notorisches Unterschätzen moderater Wahrscheinlichkeiten sowie des eigenen, vermeintlich „nur kleinen" Beitrags zu großen, hochkomplexen Geschehnissen; Neigung zu Problemlösungsversuchen mit bekannten Mitteln (die das Problem doch vielleicht gerade verursacht haben); Neigung zur Beurteilung großer Probleme anhand persönlicher Erfahrungen im Umfeld sowie hervorstechenden oder anekdotenhaften Ereignissen (mit ggf. groben Verzerrungen als Folge); Neigung zur unrealistisch positiven Wahrnehmung eigener Anstrengungen sowie zur verschobenen Wahrnehmung einiger u.U. weniger wichtiger Risiken in Relation zu anderen. Solche Emotionen sind gegenüber dem Klimawandel auch experimentell in Fokusgruppen gut dokumentiert.

Ob man die genannten Faktoren nach „individuellen Handlungen" und „kollektiven Strukturen" zu differenzieren versuchen sollte, ist ein alter Streit in den verhaltenswissenschaftlichen Disziplinen und besonders in der Soziologie seit den Zeiten Webers und Durkheims, die hier konträr dachten. Die Kontroverse ist aber zweifelhaft, da dies wiederum die konkreten Motive von Menschen bzw. zusammenwirkenden Menschengruppen oder zumindest deren Nebenfolgen und aggregierte Handlungsfolgen ausdrücken würde. Alle Faktoren begegnen uns in uns selbst, aber auch in struktureller – aber eben wieder menschlicher –

Verfestigung. „Eigennutzen", „Normalitätsvorstellungen" oder „Gefühle" sind nicht nur an einzelnen Personen ablesbar, sondern prägen auch hochaggregierte Strukturen – so sind Machterhalt oder Kapitalakkumulation letztlich kollektivierte Varianten der Figur des Eigennutzens und der Pfadabhängigkeit. Wer statt dieser Differenzierungen z.B. einfach „den" Kapitalismus als Triebfeder für gesellschaftliche Entwicklungen ausmacht, macht gerade nicht hinreichend deutlich, welchen Aspekt er meint. Daher rührt die hiesige Position, dass keine zwei getrennten Gebiete „Anthropologie" und „Gesellschaftstheorie" sinnvoll sind. Dies gilt zumindest dann, wenn man sich klarmacht, dass nicht jeder soziale Zustand bewusst von jemandem gezielt herbeigeführt wurde. Es gibt auch unerwartete oder unbeabsichtigte Handlungsfolgen, und natürlich aggregieren sich Individuen zu Strukturen. Und Individuen handeln (wie gesehen) keineswegs stets rational und bewusst. Es wird hier also weder einem methodologischen Individualismus noch einem methodologischen Kollektivismus das Wort geredet, sondern vielmehr davon ausgegangen, dass es sich dabei um eine empirisch nicht adäquate Gegenüberstellung handelt.

Ob sich diese Hemmnisse auflösen lassen, ist offen. Wesentlich dürfte angesichts wechselseitiger Abhängigkeiten sein, dass verschiedene Akteure sich gleichzeitig bewegen – und die Faktoren sich bewegen, die bewegt werden können, etwa Eigennutzenkalküle oder Pfadabhängigkeiten, die über neue politisch-rechtliche Rahmensetzung wie eine fossile Brennstoffbepreisung beeinflussbar sind. Eine Bepreisung könnte auch das Verschieben von Normalitätsvorstellungen erleichtern. Rein politisch ist ein Wandel wegen der Interdependenzen der Akteure indes kaum zu schaffen; insbesondere muss auch jemand da sein, der die neue Politik einfordert. Jedenfalls geht es dabei aber nicht allein um Diskurse, sondern um das Einüben neuer, stärker suffizienter Normalitäten.

Literatur

Ekardt, F. (2017). *Wir können uns ändern. Gesellschaftlicher Wandel jenseits von Kapitalismuskritik und Revolution*. München: Oekom.

Ekardt, F. (2016). *Theorie der Nachhaltigkeit: Ethische, rechtliche, politische und transformative Zugänge – am Beispiel von Klimawandel, Ressourcenknappheit und Welthandel*. 3. Auflage (= 2. Aufl. der Neuausgabe) Baden-Baden: Nomos.

Ekardt, F.. & Wieding, J. (2016). Rechtlicher Aussagegehalt des Paris-Abkommen – eine Analyse der einzelnen Artikel. *Zeitschrift für Umweltpolitik und Umweltrecht* (Sonderheft), S. 36–57.

IPCC (2014). *Climate Change 2014. Synthesis Report*. Contribution of Working Groups I, II and III to the Fifth Assessment Report of the Intergovernmental Panel on Climate Change. Geneva.

Climate Improvement Districts

Erste Ansätze zur Gestaltung eines neuen Instruments für die Umsetzung von Klimaschutz- und Klimaanpassungsmaßnahmen in Wohngebieten

Jens Kunert

Zusammenfassung

Der Beitrag diskutiert anhand ausgewählter Kernelemente eines Urban Improvement Districts die Möglichkeiten und Grenzen eines neuen Instruments zur Umsetzung von Klimaschutz- und Klimaanpassungsmaßnahmen: Climate Improvement District (CID). Ausgangspunkt ist dabei § 171f BauGB zur Förderung von Privaten Initiativen zur Stadtentwicklung. Mit CID könnten auf Grundlage eines Maßnahmen- und Finanzierungskonzepts die Maßnahmen in Wohnquartieren gemeinsam erarbeitet und umgesetzt werden. Zur Finanzierung zahlen alle Eigentümer in einem Quartier eine (Pflicht-)Abgabe. Die Umsetzung erfolgt durch einen Aufgabenträger. Anschließend wird das neue Instrument mit der Städtebauförderung verknüpft. CID könnten einen entscheidenden Beitrag zur weiteren Umsetzung von Klimaschutz- und Klimaanpassungsmaßnahmen leisten.

U. Altrock et al. (Hrsg.), *Programmatik der Stadterneuerung*, Jahrbuch Stadterneuerung, https://doi.org/10.1007/978-3-658-26765-0_11

1 Rechtliche und begriffliche Einordnung von Climate Improvement Districts

Ausgangspunkt der Überlegungen ist § 171f BauGB, der mit der Baugesetzbuch-Novelle 2007 als Instrument des Besonderen Städtebaurechts aufgenommen wurde. Der Bundesgesetzgeber verfolgte mit dieser Regelung im Wesentlichen drei Ziele:

1. Schaffung einer bundesrechtlichen Grundlage für die bereits bestehenden Landesgesetze.
2. Rahmensetzung und Definition von Kernelementen für die Landesgesetze zur Ausgestaltung des Instruments.
3. Abgrenzung des Instruments der Privaten Initiativen zur Stadtentwicklung von den anderen Instrumenten des BauGB (Schink 2012, 133).

Aufbauend auf den bundesrechtlichen Vorgaben können die Länder eigene Landesgesetze zur Förderung von Privaten Initiativen zur Stadtentwicklung erlassen und weitere Kernelemente regeln. Davon haben derzeit einige Bundesländer (z.B. Hamburg, Bremen, Hessen) Gebrauch gemacht. Die Kommunen erlassen dann Satzungen bzw. Rechtsverordnungen für die konkrete Ausgestaltung vor Ort.

Ursprünglich stammt das Instrument aus Nordamerika. In Kanada wurde zu Beginn der 1970er Jahre das erste so genannte Business Improvement District (BID) gegründet. Private Eigentümer und Gewerbetreibende eines innerstädtischen Geschäftsbereichs entwickelten gemeinsam Maßnahmen, um so auf die Konkurrenz von großen Einkaufszentren auf der grünen Wiese zu reagieren und die Bereiche aufzuwerten (Binger 2010, 47).

Aufgrund des Erfolgs, derzeit gibt es über 1.000 BIDs in Nordamerika, verbreitete sich das Instrument. Mittlerweile existieren Business Improvement Districts bspw. in Europa (z.B. Großbritannien, Deutschland), Südafrika und Australien (Krüger 2015). Seit 2004 gibt es BID in Deutschland. Die Freie und Hansestadt Hamburg ist hier Vorreiter und hat das erste BID-Gesetz erlassen.

Mit den Landesgesetzen schaffen die Länder die Möglichkeit, dass eine Eigentümerinitiative in einem Quartier Maßnahmen in einem befristeten Zeitraum mit Hilfe eines Aufgabenträgers umsetzt. Grundlage der Planung und Umsetzung ist ein gemeinsam erarbeitetes Maßnahmen- und Finanzierungskonzept. Die Finanzierung erfolgt durch eine Pflichtabgabe, die grundsätzlich von allen Immobilieneigentümern gezahlt wird. Das Quartierskonzept muss mit den Zielen der Gemeinde abgestimmt werden und erfährt somit eine Einbindung in die gesamtstädtische Planung.

In der wissenschaftlichen Diskussion und aufgrund der Erweiterung des Anwendungsbereiches entwickelte sich der Begriff Urban Improvement District (UID) als Oberbegriff. Auch die Bezeichnung City Improvement Districts ist möglich (Krüger et al. 2007, 2).

In Hamburg wird derzeit die Anwendung von Housing Improvement District (HID) erprobt. Hamburg hat hierfür als erstes Bundesland ein Landesgesetz erlassen. Ziel ist die Aufwertung von Wohngebieten mit Hilfe privater Eigentümer. Mit der Novelle des Gesetzes über Immobilien- und Standortgemeinschaften (ISGG NRW) vom 17. Juni 2014 ist es in Nordrhein-Westfalen möglich, Immobilien- und Standortgemeinschaften in Wohnquartieren einzurichten (vgl. § 1 Abs. 1 ISGG).

Nach Friesecke (2007, 2) wären noch Neighbourhood Improvement Districts (NID) zur Aufwertung von gemischt genutzten Quartieren und Working Area Improvement Districts (WID) zur Aufwertung von Gewerbe- und Industriegebieten denkbar. Diese Unterformen von UID werden den Baugebietskategorien der Baunutzungsverordnung (BauNVO) zugeordnet, um weitere Anwendungsbereiche aufzuzeigen.

Die deutschen Begrifflichkeiten reichen, je nach Bundesland, von Innovationsbereich (z.B. Hamburg) über Immobilien- und Standortgemeinschaften (Nordrhein-Westfalen) bis zu Aufwertungsbereichen (Baden-Württemberg).

Angesichts der aktuellen Herausforderung Klimawandel wurde vor einigen Jahren über das Instrument Climate Improvement Districts (CID) diskutiert. INGOLD stellte 2009 klar, dass mit den bestehenden Landesgesetzen für BID und HID keine Maßnahmen gerechtfertigt sind, die zum Klimaschutz beitragen. Die Länder müssten entweder CID-Gesetze verabschieden oder die bestehenden BID und HID-Gesetze ergänzen (Ingold 2009, S. 432).

Battis et al. (2010) griffen diese Argumentation auf und sahen bereits 2010 in den privaten Initiativen zur Stadtentwicklung nach § 171f BauGB das „städtebaulich innovativste Potenzial für den Klimaschutz", sofern ein CID-Gesetz geschaffen würde (Battis et al. 2010, 83). Damit könnte im Rahmen des Besonderen Städtebaurechts das große Potenzial an Klimaschutzmaßnahmen im Gebäudebestand umgesetzt werden (Battis et al. 2010, 8). CID können die bestehenden Instrumente ergänzen und die energetische Modernisierung in privater Verantwortung auf Quartiersebene weiter vorantreiben.

Battis et al. schlugen vor, dass der Bundesgesetzgeber eine bundesrechtliche Regelung zur Etablierung von CID erlassen solle. Dies passierte jedoch nicht, da die Länder die Gesetze dafür schaffen könnten (Battis et al. 2010, S. 83). Bis heute gibt es in Deutschland kein Climate Improvement District. Nach den bestehenden Landesgesetzen lassen sich indirekt Klimaschutz- und Klimaanpassungsmaßnahmen über die Aufwertungs- und Baumaßnahmen umsetzen. Nur das rheinland-pfälzische Landesgesetz über die lokalen Entwicklungs- und Aufwertungsprojekte (LEAPG) ermöglicht in § 2 Abs. 2 Nr. 11 LEAPG die Erstellung und Umsetzung von integrierten energetischen Quartierskonzepten.

2 Möglichkeiten und Grenzen

Anhand der Vorgaben aus § 171f BauGB und den Landesgesetzen lassen sich Kernelemente, die in jedem UID enthalten sind, ableiten. Die von Kreutz (2010, S. 362) formulierte Definition von Urban Improvement District greift die Vorgaben aus § 171f BauGB und den Landesgesetzen auf und formuliert die zentralen Kernelemente von UID.

Im Folgenden soll nun die Ausgestaltung der fünf wichtigsten Kernelemente und deren Anforderungen für CID diskutiert und somit Möglichkeiten und Grenzen von CID aufgezeigt werden. Diese fünf Kernelemente legen den Fokus auf die Umsetzung von Klimaschutz- und Klimaanpassungsmaßnahmen.

Initiative der Eigentümer

Die Eigeninitiative der Eigentümer ist der zentrale Ausgangspunkt für die Gründung eines UID. Die Frage ist also, was kann der Anlass für die Eigentümer sein, gemeinsam Maßnahmen im Quartier umzusetzen?

Grundsätzlich muss ein großer Teil der Eigentümer in einem Quartier der Überzeugung sein, dass eine gemeinsame Umsetzung und Finanzierung von Maßnahmen sinnvoll und erfolgversprechend ist. Ohne diese Mehrheit und Überzeugung entsteht kein Quartierskonzept, und fehlt auch die Bereitschaft zur gemeinsamen Finanzierung.

Ein Anlass kann die energetische Modernisierung sein, die je nach Gebäudealter oder Gebäudezustand notwendig ist. Motive für die Planung oder Umsetzung von Modernisierungsmaßnahmen sind u.a. die Einsparung von Energiekosten sowie die Steigerung des Wohnkomforts, aber auch die Steigerung des Immobilienwertes bzw. der Werterhalt (Eigene Umfrage).

Ein weiterer Anlass für den Start einer CID-Initiative kann die (hohe) Betroffenheit vom Klimawandel sein. Extremwetterereignisse treten immer häufiger auf. Darunter leidet nicht nur der Mieter, es können auch Schäden an Gebäuden auftreten. Insbesondere die Extremwetterereignisse Sturm und Starkregen werden von den Befragten als Herausforderungen für die Wohngebäude gesehen. Allerdings sehen die meisten Eigentümer ihre Wohngebäude nicht durch Extremwetterereignisse gefährdet.

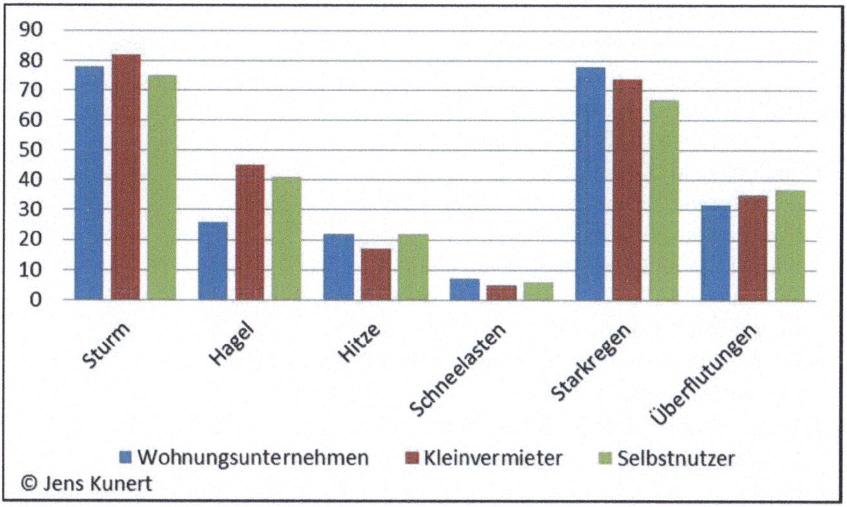

Abbildung 1 Extremwetterereignisse, die für die Eigentümer als Herausforderung für die Wohngebäude gesehen werden (eigene Darstellung)

Maßnahmen- und Finanzierungskonzept (Handlungsfelder, Maßnahmen)

Wichtigste Abstimmungs- und Handlungsgrundlage eines UID ist das Maßnahmen- und Finanzierungskonzept (Quartierskonzept). Darin werden die konkreten Ziele und Maßnahmen für die Umsetzung im Quartier vereinbart und die Finanzierung geregelt (Kreutz 2010, S. 365).

Erfahrungen mit energetischen Quartierskonzepten gibt es zahlreiche. Derzeit fördert die Kreditanstalt für Wiederaufbau (KfW) im Rahmen ihres Förderprogramms 432 „Energetische Stadtsanierung" die Erstellung von Quartierskonzepten sowie die Umsetzung der Konzepte durch die Förderung so genannter Sanierungsmanager (BMUB 2017).

Der Handlungskatalog zum Umgang mit dem Klimawandel auf Quartiersebene ist umfangreich. Battis et al. legten den Fokus von Climate Improvement Districts noch auf „eine breite klimaschutzbezogene Erneuerung der Energieinfrastruktur" (Battis 2010, S. 82). Eine Erweiterung des CID-Maßnahmenkatalogs um Klimaanpassungsmaßnahmen erscheint sinnvoll und notwendig.

In Anlehnung an die bisherigen Erfahrungen mit Business und Housing Improvement Districts auf der einen Seite und energetischen Quartierskonzepten auf der anderen Seite sind folgende Handlungsfelder und Maßnahmen denkbar:

- Handlungsfeld „Wohnumfeld/öffentlicher Raum“
  - Grünflächen schaffen und pflegen
  - Entsiegelung
- Handlungsfeld „Verkehr/Mobilität“
  - E-Tankstellen für Fahrräder und Pkw
- Handlungsfeld „Gebäude“
  - gemeinsame dezentrale Strom- und Wärmeversorgung
  - Einsatz erneuerbarer Energien
  - Anpassung an Extremwetterereignisse
- Handlungsfeld „Serviceleistungen/soziale Dienste“
  - Energieberatung von Mietern und Vermietern
  - Pflegemaßnahmen der Grünanlagen und Wasserflächen
  - Gesundheitsmanagement
- Handlungsfeld „Öffentlichkeitsarbeit“
  - Imagekampagnen, Marketingmaßnahmen.

Die meisten energetischen Maßnahmen sind dabei Pflicht, Klimaanpassungsmaßnahmen eher nicht. Bei der Umsetzung ist es wichtig die Pflichtaufgaben gemeinsam abzustimmen. Zu prüfen ist, inwiefern die Vorgaben aus dem Energiefachrecht mit dem Instrument Climate Improvement District in Einklang gebracht werden können.

In der Übersicht der Handlungsfelder und Maßnahmen wird deutlich, dass es um Maßnahmen am Gebäude, aber auch um Maßnahmen im Wohnumfeld und ggf. im öffentlichen Raum gehen kann. Dabei spielen sowohl harte (z.B. gebäudebezogene Maßnahmen) als auch weiche Instrumente (z.B. Beratungen) eine Rolle.

Über die umzusetzenden Maßnahmen entscheiden die Eigentümer. Ausgangspunkt ist eine Bestandsaufnahme und eine Potenzialanalyse. Die Maßnahmen werden dann an die konkrete Situation vor Ort angepasst. Es ist jedoch deutlich zu trennen zwischen Aufgaben, die die Kommune als ihre Kernaufgaben leisten muss und denen, die durch die Immobilieneigentümer umgesetzt werden können. Eine Verschiebung der Aufgabenwahrnehmung zu Lasten der Privaten darf mit CID nicht erfolgen.

Die Abstimmung über die Aufgabenwahrnehmung wird durch die Regelung gewährleistet, dass das Maßnahmen- und Finanzierungskonzept der Eigentümer mit der Kommune abgestimmt werden muss. Zu bedenken ist dabei jedoch, dass die Eigentümer, sofern sie Maßnahmen der energetischen Modernisierung an ihren Gebäuden vornehmen, auch weitere gebäudebezogene Maßnahmen, wie bspw. den altersgerechten Umbau der Wohnungen oder der Gebäude mit machen. Das kann zu Einschränkungen in der Finanzierung der Pflichtabgabe führen.

(Pflicht-)Abgabe

Ein weiteres zentrales Kernelement eines Climate Improvement District ist die (Pflicht-)Abgabe. Hier wird das Ziel verfolgt, alle Grundstückseigentümer an der Finanzierung zu beteiligen. Es soll niemand von der Umsetzung der Maßnahmen profitieren, ohne nicht einen Beitrag zu leisten (Moeser 2011, S. 34ff.). Dieser Grundsatz ist fundamental für alle Arten von UID. Es sollen alle Grundstückseigentümer von den umgesetzten Maßnahmen profitieren.

Das Problem der Trittbrettfahrer kommt häufig bei freiwilligen Initiativen (bspw. im Stadtmarketing) vor. Einige Grundstückseigentümer und/oder Gewerbetreibende beteiligen sich finanziell nicht an der Aufwertung der Quartiere, profitierten jedoch häufig von den Maßnahmen. Mit der Zeit reduzierten aber auch die zahlungsbereiten Eigentümer aufgrund mangelnder Beteiligung ihre finanzielle Unterstützung, so dass die Grundlage für die Maßnahmen immer weiter bröckelte (vgl. Binger 2010, 2; Moeser 2011, S. 34).

Mit der Pflichtabgabe zur Finanzierung der Maßnahmen konnte man dieses Problem bei BID bewältigen. In der Vorbereitung eines CID muss transparent dargestellt werden, welche Auswirkungen diese Abgabe für jeden einzelnen Eigentümer haben kann. Mit diesem Element steht und fällt die Umsetzung des UID.

Nun stellt sich die Frage, ob das Phänomen „Trittbrettfahrer" auch bei der Umsetzung von Klimaschutz- und Klimaanpassungsmaßnahmen auf freiwilliger Basis auftreten könnte und Eigentümer von diesen profitieren könnten, ohne dass sie sich finanziell an der Umsetzung und Nachsorge (z.B. Pflegemaßnahmen) beteiligen. Schaut man sich die möglichen Maßnahmen an, so besteht diese Gefahr insbesondere bei Maßnahmen zur Anpassung an den Klimawandel im Wohnumfeld. Diese Maßnahmen können zu einem positiven Mikroklima beitragen, von dem alle Eigentümer und Anwohner profitieren würden. Beteiligen sich nicht alle Eigentümer an der Finanzierung, ist die Umsetzung dieser Maßnahmen gefährdet. Es gibt jedoch auch zahlreiche Maßnahmen, bei denen das Problem solcher Mitnahmeeffekte unkompliziert gelöst werden könnte: Bei Anlagen zur Nutzung erneuerbarer Energien könnte man Eigentümer, die sich nicht an der Finanzierung beteiligen, grundsätzlich ausschließen.

Fragt man Grundstückseigentümer nach ihrer Bereitschaft zur Zahlung einer Pflichtabgabe, um gemeinsam mit anderen Eigentümern Klimaschutz- und Klimaanpassungsmaßnahmen umzusetzen, ergibt sich das dargestellte Bild.

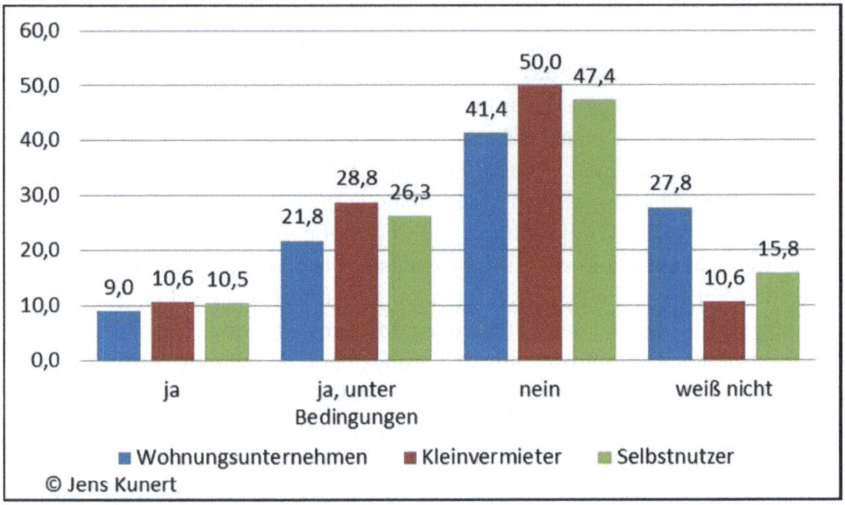

Abbildung 2 Bereitschaft zur Zahlung einer Pflichtabgabe nach Eigentümergruppen in Prozent (eigene Darstellung)

Die Mehrheit der Antworten deutet auf eine fehlende Bereitschaft zur Zahlung hin. Das heißt aber grundsätzlich nicht, dass die Bereitschaft in ausgewählten Quartieren nicht vorhanden ist. Folgende Bedingungen werden genannt, unter denen die Eigentümer bereit wären, eine Pflichtabgabe zu zahlen:

- Kosten-Nutzen-Verhältnis
- Mitsprache
- Zielerreichung/sinnvolle Maßnahmen
- gleichmäßige Verteilung der Kosten.

Diese Bedingungen sind zentrale Elemente, die in der Erstellung des Maßnahmen- und Finanzierungskonzepts und der konkreten Umsetzung eine entscheidende Rolle spielen. Es kommt also darauf an, frühzeitig in der Gründungsphase vor Ort über die Auswirkungen der Pflichtabgabe aufzuklären.

Gründe für die fehlende Zahlungsbereitschaft der Eigentümer sind vor allem die damit verbundenen zusätzlichen Kosten, ebenso das schlechte Kosten-Nutzen-Verhältnis. Außerdem sehen sich viele Eigentümer selbst in der Verantwortung, die Maßnahmen umzusetzen und halten eine gemeinschaftliche Vorgehensweise nicht für notwendig. Weitere Gründe für die fehlende Bereitschaft sind externe Einflüsse (bspw. die negative Entwicklung des Wohnungsmarkts) und verschiedene Hemmnisse. Zahlreiche Eigentümer sehen die Verantwortung der Umsetzung aber auch bei der Kommune.

Zusätzlich besteht bei CID die Herausforderung, dass einige Immobilieneigentümer an ihren Gebäuden bereits Maßnahmen umgesetzt haben. Hier stellt sich die Frage, wie die bereits aktiven Eigentümer eingebunden werden können. Diese, aber auch die Frage nach der grundsätzlichen Berechnung der Pflichtabgabe müssen noch geprüft werden. Ein Anhaltspunkt kann die Berechnung der Pflichtabgabe bei BID sein. Hier wird zur Berechnung für jeden Einzeleigentümer der Einheitswert des Grundstücks mit dem Hebesatz multipliziert. Der Hebesatz ergibt sich aus dem Finanzbedarf des BID und der Summe der Einheitswerte der Grundstücke im BID (Moeser 2011, S. 96).

Um die Belastung für die Eigentümer überschaubar zu halten, ist im Hamburger BID-Gesetz eine Kappungsgrenze von 10 % des Einheitswertes des Grundstücks festgelegt (vgl. § 7 Abs. 1 GSED). Hamburg will aktuell die Berechnung der Abgabe neugestalten. Ähnlich der Berechnung von Erschließungsbeiträgen fließen dann die Faktoren Grundstücksfläche und die Zahl der Geschosse ein. Der Grundstückswert wird also auch zukünftig eine Rolle spielen (Behörde für Stadtentwicklung Hamburg 2017). Für CID ist noch zu prüfen, ob die Berechnung der Abgabe bei BID übertragbar ist oder ob für die Umsetzung unter dem Schwerpunkt Klimaschutz und Klimaanpassung nicht auch weitere Faktoren eine Rolle spielen.

Fragt man bei den Eigentümergruppen nach, ob sie an eine Umsetzung der Klimaschutz- und Klimaanpassungsmaßnahmen auf freiwilliger Basis glauben, so wird insbesondere bei den Kleinvermietern und Selbstnutzern deutlich, dass dies eher nicht funktioniert.

Tabelle 1 Freiwilligkeit bei der Umsetzung (Anteile nach Eigentümergruppen) (eigene Darstellung)

Antworten	Wohnungsunternehmen		Kleinvermieter		Selbstnutzer	
	Glaube an freiwillige Umsetzung	freiwilliges Engagement	Glaube an freiwillige Umsetzung	freiwilliges Engagement	Glaube an freiwillige Umsetzung	freiwilliges Engagement
ja	36 %	68 %	30 %	40 %	32 %	51 %
nein	35 %	10 %	40 %	33 %	46 %	21 %
weiß nicht	29 %	22 %	30 %	27 %	22 %	28 %

Der große Anteil an Unsicherheiten („weiß nicht“) zeigt möglicherweise auch, dass noch viel Aufklärungsarbeit zu leisten ist, welche Potenziale und Notwendigkeiten in der quartiersbezogenen Umsetzung von Maßnahmen liegen.

Sehr viel deutlicher ist dagegen das Ergebnis der Frage, ob sich die Eigentümer freiwillig engagieren würden. Vor allem die Wohnungsunternehmen haben ein sehr großes Interesse, sich freiwillig zu engagieren. Aber auch bei den Kleinvermietern und Selbstnutzer ist der Anteil der Personen, die sich freiwillige engagieren würden, groß. Das zeigt, dass das Bewusstsein für die Thematik durchaus vorhanden ist. Offensichtlich bedarf es aber eines einheitlichen Vorgehens und einer konkreten Abstimmung im Quartier vor Ort, um Klimaschutz- und Klimaanpassungsmaßnahmen umzusetzen. Welcher Weg der erfolgversprechendere von beiden (freiwillig oder über eine vertragliche Regelung mit Pflichtabgabe) ist, muss situationsbedingt vor Ort entschieden werden.

Aufgabenträger

Der Aufgabenträger ist neben der privaten Initiative und der Gemeinde der dritte wichtige Akteur in einem UID. Er setzt die Maßnahmen auf Grundlage des Maßnahmen- und Finanzierungskonzepts, bei dessen Erstellung er mit beteiligt sein kann, um. Gleichzeitig tritt er als Rechtspersönlichkeit des UID auf. An ihn gestellte Anforderungen werden in den Landesgesetzen geregelt. Er schließt mit der Kommune einen Vertrag und unterliegt der Kontrolle der Aufsichtsbehörde (Moeser 2011, 50 ff.).

Die Erfahrungen aus dem Forschungsfeld „Kooperation im Quartier (KiQ)“ und dem KfW-Förderprogramm „Energetische Stadtsanierung“ zeigen, dass ein dritter Akteur, der für die Organisation und Umsetzung im Quartier verantwortlich ist, wesentlich zum Erfolg beiträgt. Bei KiQ sind es oft die „Kümmerer“ (BBSR 2015, 41), bei dem Förderprogramm 432 wird dieser „Dritte“ als Sanierungsmanager bezeichnet (BMUB et al. 2017, S. 5).

Der Aufgabenträger in einem CID könnte im Vergleich zum Sanierungsmanager einen Schritt weitergehen. Er koordiniert die Maßnahmen, unterstützt die Eigentümer bei der Umsetzung durch Beratung und setzt quartiersbezogene Maßnahmen selber um. Damit kann der Aufgabenträger einen wichtigen Beitrag leisten, um die fehlenden Kapazitäten der Einzeleigentümer bei der Umsetzung von Klimaschutz- und Klimaanpassungsmaßnahmen zu ersetzen.

Die Unterstützung vor allem der privaten Eigentümer erscheint notwendig und vielfältig, da sowohl bei der konkreten Umsetzung als auch bei der Planung von Klimaschutz- und Klimaanpassungsmaßnahmen zahlreiche Hemmnisse auftreten. Im Ergebnis der Umfrage kam heraus, dass vor allem die Finanzierung der Maßnahmen, aber auch rechtliche oder bürokratische Hindernisse sowohl bei den

Wohnungsunternehmen als auch bei Kleinvermietern und Selbstnutzern als Problem auftreten. Hier kann der Aufgabenträger die Möglichkeiten der finanziellen Förderung aufzeigen, aber auch fachliche Beratung anbieten. Sinnvoll erscheint vor allem den Eigentümern, die Wirtschaftlichkeit verschiedener Maßnahmen darzulegen.

Unsicherheit bzgl. des gesamten Prozesses der energetischen Modernisierung lassen sich durch einen kompetenten Aufgabenträger bewältigen. Er kann die Kontakte zu den notwendigen Behörden herstellen.

Die Eigentümer sind sich grundsätzlich ihrer Rolle im Rahmen der energetischen Modernisierung bewusst. Sie schreiben die Hauptverantwortung der Umsetzung jedoch eher der Stadtverwaltung zu. Die Stadt bzw. der Staat soll die Umsetzung fördern und gemeinsamen mit den Eigentümern voranbringen.

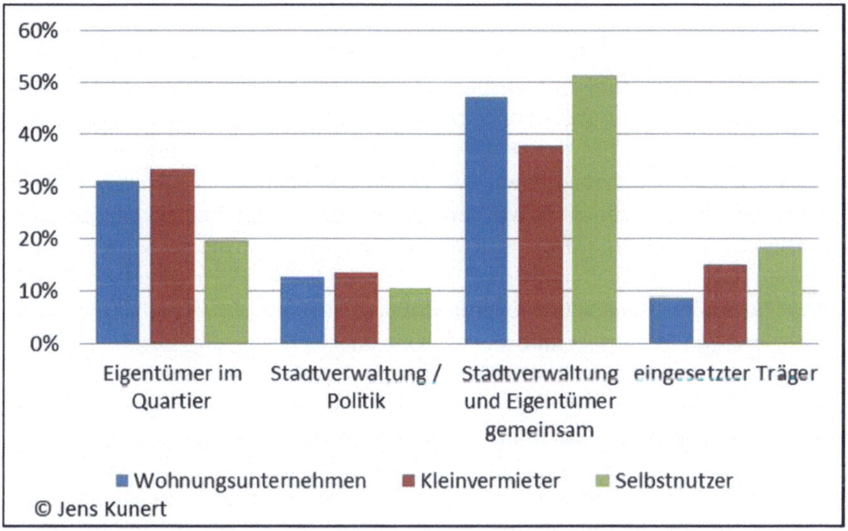

Abbildung 3 Meinung der Eigentümer zur Hauptverantwortung für die Umsetzung von Klimaschutz und Klimaanpassungsmaßnahmen (Anteile in Prozent) (eigene Darstellung)

Umsetzungsebene

Um sinnvoll Klimaschutz und Klimaanpassung zu betreiben, ist es im städtischen Kontext erforderlich, auf mehreren Ebenen aktiv zu werden. Einerseits muss die Kommune ein gesamtstädtisches Konzept aufstellen, um die Betroffenheiten und Potenziale in verschiedenen Handlungsfeldern der gesamten Stadt, ggf. auch in Verbindung mit anderen Kommunen in der umliegenden Region, zu ermitteln. Zahlreiche Kommunen haben sich dieser Aufgabe bereits angenommen.

Da der Gebäudesektor und damit auch die privaten Haushalte für einen großen Energieverbrauch verantwortlich sind, ist andererseits auch die Gebäudeebene eine entscheidende Handlungsebene. Die Handlungsmöglichkeiten (z.B. Gebäudedämmung, Einsatz erneuerbarer Energien) sind bekannt und werden auch umgesetzt. Jedoch ist das Potenzial der Energieeinsparung noch nicht voll ausgenutzt. Außerdem brauchen zahlreiche Immobilieneigentümer Unterstützung bei der Umsetzung.

Daher erscheint das Quartier die richtige Ebene zu sein, um Effizienz- und Kostenvorteile ausnutzen zu können. Auf Basis eines Quartierskonzepts können die Potenziale ermittelt und Kooperationsmöglichkeiten erschlossen werden. Gemeinsam kann man Blockheizkraftwerke oder Anlagen zur Nutzung erneuerbarer Energien finanzieren. Durch den Anschluss mehrerer Eigentümer können die technischen Anlagen effektiver genutzt werden. Weitere Vorteile des gemeinschaftlichen Vorgehens für die Einzeleigentümer sind geringere Kosten (durch Skaleneffekte) und die Reduzierung des Aufwands für jeden einzelnen Eigentümer. Angesichts steigender Modernisierungskosten und der damit verbundenen Vertreibung von Mietern könnte hier auch ein Ansatz liegen, die energetische Modernisierung sozialverträglicher zu gestalten.

Demgegenüber stehen jedoch auch einige Nachteile des gemeinschaftlichen Vorgehens im Quartier: So kommt es, insbesondere in sehr heterogenen Quartieren mit einer Vielzahl an Eigentümern, schnell zu Reibungsverlusten. Der Abstimmungsaufwand kann, damit die zuvor genannten Ziele erreicht werden, auch sehr hoch sein. Einige Eigentümer in einem Quartier haben möglicherweise schon kleinteilige Maßnahmen an ihren Gebäuden umgesetzt. Dadurch ergibt sich bei einigen Maßnahmen sicherlich ein Konflikt, so dass die Unterstützung durch einzelne Eigentümer für die Gesamtmaßnahme ausbleibt. Ein weiterer entscheidender Nachteil der quartiersbezogenen Vorgehensweise ist die unterschiedliche finanzielle Situation der Eigentümer.

Tabelle 2 Vor- und Nachteile der Kooperation auf Quartiersebene (eigene Darstellung)

Vorteile	Nachteile
• Kostenersparnis • effizientere Nutzung von erneuerbaren Energien • Reduzierung des Aufwands für jeden einzelnen Akteur • lokale Vernetzung der Akteure	• Reibungsverluste durch zu viele Eigentümer • Abstimmungsaufwand zu hoch • unterschiedliches Baualter • unterschiedlicher Stand im Modernisierungszyklus • unterschiedliche finanzielle Mittel

Die privaten Eigentümer sehen vor allem die gesamtstädtische und die gebäudebezogene Ebene – und damit nicht das Quartier – als entscheidende Handlungsebene.

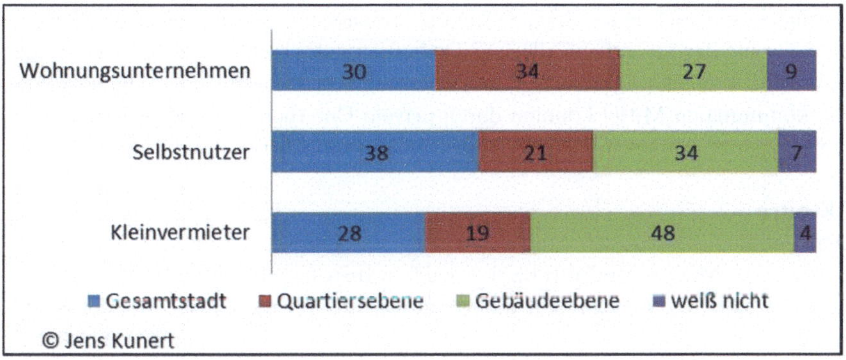

Abbildung 4 Umsetzungsebene für Maßnahmen Klimaschutz (Anteile in Prozent) (eigene Darstellung)

Es ist bemerkenswert, wie sehr vor allem die Kleinvermieter sich selber in der Verantwortung sehen. Dennoch ist offensichtlich noch viel Überzeugungsarbeit bzgl. der Sinnhaftigkeit des Quartiers als Abstimmungsebene zu leisten.

Zahlreiche Forschungsprojekte (beispielhaft zu nennen ist die Begleitforschung „Energetische Stadtsanierung") und bereits erstellte Quartierskonzepte (z.B. im Rahmen der KfW-Förderung „Energetische Stadtsanierung" (S. 432)) haben gezeigt, dass vor allem die Quartiersebene ein richtiger Ansatz ist, weil hier die Vorteile herauszuheben sind. Dennoch sind viele Maßnahmen am oder im Gebäude umzusetzen. Das Aufzeigen der Potenziale des gemeinschaftlichen Vorgehens erscheint notwendig.

3 CID in der Stadterneuerung und der Städtebauförderung

Stadterneuerung ist seit Jahrzehnten eine zentrale Aufgabe der Kommunen. Dabei müssen die Kommunen immer wieder auf neue Herausforderungen reagieren. Um diesen zu begegnen, werden neue rechtliche Instrumente geschaffen, welche die Folgen der Veränderungen ausgleichen und die Quartiere stabilisieren sollen. Die Städtebauförderung ist in diesem Zusammenhang ein zentraler Punkt, dient sie doch einerseits der Umsetzung von Stadterneuerungsprozessen, andererseits aber als Anreiz für private Bau- und Folgeinvestitionen (von Einem 2015, S. 26).

Aktuelle zentrale Herausforderungen sind u.a. der Klimawandel und die damit verbundene Energiewende, die Mietpreisentwicklungen sowohl in wachsenden als auch in schrumpfenden Kommunen sowie die knappen Kassen der öffentlichen Haushalte. (Altrock et al. 2015, S. 7) Letztere haben Auswirkung auf die Drittelfinanzierung der Städtebauförderung aus kommunaler Sicht. Es gilt daher, zusätzliche Gelder zu akquirieren, um die Förderung von Maßnahmen sicherzustellen. Die kommunalen Mittel könnten durch private Unternehmen und private Eigentümer ergänzt werden (vgl. Verwaltungsvereinbarung 2017).

Akteure

Die zentralen Akteure der Stadterneuerung sind die Kommune und die privaten Eigentümer. Mit der Einführung der neueren Instrumente seit 2004 hat sich das Rollenverständnis in Bezug auf die Verantwortung für die Umsetzung der Stadterneuerungsmaßnahmen verändert. Die Hauptverantwortung liegt bei der städtebaulichen Sanierungsmaßnahme bei der Kommune, denn sie ist für die „einheitliche Vorbereitung und zügige Durchführung" (vgl. § 136 Abs. 1 BauGB) verantwortlich.

Dennoch war die Sanierungsmaßnahme auch immer durch die „Kooperation zwischen Gemeinde und Sanierungsbeteiligten (…) geprägt" (Krautzberger 2012, 69). Die Privaten sollten unterstützt werden und die Maßnahmen mitfinanzieren; mit den neueren Instrumenten steigen die Selbstverantwortung und das Engagement der privaten Akteure für ein Quartier (Krautzberger 2012, S. 69). Aus Beteiligung und Mitwirkung wird Aktivierung (BMVBS 2011, S. 43).

Das bedeutet jedoch nicht, dass die „alten" Instrumente nicht mehr notwendig sind, die Instrumente können sich vielmehr gegenseitig ergänzen (Krautzberger 2012, S. 71).

Bei den zentralen Instrumenten der Stadterneuerung können die Aufgaben auch auf einen Dritten übertragen werden. Auch hier findet ein Wandel statt: Dem Sanierungsträger werden nur einige Aufgaben übertragen; der Dritte bei UID, der Aufgabenträger, ist ein zentraler Akteur, der die Maßnahmen auf Basis des Quartierskonzepts umsetzt. Die Kommune verliert ihre Kontrollfunktion jedoch nicht. Gewährleistet wird dies durch die Abstimmung des Quartierskonzepts mit der gesamtstädtischen Planung und die hoheitliche Unterstützung (Kreutz 2015, S. 99).

Es findet also ein Wandel vom top-down geprägten Ansatz der frühen Stadterneuerung hin zum bottom-up gesteuerten Ansatz der privaten Initiativen zur Stadtentwicklung statt (Krautzberger 2012, S. 72).

UID sowie CID und Städtebauförderung

Es gibt wenige Beispiele, wo die Kombination von UID mit Gebieten der Städtebauförderung oder anderen öffentlich finanzierten Maßnahmen erfolgt (Kreutz 2015, S. 111). UID stellen „einen zusätzlichen Ansatz" (Kreutz 2015, S. 111) dar, der sinnvoll mit der Städtebauförderung kombiniert werden kann. UID könnten also entweder begleitend in der Phase der Städtebauförderung in einem Quartier oder im Anschluss daran, zur Verstetigung der Erfolge, umgesetzt werden.

Kreutz empfahl die Schaffung von Anreizen durch die Städtebauförderung, um mit Hilfe von UID eine „Nachsorge- und Verstetigungsstruktur in Programmgebieten gezielter zu fördern". Denkbar wäre bspw. die Vorbereitungsphase mit Städtebaufördermitteln zu unterstützen (2015, S. 112). Die Initialisierungsphase von UID ist sehr langwierig, damit könnten weitere Eigentümer in den Quartieren aktiviert werden. Die Möglichkeiten und Grenzen des Förderrechts in Verbindung mit UID sind noch zu prüfen.

Bedeutung von Klimaschutz und Klimaanpassung in der Stadterneuerung und der Städtebauförderung

Mit den Instrumenten des Besonderen Städtebaurechts wurde immer wieder auf aktuelle Herausforderungen reagiert, die Inhalte und Anforderungen wurden dementsprechend angepasst. Gleiches gilt bei der Herausforderung Klimawandel.

Klimaschutz und Klimaanpassung sind zentrale Punkte der Stadterneuerung, da sie einerseits zu den Zielen der nachhaltigen Stadtentwicklung gehören und es andererseits ein enormes Potenzial an Maßnahmen gibt. Durch die BauGB-Novellen in den Jahren 2011 und 2013 wurden beide Strategien in das Besondere Städtebaurecht aufgenommen. Explizite Erwähnung finden die quartiersbezogenen Anforderungen an Klimaschutz und Klimaanpassung in der städtebaulichen Sanierungsmaßnahme (z. B. § 136 Abs. 2 BauGB) und im Stadtumbau (z. B. § 171a Abs. 2 BauGB).

In den Verwaltungsvereinbarungen zur Städtebauförderung wird die Bedeutung des Klimaschutzes und der Klimaanpassung nur in der Präambel herausgestellt. Sie finden in der Formulierung förderfähiger Maßnahmen keine explizite Erwähnung, lassen sich aber in einige Maßnahmen einordnen (vgl. Verwaltungsvereinbarung 2017).

Die Quartiersebene als eine Handlungsebene bei der Umsetzung von Klimaschutz- und Klimaanpassungsmaßnahmen zu betrachten erscheint aus Sicht des Autors sinnvoll.

4 Fazit

Climate Improvement Districts stellen ein weiteres Instrument zur Umsetzung von Maßnahmen zum Klimaschutz und zur Anpassung an den Klimawandel dar. Sie passen in die Entwicklung des Besonderen Städtebaurechts und würden das Instrument der Standortgemeinschaften weiterentwickeln.

Wann könnten CID zum Einsatz kommen? Es gibt zahlreiche Quartiere in Deutschland, in denen weder städtebauliche Missstände (gemäß § 136 BauGB) noch ein Überangebot an bestimmten Nutzungen (vgl. § 171a BauGB) vorliegen, aber dennoch Handlungsbedarf in Bezug auf den Klimawandel besteht. Allein das Interesse der privaten Eigentümer, etwas tun zu wollen bzw. auch zu müssen, sollte unterstützt und gefördert werden.

Zahlreiche Beispiele haben bereits gezeigt, dass die Quartiersebene die entscheidende und optimale Ebene für die gemeinsame Koordinierung und Umsetzung von Maßnahmen zum Klimaschutz und zur Anpassung an den Klimawandel ist. Das CID kann auf diesen Erfahrungen aufbauen und die Umsetzung voranbringen. Dafür müssen die notwendigen Voraussetzungen zur Einrichtung eines Climate Improvement Districts vorliegen und die Potenziale der Quartiere ermittelt werden.

Der einzelne Eigentümer kann nur sein eigenes Verhalten und die energetische Modernisierung seines Gebäudes steuern. Andere Handlungsfelder können nicht betrachtet werden. Damit bleiben zahlreiche Potenziale ungenutzt.

Die Pflichten eines jeden Einzeleigentümers, die sich aus den Fachgesetzen ergeben und vor allem Maßnahmen zum Klimaschutz betreffen, werden durch den Einsatz des Instrumentes nicht in Frage gestellt. Durch den quartiersbezogenen Ansatz könnten die Belastungen für jeden einzelnen Eigentümer durch die Verteilung auf mehrere Schultern reduziert werden.

CID können zur Umsetzung der im Rahmen des Förderprogramms „Energetische Stadtsanierung“ erstellten Quartierskonzepte beitragen. Außerdem könnte das Instrument die Nachsorge von Klimaschutz- und Klimaanpassungsmaßnahmen, die im Rahmen von städtebaulichen Sanierungsmaßnahmen oder

Stadtumbaumaßnahmen umgesetzt worden sind, unterstützen. Damit würden Städtebaufördermittel auch nachhaltige Wirkungen erzielen.

In Quartieren, die schon weitestgehend energetisch modernisiert sind, könnte der Einsatz des CID für die Umsetzung von Klimaanpassungsmaßnahmen dienen.

Die Wohnungswirtschaft ist ein zentraler Akteur bei der Umsetzung von Maßnahmen zum Klimaschutz. Den Immobilieneigentümern müssen die Vorteile der Umsetzung der Maßnahmen auf der Quartiersebene dargestellt werden. Die Umsetzung kann dann mit Hilfe des Aufgabenträgers aus einer Hand erfolgen. So können zahlreiche Hemmnisse der energetischen Modernisierung und der klimaangepassten Aufwertung des Wohnumfelds überwunden werden. Allerdings sehen viele Immobilieneigentümer den Klimawandel derzeit nicht als alleinige Herausforderungen für ihre Wohnimmobilien. Eine zusätzliche Abgabe wollen viele Eigentümer nicht zahlen. Mit Hilfe der Pflichtabgabe wäre allerdings eine einheitliche und nachhaltige Finanzierung gesichert. Die Quartiersebene ist aus Sicht vieler Eigentümer nicht die entscheidende Handlungsebene.

Dennoch erscheint das Climate Improvement Districts ein wichtiges Instrument, um private Immobilieneigentümer im Umgang mit dem Klimawandel zu aktivieren und zu unterstützen. Es müsste ähnlich wie Housing Improvement Districts beispielhaft erprobt werden.

Es wird daher empfohlen, dass die Bundesländer entweder Landesgesetze für die Umsetzung von Climate Improvement Districts schaffen oder bestehende Landesgesetze zu erweitern. Für die Förderung und Umsetzung von Klimaschutz- und Klimaanpassungsmaßnahmen wäre es hilfreich, wenn die Möglichkeit der Umsetzung direkt im Maßnahmenkatalog genannt würden und somit eine Klarstellung erfolgt.

Jedoch könnte bei bestehenden BID-Landesgesetzen womöglich ein Konflikt mit den formulierten Zielen der Förderung des Einzelhandels auftreten. Die Förderung des Einzelhandels sowie die Unterstützung des Klimaschutzes und der Klimaanpassung schließen sich nicht grundsätzlich aus. Aufgrund des nicht immer umfangreichen Budgets könnten sich jedoch die Schwerpunkte zu Gunsten des einen Bereiches verschieben. Dennoch wäre es sinnvoll, bei der Planung von Maßnahmen im BID auch die Herausforderung Klimawandel mit zu denken. Hamburg hat den Vorteil, bereits über ein HID-Gesetz zu verfügen. Hier wäre eine Erweiterung des Maßnahmenkatalogs um Klimaschutz- und Klimaanpassungsmaßnahmen notwendig.

Anmerkung

Für die Diskussion werden Ergebnisse aus einer selbst durchgeführten Online-Umfrage einbezogen. Zielgruppen der Umfrage waren einerseits Wohnungsunternehmen, die im Bundesverband deutscher Wohnungs- und Immobilienunternehmen e. V. (GdW) organisiert sind. Andererseits wurden auch Kleinvermieter und Selbstnutzer von Wohnimmobilien befragt. Die Verteilung der Umfrage an die privaten Eigentümer erfolgte über die Haus & Grund Ortsvereine. Es bestand auch die Möglichkeit die Umfrage an weitere private Eigentümer weiterzuleiten. Die ausführliche Darstellung der Ausgestaltung des CID erfolgt im Rahmen des Dissertationsvorhabens an der BTU Cottbus-Senftenberg.

Literatur

Altrock, Uwe, Ronald Kunze, Gisela Schmitt & Dirk Schubert (2015). Vorwort. In Uwe Altrock, Ronald Kunze, Gisela Schmitt, Dirk Schubert (Hrsg.). Über Städtebauförderung hinaus? Jahrbuch Stadterneuerung 2014/15 (S. 7–15). Berlin: Uwe Altrock Verlag.

Battis, Ulrich, Jens Kersten & Stephan Mitschang (2010). Rechtsfragen der ökologischen Stadterneuerung. Frankfurt: Peter Lang Verlag.

Behörde für Stadtentwicklung Hamburg (2017). Neue Berechnungsgrundlage für Business Improvement Districts. http://www.hamburg.de/bsw/presse/8719118/2017-05-09-bsw-bid-berechnungsgrundlage (28.07.2017).

Binger, Sebastian (2010). Erfolgsfaktoren im Gründungsprozess von Business Improvement Districts. Ein Überblick über den Forschungsstand und eine empirische Analyse von Gründungsprozessen deutscher BID-Initiativen. Hamburg: Verlag Dr. Kovac.

BMUB (Bundesministerium für Umwelt, Naturschutz, Bau und Reaktorsicherheit), KfW Bankengruppe (KfW). & Bundesinstitut für Bau-, Stadt- und Raumforschung (BBSR) (Hrsg.) (2017). Energetische Stadtsanierung in der Praxis III – Umsetzungserfolge und Herausforderungen für die Zukunft. Berlin/Frankfurt/Bonn.

BMVBS (Bundesministerium für Verkehr, Bau und Stadtentwicklung) (Hrsg.) (2011). 40 Jahre Städtebauförderung. Bonn/Berlin.

von Einem, Eberhard (2015). 50 Jahre Stadterneuerung – ein Blick in die Zukunft, in: Uwe Altrock, Ronald Kunze, Gisela Schmitt, Dirk Schubert (Hg.), Über Städtebauförderung hinaus? Jahrbuch Stadterneuerung 2014/15 (S. 19–29). Berlin: Uwe Altrock Verlag.

Friesecke, Frank (2007). Housing Improvement Districts – ein Instrument auch für die Innenentwicklung?. http://www.urban-improvement-districts.de/files/File/Friesecke_fub_6_07.pdf (01.08.2015).

Ingold, Albert (2009). Climate Improvement Districts (CID) – Klimaschutz durch private Initiativen zur Stadtentwicklung (§ 171f BauGB) Umwelt- und Planungsrecht (UPR) 11+12, S. 431–436.

Krautzberger, Michael (2012). Stadterneuerung und Stadtentwicklung durch Private? Deutsches Verwaltungsblatt (DVBl.) 2, S. 69. S. 74.

Kreutz, Stefan (2010). BIDs und HIDs – Zur Bedeutung dieser Modelle privater Initiativen für die Quartiersentwicklung und zum Stand der Umsetzung in Deutschland. In Manfred Neuhöfer (Hrsg.), Taschenbuch für den Wohnungswirt 2010. Hamburg: Hammonia-Verlag.

Kreutz, Stefan (2015). Polarisierung der Stadtentwicklung durch Urban Improvement Districts? Eine erste Bilanz. In Uwe Altrock, Ronald Kunze, Gisela Schmitt, Dirk Schubert

(Hrsg.), Über Städtebauförderung hinaus? Jahrbuch Stadterneuerung 2014/15 (S. 99–114). Berlin: Uwe Altrock Verlag.

Krüger, Thomas; Wickel, Martin & Kreutz, Stefan (2007). Gutachten über die Begleitforschung für das Teilprojekt HID Steilshoop im Rahmen des Projektes Lebenswerte Stadt Hamburg. HafenCity Universität Hamburg. http://www.urban-improvement-districts.de/files/File/HCU-Gutachten_Begleitforschung-Steilshoop_04-09-2007.pdf (01.08.2016).

Krüger, Thomas (2015). Urban Improvement Districts – Ein Forschungsprojekt der HCU Hamburg. http://www.urban-improvement-districts.de/?q=International (28.07.2017).

Moeser, Martin (2011). BIDs und kommunale Governance. Business Improvement Districts als Rechtssystem und im Rechtssystem – ein Instrument der kommunalen Governance. Baden-Baden: NOMOS.

Rechtsgrundlagen

Baugesetzbuch in der Fassung der Bekanntmachung vom 23. September 2004 (BGBl. I S. 2414), das zuletzt durch Artikel 2 Absatz 3 des Gesetzes vom 20. Juli 2017 (BGBl. I S. 2808) geändert worden ist.

Landesgesetz über lokale Entwicklungs- und Aufwertungsprojekte (LEAPG) vom 18. August 2015.

Gesetz über Immobilien- und Standortgemeinschaften (ISGG NRW) vom 10. Juni 2008, zuletzt geändert durch Gesetz am 17. Juni 2014 (GV. NRW. S. 347).

Gesetz zur Stärkung der Einzelhandels-, Dienstleitungs- und Gewerbezentren (GSED) vom 28.12.2004 zuletzt geändert am 1.10.2013 (HmbGVBl. S. 424).

Innenstadtmanagement

Erfolgsfaktoren und Herausforderungen des Instrumentes in der Stadterneuerung

Alessa Strubel

Zusammenfassung

Der Aufgabenschwerpunkt der Innenstadtentwicklung rückt in den letzten Jahren immer stärker in den Blick des Bundes und der Länder, was durch die Etablierung verschiedener Länderinitiativen, Forschungsprojekte oder Förderprogramme deutlich wird. Neben formellen und informellen Instrumenten kommt zunehmend die *Managementkomponente* zum Einsatz, die auch im Rahmen von EU-, Bundes- und Länderförderungen finanzielle Unterstützung erhält und vorwiegend die Bezeichnung City-, Innenstadt-, Zentren- oder Quartiersmanagement trägt.

Ziel dieses Beitrags ist es, den innovativen und aktivierenden Ansatz eines Innenstadtmanagements zu verdeutlichen, potenzielle Erfolgsfaktoren und Herausforderungen des Instruments darzustellen und letztlich den Bezug zur Städtebauförderung und Stadterneuerung herzustellen.

U. Altrock et al. (Hrsg.), *Programmatik der Stadterneuerung*, Jahrbuch Stadterneuerung, https://doi.org/10.1007/978-3-658-26765-0_12

Innenstädte nehmen im Gesamtstadtgefüge räumlich und funktional eine bedeutsame Stellung ein (Wietzel 2007, S. 3). Die Konzentration und Überlagerung zahlreicher Nutzungen und Funktionen (Wohnen, Arbeiten, Versorgung, Handel, Dienstleistung, Kultur, Freizeit, etc.) führen zu beträchtlichen Ansprüchen an die Innenstädte. Zugleich bestimmen sie das Image einer Stadt und tragen zur kontinuierlichen Entwicklung der Gesamtstädte bei (Bundesinstitut für Bau-, Stadt- und Raumforschung 2010, S. 1). Zurzeit lässt sich allerdings von einem Umbruch unserer Innenstädte sprechen. Vor dem Hintergrund der kontinuierlichen Wandlungsprozesse und Entwicklungstrends der Stadtentwicklung (demografischer Wandel, Strukturwandel, Funktionswandel, etc.) stehen sie vor neuen Aufgaben. So führen u.a. die zunehmende Mobilität der Stadtbewohner, der Online Handel, der interkommunale und regionale Wettbewerbsdruck, die Filialisierung im Einzelhandelsbereich zu einer Abnahme der Versorgungsfunktion, veränderten Einkaufs- und Freizeitverhalten, einem Funktionsverlust und einhergehenden Leerständen und letztlich zu einem Verlust der innerstädtischen Attraktivität, Qualität und Identität (Wüstenrot Stiftung 2008, S. 23).

Der Aufgabenschwerpunkt der Innenstadtentwicklung rückt daher in den letzten Jahren immer stärker in den Blick des Bundes und der Länder, was durch die Etablierung verschiedener Länderinitiativen (z.B. Cityoffensive NRW „Ab in die Mitte!“), Forschungsprojekte (z.B. „Weißbuch Innenstadt“) oder Förderprogramme (z.B. „Aktive Stadt- und Ortsteilzentren“) deutlich wird (Bundesinstitut für Bau-, Stadt- und Raumforschung 2015, S. 20). Neben formellen und informellen Instrumenten kommt hierbei zunehmend die *Managementkomponente* zum Einsatz, die bspw. im Rahmen von EU-, Bundes- und Länderförderungen finanzielle Unterstützung erhält und vorwiegend die Bezeichnung City-, Innenstadt-, Zentren- oder Quartiersmanagement trägt.

Ziel dieses Beitrags ist es, den innovativen und aktivierenden Ansatz eines Innenstadtmanagements zu verdeutlichen, potenzielle Erfolgsfaktoren und Herausforderungen des Instruments darzustellen und letztlich den Bezug zur Städtebauförderung und Stadterneuerung herzustellen. Der Beitrag ist Ergebnis einer Bachelorarbeit und basiert auf zwei rheinland-pfälzischen Fallstudien (Grünstadt und Bad Hönningen) sowie Experteninterviews mit Managementbeauftragten der beiden Kommunen und Vertretern des rheinland-pfälzischen Innen-, Wirtschafts- und Finanzministeriums.

1 Was ist Innenstadtmanagement?

Managementformen, wie auch das Stadtmanagement, das Quartiers-, City- oder das Geschäftsstraßenmanagement, nehmen in der kommunalen Praxis einen immer größeren Stellenwert ein und tragen in unterschiedlicher Art und Weise zur Entwicklung der Innenstadt bei. Alle Begrifflichkeiten verfolgen denselben Ansatz einer effektiven Zusammenarbeit öffentlicher und privater Akteure zur Erarbeitung eines Lösungskonzeptes und zur Bewältigung der städtischen und innerstädtischen Problemfelder. Dabei werden vor allem kooperative und kommunikative Elemente eingesetzt. Unterschiede bestehen lediglich hinsichtlich des räumlichen Bezuges und der konkreten Maßnahmen und Umsetzungen.

Dabei kann festgestellt werden, dass der allgemeine Managementbegriff nicht mit der Planung oder Entwicklung gleichgesetzt werden kann. Etwas zu managen bedeutet, etwas zu leiten, zu organisieren und zustande zu bringen. Der Managementansatz beruht daher im Gegensatz zur Stadtplanung oder Stadtentwicklung nicht nur auf der Erarbeitung und Entwicklung von Plänen und Konzepten, sondern primär auf der Gestaltung und Organisation von Projekten und Prozessen, kommunikativen und kooperierenden Ansätzen sowie der Umsetzung von Plänen und Konzepten. Management betont demnach insbesondere die Handlungs- und Umsetzungsorientierung, wobei z.B. die Planung zunächst versucht, das eigene Handeln vorzustrukturieren, was jedoch zunächst nichts in Bewegung setzt (Sinning 2007, S. 303f.).

Definitionsversuch

Der Begriff des Innenstadtmanagements stellt eine sehr weitreichende und umfassende Managementstrategie für die Gebietskulisse der Innenstadt dar, ist förderunabhängig und integriert insgesamt die meisten Managementformen, da es einen breiten und integrierten Handlungsansatz verfolgt. Die Koordination zahlreicher Aufgabenfelder und die intensive Prozessbegleitung nehmen beim Innenstadtmanagement eine zentrale Bedeutung ein. Aus diesen Gründen beschränkt sich der Beitrag auf den Begriff des Innenstadtmanagements.

Trotz umfangreicher Literaturrecherchen konnte keine konkrete Begriffsdefinition ermittelt werden, weshalb sich eine begriffliche Auseinandersetzung als hinfällig ergibt. Zur Definition des Begriffs kann eine Annäherung über die beiden Grundbegriffe *Innenstadt* und *Management* gefunden werden. Auf der Basis dieser beiden Grundbegriffe wurde ein eigenständiger Definitionsansatz erarbeitet, der eine allgemeingültige Definition liefert und durch die Kommunen individuell konkretisiert und angepasst werden kann: Innenstadtmanagement umfasst die strategische und integrative Steuerung, Koordination und Begleitung komplexer

Prozesse und Organisationen im inneren zentralen Stadtgebiet hinsichtlich aller innenstadtrelevanten Handlungsbereiche. Durch entsprechende Zielsetzungen und einer daraus folgenden Strategieentwicklung sowie unter Zuhilfenahme professioneller kommunikativer Methoden soll eine Aktivierung, Motivierung und Vernetzung der wesentlichen Akteure unterstützt und die individuellen innerstädtischen Problemfelder der Kommunen bewältigt werden. Insgesamt geht es bei einem Innenstadtmanagement um eine funktionale und individuelle Betrachtung der Innenstadt, die es dann zu managen und zu steuern gilt.

Das Innenstadtmanagement unterliegt der kommunalen Selbstverwaltung und kann daher relativ frei und selbstständig von den Kommunen umgesetzt werden. Nach Artikel 28 Absatz 2 Grundgesetz und der rheinland-pfälzischen Landesverfassung Artikel 49 muss den Gemeinden „[...] das Recht gewährleistet sein, alle Angelegenheiten der örtlichen Gemeinschaft im Rahmen der Gesetze in eigener Verantwortung zu regeln. [...] Die Gewährleistung der Selbstverwaltung umfasst auch die Grundlagen der finanziellen Eigenverantwortung." Diese kommunale und individuelle Freiheit der Städte unterstützt die Tatsache, dass es keinen vordefinierten Innenstadtmanagementbegriff oder eine Anleitung für die konkrete Handhabung und Ausgestaltung eines solchen Ansatzes gibt. Eine einheitliche Vorgehensweise in der Stadt- und Innenstadtentwicklung kann und soll es demnach auch nicht geben.

Ziele und Aufgaben

Allgemein verfolgt ein Innenstadtmanagement eine aktive und koordinierte Innenstadtentwicklung mit dem übergeordneten Ziel der Standortaufwertung. Um dieses Ziel zu erreichen, gilt es, einen Prozess zu initiieren und zu begleiten, die zentralen Akteure der Stadt und Innenstadt zu aktivieren, gemeinsam Ziele zu erarbeiten sowie eine Strategie mit wichtigen Schlüsselprojekten zu entwickeln. Die *Stabilisierung* und *Verstetigung* des Prozesses sollten dabei im Mittelpunkt der Aufgaben stehen. Weiterhin bestehen die Aufgaben darin, die Aktivitäten zu koordinieren und zu bündeln, Maßnahmen und Projekte umzusetzen, Netzwerke zwischen den lokalen Akteuren aufzubauen sowie deren Kommunikation und Dialog zu fördern. Um einen dynamischen Prozess zu erzeugen, muss folglich eine Verzahnung von Planung, Organisation und Umsetzung angestrebt werden. Nach Kuron und Bona (2000) liegt der Fokus auf dem *„Handeln"* und *„Machen"* (Kuron & Bona 2000, S. 14ff.; Bundesministerium für Umwelt, Naturschutz, Bau und Reaktorsicherheit 2014, S. 82f.).

Voraussetzungen und Bestandteile

Zentrale Voraussetzung eines Innenstadtmanagements ist die grundlegende Erkenntnis, dass ein solcher Prozess erforderlich ist. Im Idealfall wird der Impuls aus Eigenmotivation von den Standortakteuren angestoßen. Für eine erfolgreiche Prozess-Initiierung sind dann insbesondere finanzielle Mittel, Personal, d.h. kompetente Personen mit fachlichen Qualifikationen und kommunikativen Fähigkeiten, entsprechende Räumlichkeiten als feste Koordinations- und Anlaufstelle, eine Strategie mit der Festlegung konkreter Ziele und Aufgaben sowie die Motivation und das Engagement der Akteure unverzichtbar (siehe Abb. 1). Die Erarbeitung einer gemeinsamen Philosophie sowie der integrierte, vernetzte Gedanke stellen hierbei die grundlegende Basis dar. Auf diese Weise soll ein gemeinsam getragener Prozess in die Wege geleitet werden, in dem alle beteiligten Akteure auf Augenhöhe zusammenarbeiten. Dabei ist die aktive Zusammenarbeit öffentlicher und privater Akteure von großer Relevanz, bei der die Stadtverwaltung das hoheitliche Denken weniger herausstellen sollte.

Ein dauerhaftes und langfristiges Innenstadtmanagement benötigt zudem eine feste und klare Organisationsstruktur. Die Wahl der Trägerschaft ist hierbei von unterschiedlichen Faktoren abhängig, wie den individuellen örtlichen Gegebenheiten, den bereits bestehenden Strukturen, den gemeinsam verfolgten Zielen, dem Engagement der Akteure sowie der beabsichtigten Finanzierung. Es gibt demnach kein Patentrezept für die beste Form der Trägerschaft. Relevant für den Erfolg eines Innenstadtmanagementprozesses sind folglich beständige Strukturen, klare Aufgabenverteilungen, Mitbestimmungsmöglichkeiten privater Akteure sowie eine ausreichende Beteiligung der Kommune (Kuron & Bona 2000, S. 23ff.).

Finanzierungsmöglichkeiten

In den vergangenen Jahren haben viele Kommunen der Bundesrepublik Deutschland einen Attraktivitäts- und Imageverlust erlitten. Aufgrund ihrer angespannten Haushaltslage waren sie nicht mehr in der Lage, Investitionen zur Innenstadtaufwertung zu tätigen. Vor diesem Hintergrund besteht gerade in der Finanzierung eines Managements eine große Herausforderung. Dabei verfügen die Kommunen über vielfältige Möglichkeiten, ihren finanziellen Handlungsspielraum zur Förderung der Innenstadtentwicklung zu vergrößern. Zu diesen allgemeinen Möglichkeiten zählen u.a.:

- EU-Programme,
- Bund-Länder-Programme der Städtebauförderung,
- Städtische Haushaltsmittel sowie die Einführung einer Tourismusabgabe,
- Mitgliederbeiträge,

- Einnahmen aus Projekten,
- Sponsoring und Spenden,
- Business Improvement Districts (BIDs).

Abbildung 1 Allgemeine Bestandteile eines Innenstadtmanagements

Nicht auf jede dieser Unterstützungsmöglichkeiten soll im Rahmen dieses Beitrags im Detail eingegangen werden. Nennenswert sind in diesem Zusammenhang allerdings die Fördermöglichkeiten über Städtebauförderprogramme sowie über die Etablierung von Standortgemeinschaften, auf die im Folgenden kurz eingegangen wird.

Bund-Länder-Programme der Städtebauförderung

Der Bund und die Länder stellen den Städten und Gemeinden seit dem Jahr 1971 durch die Programme der Städtebauförderung finanzielle Mittel für Investitionen in die Stadterneuerung und Stadtentwicklung bereit (Bundesministerium für Umwelt, Naturschutz, Bau und Reaktorsicherheit 2016, S. 6). Ziel der Städtebauförderung ist es vor allem, die Städte und Kommunen zu erhalten, zu erneuern und zu revitalisieren sowie ihre Funktion als Wohn- und Wirtschaftsstandorte zu stärken (Bundesinstitut für Bau-, Stadt- und Raumforschung o.J). Dabei stellt die Städtebauförderung den Kommunen u.a. das Instrument des Verfügungsfonds bereit. Ziel dieses Instruments ist die Aktivierung von privatem Engagement und privaten Finanzmitteln für die jeweiligen Fördergebietskulissen. Die Verfügungsfonds setzen sich aus 50 Prozent öffentlichen Fördermitteln von Bund, Ländern und Kommunen und aus 50 Prozent der Mittel von Privaten, der Wirtschaft oder Immobilien- und Standortgemeinschaften und gegebenenfalls zusätzlichen Mitteln der Kommune zusammen. Nicht investive Maßnahmen können nicht mittels der öffentlichen Fördermittel der Städtebauförderung umgesetzt werden, sondern lediglich aus den übrigen 50 Prozent der Mittel (Bundesministerium für Umwelt, Naturschutz, Bau und Reaktorsicherheit 2016, S. 29). Neben der Fondsform der Städtebauförderung existiert ebenfalls ein rein privat gespeister Fonds. Diese Fondsmittel sind nicht an die formellen Regelungen der Städtebauförderung gebunden und somit sehr flexibel einsetzbar, insbesondere für nicht investive oder investitionsvorbereitende Maßnahmen.

In allen Städtebauförderprogrammen kann grundsätzlich ein Managementansatz als ein Baustein gefördert werden. So wird zum Beispiel in der Sozialen Stadt dieser Ansatz *Quartiersmanagement* genannt, in den Aktiven Stadt- und Orteilzentren *Citymanagement* oder *Zentrenmanagement* und in den Kleineren Städten und Gemeinden *Kooperationsmanagement.* Für die Förderung kooperativer und aktivierender Stadtentwicklung, die Stärkung zentraler Versorgungsbereiche sowie die Stabilisierung und Erhaltung der Innenstädte wurde im Jahr 2008 das Programm *Aktive Stadt- und Ortsteilzentren* bundesweit aufgelegt. Dieses Zentren- bzw. Innenstadtprogramm dient der Innenentwicklung sowie der partnerschaftlichen Zusammenarbeit. Da der Schwerpunkt auf die allgemeine Stärkung der Innenstadt ausgerichtet ist, wird in diesem Programm sehr häufig ein Innenstadt- oder Citymanagement etabliert (Bundesministerium für Umwelt, Naturschutz, Bau und Reaktorsicherheit 2016, S. 20f.).

Es bestehen allerdings auch Argumente gegen eine öffentliche Förderung. Bei einer Eigenfinanzierung verfügt die Kommune über einen höheren Identifikationsgrad, mehr Freiheiten und Eigenverantwortung und ist nicht der Gefahr eines Prozess- oder Projekteinbruchs nach dem Förderzeitraum ausgesetzt. Viele Förderprojekte enden mit der Förderperiode, weshalb zahlreiche Projekte nicht in gleicher Intensität bestehen bleiben können. Daher sind rechtzeitig anderweitige Unterstützungsmöglichkeiten in Erwägung zu ziehen (Kuron &/Bona 2000, S. 36ff.).

Business Improvement Districts (BIDs)

Das Instrument der Business Improvement Districts (BIDs) stammt aus Nordamerika und entwickelte sich dort vor etwa 35 Jahren, um auf die innerstädtischen Defizite und Problemfelder zu reagieren. Das Modell beruht auf der Eigeninitiative und den finanziellen Mitteln der betroffenen und beteiligten Händler, Dienstleister, Gastronomen sowie Grundstücks- und Immobilieneigentümer mit dem Ziel, innerstädtische Geschäftsstraßen zu revitalisieren und ihre Attraktivität zu steigern. Die Finanzierung von Investitionen, Dienstleistungen und Aufwertungen erfolgt durch eine Sonderabgabe der Beteiligten, die in einem festgelegten Zeitraum, meist drei bis fünf Jahre, erhoben wird. Auch der ausgewählte innerstädtische Bereich muss klar abgegrenzt werden. Eine Regelung der Landesgesetze sowie ein Beschluss der lokalen Immobilieneigentümer legitimieren sowohl die Gründung dieser Initiative als auch die Erhebung einer Abgabe. Die Genehmigungshoheit über bevorstehende Maßnahmen besteht weiterhin bei der Verwaltung. Für die Umsetzung der gemeinsam herausgearbeiteten Maßnahmen innerhalb des festgelegten Zeitraums verpflichten sich die Beteiligten des BIDs.

Die Besonderheit dieses Modells besteht darin, dass die BID-Gründung auf Eigeninitiative und Eigenverantwortung sowie auf privatem Engagement und finanzieller Selbstverpflichtung basiert. Die Initiative beruht demnach auf freiwilliger Basis, erzielt finanzielle Sicherheit und umgeht somit die Trittbrettfahrerproblematik (Arbeitsgemeinschaft Innenstadtforum Brandenburg 2013, S. 8). In diesem Kontext könnte ein Management eingeführt werden, das zur Umsetzung der Maßnahmenvorhaben beitragen sowie Beratungsdienstleistungen oder Koordinationstätigkeiten übernehmen kann (ASK o.J.). BIDs setzen folglich an den Stellen an, an denen bisherige öffentliche und private Initiativen nicht sinnvoll oder gescheitert sind. Die Umsetzung des Modells erfolgt auch in Deutschland. Der Vorreiter Hamburg verabschiedete bereits im Jahr 2004 als erste Stadt Deutschlands ein BID-Gesetz. In den darauffolgenden Jahren folgten die Länder Hessen, Schleswig-Holstein, Bremen, Nordrhein-Westfalen, das Saarland und Sachsen (Arbeitsgemeinschaft Innenstadtforum Brandenburg 2013, S. 8). Dieses Modell einer Standortgemeinschaft fördert schließlich eine neue Dynamik sowie ein neues Verantwortungsbewusstsein und ergänzt die bisherigen Instrumentarien der Stadterneuerung (Birk et al. 2007, S. 298ff.).

Zusammenfassend ergeben sich für Kommunen vielfältige Möglichkeiten, Mittel zur Förderung der Stadtentwicklung/-erneuerung einzusetzen. Essentiell ist dabei die Sicherstellung einer dauerhaften und beständigen Grundfinanzierung während des gesamten Managementprozesses. Diese sollte im besten Fall nicht ausschließlich auf den öffentlichen Fördermitteln aufbauen, sondern soweit wie möglich von der Kommune selbst sowie unter Berücksichtigung alternativer Finanzierungsmöglichkeiten getragen werden (Arbeitsgemeinschaft Innenstadtforum Brandenburg 2013, S. 28f.; Grabow & Hollbach-Grömig 1998, S. 84ff.). Die Finanzierung sollte demnach stets auf verschiedenen Bausteinen aufbauen, um vor allem Abhängigkeiten zu vermeiden sowie das Verantwortungsbewusstsein der Akteure zu wecken (Schaller 1993, S. 124).

2 Innenstadtmanagement in Rheinland-Pfalz

Da die Ergebnisse des Beitrags insbesondere auf Untersuchungen in rheinland-pfälzischen Kommunen und Ministerien basieren, soll nun ein Umriss zu Innenstadtmanagementprozessen im Bundesland Rheinland-Pfalz gegeben werden. Besonderes Augenmerk liegt hierbei auf der Schnittmenge zwischen dem kommunalen Innenstadtmanagement und dem rheinland-pfälzischen Innen-, Wirtschafts- und Finanzministerium sowie den zusammenfassenden Ergebnissen der Bestandsaufnahme und -analysen.

In Rheinland-Pfalz können ebenfalls die genannten allgemeinen Finanzierungswege der Städtebauförderung in Anspruch genommen werden. Außerdem gibt es weitere Förderprogramme der Ministerien des Landes. Das *Innenministerium* zielt als Kommunalministerium auf die eigenverantwortliche Entwicklung der Städte und Gemeinden ab und unterstützt die Thematik des Innenstadtmanagements inhaltlich und fachlich mit den Programmen der Städtebauförderung, insbesondere mit dem Landesprogramm *Aktive Zentren*, sowie der Förderpolitik der *Kommunalentwicklung*, die vorwiegend auf integrierte Standortentwicklungsprozesse abzielt. Allgemeine Schwerpunktaufgabe der Städtebauförderung ist aus Landessicht die städtebauliche Erneuerung. Diese hat zum vorrangigen Ziel, die Innenentwicklung zu stärken und die Kommunen bei der Aufgabenbewältigung der aktuellen Wandlungsprozesse zu unterstützen. Die Erhaltung, Entwicklung und Erneuerung der zentralen Versorgungsbereiche der Kommunen ist ein wesentlicher Förderschwerpunkt der Städtebauförderung im Land. Fördergrundlage ist hierbei immer die Erstellung eines integrierten städtebaulichen Entwicklungskonzepts (ISEK). Sobald eine Kommune in ein Programm der Städtebauförderung aufgenommen wurde und sich innerhalb ihres ISEKs positioniert hat, wird darüber entschieden, ob die Einrichtung eines Managements als sinnvoll zu erachten ist.

Das Land kann vor dem Hintergrund der kommunalen Selbstverwaltung keine Vorgaben zu dieser Thematik machen. Letztlich entscheiden die Kommunen darüber, ob sie ein Management einrichten oder nicht. Das Management ist jedoch nicht der Schwerpunkt des Städtebauförderprogramms, weshalb auch nicht so viele Mittel dafür bereitgestellt werden. Die Ziele des Landesprogramms *Aktive Zentren* richten sich vor allem auf die Stärkung des zentralen innerstädtischen Versorgungsbereichs, da diese vielerorts von enormen Funktionsverlusten geprägt sind. Daher nimmt das Innenstadt- bzw. Citymanagement in diesem Programm einen besonderen Stellenwert ein und wird in den Programmkommunen oftmals angewendet.

Bei der *Kommunalentwicklung* liegen die Aufgaben in der kommunalen Prozessbegleitung und Strukturentwicklung. Weiterhin unterstützt die Kommunalentwicklung die Stärken und Potenziale der Städte, Gemeinden, Verbandsgemeinden und Landkreise, um eine erfolgreiche Positionierung im interkommunalen Standortwettbewerb zu erzielen. Die Städte und Gemeinden sollen zukünftig eigenständig in der Lage sein, ihre Entwicklungsprozesse dauerhaft tragen zu können. Ein Managementansatz kann im Rahmen der Prozessinitiierung der Kommunalentwicklung ebenfalls förderfähig sein. Die Kommunalentwicklung verfolgt das Ziel der Herstellung stabiler Akteurs-Netzwerke, die Aktivierung interkommunaler Kooperationen sowie die Durchführung und Implementierung von Schlüsselprojekten. Im Rahmen des im Jahr 2014 gestarteten Modellprojekts „Starke Kommunen – Starkes Land" erprobt bspw. das Innenministerium die Umsetzung interkommunaler Kooperationsprozesse in der kommunalen Praxis. Kooperationen und Managementansätze sollen zukünftig stärker praktische Umsetzung erfahren und als gewöhnliches Instrument in den Kommunen etabliert werden.

Ein besonderer Aufgabenschwerpunkt des *Ministeriums für Wirtschaft, Klimaschutz, Energie und Landesplanung* liegt in der Attraktivitätssteigerung des Standortes Innenstadt als Handelsplatz in Rheinland-Pfalz. Vor dem Hintergrund des Strukturwandels etablierte es die Initiative der *„Neuen Wege für innerstädtische Netzwerke" (WIN)*, einen integrierten und sektorenübergreifenden Ansatz. Diese Initiative verfolgt das Ziel, über den Aufbau innerstädtischer Netzwerke private Akteure und private Finanzressourcen für die zukünftige Innenstadtentwicklung zu aktivieren und zu generieren. Der Schwerpunkt liegt in der Förderung von Vernetzungsprozessen und der Generierung von privatem Kapital und privatem Engagement, und nicht in der öffentlich-rechtlichen Finanzierung. Antragssteller sind in der Regel Werbevereine, Einzelhändler und Gastronomen. Die Förderung wird über den Haushaltstitel „Förderung des Handels" verausgabt. Aufgrund des integrierten Ansatzes konzentriert sich die Initiative nicht nur auf den Bereich des Handels, sondern berücksichtigt ebenfalls weitere innenstadtrelevante Handlungsbereiche. Da dieser Ansatz auf dem Engagement, der Erprobung neuer Bürgerbeteiligungsmodelle sowie der Eingliederung regionaler Finanzprodukte beruht, handelt es sich um einen langfristigen und kontinuierlichen Prozess, der Einsatzbereitschaft und Kooperationen erfordert. Managementansätze sind innerhalb dieses Prozesses die Regel und wurden bisher in verschiedenen Pilotprojekten etabliert.

Das *Ministerium der Finanzen* beinhaltet neben dem Finanzressort auch das Ressort für Bauen und Wohnen im Land, das sich hauptsächlich mit der Steuerung der Entwicklung der Kommunen im wohnungspolitischen und wohnungswirtschaftlichen Sinne beschäftigt. Insofern ist eine Schnittmenge zwischen dem kommunalen Innenstadtmanagement und dem Zuständigkeitsbereich des Finanzministeriums in gewisser Weise gegeben, da das Innenstadtmanagement das Handlungsfeld Wohnen tangiert. Hinsichtlich des Funktionswandels der Innenstädte ist die Wohnfunktion eine neue essentielle Leitfunktion der Innenstädte. Im Rahmen des Landesprogrammes des Experimentellen Wohnungs- und Städtebaus (ExWost) (gleichnamig wie das Bundesprogramm) ist das Thema Innenstadtmanagement somit nicht grundsätzlich ausgeschlossen. Allerdings müsste ein entsprechendes Projekt einen ausreichenden Fokus auf das Thema Wohnen aufweisen. In finanzieller Hinsicht unterstützte das Finanzministerium daher bisher noch keine Innenstadtmanagementprozesse. Unterstützungsmöglichkeiten seitens des Finanzministeriums bestehen somit aktuell lediglich in einer fachlichen Unterstützung in dem Sinne, dass über die Thematik gesprochen wird und ein ressortübergreifender, jedoch nicht institutionalisierter Austausch stattfindet.

Darüber hinaus besteht mit der Verabschiedung des Landesgesetzes über lokale Entwicklungs- und Aufwertungsprojekte (LEAPG) vom 18. August 2015 nun auch in Rheinland-Pfalz die rechtliche Grundlage zur Bildung von Business Improvement Districts (BIDs). In diesem Zusammenhang spricht das rheinland-pfälzische Gesetz nicht von Business Improvement Districts (BIDs), sondern von *lokalen Entwicklungs- und Aufwertungsprojekten* (LEAPs) (vgl. § 1 Abs. 1 und 2 LEAPG). Zudem verfügte das Land über ein Pilotprojekt der Nationalen Stadtentwicklungspolitik zum Thema Innenstadtmanagement in Rheinland-Pfalz, das im Sommer 2016 seinen Abschluss fand, jedoch in einer neu etablierten Arbeitsgruppe weitergeführt wird. Das Forschungsprojekt *„Dialog Innenstadt Rheinland-Pfalz – Impulse zur integrierten Standortentwicklung“* förderte ein Kooperationsnetzwerk aller rheinland-pfälzischen Kommunen mit Innenstadtmanagementprozessen (Kleemann & Schulz 2016, S. 5).

Innenstadtmanagement ist eine freiwillige Aufgabe der Städte und Gemeinden. Eine Förderung solcher kommunalen Prozesse, bei denen es in erster Linie um konsumtive und nicht investive Kosten geht, ist landesseitig vorrangig über das Kommunalressort im Innenministerium, vor allem mit Hilfe des Städtebauförderprogramms Aktive Zentren, möglich. Damit ist allerdings eine Bindung an die entsprechenden Programmziele verbunden. Ein ganzheitlicher Managementansatz geht über den möglichen Förderrahmen hinaus. Zurzeit wird das Thema in unterschiedlichen Ressorts mit jeweils unterschiedlichen Schwerpunktsetzungen aufgegriffen und ausgestaltet. Es ist fraglich, ob es eine konkrete Anlaufstelle für die Kommunen im Land geben muss oder diese Angelegenheit einen gemeinsamen und einheitlichen Weg benötigt. Denn in aller Regel kennen die Städte und Gemeinden ihre Möglichkeiten bei den unterschiedlichen Ministerien und wissen, an wen sie sich wenden können. So verfügen sie über die Kenntnis darüber, dass sie einen Antrag bei der Städtebauförderung stellen können, um in eines der Förderprogramme aufgenommen werden zu können. Weiterhin können sie sich an den Förderlotsen der Aufsichts- und Dienstleistungsdirektion in Rheinland-Pfalz wenden, der die Kommunen ausführlich beraten und Informationen weiterleiten kann. Grundsätzlich könnte die Organisation einer konkreten Anlaufstelle für die Kommunen in Rheinland-Pfalz sinnvoll sein. Allerdings bedeutet Zentralisation immer Standardisierung und Automatisierung. Die Kreativität und die Individualität werden dadurch ausgeschaltet. Eine zentrale Stelle kann demnach nicht das selbstständige Denken und Handeln abnehmen. Dennoch ist die Autorin der Ansicht, dass die Etablierung einer zentralen Anlaufstelle sowohl für die Kommunen als auch für die Verantwortlichen und zentralen Akteure im Land von großem Vorteil sein könnte. Auf diese Weise könnten ein intensiver Erfahrungsaustausch und regelmäßige Netzwerktreffen stattfinden sowie stets aktuelle Informationen gegeben werden. Dies ist bspw. durch die Gründung einer „Landesarbeitsgruppe Innenstadtmanagement“ möglich. Sinnvoll wäre hierbei vor allem die Etablierung einer Arbeitsgruppe jeweils im Norden und im Süden des Landes, da bereits in Rheinland-Pfalz räumliche und strukturelle Unterschiede vorherrschen. Letztlich würde es jedoch um die Frage gehen, wer diese zusätzliche Arbeit übernimmt.

Insgesamt fördert das Land einen integrierten Managementansatz und setzt auf die Zusammenarbeit der verschiedenen Fachbereiche sowie auf die gemeinsame Entwicklung von Prozessen und Projekten. Die spezielle Umsetzung des integrierten Ansatzes ist letztlich jedoch von dem entsprechenden Förderinstrumentarium, den beteiligten Akteuren und des Standortes selbst abhängig. Die Herausforderung besteht künftig in der besseren Ausgestaltung und Umsetzung des Managementansatzes in Rheinland-Pfalz.

3 Bestandsaufnahme rheinland-pfälzischer Innenstadtmanagementprozesse

Innenstadtmanagementprozesse sind in Rheinland-Pfalz im Vergleich zu anderen Bundesländern Deutschlands wie Baden-Württemberg, Nordrhein-Westfalen oder den ostdeutschen Ländern weniger verbreitet. Eine Bestandsaufnahme bestätigt dies, denn im Jahr 2016 weisen lediglich 16 rheinland-pfälzische Kommunen einen Innenstadtmanagementprozess vor. Dies könnte auf die kleinteilige Struktur des Landes zurückzuführen sein. Insgesamt lässt sich eine sehr gleichmäßige Verbreitung der kommunalen Managementprozesse im Land feststellen. Lediglich im Westen und Nord-Westen von Rheinland-Pfalz (Raum Trier, Saarburg, Wittlich, Bitburg und Prüm) lassen sich keine Städte und Gemeinden mit diesem Modellansatz wiederfinden (siehe Abb. 2). Neben der geographischen Lage und Verteilung der Kommunen ist weiterhin der jeweilige „Fördertopf" interessant, d.h. die Inanspruchnahme der öffentlichen Finanzmittel bzw. die finanzielle Unterstützung der Städte und Gemeinden für die Etablierung und Umsetzung eines Innenstadtmanagements in Rheinland-Pfalz (siehe Tab. 1). Die Bestandsaufnahme bestätigt, dass landesseitig ein Innenstadtmanagement am ehesten über das Städtebauförderprogramm „Aktive Zentren" etabliert und umgesetzt wird. Dies zeigt sich durch die zurzeit elf Programmkommunen, von denen acht (Bad Kreuznach, Bad Sobernheim, Bingen am Rhein, Grünstadt, Kaiserslautern, Mayen, Neuwied und Wissen) eindeutig über einen Managementansatz verfügen. In den übrigen drei Städten (Bad Neuenahr-Ahrweiler, Germersheim und Idar-Oberstein) befindet sich ein Managementansatz in Planung oder in Vorbereitung. Damit ist wiederum eine Bindung an die entsprechenden Programmziele der Städtebauförderung verbunden. Hiernach folgt die Inanspruchnahme der Initiative „Der Neuen Wege für innerstädtische Netzwerke" (WIN), da bisher in diesem Rahmen immerhin vier Managementprozesse angestoßen werden konnten. Insgesamt kann festgestellt werden, dass in Rheinland-Pfalz bis zum jetzigen Zeitpunkt im Gegensatz zu anderen Bundesländern nur wenige solcher Managementprozesse etabliert wurden. Dabei handelt es sich zusammenfassend um 16 konkrete Kommunen mit Innenstadtmanagement. Ausgeschlossen sind dabei die Städte, in denen ein Management in Planung oder Vorbereitung ist und sich noch nicht in der Umsetzungsphase befindet sowie die beiden Innenstadt- und Entwicklungsagenturen in Neustadt an der Weinstraße und Bernkastel-Kues. Auch das Bundesprojekt „Dialog Innenstadt Rheinland-Pfalz" wird in dieser Zählung nicht berücksichtigt, da es sich um keinen Innenstadtmanagementprozess handelt, sondern lediglich die Thematik aufgriffen, gefördert und weiterentwickelt wird (s. Tab. 1).

Auf der Basis der 16 erfassten Kommunen mit Innenstadtmanagementprozessen wurden anhand von harten und weichen Kriterien (d.h. leicht quantifizierbaren und schwer messbaren Faktoren) zwei rheinland-pfälzische Kommunen mit einem Managementansatz zur näheren Untersuchung ausgewählt, um auf dieser Grundlage allgemeine Erfolgsfaktoren und Hemmnisse von Innenstadtmanagementprozessen ableiten zu können. Im Rahmen des Auswahlverfahrens wurden die Kommunen *Grünstadt* und *Bad Hönningen* bestimmt. Die beiden Fallstudien sollten in ihren strukturellen Gegebenheiten (Einwohnerzahl und zentralörtliche Funktion) und ihren örtlichen Aufgaben- und Problemfeldern möglichst ähnliche Ausprägungen aufweisen, um die Gemeinsamkeiten und Unterschiede der Prozesse vergleichen zu können. Im Rahmen des Auswahlverfahrens galt es zudem, die Priorität auf eher kleinere Städte zu legen, Kommunen mit unterschiedlicher Fördermittelinanspruchnahme auszuwählen, die Empfehlungen der Interviewgesprächspartner zu berücksichtigen sowie jeweils einen Ansprechpartner ausfindig zu machen. Basierend auf diesen Kriterien wurden die Kommunen Grünstadt und Bad Hönningen hinsichtlich ihrer Managementansätze näher analysiert.

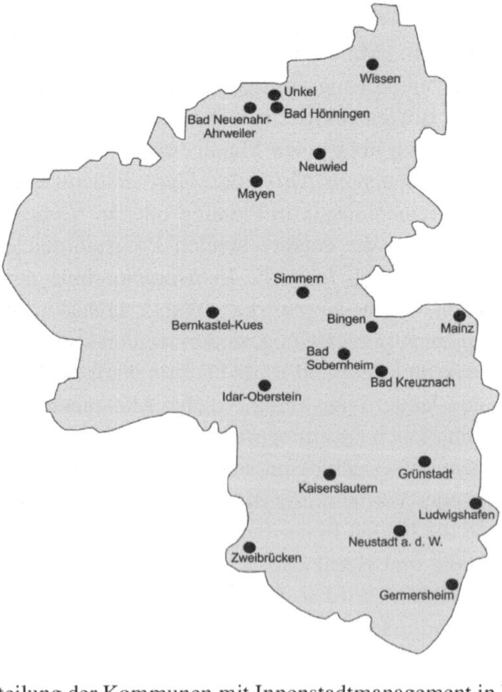

Abbildung 2 Verteilung der Kommunen mit Innenstadtmanagement in Rheinland-Pfalz

Tabelle 1 Kommunen mit Innenstadtmanagementprozessen in Rheinland-Pfalz nach Fördermittel-Inanspruchnahme im Jahr 2016 (eigene Darstellung)

Innen-Ministerium Städtebauförderung	Innen-Ministerium Kommunalentwicklung	Innen-Ministerium EFRE	Wirtschafts-Ministerium WIN*	Finanz-Ministerium	Sonstiges
1. Bad Kreuznach	1. Bad Hönningen	1. Ludwigshafen	1. Unkel am Rhein	/	1. Mainz (durch Wirtschaftsförderung)
2. Bad Neuenahr-Ahrweiler (geplant)		2. Innenstadtagentur Neustadt a. d. W.	2. Idar-Oberstein		2. Simmern (durch Wirtschaftsförderung)
3. Bad Sobernheim			3. Mayen		3. Entwicklungsagentur Bernkastel-Kues
4. Bingen am Rhein			4. Zweibrücken		4. Dialog Innenstadt RLP
5. Germersheim (evtl. geplant)					
6. Grünstadt					
7. Idar-Oberstein (geplant)					
8. Kaiserslautern					
9. Mayen					
10. Neuwied					
11. Wissen					

4 Die Fallstudien

Die Stadt Grünstadt liegt im Landkreis Bad Dürkheim im Süd-Westen von Rheinland-Pfalz und wurde im Jahr 2008 als eine der ersten Kommunen in Rheinland-Pfalz in das Städtebauförderprogramm „Aktive Stadt- und Ortsteilzentren" aufgenommen und etablierte in diesem Rahmen ein Stadtmanagement. Bad Hönningen liegt im Landkreis Neuwied im Norden von Rheinland-Pfalz und erhielt im Zeitraum von 2013 bis 2015 eine Förderung für ein Innenstadtprojekt „Modellvorhaben zur Umnutzung und Reaktivierung von Immobilien in der Fußgängerzone der Stadt Bad Hönningen" durch die Kommunalentwicklung des Innenministeriums und etablierte ebenfalls ein Management mit der Bezeichnung Strukturentwicklung.

Beide Kommunen weisen eine eindeutige Prozesskomponente auf und integrieren ein umfassendes Management, das lediglich eine andere Bezeichnung trägt. Die Analyse ergab, dass sich in der Grundstruktur der Prozesse und der Managementansätze vorwiegend Gemeinsamkeiten zeigen. Neben ähnlichen Problemlagen sowie vergleichbaren Zielen, Aufgaben und beteiligten Akteuren ist die verwaltungsinterne Organisation der Trägerschaft gleich. Grundsätzlich verfügen die Kommunen somit über eine vergleichbare Aufbauphase und Etablierung ihrer Managementansätze. Der wesentliche Unterschied ergibt sich in der Umsetzungsphase aus der unterschiedlichen Fördermittelinanspruchnahme und den sich daraus ergebenden verschiedenen Rahmenbedingungen, Schwerpunktsetzungen und Maßnahmenumsetzungen. So kann manifestiert werden, dass im Rahmen der *Städtebauförderung* mit Hilfe eines deutlich *höheren Fördervolumens* und eines *deutlich größeren Förderzeitraums*, Maßnahmen und *Projekte von größerer Dimension umgesetzt* werden können. Dies verdeutlicht, dass es keine einheitliche Vorgehensweise in der Stadt- und Innenstadtentwicklung geben kann, da jede Kommune sowohl angesichts ihrer individuellen Problemfelder als auch ihrer örtlichen Potenziale und Entwicklungsperspektiven Aufgabenschwerpunkte setzen und dementsprechend einen für sie geeigneten Finanzierungsweg wählen muss.

Erfolge in den Fallstudien

Mit Hilfe der beiden Fallstudien soll ebenfalls verdeutlicht werden, was mit der Initiierung von Innenstadtmanagementprozessen in der kommunalen Praxis erreicht werden kann und wie in diesem Zusammenhang städtebauliche und strukturelle Defizite gelindert werden können. Hierzu gilt es, die Aufgaben, Maßnahmen und Projekte der beiden Fallstudien näher zu betrachten.

Eine Aufgabe des Innenstadtmanagements umfasst sowohl in Grünstadt als auch in Bad Hönningen die *örtliche und überörtliche Öffentlichkeitsarbeit*. Durch die Erstellung von Bürgerbroschüren und Informationsschriften oder der Organisation von Fachkonferenzen erhalten interessierte Bürger Informationen zu den aktuellen städtischen Frage- und Problemstellungen. Neben dieser Informationsweitergabe zielt das Management in beiden Kommunen aktiv auf die *örtliche Bürgerbeteiligung* ab. Im Rahmen von Workshops und Bürgerveranstaltungen können auf diese Weise gemeinsam Ideen, Handlungsansätze und Maßnahmen für die Stadtentwicklung erarbeitet werden. Diese Beteiligungsmaßnahmen können wie in Bad Hönningen den Anstoß zur Gründung von Eigentümergemeinschaften geben, welche eigenständig Problembereiche beispielsweise in Form von Leerstandsbekämpfungen oder Fassadensanierungen angehen.

Mit Hilfe von speziellen *Beratungen und Empfehlungen* für Immobilieneigentümer ist es möglich, durch die Organisation von Zwischennutzungen in leerstehenden Gebäuden neue Mietverhältnisse abzuschließen oder die Eigentümer davon zu überzeugen, ihre Immobilien oder Grundstücke zu veräußern. So konnte im Zuge des Innenstadtprojekts in Bad Hönningen der Eigentümer einer ehemaligen Gaststätte (die seit über 20 Jahren leer stand und einsturzgefährdet war) sowie einer ehemaligen Pension (auf dem dahinterliegenden Grundstück) dazu bewegt werden, die beiden Grundstücke zu veräußern. Ein Investor kaufte die beiden Grundstücke, im vorderen Bereich entstanden Parkplätze und eine Freifläche, in der ehemaligen Pension wurden innerstädtische Wohnungen geschaffen. Dies konnte nur durch das intensive Gespräch mit dem Eigentümer erzielt werden.

Daneben gehören sowohl *Marketingaktivitäten* als auch der Aufbau eines *Leerstandsmanagements* oftmals zu den Aufgaben von Managementansätzen. Marketingaktivitäten dienen der Positionierung und Identitätsstiftung der Städte. Die Planung von Veranstaltungen, Festen und Aktionen gehört daher zu essentiellen Maßnahmenvorhaben, die wie in beiden Fallstudien zur Etablierung von städtischen Wochenmärkten und Frühjahrsfesten sowie einer Einbeziehung neuer Akteure für die Stadtentwicklung geführt haben. Nennenswert ist in diesem Zusammenhang die Aktion „Roter Teppich“ in Bad Hönningen, die den lokalen Betrieben zu bestimmten Anlässen und bei öffentlichen Veranstaltungen erlaubte, einen roten Teppich vor ihren Läden auszurollen und auf diese Weise mit zusätzlichen attraktiven Angeboten auf sich aufmerksam zu machen. Ein Leerstands- oder Bestandsmanagement dient der strukturellen und funktionellen Aufwertung und Entwicklung von Gebieten sowie der Sicherung der bestehenden Nutzungen. Eine weitere positive Wirkung wird durch den *Aufbau von Kooperationen* erzielt. So wird zum Beispiel in der Stadt Grünstadt ein öffentliches WLAN für die gesamte Fußgängerzone in enger Zusammenarbeit mit den innerstädtischen

Einzelhändlern installiert. Weiterhin werden derzeit die vor Ort von Leerstand betroffenen Immobilieneigentümer sowie Künstler zusammengebracht, um temporäre Nutzungen durch Kunst in Leerständen oder einen Kunstmarkt zu initiieren.

Diese aufgeführten Maßnahmen und Projekte der beiden rheinland-pfälzischen Kommunen verdeutlichen, dass mit Hilfe eines Managements zentrale Strukturen geschaffen werden können, die insbesondere den Aufbau von Beziehungen und Netzwerken, die Beteiligung und Aktivierung von Akteuren sowie die Knüpfung und Pflege zahlreicher Kontakte umfassen. Es handelt sich demnach nicht immer unmittelbar um etwas Sichtbares bzw. Bauliches. Ein Innenstadtmanagement ist insofern nicht nur in der Theorie, sondern auch in der Praxis ein sehr *aktivierender und innovativer Ansatz*, der auf jegliche Rahmenbedingungen und Veränderungen angepasst werden kann. Es handelt sich um ein *flexibles Instrument*, das aktiv zur Stadterneuerung beitragen kann, primär im strukturellen Sinne, aufgrund seines aktivierenden Ansatzes, sekundär auch in städtebaulicher Hinsicht. Innenstadtmanagement umfasst letztlich die *Steuerung eines Prozesses* und ist somit essentiell für die Steuerung des Prozesses der Stadterneuerung.

5 Potenzielle Erfolgsfaktoren eines Innenstadtmanagements

Auf Grundlage der beiden Fallstudien wurden die Schnittmengen und Übereinstimmungen der positiven und negativen Faktoren beider Kommunen hinsichtlich ihrer Managementansätze untersucht, um allgemeine Erfolgsfaktoren und Herausforderungen eines Innenstadtmanagements herzuleiten. Auf diese Weise sollen die Vor- und Nachteile dieses Instruments in der Stadterneuerung verdeutlicht werden.

Grundsätzlicher Erfolgsfaktor ist die *verwaltungsinterne Ansiedlung* der Managementansätze und somit das Vorhandensein eines Ansprechpartners bei der Stadt. Durch die Bündelung vieler Themen und Aufgaben an einer zentralen Stelle ist es möglich, Synergieeffekte zu nutzen. Zudem können die aktive Steuerung und Begleitung eines Prozesses durch die Verwaltung ein positives Verhältnis zwischen der Verwaltung und den weiteren Akteuren und Bürgern fördern sowie eine gegenseitige Vertrauensbasis begünstigen. Auf diese Weise ist es möglich, eine neue Schnittstelle zwischen öffentlicher Hand und den beteiligten und betroffenen Akteuren zu schaffen. Die *frühzeitige Einbindung der Politik* stellt ebenfalls einen großen Nutzen innerhalb eines Prozesses dar, da die Kommunalpolitiker und Bürgermeister über einen enormen Einfluss auf die Prozesse in den Kommunen verfügen. Eine enge Zusammenarbeit mit den Politikern vergrößert den möglichen Handlungsspielraum der Verantwortlichen.

Darüber hinaus muss die Konstellation der Personen vor Ort stimmen: Nur wenn die richtigen Akteure der Stadt zusammenfinden, können gemeinsam Ziele definiert und Projekte entwickelt werden. Die Basis dafür ist ein *partnerschaftliches Miteinander* aller Standortakteure aus den unterschiedlichen Bereichen, um gemeinsam an einem Strang zu ziehen. Die Standortakteure müssen sich sowohl in fachlicher und ideeller als auch in finanzieller Hinsicht am Prozess beteiligen. *Engagierte, motivierte sowie ortsverbundene Personen*, die sich im Rahmen ihrer Möglichkeiten beteiligen möchten, sind für das Management innerhalb einer Kommune unverzichtbar. Ein weiterer essentieller Erfolgsfaktor ist der *Aufbau von Kontakten, Beziehungen und Netzwerken* vor Ort. Die Kooperation und Kommunikation verschiedener Akteure ist allerdings nicht nur ein Erfolgsfaktor, sondern auch die grundlegende Voraussetzung eines erfolgreichen Managements. Einerseits können somit die Kommunikations- und Kooperationsstrukturen vor Ort weiterentwickelt werden, andererseits sind diese Kompetenzen Voraussetzung für das Gelingen eines Innenstadtmanagements. Weiterhin gilt es, eine breite *örtliche Öffentlichkeitsbeteiligung* durchzuführen, um die Akzeptanz der Verantwortlichen sowie eine Begeisterung und Mitwirkung der Bürgerschaft hinsichtlich des gesamten Prozesses zu erzielen. Unverzichtbar ist zudem eine *dauerhafte Finanzierung* des Prozesses. Nur durch eine verlässliche Finanzierung und einen auf Dauer etablierten zentralen Ansprechpartner kann eine *Verstetigung* des Managements in der Innenstadt erzielt werden, sodass auch nach einem bestimmten Förderzeitraum die verschiedenen Tätigkeiten und Projekte sowie Beratungen und Betreuungen fortgeführt werden können.

Letztlich kann das Innenstadtmanagement an sich als ein wesentlicher Erfolgsfaktor in Form eines *Impulsgebers oder Motors* für eine zukünftig integrierte Innenstadtentwicklung angesehen werden, mit dessen Hilfe auch pessimistische und skeptische Grundstimmungen vor Ort aufgebrochen, kooperative Netzwerke und Kommunikationsstrukturen aufgebaut sowie positive Ergebnisse für die Stadt und Innenstadt erzielt werden können.

6 Potenzielle Herausforderungen eines Innenstadtmanagements

Ein Innenstadtmanagement basiert nicht nur auf Erfolgsfaktoren, sondern ist ebenfalls durch einige Herausforderungen und Hemmnisse gekennzeichnet. Verwaltungsstrukturell ist die Erkenntnis unentbehrlich, dass alle Ebenen der Verwaltung nicht nur die Aufgabe des Verwaltens der Kommune wahrnehmen, sondern auch die *Verantwortung erkennen*, die Stadt als Standort zu entwickeln. Die

Herausforderung liegt darin, dass die Verwaltung sowohl abteilungs- als auch ämterübergreifend agieren und zusammenarbeiten muss, um einen kommunalen Prozess wirkungsvoll zu steuern, zu unterstützen oder mitzutragen. Ein kommunales Management benötigt demnach *offen und flexibel agierende Verwaltungen*, die auch in der Lage sind, die Privatinitiative zu aktivieren. Die Herausforderung der Standortentwicklung liegt somit in einem Prozessansatz, der ganzheitlich gedacht und umgesetzt werden muss. Der Prozesserfolg hängt jedoch nicht nur von der Verwaltung, sondern auch von den Handelnden vor Ort ab. Die Gefahr besteht darin, dass kein gemeinsamer Konsens zwischen den Akteuren gefunden werden kann, die Vertrauensbasis fehlt und die Motivation und das Engagement nicht gegeben sind. *Kommunikations- und Kooperationsschwierigkeiten* sowie unterschiedliche Sichtweisen bereiten gravierende Probleme innerhalb eines Innenstadtmanagements und können zu einem kontinuierlichen *Nachlassen des Engagements* und des Interesses der Beteiligten führen. Dies kann im Rahmen des Prozesses zu Herausforderungen bei der Institutionalisierung und Umsetzung des kommunalen Managements beisteuern, da die Schwierigkeit darin besteht, die unterschiedlichen Akteure und Interessengruppen an einen Tisch zu bekommen und eine Zusammenarbeit zu erzielen.

Eine weitere Herausforderung stellt die oftmals vorhandene *skeptische und kritische Grundstimmung* in der örtlichen Bevölkerung dar, die eine aktive Beteiligung und ein Engagement in der Bürgerschaft sowie die Akzeptanz des Managementbeauftragten erschweren. Je nach Fördermittelinanspruchnahme können *fehlende finanzielle Mittel* sowie der durch den Förderzeitraum entstandene *Zeitdruck* die Umsetzung und die Verstetigung des Managements beeinträchtigen. Die Kommunen haben demnach die Aufgabe, über den möglichen Förderzeitraum hinaus zu blicken, um das Innenstadtmanagement zukünftig auf anderem Wege weiterzuführen. Dies stellt eine Grundvoraussetzung dar, um einem nachlassenden Interesse und Engagement entgegenzuwirken.

Die Erfolge und Misserfolge eines Innenstadtmanagements sind letztlich zum Großteil von der Kommune selbst abhängig. Die jeweiligen Erfolgsfaktoren und Hemmnisse eines Innenstadtmanagements unterscheiden sich in der kommunalen Praxis kaum voneinander. Spezifische Unterschiede ergeben sich lediglich aus den strukturellen und räumlichen Gegebenheiten, den bestehenden örtlichen Problemfeldern, der entsprechenden Fördermittelinanspruchnahme, den beteiligten Akteuren sowie dem Engagement und der Kooperationsbereitschaft der Kommunen (Grabow & Hollbach-Grömig 1998, S. 133). Insgesamt sollte ein etabliertes Innenstadtmanagement als zentrale Stelle in der Kommune agieren, entsprechend von der Bevölkerung angesehen sowie als umfassende Querschnittsaufgabe gedacht tausch und der Wissenstransfer in den Ländern sowie über die Ländergrenzen hinaus von wesentlicher Bedeutung.

Die Notwendigkeit, ein Management einzuführen, hängt stets von der Entscheidung der Kommune, der konkreten örtlichen Situation sowie der Bereitschaft und dem Engagement der Akteure ab. Die Etablierung dieses Instruments kann auch viel Positives für die Stadterneuerung bewirken, wenn die richtigen Akteurs-Konstellationen vor Ort bestehen. Denn ein kommunales Management beschränkt sich nicht nur auf *bauliche Maßnahmen und Marketing*, sondern befasst sich auch mit *tiefergreifenden strukturellen Veränderungsprozessen*. Es fördert das Verantwortungsbewusstsein seiner Akteure zur Gestaltung der städtischen Prozesse und bietet somit eine bedeutende Chance für die kommunale Innenstadtentwicklung. Grundvoraussetzung für ein erfolgreiches Innenstadtmanagement ist jedoch das gemeinsame Denken und Handeln sowie ein partnerschaftliches Verständnis. Da es auf dem *Machen* der Akteure basiert, gibt es kein Patentrezept für die Einbindung und Ausgestaltung eines Managements. In der Integration dieses aktivierenden Ansatzes liegt derzeit noch eine Herausforderung für eine effektive, anpassungsorientierte und moderne Stadtplanung. Das Planen allein wird in Zukunft aufgrund der vielfältigen Bandbreite an neuen Aufgabenfeldern und den aktuell und künftig zu berücksichtigenden Entwicklungsprozessen nicht mehr ausreichen – das Management muss gleichzeitig mit mehr Leben und Best Practice gefüllt werden.

Anmerkung

Die Ausführungen basieren unter anderem auf einer Bestandsaufnahme im Jahr 2016 im Rahmen einer Bachelorarbeit am Fachgebiet Stadtumbau und Ortserneuerung bei Herrn Prof. Dr.-Ing. Holger Schmidt an der TU Kaiserslautern sowie auf Experteninterviews mit Managementbeauftragten der beiden rheinland-pfälzischen Kommunen Grünstadt und Bad Hönningen und Vertretern des rheinland-pfälzischen Innen-, Wirtschafts- und Finanzministeriums (Strubel 2016).

Literatur

Arbeitsgemeinschaft Innenstadtforum Brandenburg (Hrsg.). (2013). Arbeitshilfe zum Aufbau und zur Verstetigung eines Citymanagements. Potsdam. http://www.staedteforum-brandenburg.de/uploads/pdf/veroeffentlichungen/Arbeitshilfen/Arbeitshilfe-City-management.pdf (30.08.2018).

ASK GmbH (ohne Jahr). BID Reeperbahn. Aufgaben und Konzept. Hamburg. http://bid-reeperbahn.de/aufgaben-und-konzept/(30.08.2017).

Birk, F., Reichhardt, B. & Märkt, J. (2007). Business Improvement Districts als Instrument zur Belebung der Innenstädte und gewachsenen Lagen. In: Sinning, Heidi (Hrsg.), Stadtmanagement. Strategien zur Modernisierung der Stadt (-Region) (S. 298–306). 2. überarb. Aufl. Dortmund: Verlag Dorothea Rohn.

Bundesinstitut für Bau-, Stadt- und Raumforschung im Bundesamt für Bauwesen und Raumordnung (ohne Jahr). Städtebauförderung. Bonn. http://www.bbsr.bund.de/BBSR/DE/Stadtentwicklung/Staedtebaufoerderung/staedtebaufoerderung_node.html (30.08.2017).

Bundesinstitut für Bau-, Stadt- und Raumforschung im Bundesamt für Bauwesen und Raumordnung (Hrsg.) (2010). Fokus Innenstadt. Aspekte innerstädtischer Bevölkerungsentwicklung. BBSR-Berichte Kompakt. Nr. 11. Bonn. http://www.bbsr.bund.de/BBSR/DE/Veroeffentlichungen/BerichteKompakt/2010/DL_11_2010.pdf?__blob=publicationFile&v=2 (30.08.2017).

Bundesinstitut für Bau-, Stadt- und Raumforschung im Bundesamt für Bauwesen und Raum ordnung (Hrsg.) (2015). Die Innenstadt und ihre öffentlichen Räume. Erkenntnisse au Klein- und Mittelstädten. Bonn. http://www.staedteforum-brandenburg.de/uploads/pdf veroeffentlichungen/empfehlungen/innenstadt-oeffentliche-raeume-dl.pdf (30.08.2017)

Bundesministerium für Umwelt, Naturschutz, Bau und Reaktorsicherheit (Hrsg.) (2014 Aktive Stadt- und Ortsteilzentren. Fünf Jahre Praxis. Zweiter Statusbericht zum Zentre programm der Städtebauförderung. Berlin. http://www.lbv.brandenburg.de/dateien/st edtebaufoerd/14–05_Statusbericht2.pdf (30.08.2017).

Bundesministerium für Umwelt, Naturschutz, Bau und Reaktorsicherheit (Hrsg.) (201 Städtebauförderung 2016. Bürgerinformation. Berlin. http://www.bmub.bund.de/fi admin/Daten_BMU/Pools/Broschueren/staedtebaufoerderung_2016_buerger_bf. (30.08.2017).

Grabow, von B. & Hollbach-Grömig, B. (1998). Stadtmarketing – eine kritische Zwisch bilanz. Difu-Beiträge zur Stadtforschung 25. Berlin: Deutsches Institut für Urbanisti

Kleemann, M. & Schulz, S. (2016). Praxisleitfaden. Integriertes Standortmanager Innenstadt Rheinland-Pfalz. Kaiserslautern. http://www.dialog-innenstadt-rl images/downloads/Praxisleitfaden_IntegriertesStandortmanagement_20161001 (30.08.2017).

Kuron, I. & Bona, A. (2000). DSSW-Leitfaden. City-Management – Ein Leitfaden fü Praxis. In: Deutsches Seminar für Städtebau und Wirtschaft (Hrsg.), DSSW-Sch 36. Berlin: Fraunhofer IRB.

Schaller, U. (1993). City-Management, City-Marketing, Stadtmarketing. Allheilmitt die Innenstadtentwicklung? Erläutert an ausgewählten empirischen Beispielen un sonderer Berücksichtigung der Stadt Coburg. Dissertation. In: Arbeitsmateriali Raumordnung und Raumplanung, Heft 129. Bayreuth.

Sinning, H. (2007). Stadtplanung – Stadtentwicklung – Stadtmanagement: F forderungen für eine Nationale Stadtentwicklungspolitik. In: Forum Wohneig Zeitschrift für Wohneigentum in der Stadtentwicklung und Immobilienwi (S. 303–308). Heft 6. https://www.vhw.de/fileadmin/user_upload/08_publikatio bandszeitschrift/2000_2014/PDF_Dokumente/2007/FW_6_2007_Stadtplanun wicklung_-management_Sinning.pdf (30.08.2017).

Strubel, A. (2016). Innenstadtmanagement – Erfolgsfaktoren & Hemmnisse darge hand ausgewählter Kommunen des Landes Rheinland-Pfalz. Bachelorarbeit ar Kaiserslautern. Kaiserslautern.

Wietzel, I. (2007). Methodische Anforderungen zur Qualifizierung der Stadtplanung für innerstädtisches Wohnen durch Mixed Reality-Techniken und immersive Szenarien. Dissertation. In: Schriften zur Stadtplanung, Band 7. Kaiserslautern.
Wüstenrot Stiftung (Hrsg.) (2008). Fokus Innenstadt. Innenstadtentwicklung in baden-württembergischen Mittelstädten. Ludwigsburg. http://www.wuestenrot-stiftung.de/wp-content/uploads/2008/06/fi_webTeil1.pdf (30.08.2017).

Expertengespräche

Cocimano, M. (2016). Interview am 06. Mai 2016 in Grünstadt. Mitarbeiterin der Stadtverwaltung Grünstadt. Zentralabteilung Stadtmanagement.
Dierks, S. (2016). Interview am 11. April 2016 in Mainz. Mitarbeiterin des Ministeriums für Wirtschaft, Verkehr, Landwirtschaft und Weinbau Rheinland-Pfalz im Referat 8403 „Kreativwirtschaft, Handel, Wirtschaftsfragen der Landesplanung".
Freisberg, R. (2016). Interview am 04. April 2016 in Kaiserslautern. Mitarbeiter des Ministeriums des Innern und für Sport Rheinland-Pfalz im Referat 382 „Kommunalentwicklung, Konversion und US-Stabilisierungsprogramm".
Greuloch, W. (2016). Interview am 11. April 2016 in Mainz. Mitarbeiter des Ministeriums des Innern und für Sport Rheinland-Pfalz im Referat 383 „Städtebauförderung".
Keller, S. (2016). Interview am 02. Mai 2016 in Euskirchen. Ehemalige Mitarbeiterin der Verbandsgemeindeverwaltung Bad Hönningen. Abteilung Strukturentwicklung und Tourismusförderung.
Kühn, A. (2016). Interview am 08. April 2016 in Kaiserslautern. Mitarbeiter des Ministeriums der Finanzen Rheinland-Pfalz im Referat 4514 „Bündnis für bezahlbares Wohnen und Bauen, Wohnungsmarkt, Sonderprogramme und -projekte, Experimenteller Wohnungs- und Städtebau".

werden, um einen Mehrwert für die kommunale Innenstadtentwicklung zu erzielen.

7 Fazit

Die Innenstädte unserer Kommunen werden von zahlreichen unterschiedlichen Akteuren gestaltet und beeinflusst. Dennoch trägt die Kommune vor dem Hintergrund der kommunalen Selbstverwaltung die vollständige Verantwortung hinsichtlich planender, strategischer und steuernder Prozesse. Zukünftig müssen die Städte und Gemeinden allerdings noch viel stärker die Rolle eines Managers wahrnehmen. Für die Realisierung von Projekten der Innenstadtentwicklung wird es unverzichtbar sein, öffentlich-private Partnerschaften sowie privatwirtschaftliches Engagement zu unterstützen. Ein Innenstadtmanagement kann in diesem Zusammenhang gezielt Impulse setzen und Anstöße geben, um die örtlichen Gesellschaften, Verbände, Gruppen, Akteure und Bürger zu aktivieren (Bundesinstitut für Bau-, Stadt- und Raumforschung 2015, S. 13). Auf diese Weise können Verantwortungen zwischen der Kommune und den Akteuren aufgeteilt werden, sodass eine gemeinsame öffentliche und private Zusammenarbeit hinsichtlich der Entwicklung der Innenstadt in der Kommune verwirklicht werden kann. Eine Grundvoraussetzung ist eine effektive und erfolgreiche Kommunikation und Kooperation unter allen Verantwortlichen und Beteiligten. Darüber hinaus könnte es bei einer stärkeren Etablierung als eine Art Pflicht- und Daueraufgabe neben den weiteren kommunalen Aufgabenbereichen konstituiert werden, um die intensive Kommunikation sowie die erfolgreich etablierten örtlichen Partnerschaften und Netzwerke stetig wachsen zu lassen und fortzuführen.

Auf der Landesebene Rheinland-Pfalz sollten die unterschiedlichen Förderprogramme stärker verknüpft werden, um eine gemeinsame und kontinuierliche Stärkung der Innenstädte im Land zu erzielen. Der Erfahrungsaustausch sollte sowohl auf Landesebene als auch auf Bundesebene weiterhin gefördert werden, um den Kommunen hinsichtlich ihrer Aufgabenwahrnehmungen und Problemfelder Anregungen und Hilfestellungen zu geben. Auf diese Weise haben die Städte und Gemeinden die Möglichkeit, sich über positive und negative Aspekte innerhalb ihrer Innenstadtentwicklung auszutauschen. Selbst das Instrument der Städtebauförderung, das einen großen Gestaltungsspielraum für die Kommunen zulässt, ist bundesweit in unterschiedlichen Ministerien wie dem Innen-, dem Wirtschafts-, dem Finanz-, dem Sozial- oder dem Umweltministerium angesiedelt. Dies führt zu unterschiedlichen Modellausrichtungen und zu verschiedenartigen Blickwinkeln in den Bundesländern. Gerade vor diesem Hintergrund sind der Erfahrungsaus-

Vom Integrierten Städtebaulichen Entwicklungskonzept zum *laboratorium responsive planning*

Markus Hirth

Zusammenfassung

Das integrierte städtebauliche Entwicklungskonzept (ISEK) ist in der Stadtplanung heute unangefochten und unverzichtbare Voraussetzung in der Städtebauförderung. Dabei hat das Planungsinstrument ISEK bei allen unbestreitbaren Vorteilen auch erhebliche Nachteile, die bisher wenig thematisiert wurden. Das ISEK ist nicht für jeden Standort und jede Planungsaufgabe die beste Herangehensweise. Aufgrund der hohen Komplexität der Stadterneuerungsprojekte gelangen synoptische Planungen an die Grenzen ihrer Möglichkeiten. Gerade bei kleineren, kreisangehörigen Städten und Gemeinden stellt ein flexibles, inkrementelles Planungssystem oftmals die bessere Lösung dar. Das Verfahren responsive planning skizziert eine solche alternative Planungsmethodik, welche die vor Ort vorhandenen Chancen auf Entwicklung optimal zu nutzen in der Lage ist, in dem sie die bestehenden Ressourcen auf das situativ Machbare konzentriert. Responsive planning kann durch Fokussierung auf reduzierte Ziele – *do fewer things and do them better* – zu einer größeren Wirksamkeit von Stadterneuerungsprojekten führen.

U. Altrock et al. (Hrsg.), *Programmatik der Stadterneuerung*, Jahrbuch Stadterneuerung, https://doi.org/10.1007/978-3-658-26765-0_13

Als selbstständiger Stadtplaner und Städtebauarchitekt bin ich seit der bundesweiten Einführung des Programms Soziale Stadt in Stadterneuerungsprojekten an Standorten in Hessen tätig – dabei vorrangig für kleinere und mittlere kreisangehörige Städte. Während dieser Zeit habe ich den Aufstieg des Integrierten städtebaulichen Entwicklungskonzepts in seine heute herausgehobene Position erlebt. In der Praxis konnte ich seine unbestreitbaren Vorteile, aber auch seine deutlichen, meist unbeachteten Nachteile studieren – letztere insbesondere in den kleinen Verwaltungsstrukturen. Dies hat mich dazu bewogen, auf der Basis meiner Erfahrungen ein alternatives Planungsinstrument zu skizzieren, welches die Palette der Planungsmethoden ergänzen kann.

Die Ausgangslage scheint eindeutig: Das integrierte städtebauliche Entwicklungskonzept (ISEK) ist in der Stadtplanung heute unangefochten und darüber hinaus in den Programmen der Städtebauförderung unverzichtbar als Fördervoraussetzung für alle geförderten Maßnahmen. So schreibt etwa das BMUB (Bundesministerium für Umwelt, Naturschutz, Bau und Reaktorsicherheit) im August 2016 in seiner *Ressortübergreifenden Strategie Soziale Stadt*: „Von Beginn des Programms an war das Zusammenspiel von baulich-investiven Maßnahmen zur Ertüchtigung und Aufwertung sozialer Infrastruktur in Verbindung mit den sozial-integrativen Angeboten, die darin stattfinden, ein wesentliches Merkmal der Sozialen Stadt. [...] Grundlage dafür ist ein integriertes Entwicklungskonzept, das die Kommunen erstellen. Diese räumlich integrierten, ressort- und akteursübergreifenden Konzepte sind das zentrale Instrument für die Umsetzung der Fördermaßnahmen und seit 2012 verpflichtende Fördervoraussetzung (BMUB 2016a, S. 9)."

Das integrierte städtebauliche Entwicklungskonzept ist nun ein noch relativ neues Planungsinstrument und hat bereits heute eine solch bedeutende Position – was führte zu dieser hervorgehobenen Stellung?

1 Genese des Integrierten Städtebaulichen Entwicklungskonzepts

Die Geschichte räumlicher Planung in der Bundesrepublik Deutschland ist von Wellenbewegungen gekennzeichnet (vgl. Leber 2014). Einer knapp zehn Jahre währenden „Planungseuphorie" (Ritter 1998, S. 8) ab Mitte der 1960er Jahre bis in die 1970er Jahre hinein war eine lange „Dürreperiode" planerischer Steuerung durch Stadtentwicklungskonzepte gefolgt. Strategische Planungen waren zunehmend unter den Verdacht geraten, ineffizient und wirtschaftsfeindlich zu sein. Politische Regierungsplanung wurde im Ergebnis oftmals als gescheitert betrachtet. In der darauf folgenden und bis heute nachwirkenden „Phase der Planungsernüchterung" (Ritter 1998, S. 8) wurde konzeptionelles planerisches Vorgehen zurückgefahren, räumlicher Entwicklung dienende Planungsinstrumente wurden zurückgenommen und Personalstellen in Planungsressorts abgebaut. Mit der Begründung des Baugesetzbuches (BauGB) 1987 wurde das städtebauliche Planungsinstrumentarium zwar juristisch gefasst und gestärkt, gleichzeitig die Stadtplanung jedoch ihrer „auf umfassende Entwicklung ausgerichteten Instrumente entkleidet" (Ritter 1998, S. 15). Doch der nahezu völlige Verzicht auf integrierte, strategische Planung über lange Zeiträume öffnete Fehlentwicklungen, Fehlzuweisungen und damit auch der Verschwendung von Ressourcen Tor und Tür (vgl. Ritter 1998, Scholz & Meyer 2010). So ist es nachvollziehbar, dass der Ruf nach einer Stärkung synoptischer Planung immer lauter wurde. Entsprechend und zu Recht wurden Maßnahmen zur juristischen Implementierung eines neu aufzulegenden Planungsinstrumentes freudig aufgegriffen. Befördert wurde diese Entwicklung auch durch die positiven Erfahrungen, die im Rahmen der Erprobung integrierter Planungs- und Handlungskonzepte auf Stadtteilebene in den 1990er Jahren u.a. in Nordrhein-Westfalen und Hessen gesammelt wurden und 1999 zur bundesweiten Einführung des Städtebauförderprogramms Soziale Stadt führten. Letztlich erfolgte somit nach jahrelangen Vorüberlegungen, Erprobungen und Bemühungen von Wissenschaft, Praktikern und Fachverbänden die Aufnahme des *städtebaulichen Entwicklungskonzepts* in das Baugesetzbuch im Jahr 2004. In Paragraf 171b BauGB wird das städtebauliche Entwicklungskonzept als Basis für Stadtumbaumaßnahmen definiert. „Grundlage für den Beschluss … ist ein von der Gemeinde aufzustellendes *städtebauliches Entwicklungskonzept* (Hervorhebung d. Verfassers), in dem die Ziele und Maßnahmen … schriftlich darzustellen sind (BMJV 2017a). Auch im § 171e BauGB (Maßnahmen der Sozialen Stadt) wird im Absatz 4 ein Entwicklungskonzept gefordert: „Grundlage für den Beschluss … ist ein von der Gemeinde unter Beteiligung der Betroffenen (§ 137 BauGB) und der öffentlichen Aufgabenträger (§ 139 BauGB) aufzustellendes Entwicklungskonzept, in dem die Ziele und Maßnahmen schriftlich darzustellen sind" (BMJV 2017b).

Bereits vorher hatten Bund und Länder begonnen, Regelungen in die Verwaltungsvereinbarung (VV) Städtebauförderung aufzunehmen, die auf ein maßnahmenbegleitendes und „auf Fortschreibung angelegtes gebietsbezogenes integriertes stadtentwicklungspolitisches Handlungskonzept" abzielten (BMVBW 2002, S. 14). Im Laufe der Jahre wurden Formulierungen inhaltlich präzisiert, teils verschärft – das ISEK ist jetzt Fördervoraussetzung – und der Geltungsbereich wurde sukzessive auf alle Förderprogramme der Städtebauförderung ausgeweitet. So heißt es in der Verwaltungsvereinbarung 2017 mittlerweile unisono zu allen Programmen: „Fördervoraussetzung ist ein unter Beteiligung der Bürgerinnen und

Bürger erstelltes integriertes städtebauliches Entwicklungskonzept, in dem Ziele und Maßnahmen im Fördergebiet dargestellt sind. Das Entwicklungskonzept ist in ein gegebenenfalls bereits vorhandenes gesamtstädtisches Konzept einzubetten bzw. davon abzuleiten, die Aktualität des Entwicklungskonzepts ist sicherzustellen“ (BMUB 2017, S. 8).

Das Baugesetzbuch (BauGB) sowie die Verwaltungsvereinbarung Städtebauförderung (VV Städtebauförderung) sind nunmehr Grundlage für die maßgebliche Stellung des ISEK. Die Länder haben das ISEK als Fördervoraussetzung in ihre Förderrichtlinien übernommen und präzisiert. Die Festschreibung eines solchen spezifischen Planungsinstruments auf der Gesetzes- und Verordnungsebene wird von den planenden Professionen von Beginn an als großer Erfolg gewertet. Und das, obwohl das ISEK im Jahr 2003 in einem *Bericht zur Programmbegleitung* durch das Deutsche Institut für Urbanistik (difu) von den Autorinnen als ein Instrument bezeichnet wird, das sich „noch im Entwicklungsstadium“ befinde. Weiter heißt es in dem Bericht, dass es in den ersten Jahren der Programmumsetzung noch kaum Vorstellungen gab, „in welcher Form und mit welchen Verfahren derartig anspruchsvolle Konzepte Gestalt annehmen könnten“ (Becker et al. 2003, S. 75) – dies tat der positiven Rezeption jedoch keinen Abbruch. In der im Juni 2017 durch das Bundesinstitut für Bau-, Stadt- und Raumforschung (BBSR) veröffentlichten Zwischenevaluierung des Städtebauförderprogramms *Soziale Stadt* wird die zunehmende Qualität des integrierten Entwicklungskonzepts (IEK) als zentrales strategisches Instrument hochgelobt und als beispielgebend definiert sowie die Anerkennung seiner Wirksamkeit durch alle beteiligten Gebietsakteure bestätigt (vgl. BBSR 2017, S. 11). Auch in der vom Bundesbauministerium herausgegeben *Arbeitshilfe für Kommunen* wird das ISEK unter anderem aufgrund seines „hohen Gebietsbezuges als geeignetes Mittel zur Umsetzung integrierter Ziele und Maßnahmen“ (BMUB 2016b, S.6) bezeichnet.

Kritik? Fehlanzeige!

Die Implementierung dieses Planungswerkzeugs ist somit erfolgt – und eine prinzipielle Kritik an dieser Entscheidung ist nicht zu erkennen. Wenn überhaupt Kritikpunkte geäußert wurden, dann bezogen sie sich in der Regel eher auf mangelnde Qualität in Umfang und Methode. Im Jahr 2004 zum Beispiel benennt der Vorstand der Vereinigung für Stadt-, Regional- und Landesplanung (SRL) in seinem Positionspapier *Soziale Stadt:* „[…] Probleme und Defizite bei der Umsetzung (der Gesamtmaßnahmen – Anm. des Verf.), wenn die Integrierten Handlungskonzepte ohne qualitative Mindeststandards aufgestellt werden und diese bei der Bewilligung auch nicht eingefordert werden, […]“ (SRL 2004, S. 2). Und tatsächlich gibt es bis heute keine einheitliche qualitative Definition für die integrierten städtebaulichen Entwicklungskonzepte. Ein grundsätzlicher Zweifel an der Sinnhaftigkeit und Ausgestaltung des ISEK scheint dennoch nicht zu bestehen.

Bei genauerer Betrachtung kann man jedoch auch zu anderen Ergebnissen kommen; durchaus lassen sich Hinweise für eine andere Bewertung der Sachlage finden. Das ISEK als Instrument der Planung ist nämlich keineswegs ohne innere Widersprüche und sein Einsatz in Projekten der Städtebauförderung ist keineswegs frei von Umsetzungsschwierigkeiten, auch unabhängig von fehlenden qualitativen Mindeststandards. Und keinesfalls ist das ISEK als generelles und alleiniges Instrumentarium für alle Stadterneuerungs- und Stadtumbauprojekte geeignet. Dies zeigt sich in der Praxis immer wieder sehr deutlich. Und es finden sich auch hierzu immer wieder – wenn auch spärliche – Hinweise in Fachpublikationen sowie in den Veröffentlichungen der Begleitforschung und Programmevaluationen. Selbst die vom Bundesbauministerium beauftragten Gutachter räumen in der zweiten Zwischenevaluation bei allem Lob ein, dass noch nicht an allen Standorten eine „überzeugende Steuerfunktion" durch das ISEK zu vermerken sei (BBSR 2017, S. 119). Wo genau zeigen sich dann in der Praxis die neben den unbestreitbaren Vorteilen gleichfalls bestehenden Nachteile dieses Vorgehens? Um diese deutlich machen zu können, ist es sinnvoll, sich zunächst die Aufgabenbeschreibung des ISEK im Detail anzusehen.

2 Aufgaben des Integrierten Städtebaulichen Entwicklungskonzepts

Was kann das ISEK leisten, was soll es leisten? Das ISEK soll in erster Linie ein integriertes und zielgerichtetes Handeln bei der Durchführung von Fördermaßnahmen sicherstellen. Das Konzept beschreibt demgemäß nach einer Analyse der Ausgangslage die angestrebten Ziele, Strategien und Einzelmaßnahmen in einem Projektgebiet. Bei der Konzepterarbeitung werden die Potenziale der Quartiere gesucht und formuliert, die Handlungsfelder ausgewählt, die Setzung gebietsbezogener und gesamtstädtischer Schwerpunkte abgestimmt, die Beiträge der von den Fördermaßnahmen Betroffenen und aller bedeutenden Akteure einbezogen und die Indikatoren zum Überprüfen der zu erreichenden Ziele benannt. Das ISEK wird fortlaufend weiterentwickelt unter Berücksichtigung der Resultate kommunaler Evaluierung (vgl. BBSR 2017, S. 119). So weit – so überzeugend. An dieser Stelle jedoch fangen auch die Probleme an.

Grundprobleme und Widersprüche

Da für die Umsetzung der Gesamt- und Einzelmaßnahmen Fristen zu benennen sind, muss in dem ISEK auch noch der gesamte Projektzeitraum von etwa 10 bis 15 Jahren vorausgedacht, vorgeplant und soweit als möglich determiniert werden. Verschärfend kommt hinzu, dass bis heute eine kontinuierliche Zunahme der zu bearbeitenden Themen zu verzeichnen ist. So beschreibt die Zwischenevaluation aus dem Jahr 2017 eine eklatante Zunahme der in die Verwaltungsvereinbarungen aufgenommenen Handlungsfelder (vgl. BBSR 2017, S. 24). Weiterhin belasten häufig enge zeitliche Vorgaben die Erstellung des geforderten ISEK. So verlangen beispielsweise die Richtlinien des Landes Hessen zur Förderung der Nachhaltigen Stadtentwicklung (RiLiSE) von der geförderten Kommune spätestens ein Jahr nach Aufnahme in das Förderprogramm *Soziale Stadt* für das jeweilige Gebiet die Vorlage eines mit allen Akteuren erarbeiteten und abgestimmten sowie von der Stadtverordnetenversammlung beschlossenen ISEK (vgl. HMUKVL 2017) – das ist ambitioniert.

Neben den dargestellten Problemen existieren weitere verfahrensimmanente Widersprüchen und Dichotomien, die bereits bei der Erstellung auftreten. Interessanterweise beschrieb schon die erste Zwischenevaluation des Programms Soziale Stadt aus dem Jahr 2004 dies sehr treffend: „Die Anforderungen an ein Integriertes Handlungskonzept sind (…) nicht nur außerordentlich vielschichtig, sondern auch teilweise höchst *widersprüchlich (*Hervorhebung d. Verfassers): Es soll vor Programmaufnahme erkennbar machen, in welche Richtung sich das Gebiet entwickeln soll und welche Maßnahmen dafür erforderlich sind, gleichzeitig soll dieser Prozess im Diskurs mit den Akteuren vor Ort entwickelt werden. Es soll allgemein verständlich und kurz formuliert sein, aber gleichzeitig sollen alle beteiligten Fachverwaltungen und professionellen Akteure ihre Strategien darin wieder finden. Es soll offen und flexibel sein, aber die Grundlage für teilweise mehrjährige Mittelbewilligungen liefern. Es soll strategische Grundsätze formulieren, aber auch Grundlage für den Nachweis der Finanzierung sein. Es soll ein verbindliches Planungsinstrument für die Verwaltung darstellen, andererseits aber experimentell und fortschreibungsfähig sein (BBR 2004, S. 84)."

Angesichts der obigen Beschreibung überaus umfänglicher und zum Teil widersprüchlicher Anforderungen an das ISEK drängt sich als Vergleich das symbolhafte Bild der so genannten ‚Eier legenden Wollmilchsau' auf. Und tatsächlich treten die oben beschriebenen Defizite, Widersprüche und Disparitäten in der praktischen Umsetzung immer wieder deutlich hervor.

Beteiligung versus synoptische Planung: Das Dilemma der unterschiedlichen Geschwindigkeiten

Bei der partizipativen Erarbeitung des ISEK kollidieren die Faktoren Aktivierung und Beteiligung in hohem Maße mit einer determinierenden synoptischen Planung: Das Tempo der Planung ist nicht das Tempo der Bewohnerschaft und der übrigen Akteure – durchaus in beide Richtungen. Im einen Fall ist Planung zu schnell und die Beteiligungsprozesse kommen nicht nach, denn gute Beteiligung braucht Zeit und den Aufbau von Beziehungen. Ein durchgeplantes Handlungskonzept an den Anfang einer Maßnahme zu stellen, steht somit komplett im „Widerspruch zur gesamten Programmphilosophie" (Evers et al. o. J., S. 8). Darüber hinaus soll das ISEK per definitionem den gesamten Projektzeitraum von 10 bis 15 Jahren vorausdenken, vorausplanen und soweit als möglich determinieren. Wie aber soll Beteiligung nach Abschluss der Erarbeitung des ISEK sinnvoll funktionieren, wenn ab diesem Zeitpunkt keine Projekte mehr entwickelt werden können und nur noch die Umsetzung zu begleiten ist oder maximal Details diskutiert werden sollen? Das ist für Neuankömmlinge im Prozess uninteressant und läuft der Idee einer stets ‚offenen Tür' in den langfristig angelegten Beteiligungsprozessen vollkommen zuwider. Im anderen Fall wiederum ist Planung zu langsam: Um einen Prozess am Leben und die Beteiligten bei der Stange zu halten, muss es rasch sichtbare Entwicklungen und erste Ergebnisse geben (vgl. Evers et al. o.J., S. 8). Zwölf Monate für die Erarbeitung eines ISEK sind zu kurz, aber zwölf Monate ohne konkrete Maßnahmen sind häufig viel zu lang – für Jugendliche beispielsweise eine ‚gefühlte Ewigkeit'.

Die Situation gleicht einem Dilemma: Entweder man entwickelt ein Konzept ohne Beteiligung, da noch keine nutzbaren Strukturen im Fördergebiet vorhanden sind. Oder aber man baut zunächst die Beteiligungsstrukturen auf, füllt sie mit Leben und die erst im Entstehen befindliche Planung muss dann das zuvor ohne Plan Erarbeitete nachträglich sanktionieren. Entsprechend oszilliert man „zwischen den Polen einer vorzeitigen, top-down erfolgenden Selbstbindung und der ex-post Legitimation des de facto Geschehenen" (Evers et al. o. J., S.8).

Komplexität versus synoptische Planungsgrundlage: Die Grenzen synoptischer Planung

Stadterneuerungsprojekte sind per se von hoher Komplexität gekennzeichnet, da Städte einen extrem verdichteten (Kultur-)Raum mit einer sozial stark ausdifferenzierten und geschichteten Bevölkerung darstellen, der eine Vielzahl höchst unterschiedlicher zentrale Funktionen politischer, verwaltungstechnischer, wirtschaftlicher und kultureller Art zu übernehmen hat (vgl. Irsigler 2003). Dieses Gefüge definiert bereits ein breites Spcktrum zu bearbeitender Fragestellungen.

Dazu kommen dann noch, wie oben angesprochen, immer weitere neue Themen und Anforderungen. Dies sind zum Beispiel die Anpassung an den Klimawandel, die Aufnahme und Integration Geflüchteter oder die Herausforderungen der Energiewende und des Mobilitätswandels. Jedes neue Thema aber bringt neue Akteure und damit auch neue Akteurslogiken in den Planungsprozess. Nicht nur die Anzahl der Akteure, sondern insbesondere auch ihre Diversität nehmen somit beständig zu. Leber spricht hier von einer „Komplexitätsfalle", verursacht durch eine geradezu „horrende Zunahme der Komplexität von Planungsaufgaben und Planungsprozessen" (Leber 2014, S. 133).

Das Ausmaß der gewachsenen Anforderungen lässt sich gut anhand eines Blicks in den Leitfaden für die Integrierte Stadtteilentwicklung der Freien und Hansestadt Hamburg verdeutlichen (s. Abb.1).

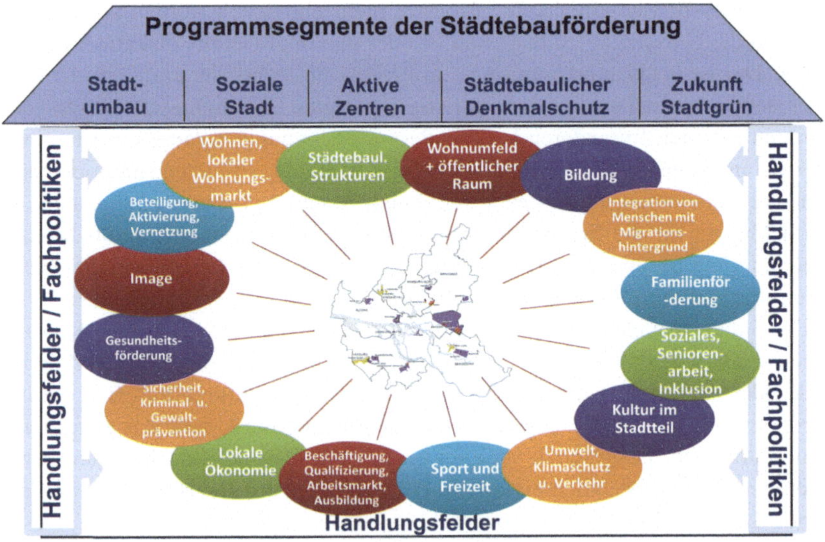

Abbildung 1 Programmsegmente der Städtebauförderung (Quelle: Freie und Hansestadt Hamburg, Behörde für Stadtentwicklung und Wohnen)

Vor dem Hintergrund dieser ständig wachsenden Vielschichtigkeit in Stadterneuerungsprojekten ist der Anspruch auf eine synoptische Planungsgrundlage nicht unproblematisch. Hier kann ein Blick zur Seite und in die Organisationstheorie sinnvoll sein. In seinem Artikel *The Science Of „Muddling Through"* beschäftigt sich Charles Edward Lindblom (Sterling Professor für Politikwissenschaft und Wirtschaftswissenschaft an der Yale University) mit den Grenzen komplexer Planung. So skizziert er unter anderem die übliche an synoptischer Planung orientierte Vorgehensweise eines Planers anhand eines wirtschaftspolitischen Beispiels: "He might start by trying to list all related values in order of importance, [...]. Then all possible policy outcomes could be rated as more or less efficient in attaining a maximum of these values. This would of course require a prodigious inquiry into values held by members of society and an equally prodigious set of calculations on how much of each value is equal to how much of each other value. He could then proceed to outline all possible policy alternatives. In a third step, he would undertake systematic comparison of his multitude of alternatives to determine which attains the greatest amount of values" (Lindblom 1959, S. 79).

Lindblom kommt im Weiteren zu dem Schluss, dass synoptische Planung nur bei relativ einfachen Fragestellungen möglich ist. Bei komplexeren Problemen steigt das Maß der erforderlichen Analysen, Überlegungen, Abwägungen und Entscheidungen exponentiell an, sodass das Scheitern synoptischer Planung geradezu vorprogrammiert ist, da Ressourcen begrenzt und immer ein Mangel an Zeit, Geld, Grundlageninformation und intellektueller Kapazität besteht. Eine solche Planung kann zwar beschrieben, jedoch nicht praktiziert werden, so Lindblom: "For complex problems, the first of these two approaches is of course impossible. Although such an approach can be described, it cannot be practiced except for relatively simple problems and even then only in a somewhat modified form. It assumes intellectual capacities and sources of information that men simply do not possess, and it is even more absurd as an approach to policy when the time and money that can be allocated to a policy problem is limited, as is always the case" (Lindblom 1959, S. 80).

Der Artikel Lindbloms beschreibt im Grunde – auf die Städtebauförderung herunter gebrochen – exakt die Herangehensweise bei der Erarbeitung eines ISEK. Im Detail bedeutet das, die Planung muss alle vorhandenen Ressourcen, Motivationen sowie die Ziele aller relevanten Akteure einer Stadt untersuchen und darstellen; dann müssen diese gewichtet, in eine Rangfolge gebracht werden, um dann herleiten und beschreiben zu können, welcher Eingriff, welcher Impuls in diesem komplexen System voraussichtlich welche Wirkung hat. Die vermutete Wirkung samt all ihrer potenziellen Nebenwirkungen ist wiederum abzugleichen mit den möglichen Wirkungen anderer Eingriffe, um letztendlich die Entscheidungen so treffen zu können, dass das größtmögliche Maß an Zielerreichungen eintritt. Vor dem Hintergrund der Lindblomschen Analyse scheint ein Gelingen dieses Ansatzes eher unwahrscheinlich, wenn nicht sogar unmöglich.

Der Möglichkeitstrichter

Das von Lindblom geschilderte Vorgehen wird umfassend in der Szenariotechnik beschrieben, einer Methode strategischer Planung, die in politischen und wirtschaftlichen Zusammenhängen zur Analyse potenzieller Kausalitäten im Hinblick auf gesellschaftliche und ökonomische Entwicklungsoptionen angewendet wird (vgl. Weinberger 2013). Zur Darstellung von Szenarien bzw. Ausgangssituationen samt ihrer Entwicklungsmöglichkeiten wird das Bild des sogenannten Szenario- oder Möglichkeitstrichters genutzt (s. Abb.2). Für unser Thema entscheidender Aspekt der Szenario-Betrachtung ist das Bewusstsein, dass der Blick von der Gegenwart auf die Zukunft und deren potenzielle Entwicklung immer eingeschränkt ist, da sich Diskontinuitäten im Entwicklungsverlauf häufig nicht voraussehen lassen (vgl. Weinberger 2013). Ein ISEK beispielsweise, das vor acht Jahren erarbeitet wurde, konnte unmöglich die mittlerweile bestehenden Anforderungen für die Unterbringung und Integration von Flüchtlingen berücksichtigen. Letztlich erzeugt eine synoptische Planung grundsätzlich einen starren Möglichkeitstrichter: Was heute außerhalb der Möglichkeiten und Wahrnehmungen liegt, findet keinen Eingang – kann keinen Eingang finden – auch wenn es vielleicht in 4 oder 5 Jahren aufgrund der neuen Ausgangslage erreichbar wäre.

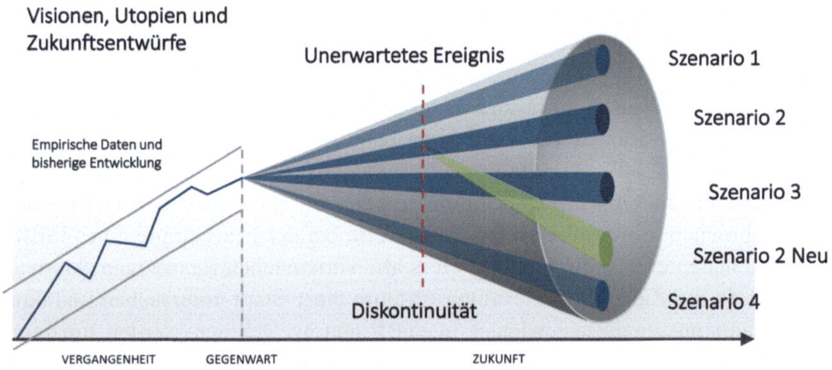

Abbildung 2 Möglichkeitstrichter (Quelle: Eigene Abbildung)

3 Fortschreibung des ISEK als Lösung?

Man mag an dieser Stelle einwenden, dass eine Fortschreibung des ISEK dieses Dilemma beseitigen könnte. Die gelegentliche und in den Verfahren der Städtebauförderung ja auch vorgesehene Fortschreibung der ISEK ist jedoch nicht in der Lage, diese Problematik umfassend aufzulösen. Die Fortschreibung eines ISEK ist aufwändig, zeitraubend, ressourcenbindend und formalisiert. So ist beispielsweise eine erneute Beschlussfassung durch das oberste Beschlussgremium der Stadt erforderlich, nach § 139 BauGB sind die Träger öffentlicher Belange erneut formell zu beteiligen. Darüber hinaus stellt sich immer wieder die Frage, wie umfangreich eine erneute Situationsanalyse ausfallen muss. Gegenüber dem Zuschussgeber benötigen gravierende Änderungen bzw. eine veränderte Ausrichtung des Möglichkeitstrichters stets eine umfangreiche und damit aufwändige Begründung. Vor diesem Hintergrund kann es nicht verwundern, dass laut Zwischenevaluation 2017 die regelmäßige Fortschreibung des ISEK die Ausnahme darstellt; in Kleinstädten wurde sogar in etwa der Hälfte der Fördergebiete überhaupt keine Fortschreibung vorgenommen. Im Rahmen der Kommunalbefragung bezeichneten einige Kommunen sie gar als „lästige Pflicht" (BBSR 2017, S. 51). Insofern scheint es unrealistisch, dass eine ausreichend regelmäßige Fortschreibung in der Praxis tatsächlich stattfinden kann.

Die Umsetzungslücke – das ISEK in kleinen Städten

Sich mit der besonderen Problemstellung kleiner Städte in der Städtebauförderung zu beschäftigen, ist im Fachdiskurs bisher weitgehend unterblieben, aber gleichwohl zwingend notwendig, denn mitnichten ist dies ein Randthema: Über die Hälfte der Programmstädte sind kreisangehörig, ca. 40 % der Fördergebiete der *Sozialen Stadt* liegen in Klein- und Mittelstädten (vgl. BBSR 2017, S. 34)! Für kleinere, kreisangehörige Städte und Gemeinden vergrößern sich nämlich die skizzierten Nachteile zusätzlich. Zum einen verfügen sie nicht über alle bei der Umsetzung von Stadterneuerungsmaßnahmen erforderlichen Zuständigkeiten. Für die *Soziale Stadt* ganz entscheidende Aufgaben und Institutionen wie beispielweise die Jugend- und Sozialhilfe oder das JobCenter sind auf der Landkreisebene angesiedelt und nicht im Zuständigkeitsbereich der kreisangehörigen Städte und Gemeinden (vgl. BBSR 2017, S. 34). Die dadurch erforderliche zusätzliche Kooperationsebene bereitet häufig Schwierigkeiten und Mehraufwand. Zum anderen befinden sich diese Programmkommunen aufgrund der Größe ihrer Verwaltung und der eher schmalen Ausstattung mit personellen Ressourcen und Kompetenzen meist in der Situation, dass die Erarbeitung des ISEK durch externe Planungsbüros erfolgen muss. Ein solches Setting erfordert aber eine adäquate Einbindung und Begleitung durch die Verwaltung, was keinen geringen Aufwand darstellt. Dieser Umstand sowie die enge Fristsetzung von zwölf Monaten für die Erarbeitung des ISEK überfordern kleine Verwaltungen häufig, sodass sie den geforderten Aufgaben oft weder im gewünschten Maß noch in gewünschter Qualität nachkommen können.

Am anonymisierten Beispiel einer kreisangehörigen Kleinstadt in Hessen mit 10 500 Einwohnern aus dem Förderprogramm *Soziale Stadt* lässt sich die schwierige Lage illustrieren. Im Integrierten Handlungskonzept aus dem Jahr 2015 findet sich – hier zum Vergleich angeführt – die Darstellung der Kernprojekte im Bereich „Öffentliche Grün- und Freiflächen" auf 14 Seiten, ausführlich dargestellt mit Plänen, Kosten und Fristen; der Bereich „Straßen und Verkehr" umfasst 8 Seiten. Die Kernprojekte im Bereich „Soziale Entwicklung" werden dagegen in ihrer Gesamtheit auf einer einzigen Seite dargestellt! Zum Unterpunkt „Chancengleichheit" beispielsweise gibt es nur die folgenden vier stichpunktartigen Nennungen:

- Einführung eines Monitorings zu prekären Lebenssituationen
- Ausbau der Sozialberatung unter Beteiligung von „Ehrenamtlichen"
- Frauen mit eingeschränkten Sprachkompetenzen werden durch niedrigschwellige Deutschkurse gefördert
- Ebenso Flüchtlinge und weitere Personen mit Qualifizierungsbedarf

Dies ist die vollständige Darstellung der geplanten Maßnahmen, konkreter werden sie an keiner Stelle des 157 Seiten umfassenden IHKs beschrieben.

Die Bundestransferstelle Soziale Stadt beklagt im *Statusbericht Soziale Stadt 2014*, dass eine Reihe von sozial-integrativen Handlungsfeldern mit besonderer Bedeutung für die *Soziale Stadt* nicht ausreichend bearbeitet wird (vgl. BMUB 2014, S. 5, 13f, 23). Angesichts der zuvor betrachteten Umstände kann dies nicht erstaunen, schließlich können diese Themenfelder von den kreisangehörigen Städten und Gemeinden aus den genannten Gründen gar nicht eigenständig und folglich auch nicht adäquat bearbeitet werden. Da sie gleichwohl innerhalb des ISEK mit zu berücksichtigen sind, führt dies – wie oben dargestellt – nicht selten zu unbefriedigenden Resultaten.

Im Ergebnis ist festzustellen, dass das ISEK häufig einen zu eng gefassten und zu starren Möglichkeitstrichter bildet und dadurch Chancen ungenutzt bleiben. Oder aber das ISEK gerät zu komplex und ist als synoptische Planung für die Akteure nicht anschlussfähig, weil es eine kleinere, mit nur eingeschränkten Kompetenzen ausgestattete Stadt und deren Verwaltung überfordert. In anderen Fällen wiederum wird das ISEK zu einer reinen Addition aller nur denkbaren Maßnahmen und Projekte, um alle Optionen zu sichern. In sämtlichen Fällen bleibt die Programmumsetzung deutlich unter ihren Möglichkeiten.

Zusammenfassung

Die eingangs beschriebene Wellenbewegung in der bundesdeutschen Geschichte räumlicher Planung hat die strategische Planung nun wieder „nach oben gespült" – und das ISEK befindet sich derzeit auf einem hohen Wellenkamm. Es wurde in diesem Beitrag beschrieben, wie das ISEK als Fördervoraussetzung positioniert wurde und worin seine nachweislichen Vorteile bestehen. Es wurden aber auch die ganz erheblichen Anforderungen, die unübersehbaren Nachteile und Überforderungen dargestellt. Die Hauptprobleme bestehen zum einen in der systemimmanenten Komplexität und zum anderen in den oben genannten Umsetzungsdilemmata – und dies von Anfang an bis heute. Auf beide Problemstellungen gab es zwar insgesamt wenige, aber wiederkehrend deutliche Hinweise in der Fachliteratur sowie in den begleitenden Evaluationen. Angesichts der Befunde stellt sich die Frage, warum auf die Hinweise bisher nicht reagiert wurde. Warum wurden die Kritikpunkte nicht aufgegriffen? Güntner spricht im Zusammenhang mit den Veröffentlichungen zum Programm *Soziale Stadt* von „sich verfestigenden Diskurskoalitionen" und „Diskurssträngen" (Güntner 2006, S. 177), die eine Engführung auch bei zentralen Fragestellungen mit sich bringen. Dies mag dazu beigetragen haben, dass Hinweise auf die besagten Probleme und Widersprüche im Diskursnetzwerk untergingen – zumal das ISEK als Erfolgsmodell dazu beigetragen hat, der strategischen räumlichen Planung einen neuen Geltungsanspruch zu erarbeiten.

4 Die Frage nach der Alternative

Was ist also zu tun? Brauchen Stadterneuerungsprozesse ein alternatives und ergänzendes Planungsinstrument? Einen ersten Anhaltspunkt gibt die Zwischenevaluierung aus dem Jahr 2004, da heißt es im Zusammenhang mit der Bewertung der Wirksamkeit der Integrierten Handlungskonzepte in den untersuchten Gebieten: „Allerdings sollte nicht unberücksichtigt bleiben, dass auch ohne ein schriftlich fixiertes Handlungskonzept eine zielgerichtete und erfolgreiche Arbeit möglich ist" (BBR 2004, S. 86). Das heißt, gute Ergebnisse sind in Stadterneuerungsprojekten auch ohne ISEK erreichbar und: Gute Ergebnisse gab es auch schon vor Einführung des ISEK.

Doch welche Eigenschaften müsste ein alternatives Planungsinstrument haben, um die gewünschten Effekte zu erzielen? Ritter forderte schon 1998, dass Planung „flexibel und situationsbezogen reagieren" und dabei „differenzierte Strategien wählen" muss, da man aufgrund der zunehmend komplexer werdenden Handlungsfelder nicht mehr von „lineare(n) und einfach gebaute(n) Wirkungsketten" ausgehen könne, die einen „direkt-kausalen Zugriff" ermöglichen (Ritter 1998, S. 12). Und diese Frage stellt sich heute bei der Suche nach einer Erweiterung des Planungsinstrumentariums erneut.

Ein Blick zurück zu Lindbloms Ausführungen hilft weiter. In dem bereits zitierten Artikel beschreibt er die Methode des *muddling through* als ein Vorgehen, bei dem der Umfang von Analysen stark limitiert wird und eine Konzentration auf wenige, eher einfache Ziele erfolgt. Andere, durchaus wichtige Themen werden dabei zunächst ausgeblendet, wenn sie für die Erreichung der Primärziele nicht erforderlich sind. Durch diese Fokussierung kommt man zu einer begrenzten Anzahl von Handlungsalternativen, die sich dann leichter vergleichen lassen, daher für diese Methode auch der Begriff *successive limited comparisons*. Auch die anschließende Umsetzung der Ergebnisse wird dadurch beschleunigt und erleichtert. Danach wird das Verfahren mehrfach wiederholt, mit den jeweiligen nächsten Zielen. Somit nähert sich der Prozess Schritt für Schritt auf eine sehr Ressourcen schonende Weise der bestmöglichen Zielerreichung an. Lindblom beschreibt diese Verfahrensweise an anderer Stelle auch als *branch method* oder *incremental method*. Obwohl sie in der Praxis äußerst erfolgreich angewendet wird, neigen Planungstheoretiker bis heute dazu, dieses Vorgehen abzuwerten und nicht als Methode anzuerkennen (vgl. auch Lindblom 1959). Dabei gehen kritische Stimmen im Gegensatz hierzu sogar so weit zu behaupten, dass *muddling through* der eigentliche Standard sei und Planung primär als „Realitätsfassade" genutzt werde, um unter „diesem Deckmantel das (zu) tun, was überhaupt zu tun möglich ist" (Schimank 2009, S. 68, zit. n. Leber 2014, S. 136). Es ist nun zu überlegen, wie die von Lindblom wissenschaftlich betrachtete und rehabilitierte Methode des *muddling through* eine Blaupause bilden kann, um ein adäquates Planungsinstrument zu entwickeln.

Responsive planning

Im Folgenden wird ein Planungsinstrument vorgestellt, dessen Anspruch und Charakter nicht synoptisch, sondern situationsbezogen und anpassungsfähig ist: das *responsive planning*. An die Stelle der einmaligen Erarbeitung des ISEK tritt damit ein flexibles, inkrementelles Planungssystem.

Das *responsive planning* ist ein reagierendes, antwortendes, interaktives Planen, das auf die jeweilige Situation adaptierbar ist und dadurch einen flexiblen und nachsteuerbaren Möglichkeitstrichter erzeugt. Es ist eine Planung, die kontinuierlich ausgehend von einem sich ständig verändernden Istzustand schrittweise die wahrgenommenen Mängel abbaut und sich dabei konsequent von dem Grundsatz des situativ Machbaren leiten lässt. Dabei fokussiert sie sich auf das Erreichen einfacher, reduzierter Ziele – *do fewer things and do them better.* Handlungsfelder, die sich unter den gegebenen Rahmenbedingungen nicht sinnvoll bearbeiten lassen, werden ausgeblendet. Indem auf neue Situationen jederzeit reagiert werden kann, haben auch Akteure, die erst später im Projekt aktiv werden, noch Gestaltungsspielräume, die über Umsetzungsdetails hinausgehen. Das verbessert die Möglichkeiten der Beteiligung, die Chancen für Verstetigung und Nachhaltigkeit wachsen. Das *responsive planning* ist somit eine Methode, die auf die Diskontinuitäten von Entwicklungsverläufen im Fördergebiet bestmöglich reagieren kann und die jeweiligen Optionen des bestehenden Möglichkeitstrichters maximal ausschöpft.

Ablauf

Zu Beginn des Planungsprozesses in einem Stadterneuerungsprojekt werden mit einem möglichst reduziertem (Analyse-)Aufwand lediglich Zielfenster und Leitplanken sowie Verfahrensabläufe definiert. Danach werden in einem auf 6 bis 8 Jahre angelegten Zeitraum kontinuierlich Maßnahmen entwickelt; diese sind regelmäßig zu überprüfen, zu modifizieren, anzupassen und nötigenfalls auch wieder zu verwerfen im Sinne eines konsequenten *turn-to-projects*-Vorgehens anstelle des tendenziell *turn-to-strategy*-Verfahrens des ISEK. Entwicklung, Überprüfung und Anpassung der Maßnahmen erfolgen fortlaufend über das Stadtteilmanagement im Tandem aus Stadtplanung und Gemeinwesenarbeit unter Nutzung der aufgebauten Beteiligungsstrukturen. Im Vorfeld der Erstellung des jährlichen Förderantrags findet jeweils zusätzlich eine konzentrierte Projektentwicklungsphase in einem auf zwei bis drei Wochen angelegten Setting unter Beteiligung aller relevanten Stadtteilakteure statt. Die so entwickelten Maßnahmen werden dann in den aktuellen Jahresantrag übernommen. In der Folge werden überschaubare Arbeitspakete definiert, die dann angepasst an die vorhandenen, stets begrenzten Ressourcen zeitnah umgesetzt werden können. Erfahrungen aus der Umsetzung der Maßnahmen können unmittelbar in die nächstfolgende Wiederholung des Prozesses der Maßnahmenentwicklung eingebracht werden im Sinne eines sich selbst optimierenden Systems. Die Intensivphase der Projektentwicklung wird somit jährlich von dem jeweils erreichten neuen Ausgangspunkt wiederholt, hierdurch entsteht ein Planungskontinuum, das sich zu jedem Zeitpunkt an die sich wandelnden Rahmenbedingungen und Möglichkeitstrichter anpasst. In diesen intensiven, den Jahresanträgen vorgeschalteten Arbeitsphasen wird die Planungsmethodik *responsive planning* mit unterschiedlichen Entscheidungs-, Planungs- und Beteiligungselementen weiter erprobt, modifiziert und optimiert.

Partizipation

Das *responsive planning* folgt dabei dem Prinzip der *offenen Tür*; sich bietende Optionen, Möglichkeiten sowie die sich wandelnden Bereitschaften und Kapazitäten der unterschiedlichen Akteure werden genutzt und fortlaufend planerisch aufgegriffen. Somit entsteht ein Laboratorium, das von unterschiedlichen Verfahren der Bewohner- und Akteursbeteiligung begleitet wird und einen weiten Spielraum zur Entwicklung und Erprobung von Beteiligungsverfahren bietet. Hierzu gehört beispielsweise auch gezielt die Einbindung künstlerischer Interventionen im Stadtraum. Da auf neue Situationen jederzeit reagiert werden kann, haben auch Akteure, die erst später im Projekt aktiv werden, noch Gestaltungsspielräume, die über die Diskussion von Umsetzungsdetails hinausgehen. Das verbessert die Möglichkeiten der Beteiligung und die Motivation der Beteiligten. Die Chancen für Verstetigung und Nachhaltigkeit des Projektes wachsen. Dabei kann das *responsive planning* auf vielfältige Erfahrungen aus Beteiligungsverfahren außerhalb der Städtebauförderung zurückgreifen, die in auf längere Frist angelegten Prozessen bereits umfänglich erprobt wurden wie zum Beispiel Planungszellen, Quartiersbeiräte, Stadtteilforen, Bürger*innenräte, Gemeinwesenarbeit oder *community organizing*.

Ressourcenverschiebung

Die bisher erforderliche allumfassende Analyse aller Daten und Handlungsfelder ist bei *responsive planning* nicht erforderlich und wird durch eine fokussierte und Aufwand begrenzende Bestandserhebung ersetzt. Auch die möglichst abschließende Auflistung der Einzelmaßnahmen für die gesamte Projektlaufzeit schon zu Beginn der Maßnahme läuft dem Charakter von *responsive planning* zuwider und entfällt deshalb vollständig. Auf die Darstellung von grundsätzlich oder derzeit nicht zu bearbeitenden Handlungsfeldern kann ebenso verzichtet werden wie auf die rein additive Aufzählung aller denkbaren Einzelprojekte. Ein präziser Umsetzungszeitplan für die Gesamtlaufzeit des Projekts ist deshalb ebenfalls nicht vonnöten. Die hierdurch eingesparten Ressourcen können dann direkt der Maßnahmenentwicklung und -umsetzung zugutekommen.

5 Fazit

Stadterneuerungsgebiete und ihre jeweiligen Fragestellungen und Rahmenbedingungen unterscheiden sich stark voneinander. Das Planungsinstrument ISEK hat, bei allen unbestreitbaren Vorteilen auch erhebliche Nachteile und ist nicht für jeden Standort und jede Planungsaufgabe die beste Herangehensweise. Stadterneuerungsmaßnahmen benötigen für diese Bandbreite sehr differenter Rahmenbedingungen ein breiteres Spektrum unterschiedlicher, erprobter und anerkannter Planungsverfahren. Das beschriebene Verfahren *responsive planning* skizziert eine alternative Planungsmethodik, welche die vor Ort vorhandenen Chancen auf Entwicklung optimal zu nutzen in der Lage ist, in dem sie die bestehenden Ressourcen passgenau und effektiv einsetzt, eine hohe Anschlussfähigkeit der Maßnahmen sicherstellt und damit zu einer größeren Wirksamkeit von Stadterneuerungsprojekten führen kann. Da ein solches Verfahren in besonderer Weise darauf reagiert, dass die Ressourcen Zeit, Geld und Personal immer limitiert sind, ist es für Projekte in kleineren, insbesondere auch kreisangehörigen Städten und Gemeinden mit ihren begrenzten Zuständigkeiten und Kapazitäten von besonderer Wichtigkeit und Relevanz.

6 Ausblick

Zur Weiterentwicklung des Instrumentariums der Stadtplanung wird jetzt ein Experimentierfeld gebraucht, ein *laboratorium responsive planning,* denn die Methode *responsive planning* muss erprobt und weiter entwickelt werden. Und dies muss zwingend in einer engen Verknüpfung mit den konkret Handelnden vor Ort geschehen. Daher wird dringend ein Praxistest benötigt, eine Ausformulierung in der Praxis, um das Planungsverfahren weiter zu definieren, zu verifizieren und wissenschaftlich zu begleiten.

Das *laboratorium responsive planning* sollte daher rasch an Programmstandorten der Städtebauförderung eingerichtet werden, um *responsive planning* zu testen und zu evaluieren. Bislang scheiterte dies an den starren Vorgaben der Förderrichtlinien. Hier könnte ein Forschungsvorhaben im Rahmen des Experimentellen Wohnungs- und Städtebaus (ExWoSt) eine Lösung darstellen.

Literatur

BBR – Bundesamt für Bauwesen und Raumordnung, im Auftrag des Bundesministeriums für Verkehr, Bau- und Wohnungswesen (2004). Die Soziale Stadt Ergebnisse der Zwischenevaluierung. Berlin: Bundestransferstelle Soziale Stadt, Deutsches Institut für Urbanistik

BBSR – Bundesinstitut für Bau-, Stadt- und Raumforschung im Bundesamt für Bauwesen und Raumordnung,. & Bundesministerium für Umwelt, Naturschutz, Bau und Reaktorsicherheit (Hrsg.). (2017). Zwischenevaluation des Städtebauförderprogramms Soziale Stadt. Bonn

Becker, H., Böhme, C.. & Meyer, U. (2003). Integrierte Handlungskonzepte – Steuerungs- und Koordinierungsinstrumente für die soziale Stadtentwicklung. In: Deutsches Institut für Urbanistik im Auftrag des Bundesministeriums für Verkehr, Bau- und Wohnungswesen (Hrsg.). Strategien für die Soziale Stadt – Erfahrungen und Perspektiven – Umsetzung des Bund-Länder-Programms „Stadtteile mit besonderem Entwicklungsbedarf – die soziale Stadt". Berlin

BMUB – Bundesministerium für Umwelt, Naturschutz, Bau und Reaktorsicherheit (Hrsg.). (2014). Statusbericht Soziale Stadt 2014. Berlin: Bundestransferstelle Soziale Stadt, Deutsches Institut für Urbanistik

BMUB – Bundesministerium für Umwelt, Naturschutz, Bau und Reaktorsicherheit (2016). Nachbarschaften stärken, Miteinander im Quartier – Ressortübergreifende Strategie Soziale Stadt. http://www.bmub.bund.de/fileadmin/Daten_BMU/Download_PDF/Staedtebaufoerderung/soziale_stadt_strategie_bf.pdf (26.11.2017).

BMUB – Bundesministerium für Umwelt, Naturschutz, Bau und Reaktorsicherheit (Hrsg.). (2016). Integrierte städtebauliche Entwicklungskonzepte in der Städtebauförderung – Eine Arbeitshilfe für Kommunen. Rostock: Publikationsversand der Bundesregierung. (2. Aufl.).

BMUB – Bundesministerium für Umwelt, Naturschutz, Bau und Reaktorsicherheit (2017). Verwaltungsvereinbarung Städtebauförderung 2017 über die Gewährung von Finanzhilfen des Bundes an die Länder nach Artikel 104 b des Grundgesetzes zur Förderung städtebaulicher Maßnahmen (VV Städtebauförderung 2017) vom 13.12.2016/2.5.2017. http://www.staedtebaufoerderung.info/StBauF/SharedDocs/Publikationen/StBauF/VVStaedtebaufoerderung2017_Liste.pdf;jsessionid=CA299D2DD9CCA005F04389C1CE74A1F9.live11292?__blob=publicationFile&v=2 (26.11.2017)

BMVBW – Bundesministerium für Verkehr, Bau- und Wohnungswesen (2002). Verwaltungsvereinbarung über die Gewährung von Finanzhilfen des Bundes an die Länder nach Artikel 104 a Absatz 4 des Grundgesetzes zur Förderung städtebaulicher Maßnahmen (VV-Städtebauförderung 2002) vom 19. Dezember 2001/09. April 2002. http://www.staedtebaufoerderung.info/StBauF/SharedDocs/Publikationen/StBauF/VVStaedtebaufoerderung2002.pdf?__blob=publicationFile&v=1 (26.11.2017)

Evers, A., Schulz, A.. & Wiesner, C. (o. J.). Netzwerkanalyse und dialogische Begleitung – Schlussbericht. In Servicestelle HEGISS (Hrsg.), *HEGISS Materialien Begleitforschung 4*. Frankfurt am Main: HEGISS-Servicestelle.

Güntner, S. (2006). *Soziale Stadtpolitik – Policy-Making und Institutionalisierung*. Bielefeld: transcript Verlag.

HMUKVL – Hessisches Ministerium für Umwelt, Klimaschutz, Landwirtschaft und Verbraucherschutz (2017). Richtlinien des Landes Hessen zur Förderung der Nachhaltigen Stadtentwicklung – RiLiSE. https://nachhaltige-stadtentwicklung-hessen.de/files/rilise_2017_1.pdf (26.11.2017)

Irsigler, F. (2003). Was macht die mittelalterliche Siedlung zur Stadt? In Universität des Saarlands (Hrsg.), *Universitätsreden 51* (S.17–44). Saarbrücken

Leber, N. (2014). Shut Down, Restart!? Auf dem Weg zur Raumplanung 3.0!?. In Küpper, P., Levin-Keitel, M., Maus, F., Müller, P., Reimann, S., Sondermann, M., Stock, K.. & Wiegand, T. (Hrsg.). *Raumentwicklung 3.0 – Gemeinsam die Zukunft der räumlichen Planung gestalten. Arbeitsberichte der ARL 8* (S. 132–140). Hannover.

Lindblom, C.E. (1959). The Science of "Muddling Through". *Public Administration Review Vol. 19 No. 2*, S. 79–88.

Ritter, E.-H. (1998). Stellenwert der Planung in Staat und Gesellschaft. In Akademie für Raumordnung und Landesplanung (Hrsg.). *Methoden und Instrumente räumlicher Planung. Handbuch* (S. 6–22). Hannover: Verlag der ARL.

Scholz, C.,. & Meyer, C. (2010). Integrierte Handlungskonzepte in der Stadterneuerung – das Beispiel Nordrhein-Westphalen. *Informationen zur Raumentwicklung 4/2010*, S. 287–295.

SRL -Vereinigung für Stadt-, Regional- und Landesplanung SRL (2004). Positionspapier Soziale Stadt. http://www.srl.de/dateien/dokumente/de/positionspapier_ak_soziale_stadt.pdf (26.11.2017)

Weinberger, P. (2013). Szenariotechnik. http://www.uni-lueneburg.de/personal_fuehrung/index.php/Szenariotechnik (26.11.2017)

Die Städtebauförderung vor neuen Herausforderungen

Zukunftsthemen und instrumentelle Veränderungen

Ralf Zimmer-Hegmann, Mona Wallraff und Nils Hans

Zusammenfassung

Die Städtebauförderung in Deutschland hat eine lange Tradition. Gemeinsam mit Ländern und Kommunen finanziert der Bund seit fünf Jahrzehnten Maßnahmen zur städtebaulichen Erneuerung und Stabilisierung der Städte und Gemeinden. Dabei wurde dieses zentrale Instrument der Stadtentwicklung in Deutschland immer wieder an die aktuellen Herausforderungen angepasst. Neue Themen sind auf die Agenda gekommen, andere haben an Bedeutung gewonnen. Daher sind neue Instrumente bzw. die Weiterentwicklung von bewährten Instrumenten notwendig, um adäquat auf neue Aufgaben reagieren zu können. Aus Anlass des 10-jährigen Bestehens der Leipzig-Charta hat sich der 11. Bundeskongress zur Nationalen Stadtentwicklungspolitik im Jahr 2017 intensiv mit diesen Fragen beschäftigt und insbesondere für die Städtebauförderung in Deutschland nach adäquaten Antworten gesucht. Im Zuge dessen befasst sich der vorliegende Artikel mit der Weiterentwicklung der Städtebauförderung. Er enthält zwölf Thesen zur zukünftigen inhaltlichen und instrumentellen Ausrichtung.

U. Altrock et al. (Hrsg.), *Programmatik der Stadterneuerung*, Jahrbuch Stadterneuerung, https://doi.org/10.1007/978-3-658-26765-0_14

Die Städtebauförderung in Deutschland hat eine lange Tradition. Gemeinsam mit Ländern und Kommunen finanziert der Bund seit fünf Jahrzehnten Maßnahmen zur städtebaulichen Erneuerung und Stabilisierung der Städte und Gemeinden. Dabei wurde dieses zentrale Instrument der Stadtentwicklung in Deutschland immer wieder an die aktuellen Herausforderungen angepasst. So vollzog sich der Wandel von der Flächensanierung der 1970er Jahre hin zu einem Instrument der behutsamen und erhaltenden Stadterneuerung in den 1980er Jahren, die sich dann zur integrierten Stadterneuerung weiterentwickelt hat. Diese „Philosophie" der integrierten Stadtentwicklung wurde mit der Leipzig-Charta im Jahre 2007 zu einem europäischen Paradigma. Die zwei Kernelemente der Leipzig-Charta sind eine stärkere Fokussierung auf integrierte Konzepte, d.h. die Zusammenarbeit über Fachgrenzen hinaus sowie die besondere Berücksichtigung benachteiligter Stadtteile im gesamtstädtischen Kontext (BMUB 2007, S. 2ff.). Die Leipzig-Charta hat in den vergangenen Jahren zudem zu einem besseren Verständnis von integrierter Stadtentwicklung in den Kommunen beigetragen, indem die „nachhaltige vertikale und horizontale Vernetzung von Akteuren, Strukturen und Politiken" befördert wurde (BBSR 2017b, S. 88). Im Kern der Leipzig-Charta stehen die Themen Integration und Nachhaltigkeit in einem mehrfachen und umfassenden Sinne: Es geht um die Integration oder Zusammenführung von Themen, Akteuren und Instrumenten zur Schaffung einer inklusiven und nachhaltigen Stadt. Das ist der normative Anspruch der Leipzig-Charta. An dieser Stelle soll nicht bewertet werden, inwieweit dieser Anspruch auch tatsächlich umgesetzt werden konnte. Dazu gibt es bereits an anderer Stelle kritische Bewertungen (vgl. Güntner & Walther 2013).

Seit der Initiierung der Leipzig-Charta haben die Herausforderungen an die Städte weiter zugenommen und sind zunehmend komplexer geworden (vgl. BBSR 2017b). Neue Themen sind auf die Agenda gekommen (z.B. Digitalisierung), andere haben an Bedeutung gewonnen (z.B. Umwelt, soziale Spaltung). Daher sind neue Instrumente bzw. die Weiterentwicklung von bewährten Instrumenten notwendig, um adäquat auf neue Aufgaben reagieren zu können. Aus Anlass des 10-jährigen Bestehens der Leipzig-Charta hat sich im Jahre 2017 der 11. Bundeskongress zur Nationalen Stadtentwicklungspolitik in Hamburg intensiv mit diesen Fragen beschäftigt und insbesondere für die Städtebauförderung in Deutschland nach adäquaten Antworten gesucht. Vor diesem Hintergrund werden in dem nachfolgenden Beitrag die wichtigsten Zukunftsthemen für die Stadtentwicklung diskutiert und sowohl inhaltliche wie auch instrumentelle Schlussfolgerungen für die Weiterentwicklung und Veränderung der Städtebauförderung gezogen.

1 Zukunftsthemen der Stadtentwicklung

Im folgenden Kapitel werden Themen benannt, die die Stadtentwicklungspolitik in Zukunft wesentlich bestimmen werden. Dazu gehört die Digitalisierung als neues „Mainstreamthema" mit ihren Folgen für Städte und Gemeinden. Bisherige Themen des sozialen Zusammenhaltes und ökologischer Herausforderungen gewinnen deutlich an Bedeutung und sind gerade auch im Sinne von möglichen Zielkonflikten stärker miteinander zu verzahnen. Vor allem aber die Differenzierung und auch Polarisierung der Stadtentwicklung erfordert angemessene und differenzierte Instrumente für die unterschiedlichen Herausforderungen von wachsenden und schrumpfenden bzw. großstädtischen und kleinstädtisch-ländlichen Räumen.

Digitalisierung und Smart Cities

Digitalisierung als globaler „Megatrend" betrifft auch die Stadtentwicklung in Deutschland. In einer aktuellen Umfrage des Difu (2018a) unter den (Ober-) Bürgermeistern aller deutschen Städte ab 50.000 Einwohnern wird das Thema Digitalisierung, gemeinsam mit den Bereichen Zuwanderung und Integration, von den Kommunen als wichtigstes Zukunftsthema genannt. Was hinter dem häufig rezipierten Schlagwort „Smart City" steht und welche Chancen und Herausforderungen smarte Technologien für die Stadtentwicklung mit sich bringen, ist hingegen häufig noch unklar. Während „die großen Smart-City-Visionen [...] nicht eins zu eins auf europäische Städte übertragen werden können" (Günthner 2017, S. 5), geht es vielmehr um die Frage, welche technischen Möglichkeiten sich sinnvoll und konstruktiv in deutschen Städten und für eine nachhaltige und integrierte Stadtentwicklung nutzen lassen (Günthner 2017, S. 8). So ist beispielsweise noch offen, wie Digitalisierung konkret die Nutzung der Städte und städtische Infrastrukturen beeinflussen kann – etwa inwieweit digitale Technologien zum Klimaschutz und zu nachhaltiger Mobilität beitragen können – ebenso wie die Frage, welcher Mehrwert und welche Risiken sich durch die „Industrie 4.0" oder „Big Data" ergeben können. Noch ungeklärt sind darüber hinaus Fragen nach dem ‚digital devide' und der sozialen Teilhabe an digitalen Dienstleistungen und Entwicklungen ebenso wie bisher noch nicht in entsprechendem Maße beantwortete Fragen des Datenschutzes. Der Deutsche Städtetag empfiehlt seinen Mitgliedsstädten „insbesondere die Digitalisierung und die damit einhergehenden fundamentalen Veränderungen der Stadtentwicklung, ihrer Kommunikationsprozesse und ihrer politisch-administrativen Steuerung in ihre Stadtentwicklungskonzepte einzubeziehen" (DST 2015, S. 14). Doch wie kann das vor dem Hintergrund allgemeiner Verunsicherung und fehlender Erfahrungen bezüglich der Entwicklung und Folgen der Digitalisierung in den Städten und Kommunen gelingen? Eine erste Hilfestellung soll die Smart City-Charta leisten.

Die Smart City-Charta wurde in einem breiten Dialogprozess mit rund 70 Vertreterinnen und Vertretern von Bund, Ländern, kommunalen Spitzenverbänden und Kommunen sowie der Wissenschaft und Praxis erarbeitet und richtet sich an alle Akteure der Stadtentwicklung – an Städte, Kreise und Gemeinden ebenso wie an Akteure des Bundes und der Länder, der Forschung, Wirtschaft und Zivilgesellschaft. Sie verpflichtet sich einer verantwortungsvollen und integrierten Stadtentwicklung und wurde aufbauend auf den Zielen der Leipzig-Charta und der Nationalen Stadtentwicklungspolitik entwickelt. Die Smart City-Charta beinhaltet normative Leitlinien, nach denen eine nachhaltige digitale Transformation von Kommunen klare Ziele und Strategien benötige, Möglichkeiten der Mitgestaltung bereithalten, entsprechende Infrastrukturen aufbauen und Ressourcen und Kompetenzen bündeln sollte (BBSR 2017c, S. 9). Grundsätzlich ist sie bestrebt, die Digitalisierung mitgestalten zu wollen und aktuell relevante Themen zu behandeln, anstatt sich mit vagen Zukunftsszenarien zu beschäftigen. Die Smart City-Charta bietet jedoch ausdrücklich nur einen Leitfaden; essenziell ist, dass die Städte die digitale Transformation selbstbestimmt vorantreiben.

Wie kann die Städtebauförderung diesen Prozess unterstützen? In erster Linie sollten die Themen Digitalisierung und Smart City als Querschnittsthemen in allen Bereichen und Programmen der Städtebauförderung etabliert und mitgedacht werden – insbesondere auch in kleineren Städten und Gemeinden, die häufig jedoch nicht über das Personal und Know-how der Umsetzung verfügen. Einerseits müssen dazu Kompetenzen aufgebaut und die ressortübergreifende Zusammenarbeit ausgebaut werden, um die Kommunen als aktive Akteure und Gestalter des digitalen Wandels zu stärken; andererseits müssen Lösungen im Dialog mit allen Akteuren der Stadtentwicklung, z.B. in Form von offenen Dialogplattformen, gefunden werden, sodass Kompetenzen von außerhalb der Stadtverwaltung genutzt und in partizipativen Prozessen Ideen entwickelt werden können. Sinnvoll ist zudem der Erfahrungsaustausch durch interkommunale Vernetzung und städteübergreifende kooperative Modelle. Die Städtebauförderung kann weniger durch die Bereitstellung von „Hardware“ beitragen, als vielmehr die Folgen und Potenziale der Digitalisierung in allen Förderprogrammen mitdenken. So kann sie dazu beitragen, die Beteiligung der Menschen über alle Generationen und Bildungsschichten hinweg an der digitalen Transformation zu fördern. Denkbar ist beispielsweise die Förderung gemeinwohlorientierter Ansätze durch die Bereitstellung von nichtkommerziellen digitalen (Nachbarschafts-)Plattformen zur Förderung der lokalen Demokratie und des gesellschaftlichen Zusammenhalts (vgl. Schreiber & Göppert 2018).

Integration und sozialer Zusammenhalt

In Deutschland ist eine zunehmende soziale Ungleichheit festzustellen, wobei räumlich sehr große Disparitäten bestehen. Diese sozialräumliche Polarisierung spiegelt sich u.a. in den Armutsquoten wider. So betrug die Armutsquote im Jahr 2015 11,6% in Bayern und 24,8% in Bremen (Der Paritätische Gesamtverband 2017, S. 11). Die soziale und räumliche Ungleichheit zeigt sich vor allem aber auch auf kleinräumiger Ebene in den Stadtteilen und Quartieren (Keim 2011, S. 245). Städte und Gemeinden stehen daher vor der zentralen Herausforderung, den sozialen und gesellschaftlichen Zusammenhalt zu wahren und zu stärken. Hinzu kommen erhebliche Engpässe in der Wohnraumversorgung, die zu einer weiteren Zunahme von Armut sowie sozialen Verdrängungs- und Segregationsprozessen führen, auf die die Stadtentwicklungspolitik reagieren muss.

Eine neue Qualität erreichen diese Herausforderungen durch die gestiegene (Flucht-)Zuwanderung in den vergangenen Jahren. Deutschland hat alleine im Jahr 2015 rund 900.000 Menschen aufgenommen, die vor Krieg und Verfolgung geflüchtet sind (BMI 2016). Obwohl die Zahlen seither deutlich zurückgegangen sind, sind die Kommunen weiterhin bestrebt, diesen Menschen Integration und Teilhabe zu ermöglichen. Das Quartier hat dabei eine besondere Bedeutung, denn Integration findet vor Ort in der Nachbarschaft und im lokalen Umfeld statt. Es existieren bereits erprobte sozialraumorientierte Ansätze zur Integration von Zuwanderern; es bedarf allerdings einer stärkeren Verknüpfung mit quartiersspezifischen Förderprogrammen wie BIWAQ (Dymarz & Wallraff 2016, S. 8f.).

Quartiere sind die elementare Handlungsebene in der sozialen Stadtentwicklung. Es zählt zu den Kernaufgaben der Stadtentwicklungspolitik, diese als Orte des Zusammenlebens und der Integration zu stärken. Die Instrumente und Programme der Städtebauförderung, insbesondere das Programm „Soziale Stadt", tragen dazu bei, den sozialen Zusammenhalt zwischen den Menschen unterschiedlicher sozialer Lage und kultureller Herkunft in den Quartieren zu fördern. Mit dem Investitionspakt „Soziale Integration im Quartier" hat der Bund 2017 eine weitere Möglichkeit geschaffen, soziale Infrastruktur wie Schulen und Quartierstreffs zu etablieren bzw. zu erhalten und somit einen Beitrag zur Förderung des sozialen Zusammenhalts und der Integration von Zugewanderten vor Ort zu leisten. Das Programm „Soziale Stadt" trägt mit seinem integrierten Ansatz dazu bei, benachteiligte Stadtteile zu stabilisieren, zugleich sind die Wirkungen auf die sozialen und ökonomischen Situationen der Bewohner und Bewohnerinnen bislang begrenzt (Zimmer-Hegmann 2017, S. 41f.; Franke et al. 2014, S. 209f.). 2011 wurden die Städtebaufördermittel vom Bund wieder auf die investiv-baulichen Maßnahmen beschränkt und im Zuge dessen die Modellvorhaben im Rahmen des Programms „Soziale Stadt" eingestellt. Seitdem fehlt es an ausreichenden

Finanzierungsmöglichkeiten für sozial-integrative Projekte. Es gilt daher, Mittel für nicht-investive Maßnahmen in Gebieten der „Sozialen Stadt" wieder zu stärken. Darüber hinaus können die Probleme vieler benachteiligter Quartiere nicht in begrenzten Zeiträumen gelöst werden, da die strukturellen Problemlagen häufig zu persistent sind. Diese Quartiere sind als Orte der Integration in ihrer Funktion anzuerkennen und benötigen eine dauerhafte Förderung. Auch hierauf muss die Städtebauförderung künftig Antworten finden. Im Zusammenhang mit der Fluchtzuwanderung werden verstärkt auch kleinere Städte und Gemeinden mit höheren Integrationsaufgaben konfrontiert. Auch hier bedarf es beispielsweise im Rahmen des Programms „Kleinere Städte und Gemeinden" der Förderung von sozialen Integrationsmaßnahmen.

Durch die Zuwanderung ist die Nachfrage an preisgünstigem Wohnraum vor allem in den Ballungsräumen weiter gestiegen. Für Kommunen stellt die zukünftige Bereitstellung von bezahlbarem Wohnraum für Geflüchtete und Einheimische insofern eine weitere zentrale soziale Herausforderung dar (vhw 2016, S. 40). Hier bedarf es auch einer engeren Verknüpfung von Städtebau- und Wohnraumförderung.

Klimaschutz, Umweltgerechtigkeit und Gesundheit

„Städte und Stadtgesellschaften sind verantwortlich für den überwiegenden Teil aller weltweiten Ressourcenverbräuche und Treibhausgasemissionen" (WBGU 2016, S. 2). Denn in den Städten kumulieren sich die ressourcenreichen Aktivitäten wie Wohnen, Mobilität, Ernährung und Infrastruktur. Städte und die dort lebenden Menschen sind vorrangig von den Folgen des Klimawandels und Umweltgefährdungen betroffen: Hitzebelastungen, Starkregen, Lärm und Abgase konzentrieren sich hier und beeinträchtigen die Gesundheit vieler Menschen.

Urbane Grünflächen haben vielfältige soziale und ökologische Funktionen. Sie sind Orte der Begegnung und gleichzeitig essenziell für den Klima- und Gesundheitsschutz in den Städten. Grünflächen bilden Frischluftschneisen und dämpfen den Lärm, sind wichtig für die Temperaturregulierung und den Wasserhaushalt und fördern die biologische Vielfalt in der Stadt (BMUB 2017a, S. 7). Zudem gewinnt in letzter Zeit das Thema Umweltgerechtigkeit in der Stadtentwicklung an Bedeutung (vgl. BMUB 2016a, Deutsche Umwelthilfe 2009). Hierbei wird Umweltschutz nicht singulär, sondern im Zusammenhang von Umweltqualität, sozialer Lage und Gesundheit betrachtet (BMUB 2016a, S. 5). Insbesondere Haushalte mit geringen Ressourcen sind häufiger Umweltbelastungen wie Lärm und Schadstoffen und damit Gesundheitsrisiken ausgesetzt, da umweltbezogene Mehrfachbelastungen besonders häufig in benachteiligten Quartieren auftreten. Ein Ziel der integrierten Stadtentwicklung sollte es daher sein, räumlich konzentrierte, gesundheitsrelevante Umweltbelastungen zu vermeiden und allen Menschen einen gerechten Zugang zu Umweltressourcen zu ermöglichen. Das bedeutet, dass Umwelt und soziale Ungleichheit vermehrt miteinander in Verbindung gesetzt und aus einer Gerechtigkeitsperspektive bewertet werden sollten. Klimaschutz, Klimaanpassung und Umweltgerechtigkeit sowie Gesundheit sind demnach zentrale und zusammen zu betrachtende Elemente einer integrierten Stadtentwicklung. Dabei sollten Maßnahmen zur Steigerung des Umweltschutzes gemeinsam mit Maßnahmen sozialer Wohnraumpolitik verknüpft werden, um Gentrifizierungsprozesse zu vermeiden. Die gesamtstädtische Verringerung von Belastungen und eine Vermeidung von Verlagerungen der Belastungen in andere Quartiere stehen dabei im Fokus.

Städte und Gemeinden können vielfältige Beiträge zur Umweltgerechtigkeit und zum Gesundheits- und Klimaschutz in den Kommunen leisten. Im Rahmen der Städtebauförderung ist es bereits heute möglich, diese Themen in der Stadtentwicklung zu fokussieren. Insbesondere das Programm „Soziale Stadt", das als einen Fördergegenstand die Verbesserung der Umweltgerechtigkeit explizit nennt (vgl. BMUB 2016b), sowie das Programm „Stadtumbau" tragen dazu bei. Darüber hinaus hat der Bund 2017 das neue Städtebauförderungsprogramm „Zukunft Stadtgrün" initiiert. Dies fördert u.a. die Herstellung multifunktionaler Grün- und Freiflächen, da diese von zentraler ökologischer, sozialer und städtebaulicher Bedeutung sind. Kurze Projektlaufzeiten und die fehlende Kontinuität können allerdings hinderlich sein, um diese komplexen Problemstellungen zu lösen. Die Handlungsfelder Klimaschutz, Gesundheit und Umweltgerechtigkeit werden in der Stadtentwicklung bisher zu selten auch außerhalb spezieller (Städtebau-)Förderung von den Kommunen bearbeitet. Daher wird empfohlen, die umweltgerechte und gesundheitsbezogene Stadtentwicklung stärker in die Regelfinanzierung zu übertragen. Im Baugesetzbuch ist die Anpassung an den Klimawandel schon als Aufgabe formuliert und sollte um die Themen Gesundheit und Umweltgerechtigkeit erweitert werden.

Nachhaltige Bestandsentwicklung

Die „Gleichzeitigkeit von Wachstum und Schrumpfung" (BMUB 2015, S. 1) prägt die aktuellen Trends der Stadt- und Gemeindeentwicklung und betrifft in unterschiedlichster Weise den Bestand der Stadt. Bestandsgebäude, Infrastrukturen und vorhandene Siedlungsflächen werden dem Bevölkerungsdruck und dem Bedarf an Wohnraum in wachsenden Städten und Stadtregionen nicht mehr gerecht. In von Bevölkerungsrückgang betroffenen Regionen hingegen gefährden Leerstände sowie der Verfall von ortsbildprägenden Gebäuden und besonders erhaltenswerter Bausubstanz die Vitalität der Ortszentren. Die Entwicklung des Bestandes sollte entsprechend unterschiedlichen Zielen nachgehen: Zum einen müssen Bestandsimmobilien und -flächen aktuellen Anforderungen angepasst werden. Dazu gehört vor allem, die Potenziale der Innenentwicklung auszunutzen, beispielsweise durch Erweiterungsmöglichkeiten im Wohnungsbestand (BMUB 2017b, S. 65). Zum anderen sind gerade schutzbedürftige und identitätsstiftende Gebäude zu reaktivieren, einer entsprechenden Nutzung zuzuführen und somit in das Stadt- und Dorfleben zu (re-)integrieren (BMUB 2017b, S. 84).

Die Bestandsentwicklung ist damit ein hochgradig aktuelles Thema. Die Erhaltung sowie verantwortungsvolle und sinnvolle Weiterentwicklung des Bestands ist in vielfacher Hinsicht und insbesondere vor dem Hintergrund der Leipzig-Charta und des Leitbilds der nachhaltigen Entwicklung lohnenswert. Die erhaltende Stadtentwicklung kann in diesem Zusammenhang als nachhaltig in ökonomischer, ökologischer, sozialer und baukultureller Hinsicht bezeichnet werden: Es ergeben sich ökonomische Vorteile, weil funktionsgemischte Quartiere bzw. Urbane Gebiete (vgl. § 6a BauNVO) bereits im Bestand der Städte existieren. Ökologische Vorteile sind durch Ressourcenschonung und eine Reduktion des Flächenverbrauchs zu erwarten. Soziale Vorteile entstehen, da historische Stadtstrukturen mit öffentlichen Aufenthaltsqualitäten ausgestattet sind, die ein soziales Miteinander im öffentlichen Raum ermöglichen. Aus baukultureller Sicht ergeben sich Vorteile, weil durch Bestandsentwicklung die Stadtgeschichte und Identität weitergetragen werden kann.

Die Städtebauförderung ist ein zentrales Instrument der nachhaltigen Stadtentwicklung und hat u.a. die Behebung von städtebaulichen Missständen und Funktionsverlusten zum Ziel (vgl. BMUB 2016b). Von daher spielen die unterschiedlichsten Facetten der Bestandsentwicklung eine bedeutende Rolle, die in allen Programmen der Städtebauförderung stets mitzudenken sind. Neben dem Erhalt des baukulturellen Erbes, insbesondere durch das Programm „Städtebaulicher Denkmalschutz" oder der Konversion von brachliegenden (teilweise ehemals militärisch genutzten) Flächen im Programm „Stadtumbau", sollten weitere Entwicklungen und Trends Einzug in die Programmatik und Programmumsetzung finden. Dazu gehört in erster Linie die bessere strategische und fördertechnische Verknüpfung der Städtebauförderung mit der Wohnungsbauförderung. Denn in der konsequenten Bestands- und Innenentwicklung liegen noch erhebliche Potenziale für die Deckung des gestiegenen Wohnungsbedarfes. Ein weiteres Beispiel sind Zwischennutzungen von zeitweise leerstehenden und ungenutzten Gebäuden und Flächen. Hier besteht großes Potenzial die Vitalität der Zentren zu erhalten; dazu sollten die Städte experimentierfreudiger werden. Die Städtebauförderung sollte entsprechende Modellprojekte ermöglichen und fördern. Bei Fragen der Bestandsentwicklung gilt es darüber hinaus, insbesondere bezogen auf Fragen der städtebaulichen und gesundheitlichen Qualität, die Bevölkerung intensiver einzubeziehen, anstatt eine rein ökonomische Bewertung vorzunehmen.

Infrastruktur und Daseinsvorsorge zwischen Wachstum und Schrumpfung

Die Raumentwicklung in Deutschland ist gekennzeichnet durch gegenläufige Entwicklungen und deutliche regionale Disparitäten. Demografische und wirtschaftliche Entwicklungstrends prägen sich in einer Polarisierung zwischen wachsenden Ballungszentren und Stadtregionen auf der einen und schrumpfenden ländlichen Städten und Gemeinden auf der anderen Seite aus (vgl. BBSR 2017d).

Damit verbunden sind unterschiedliche Aufgaben der Infrastruktur- und Daseinsvorsorge: Wachsende Städte und Gemeinden sind geprägt von Bevölkerungszuwächsen und Flächenkonkurrenzen zwischen Wohn-, Gewerbe- und Grünflächen. Herausforderungen liegen hier in erster Linie in der Bereitstellung von bezahlbarem Wohnraum und einer Anpassung bzw. eines deutlichen Ausbaus der Kapazität von sozialen und technischen Infrastrukturen, bei gleichzeitiger Gewährleistung der Teilhabe aller Bevölkerungsgruppen. Demgegenüber stehen schrumpfende Städte und Gemeinden, die von Einwohnerverlusten, einer Alterung der Bevölkerung und häufig schwierigen öffentlichen Finanzlagen geprägt sind. Die zentralen Herausforderungen ergeben sich aus der veränderten Nachfrage, wodurch die Auslastung und Finanzierung von Infrastrukturen und Dienstleistungen der Daseinsvorsorge nicht mehr in ausreichendem Maße gewährleistet werden können. Hier gilt es die Tragfähigkeit und Erreichbarkeit entsprechender Einrichtungen dauerhaft aufrecht zu erhalten.

Dazu sind neue Strategien und Modelle notwendig, um die Attraktivität der Städte und Gemeinden als Wohn- und Lebensort zu erhalten bzw. wieder zu steigern – die Städtebauförderung ist hier gefordert: Zukünftig ist eine Flexibilisierung, Mobilisierung und Dezentralisierung von Infrastrukturen und Daseinsvorsorgeeinrichtungen notwendig. Daher sollten auch Überlegungen zur „Aufgabe von Siedlungseinheiten" zur Sicherung von Mindestversorgungsstandards in Betracht gezogen werden (ARL 2016, S. 26). Interkommunale Kooperationen und überörtliche Zusammenarbeiten zu diesem Zweck – die ja insbesondere im Programm „Kleinere Städte und Gemeinden" schon etabliert werden – sollten vermehrt als Instrument der Daseinsvorsorgesicherung, insbesondere in ländlichen Regionen, forciert werden. Nicht nur in ländlichen, sondern ebenso in Stadtregionen sollte zudem in Zukunft vermehrt auf eine „Koproduktion" von Infrastrukturen und Dienstleistungen der Daseinsvorsorge gesetzt werden. Eine ausreichende Sicherung der Grundbedürfnisse kann nur in Zusammenarbeit von staatlichen und kommunalen sowie zivilgesellschaftlichen und privatwirtschaftlichen Akteuren gewährleistet werden (ARL 2016, S. 4). Dazu gehört auch, Bürgerinnen und Bürger gezielt in die Überlegungen einzubeziehen (BBSR 2017d, S. 54). Dabei ist die Einbringung von freiwilligem zivilgesellschaftlichem Engagement auch mit Blick auf den sozialen Zusammenhalt zu begrüßen. Dort wo dies aus unterschiedlichen Gründen nicht möglich ist oder Menschen überfordert, bedarf es weiterhin eines öffentlichen Versorgungsanspruches. Auch dürfen neue digitale Möglichkeiten der Daseinsvorsorge, beispielsweise im Bereich Gesundheit (z.B. durch Smartphone-Apps zur Messung des Blutzuckerspiegels oder Skype-Telefonate mit einem Arzt), nicht außer Acht gelassen werden. Der Einsatz neuer Instrumente und Modelle bedarf dabei einer noch konkreteren Abstimmung von Raumplanung und Städtebauförderung, um den Einsatz gegenläufiger Strategien zu verhindern. Beispielsweise sollte die Regionalplanung keine Baugebiete auf der Grünen Wiese zulassen, während das Programm „Aktive Stadt- und Ortsteilzentren" gleichzeitig attraktive und vitale Innenstädte und Zentren fördert.

2 Welche Schlussfolgerungen können gezogen werden?

Aus den Diskussionen über neue Herausforderungen und Themen der Stadtentwicklung möchten wir im Folgenden einige Thesen für die Weiterentwicklung und Veränderung der Städtebauförderung formulieren und zur Diskussion stellen:

Die Städtebauförderung hat sich als gemeinschaftliches städtebauliches Investitionsprogramm von Bund, Ländern und Kommunen etabliert und bewährt. Zusammen mit den Finanzierungsanteilen von Ländern und Kommunen sowie der Hebelwirkung der Städtebauförderung zur Aktivierung weiterer öffentlicher und privater Folgeinvestitionen ergibt sich hieraus ein beachtliches Investitionsvolumen, das deutlich zur Verbesserung der städtebaulichen Qualitäten und Infrastrukturausstattung in den Kommunen beiträgt sowie auch volkswirtschaftlich bedeutende Impulse in Gang setzt. Hinzu kommt, dass die Städtebauförderung mit ihren Programmen und ihrer Programmphilosophie neben den Investitionen auch programmatisch eine wichtige Leitfunktion für die Stadtentwicklungspolitik in Deutschland einnimmt und so zu Innovationen in den Kommunen führt. Gebietsbezogene und integrierte Handlungskonzepte, umfassende Aktivierung und Beteiligung der Menschen vor Ort, neue Kooperations- und Managementstrukturen oder interkommunale Kooperationen sind wichtige Kennzeichen der Städtebauförderung, die so Eingang in die Politik vor Ort finden bzw. entsprechende kommunale Ansätze stützen.

Neue Herausforderungen brauchen Förderung, aber keine neuen Teilprogramme

Die bisherigen Programme der Städtebauförderung sind Ausdruck eines proaktiven Umgangs mit jeweils aktuellen Herausforderungen der Stadtentwicklung in Deutschland und zeigen, dass die Städtebauförderung immer wieder flexibel auf neue Aufgabenstellungen reagieren kann. Mit den Programmen „Soziale Stadt", „Stadtumbau", „Aktive Stadt- und Ortsteilzentren", „Städtebaulicher Denkmalschutz", „Kleinere Städte und Gemeinden" sowie dem neuen Programm „Zukunft Stadtgrün", also insgesamt sechs Programmen, steht ein ausreichend breites Instrumentarium zur Verfügung. Allerdings müssen innerhalb dieser Programme bestimmte Themen und Fördergegenstände stärker akzentuiert werden. Das Thema Digitalisierung sollte als Querschnittsthema noch stärker in die bestehenden Programme der Städtebauförderung integriert werden, um gute digitale Lösungen auszuprobieren bzw. durch die Förderung zu standardisieren und in die Breite der Kommunen zu implementieren. Ein eigenes Förderprogramm mit den Schwerpunkten Digitalisierung oder Smart Cities scheint angesichts der schon breiten Ausdifferenzierung der Städtebauförderungsprogramme nicht zielführend. Dies gilt ebenso für ein weiteres Zukunftsthema: den Klima-, Umwelt- und Gesundheitsschutz. Auch hier gilt es die bestehenden Programme sensibler für ökologische und gesundheitsfördernde sowie umweltgerechte Lösungen zu machen. Anreize für innovative und gute digitale und ökologische Lösungen könnten z.B. durch verbesserte Förderkonditionen, etwa in Form geringerer kommunaler Eigenanteile in den bestehenden Programmen, geschaffen werden.

Differenzierung der Städte erfordert Flexibilisierung der Instrumente

Die Entwicklung der Städte ist einerseits von vielen gemeinsamen Herausforderungen gekennzeichnet, andererseits beobachten wir zunehmend eine erhebliche Ausdifferenzierung oder gar Polarisierung der Stadtentwicklung. Wachsenden Städten und Regionen stehen weiterhin schrumpfende Gebiete gegenüber. Wobei eine gute wirtschaftliche Lage nicht unbedingt immer mit einer positiven Bevölkerungsentwicklung einhergehen muss. Handlungsfähigen und finanzstarken Kommunen stehen finanzschwache und damit in ihren Handlungsmöglichkeiten stark eingeschränkte Städte und Gemeinden gegenüber. Viele Kommunen, bei denen unklar bzw. unsicher ist, welche Entwicklungsrichtung sie künftig nehmen werden, stehen zudem zwischen den unterschiedlichen Entwicklungspolen. Dabei sind die Mittel der Städtebauförderung ein wichtiges Instrument, diese Entwicklungen ein Stück weit positiv zu beeinflussen. Allerdings brauchen die Kommunen dabei mit Blick auf ihre spezifischen Situationen und Handlungsbedarfe flexibel ausgestaltete Programme und Instrumente, die auf ihre jeweiligen

Erfordernisse anwendbar sind. Die vorhandenen Programme sollten dahingehend überprüft werden, ob sie diesen unterschiedlichen Bedarfen gerecht werden, und ggf. entsprechend geöffnet werden. Im Mittelpunkt der Förderung sollte eine spezifische kommunale städtebauliche Aufgabe stehen, zu der die Förderzugänge – ggf. auch über Teilprogramme hinweg – hergestellt werden müssen. Perspektivisch anzustreben wäre ein „Förderbaukasten", aus dem sich die Kommunen die für sie geeigneten Instrumente auswählen können. Beispielsweise bedürfen demografisch stark wachsende Städte auch einer Anpassung und eines Ausbaus von Infrastrukturen, die sich in einem Förderzugang im „Stadtumbau" niederschlagen sollten. Auf der anderen Seite muss diese notwendige Flexibilisierung mit einer Vereinheitlichung der Förderpraxis in den Ländern einhergehen. Fördergegenstände und -prinzipien in den Ländern dürfen nicht grundlegend voneinander abweichen, sodass sich für die Kommunen z.T. eine unterschiedliche Förderpraxis je nach Land ergibt. Flexibilisierung und Vereinheitlichung sind insofern kein Widerspruch.

Integrierte Konzepte fokussieren

Dabei muss allerdings auch klar sein, dass sich die Städtebauförderung nicht zu einem voraussetzungslosen Gießkannenprinzip entwickeln darf, sondern sich an den Handlungsnotwendigkeiten (Bedarfen und Bedürftigkeit) und der Qualität der Konzepte und Lösungen orientieren muss. Mit Blick auf die Mobilisierung der betroffenen Bewohnerinnen und Bewohner und Akteure sowie einem integrierten und ressortübergreifenden Ansatz sollte daher weiterhin räumlich am Gebietsbezug und an der Qualität integrierter Entwicklungs- bzw. Handlungskonzepte festgehalten werden. Einzelprojekte sollten nur in Ausnahmefällen gefördert werden. Allerdings sollte der Gebietsbezug ausreichend flexibel sein, um auch Standorte und Projekte außerhalb des jeweiligen Fördergebietes finanzieren zu können, wenn sie einen zentralen Bezug zum bzw. eine zentrale Funktion für das jeweilige Gebiet aufweisen. Gebietsbezogene und integrierte Städtebaufördermaßnahmen haben in den letzten Jahren durch die geforderten integrierten Handlungskonzepte eine deutliche Qualitätssteigerung erfahren, die insbesondere auch die strategische Ausrichtung kommunaler Planung gestärkt hat. Insofern hat sich dieses Instrument eindeutig bewährt. Die Aufstellung und Formulierung integrierter Handlungs- und Entwicklungskonzepte darf die Kommunen jedoch nicht überfordern und sollte sich auf das Wesentliche und Machbare konzentrieren. Bund und Länder sollten daher ihre Anforderungen an die integrierten Konzepte in diesem Sinne präzisieren. Gerade mit Blick auf die Einbeziehung weiterer Akteure und Betroffener müssen sie vom Stil und Umfang auch kommunizierbar sein. In diesem Zusammenhang muss auch gesehen werden, dass es vielen Städten inzwischen an den nötigen qualifizierten Planungskompetenzen bzw. personellen Kapazitäten fehlt. Hier müssen auch kurzfristig Lösungen gefunden werden, um solche Planungskompetenzen in den Kommunen zu fördern. Daher sollte die begrenzte Finanzierung von Fachpersonal bei den Kommunen zur Planung und Durchführung von städtebaulichen Maßnahmen Teil der Förderung werden. Ansonsten besteht die Gefahr, dass Mittel trotz hoher Investitionsnotwendigkeit nicht abfließen können bzw. räumlich ungerecht verteilt werden. Gerade auch für kleinere Städte und Gemeinden muss der mit der Antragstellung und Abwicklung der Städtebauförderung verbundene Aufwand vertretbar bleiben, sodass auch eine Vereinfachung des Antrags- und Nachweisverfahrens zu prüfen ist.

Interkommunale Kooperationen ausbauen

Auch wenn die bisherigen Anforderungen an die Ausgestaltung der Städtebauförderung mit Blick auf den integrierten Ansatz und die Beteiligungskultur schon anspruchsvoll und komplex sind, erfordern die umfassenden Herausforderungen einer möglichst wirksamen Stadtentwicklungspolitik noch weitere Aspekte einer Verbreitung und Vertiefung der konzeptionellen Ausrichtung von Maßnahmen und Lösungen. Zum einen zeigen die bisherigen Erfahrungen und Evaluationen, dass integrierte Stadtentwicklung da besonders wirksam ist, wo es gelingt, städtebauliche Investitionen mit anderen Fachpolitiken und Förderzugängen zu verknüpfen und zu bündeln. Mit der „Ressortübergreifenden Strategie Soziale Stadt: Nachbarschaften stärken, Miteinander im Quartier" verfolgt der Bund seit August 2016 erstmals eine kontinuierliche Zusammenarbeit der involvierten Bundesressorts für Quartiere mit besonderen sozialen Integrationsanforderungen. Diese Erfahrungen sollten systematisch ausgewertet und ihre Übertragbarkeit auf andere Programme der Städtebauförderung geprüft werden. Zum anderen zeigen die bisherigen Erfahrungen, dass wirksame und gute Lösungen nicht an den kommunalen Grenzen enden. Im Gegenteil liegen gerade in der interkommunalen Zusammenarbeit erhebliche Synergien zur Gestaltung von Stadtentwicklung. Sowohl zur besseren Verteilung und Auslastung der Daseinsvorsorge in schrumpfenden ländlichen Regionen, als auch zur besseren Lastenverteilung in wachsenden Regionen – wenn wir nur an die Deckung des Wohnungs- bzw. Wohnflächenbedarfes denken – bedarf es interkommunaler bzw. regionaler Lösungen. Insofern müssen interkommunale Lösungen und Konzepte durch zusätzliche Förderanreize besonders unterstützt werden. Im Programm „Kleine Städte und Gemeinden" sind hier schon explizite Anreize formuliert und Erfahrungen vorhanden, die auch auf andere Gebietskulissen – insbesondere in der Stadt-Umland-Kooperation in Ballungsräumen – übertragbar sind.

Investitionen auch in Netzwerke und kluge Köpfe nötig

Unbestritten ist die Städtebauförderung in erster Linie ein bauliches Investitionsprogramm. Allerdings zeigen die bisherigen Erfahrungen auch, wie wichtig die Schaffung von tragfähigen Kooperationsstrukturen und -netzwerken sowie die Förderung von neuen Ideen und Lösungen für die Nachhaltigkeit dieser baulichen Investitionen sind. Von daher plädieren wir für einen erweiterten Investitionsbegriff, der den Mehrwert der Kombination aus baulicher Investition (Hardware) und Investition in Netzwerkstrukturen und Köpfe (Software) honoriert. Gerade der Wissensaustausch zwischen Kommunen führt meist zu erheblichen Synergien und Lerneffekten („Das Rad nicht neu erfinden"), wie viele bisherige erfolgreiche Netzwerke in unterschiedlichen Handlungsfeldern zeigen. Für bestimmte Herausforderungen wie z.B. der Aufrechterhaltung der Daseinsvorsorge in ländlichen Regionen bedarf es nicht immer der Investition in bauliche Strukturen, sondern der Unterstützung von Netzwerken, Kooperationen und Mobilitätslösungen. In diesem Zusammenhang sind vor allem die schon erwähnten zentralen Potenziale und Chancen der Digitalisierung für technische und soziale Innovationen und Lösungen zu sehen. Die Städtebauförderung muss solchen innovativen und nachhaltigen Lösungen daher einen besseren Förderzugang ermöglichen.

Beteiligung und Aktivierung der Menschen führen zu nachhaltigen Lösungen

Besonders wichtig in allen Bereichen der Städtebauförderung sind Partizipationsprozesse. Sie erhöhen die Akzeptanz und Nachhaltigkeit von Lösungen, steigern die Identifikation der Menschen mit ihrem Wohn- und Lebensort und mobilisieren nicht zuletzt auch zusätzliche Ressourcen. Der Förderung von Maßnahmen und Strukturen zur Aktivierung und Beteiligung der Menschen kommt daher eine große Bedeutung in allen Bereichen der Städtebauförderung zu. Es muss den Menschen möglich sein, sich zu beteiligen und sich für ihre Gemeinde bzw. ihr Quartier einzusetzen. Dabei kommt gerade den Instrumenten des Quartiersmanagements und den Verfügungsfonds eine wichtige Funktion zur Mobilisierung und Aktivierung zu, wie sich insbesondere im Programm „Soziale Stadt" durch die Evaluationen gezeigt hat. Auch in den anderen Programmen der Städtebauförderung sollten diese Instrumente noch stärker gefördert werden. Ebenso ist die Einbeziehung der privaten Wirtschaft in Konzepte und Lösungen der Stadtentwicklung noch ausbaufähig. Ohne die Kooperation und Einbindung von Zivilgesellschaft und Wirtschaft werden die anstehenden Herausforderungen nicht zu lösen sein. Die Förderung von Partnerschaften und breiten Beteiligungsprozessen gehört somit zum Kernbereich der Städtebauförderung. Allerdings müssen sich sowohl wirtschaftliche Interessen und Investitionen als auch partizipative Beteiligungsverfahren am Maßstab ihrer Gemeinwohlerfüllung orientieren. Investoreninteressen müssen sich gemeinschaftlichen kommunalen Zielsetzungen unterwerfen und Beteiligungsprozesse dürfen nicht Ausdruck von Partikularinteressen einzelner handlungsstarker Bevölkerungsgruppen sein.

Verknüpfung von Städtebauförderung und Wohnraumförderung ausbauen

Insbesondere am Beispiel des Themas Wohnen werden bestehende Zielkonflikte in der Stadtentwicklung deutlich, die stetig abzuwägen sind. Unter dem Eindruck einer zunehmenden Flächenkonkurrenz müssen die Städte im Dialog mit der Stadtgesellschaft ihre Zielsetzungen im Spannungsfeld zwischen bezahlbarer Wohnungsversorgung, städtebaulichen und gesundheitlichen Qualitäten sowie der Versorgung mit Arbeitsplätzen konzeptionell gut begründen. Gerade hier wird aber auch die zentrale Bedeutung der Bestandsentwicklung für die Lösung dieser Herausforderungen deutlich, die als gelebte Nachhaltigkeit in ökonomischer, ökologischer, sozialer und baukultureller Hinsicht zu betrachten ist. Die Städtebauförderung muss für die Bewältigung dieser Herausforderungen die rechtlichen und finanziellen Möglichkeiten bieten. Mehr noch bedarf es hier auch einer besseren strategischen und fördertechnischen Verknüpfung mit der Wohnraumförderung, die ebenso als Gemeinschaftsaufgabe von Bund, Ländern und Kommunen zu stärken ist. Das bedeutet zum einen, dass der Bund sich auch dauerhaft finanziell auf hohem Niveau für die soziale Wohnraumförderung engagieren muss. Zum anderen sind Länder und Kommunen aufgefordert, die Städtebauförderung stärker mit der Wohnraumförderung zu verknüpfen. Integrierte Handlungs- und Entwicklungskonzepte sollten auch Antworten auf die Versorgung mit Wohnraum geben. Die Zusammenführung und Aufstellung von integrierten Stadtentwicklungskonzepten mit Wohnraumversorgungskonzepten sollte insofern zum Gegenstand der Förderung gemacht werden.

Verlässlichkeit und Nachhaltigkeit sichern

Im Zusammenhang mit der Stabilisierung von besonders benachteiligten Stadtteilen ist zu unterstreichen, dass diese Herausforderungen in bestimmten Programmgebieten meist längerfristige Aufgaben sind, die einer kontinuierlichen Förderung und Unterstützung bedürfen. Gerade die sogenannten „Ankunftsquartiere" in den Städten erfüllen eine wichtige Integrationsfunktion für die Gesamtgesellschaft, die durch die Konzentration und Verlässlichkeit der Förderung anerkannt und abgesichert werden muss. Wirksame und damit nachhaltige Erfolge können nur durch eine in Höhe und Laufzeit angemessene Förderung von Maßnahmen erreicht werden, die sich an den spezifischen örtlichen Herausforderungen orientieren müssen. Schließlich ist zu betonen, dass die Städtebauförderung neben der Flexibilität ihrer Programmanwendung weiterhin die Offenheit für neue Herausforderungen beinhalten muss. Insbesondere die Nationale Stadtentwicklungspolitik (NSP) und der Experimentelle Wohnungs- und Städtebau (ExWoSt) erfüllen hierbei eine wichtige Aufgabe für neue experimentelle und modellhafte Lösungen. Allerdings wäre eine Implementierung von solchermaßen guten Lösungen in die Breite und ihre Standardisierung im Rahmen der Regelförderung erforderlich.

Trotz dieser genannten Optimierungspotenziale besteht allerdings die einhellige Meinung der ungebrochenen, zentralen Bedeutung der Städtebauförderung für eine nachhaltige und zukunftsfähige Entwicklung der Städte und Gemeinden, die es unbedingt konzeptionell weiterzuentwickeln sowie finanziell zu verstetigen und abzusichern gilt. Insbesondere die Inhalte und Verfahrensprinzipien der Leipzig-Charta und ihre geplante Fortschreibung für eine nachhaltige und integrierte Stadtentwicklung sind dabei als Leitgedanken für die künftige Städtebauförderung zentral. Dazu gehört die thematische Zusammenführung der verschiedenen sozialen, ökologischen und ökonomischen Fragestellungen, die Bündelung der verschiedenen Instrumente, Ressourcen und Akteure sowie ein räumliches Integrationsverständnis für eine stadträumlich ausgleichende und gerechte Stadtentwicklung. Diesbezüglich wird künftig eine noch bessere Abstimmung und Koordinierung dieser verschiedenen Integrationsaufgaben nötig sein, die es in den Kommunen zu fördern gilt.

Anmerkung

Das Kapitel 1 basiert u.a. auf einer Online-Dokumentation, die die Autorinnen und Autoren im Nachgang des 11. Bundeskongress zur Nationalen Stadtentwicklungspolitik „10 Jahre Leipzig-Charta – für eine nachhaltige europäische Stadt" für das BBSR erstellt haben (vgl. BBSR 2017a). Bei den Schlussfolgerungen in Kapitel 2 handelt es sich um leicht modifizierte Vorschläge der Autorinnen und Autoren, die als Thesen bereits 2017 online erschienen sind (vgl. Zimmer-Hegmann et al. 2017).

Literatur

ARL – Akademie für Raumforschung und Landesplanung (Hrsg.). (2016). Daseinsvorsorge und gleichwertige Lebensverhältnisse neu denken. Perspektiven und Handlungsfelder. Hannover = Positionspapier aus der ARL 108.

BBSR – Bundesinstitut für Bau-, Stadt- und Raumforschung (Hrsg.). (2017a). Städtebauförderkongress. Herausforderungen und Perspektiven. Autor/-innen: Hans, N., Wallraff, M. & Zimmer-Hegmann, R. Online-Publikation Nr. 24/2017. http://www.bbsr.bund.

de/BBSR/DE/Veroeffentlichungen/BBSROnline/2017/bbsr-online-24–2017-dl.pdf?__blob=publicationFile&v=2 (01.03.2018).

BBSR – Bundesinstitut für Bau-, Stadt- und Raumforschung (Hrsg.). (2017b). Zehn Jahre Leipzig-Charta. Die Bedeutung integrierter Stadtentwicklung in Europa. http://www.bbsr.bund.de/BBSR/DE/Veroeffentlichungen/Sonderveroeffentlichungen/2017/10-jahre-leipzig-charta-dl.pdf;jsessionid=02CB47F4AFB829DFCD3D67F1CB949F1C.live21302?__blob=publicationFile&v=3 (02.03.2018).

BBSR – Bundesinstitut für Bau-, Stadt- und Raumforschung (Hrsg.). (2017c). Smart City Charta. Digitale Transformation in den Kommunen nachhaltig gestalten. http://www.bbsr.bund.de/BBSR/DE/Veroeffentlichungen/Sonderveroeffentlichungen/2017/smart-city-charta-dl.pdf?__blob=publicationFile&v=2 (02.03.2018).

BBSR – Bundesinstitut für Bau-, Stadt- und Raumforschung (Hrsg.). (2017d). Raumordnungsbericht 2017. Daseinsvorsorge sichern. http://www.bbsr.bund.de/BBSR/DE/Veroeffentlichungen/Sonderveroeffentlichungen/2017/rob-2017-final-dl.pdf?__blob=publicationFile&v=7 (01.03.2018).

BMI – Bundesministerium des Innern (2016). 890.000 Asylsuchende im Jahr 2015. Pressemitteilung vom 30.09.2016. http://www.bmi.bund.de/SharedDocs/Pressemitteilungen/DE/2016/09/asylsuchende-2015.html (01.04.2018).

BMUB – Bundesministerium für Umwelt, Naturschutz, Bau und Reaktorsicherheit (Hrsg.). (2007). LEIPZIG CHARTA zur nachhaltigen europäischen Stadt. http://www.bmu.de/fileadmin/Daten_BMU/Download_PDF/Nationale_Stadtentwicklung/leipzig_charta_de_bf.pdf (01.03.2018).

BMUB – Bundesministerium für Umwelt, Naturschutz, Bau und Reaktorsicherheit (Hrsg.). (2015). Memorandum der Expertengruppe Städtebaulicher Denkmalschutz. Besonders erhaltenswerte Bausubstanz und Stadtidentität in der integrierten Stadtentwicklung. http://www.bmu.de/fileadmin/Daten_BMU/Download_PDF/Staedtebaufoerderung/memorandum_besonders_erhaltenswerte_bausubstanz_bf.pdf (13.03.2018).

BMUB – Bundesministerium für Umwelt, Naturschutz, Bau und Reaktorsicherheit (Hrsg.). (2016a). Umweltgerechtigkeit in der Sozialen Stadt. Gute Praxis an der Schnittstelle von Umwelt, Gesundheit und sozialer Lage. https://www.bmu.de/publikation/umweltgerechtigkeit-in-der-sozialen-stadt-gute-praxis-an-der-schnittstelle-von-umwelt-gesundheit/ (02.02.2018).

BMUB – Bundesministerium für Umwelt, Naturschutz, Bau und Reaktorsicherheit (Hrsg.). (2016b). Verwaltungsvereinbarung zur Städtebauförderung 2017. http://www.staedtebaufoerderung.info/StBauF/SharedDocs/Publikationen/StBauF/VVStaedtebaufoerd-rung2016_Liste.pdf;jsessionid=1EDC3E4CF995431B501DC71169645A41.live11291?__blob=publicationFile&v=3 (12.03.2018).

BMUB – Bundesministerium für Umwelt, Naturschutz, Bau und Reaktorsicherheit (Hrsg.). (2017a). Weißbuch Stadtgrün. Grün in der Stadt – Für eine lebenswerte Zukunft. https://www.bmu.de/fileadmin/Daten_BMU/Pools/Broschueren/weissbuch_stadtgruen_bf.pdf (01.03.2018).

BMUB – Bundesministerium für Umwelt, Naturschutz, Bau und Reaktorsicherheit (Hrsg.). (2017b). Stadtentwicklungsbericht der Bundesregierung 2016: Gutes Zusammenleben im Quartier. http://www.bmu.de/fileadmin/Daten_BMU/Download_PDF/Nationale_Stadtentwicklung/stadtentwicklungsbericht_breg_2016_bf.pdf (02.03.2018).

Der Paritätische Gesamtverband (2017). Menschenwürde ist Menschenrecht. Bericht zur Armutsentwicklung in Deutschland 2017. https://www.paritaet-bayern.de/index.php?eID=tx_nawsecuredl&u=0&g=0&t=1524229060&hash=da53e030bb984bd9995e9e8466fc6f6855ebf5bd&file=/uploads/media/Der_Paritaetische_Armutsbericht_2017_M%C3 %A4rz_2017.pdf (11.03.2018).

DST – Deutscher Städtetag (Hrsg.). (2015). Integrierte Stadtentwicklungsplanung und Stadtentwicklungsmanagement. Positionspapier des Deutschen Städtetags. http://www.staedtetag.de/imperia/md/content/dst/veroeffentlichungen/mat/mat_integrierte_stadtentwicklungsplanung_2013_web.pdf (11.03.2018).

Deutsche Umwelthilfe e.V. (Hrsg.). (2009). Umweltgerechtigkeit – Handlungsmöglichkeiten für mehr soziale Gerechtigkeit durch kommunalen Umweltschutz. http://www.duh.de/uploads/tx_duhdownloads/Dokumentation_Umweltgerechtigkeit.pdf (14.03.2018).

Difu – Deutsches Institut für Urbanistik (Hrsg.). (2018a). OB-Barometer. https://difu.de/node/11757 (04.04.2018).

Dymarz, M. & Wallraff, M. (2016). Kommunale Integrationspolitik: Den Dialog suchen. der gemeinderat 09/2016, S. 8–9.

Franke, T., Nelle, A. B., Böhme, C. & Strauss, W.-C. (2014). Soziale Stadt und Stadtumbau. In K. Kummer, J. Frankenberger & T. Kötter (Hrsg.). Das deutsche Vermessungs- und Geoinformationswesen (S. 191–238). Berlin: Wichmann.

Günthner, S. (2017). Smart Cities – Better Life? Informationen zur Raumentwicklung 1/2017, S. 4–9.

Güntner, S. & Walther, U.-J. (2013). Aufstieg und Fall der sozialen Stadtpolitik in Europa – das Ende einer Ära? In M. Kronauer & W. Siebel (Hrsg.). Polarisierte Städte – Soziale Ungleichheit als Herausforderung für die Stadtpolitik (S. 287–308). Frankfurt am Main: Campus.

Keim, R. (2011). Soziale Stadt und sozialräumliche Ausgrenzung: Wohnen und öffentlicher Raum. In W. Hanesch (Hrsg.). Die Zukunft der „Sozialen Stadt" (S. 241–255). Wiesbaden: VS Verlag für Sozialwissenschaften.

Schreiber, F. & Göppert, H. (2018). Wandel von Nachbarschaft in Zeiten digitaler Vernetzung. Explorationsstudie zur Wirkung digitaler Medien mit lokalem Bezug auf sozialen Zusammenhalt und lokale Teilhabe in Quartieren. Berlin.

vhw (2016). Herausforderungen „Flüchtlingskrise vor Ort". Sonderausgabe Nordrhein-Westfalen. Online verfügbar unter: http://www.vhw.de/fileadmin/user_upload/06_forschung/PDF/Auswertung_vhw_Kommunalbefragung_NRW.pdf (15.03.2018).

WBGU – Wissenschaftlicher Beirat der Bundesregierung Globale Umweltveränderungen (Hrsg.). (2016). Der Umzug der Menschheit: Die transformative Kraft der Städte. Berlin: WBGU.

Zimmer-Hegmann, R. (2017). Soziale Integration im Quartier: Eine vorläufige Bilanz der „Sozialen Stadt". urbanLab Magazin, Fachzeitschrift für Stadt- & Regionalplanung, S. 40–43.

Zimmer-Hegmann, R., Hans, N. & Wallraff, M. (2017). Stadtentwicklung vor neuen Herausforderungen? – Thesen zur inhaltlichen und instrumentellen Weiterentwicklung der Städtebauförderung. https://www.ils-forschung.de/files_publikationen/pdfs/ils-thesenpapier-weiterentwicklung-staedtebaufoerderung.pdf (01.03.2018).

Öffentliche Räume als Begegnungsorte in stadtgesellschaftlich vielfältigen Quartieren

Friederike Fugmann und Daniela Karow-Kluge

Zusammenfassung

Öffentliche Räume sind immer wieder Gegenstand des sozial- und raumwissenschaflichen Diskurses. Ihnen werden zahlreiche soziale, ökologische, ökonomische und politische Funktionen zugesprochen, die von essenzieller Bedeutung für die Entwicklung unserer Städte sind. Welchen Beitrag leisten öffentliche Räume in stadtgesellschaftlich vielfältigen Quartieren wirklich für den sozialen Zusammenhalt vor Ort? Geleitet von dieser Frage ging der Lehrstuhl für Planungstheorie und Stadtentwicklung der RWTH Aachen 2016 in einer vom Bundesverband für Wohnen und Stadtentwicklung (vhw) geförderten Studie der Nutzung, Wahrnehmung und Bedeutung öffentlicher Räume in ebensolchen Quartieren nach.
In diesem Beitrag wird zunächst der aktuelle Stand der Debatte um die Bedeutung der öffentlichen Räume als potenzielle Begegnungsorte für die Stadtgesellschaft dargestellt. Anschließend wird dieser Aspekt anhand der drei in der Studie durchgeführten Fallstudien in Aachen, Essen und Saarbrücken beleuchtet. Abschließend werden erste Ergebnisse für die Praxis abgeleitet, die folgende Fragen beantworten sollen: Welche Impulse lassen sich für integrierte Entwicklungskonzepte in gesellschaftlich vielfältigen Quartieren gewinnen? Und: Welche Konsequenzen ergeben sich insbesondere für die Gestaltung der öffentlich nutzbaren Räume in Quartieren?

U. Altrock et al. (Hrsg.), *Programmatik der Stadterneuerung*, Jahrbuch Stadterneuerung, https://doi.org/10.1007/978-3-658-26765-0_15

1 Öffentliche Räume als potenzielle Begegnungsorte

Hinsichtlich ihrer Bedeutung für das Stadtbild, für die Identität der Bewohner und gesellschaftliche Prozesse wird an öffentliche Räume ein hoher Anspruch formuliert. Generell seien sie Orte möglicher Begegnung und gelten somit als wichtig für die Gestaltung gesellschaftlicher Vielfalt – in ihnen wird die Stadtgesellschaft sichtbar. Hier gibt es zum einen die Chance, Vielfalt und Verschiedenheit wahrzunehmen und Fremden Begegnungen zu ermöglichen. Zum anderen werden gerade in öffentlichen Räumen gesellschaftliche Spannungen, Vorbehalte und Ausgrenzungen sichtbar. Eben weil sie Orte potenzieller Begegnung sind, bedürfen Alltagskontexte öffentlicher Räume und die in ihnen üblichen Praktiken einer differenzierten Betrachtung, um sowohl überschießende Erwartungen als auch pauschale Konfliktszenarien zu relativieren.

Öffentliche Räume nehmen in der Stadtpolitik und Stadtentwicklung eine zentrale Rolle ein. Nicht nur in der Praxis, auch in der Theorie und in wissenschaftlichen Diskursen wird ihnen in der Regel das Potenzial zuerkannt, sozialen Zusammenhalt und Interaktion zu fördern, da sie für jedermann zugänglich sind. Viele Autoren sind überzeugt, dass öffentliche Räume als gemeinsam genutzte Alltagsorte Kontakte und Austausch zwischen Angehörigen unterschiedlicher gesellschaftlicher Gruppen, also Begegnungen mit gesellschaftlicher Differenz, per se fördern (vgl. u.a. Carmona et al. 2008; Jacobs 1993 (1963), S. 27, 46ff.; Madanipour 2010; Sennett 1983, 1991, 1997). Dadurch, dass öffentliche Räume Bewegungsräume für alle Menschen sind, die hier (absichtslos) auf anderes Aussehen, Verhalten, unterschiedliche Interessen und Sichtweisen treffen können, „findet hier der soziale Austausch statt, der erst eine soziale Mischung zum integrativen Erfolgsmodell macht oder aber zur Entfremdung und Feindseligkeit führt" (Dangschat 2011, S. 4). Shaftoe beschreibt, dass öffentliche Räume als Begegnungs- und Erfahrungsräume bedeutende Lernfelder für Toleranz und Akzeptanz darstellen: „[T]hey are one of the few remaining loci where we can encounter difference and learn to understand and tolerate other people" (Shaftoe 2008, S. 5).

Allerdings sind im wissenschaftlichen Diskurs gleichzeitig Gegenpositionen zu finden, die die Bedeutung von öffentlichen Räumen, insbesondere als Plattform für Begegnungen und sozialen Austausch, relativieren. Sie warnen vor der Zelebrierung und Romantisierung öffentlicher Räume als potenzielle Orte der Begegnung und des Zusammenhalts und bezweifeln, dass öffentliche Räume – selbst, wenn sie „gut" gestaltet sein mögen – diesen hohen Erwartungen gerecht werden können. Auch die Vorstellung, dass öffentliche Räume Orte gleichberechtigter Teilhabe waren und sind, wird von vielen Autorinnen und Autoren als nicht zutreffend bewertet (vgl. Belina 2005; Bondi/Domosh 1998; Straub 2015). So sei es wohl eher eine idealtypische Vorstellung, dass öffentliche Räume einen Beitrag zur Intensivierung der sozialen Beziehungen zwischen unterschiedlichen Menschen und Gruppen leisteten, da „das alltägliche Interaktionsgeschehen nicht von Kontakt und Austausch, sondern von gegenseitiger Distanzierung und Gleichgültigkeit bestimmt [sei]" (Wiesemann 2015, S. 51). Zygmunt Baumann beschreibt die Begegnung zwischen Unbekannten in der städtischen Öffentlichkeit als eine Art „Aneinander-vorbei-Treffen" (Bauman 2003, S. 114). Amin argumentiert, dass Begegnungen in öffentlichen Räumen lediglich flüchtig und von oberflächlicher Qualität seien und deshalb kaum Gelegenheit für sozialen Austausch böten (vgl. u.a. Amin 2002a, S. 967). Selbst der Tatbestand, dass der gemeinsame Umgang durch Formen der Zivilität geprägt sei, solle nicht darüber hinwegtäuschen, dass öffentliche Räume für bestimmte Personengruppen eher als Orte der Ablehnung denn der Akzeptanz erfahren würden. Valentine verweist darauf, dass durch Begegnung mit Differenz in öffentlichen Räumen bestehende Vorurteile und Fremdbilder bekräftigt anstatt aufgebrochen würden (vgl. Valentine 2008, S. 325).

Öffentliche Räume werden also auch als ein äußerst ambivalentes Terrain dargestellt, für dessen widersprüchliche Wirkungen Nigel Thrift so konträre Bilder wie *„ocean of hurt*" oder *„reservoirs of hope*" (Thrift 2005, S. 147) findet. Die hier nachgezeichneten gegensätzlichen Positionen zwischen den Skeptikern und Optimisten lassen erahnen, dass manche Erwartungen bezüglich der Bedeutung öffentlicher Räume für Vielfalt, Begegnung, sozialen Zusammenhalt, Identität und Integration weit über die alltägliche Wirklichkeit hinausgehen und selbst in sozial homogenen Räumen nicht realistisch sind. Diese Polarität soll im Folgenden anhand der Entwicklung des wissenschaftlichen Diskurses und seiner Differenzierungen dargestellt werden.

„Momente" der Begegnung: Wahrnehmung und Interaktion

In seinem Buch „Interaktion im öffentlichen Raum" hat sich der Soziologe Erving Goffman bereits 1963 mit alltäglichen Begegnungen und Interaktionen zwischen Menschen im öffentlichen Raum beschäftigt und dabei ungeschriebene Regeln und Normen dargestellt, die hier wirksam sind (Goffman 2009). Interaktion beschreibt er als „soziale Zusammenkunft" (2009, S. 248) und als einen Betrachtungsbereich sui generis, der nicht auf andere Faktoren wie Klasse, Lebensstil oder Milieuprägung zurückzuführen ist. Ein Regelwerk der Interaktion wird entfaltet, wenn sich Menschen in der Öffentlichkeit treffen. Öffentlichkeit im Goffmanschen Sinne besteht dort, wo sich Akteure gegenseitig wahrnehmen und miteinander interagieren (vgl. 2009, S. 19f.). Er beschreibt, dass jeder Einzelne von einem System aus Regeln gelenkt wird („situative Anstandsformen"). „Jede Teilnahme in einer sozialen Situation impliziert etwas, was unter persönlicher Zugehörigkeit verstanden wird“ (2009, S. 247). Nach Goffman lohnt es sich also, auf „Begegnung“ als eigenen Betrachtungsrahmen zu schauen – ohne davon unmittelbare Wirkungsprozesse und interpretatorische Aufladungen von öffentlichen Räumen als Beitrag zur Intensivierung von sozialen Beziehungen oder für den sozialen Zusammenhalt einer Gesellschaft abzuleiten.

Gerade die Unverbindlichkeit und Anonymität öffentlicher Räume erfordert ein hohes Maß an Verhaltenssicherheit seitens der Nutzerinnen und Nutzer. Eine höhere Verbindlichkeit entsteht in räumlich oder sozial sich bildenden (Teil-)Öffentlichkeiten: Zum einen ist hier der Zugang erschwert und nicht für jedermann automatisch offen, zum anderen ergibt sich dadurch eine höhere Sicherheit durch kommunizierte Regeln und gemeinsame Interessen, die die Zugehörigkeit bezeichnen. Gerade auf diese (Teil-)Öffentlichkeiten richten auch die Geographien der Begegnung (*geographies of encounter*) den Blick. Diese aus der britischen Stadt- und Kulturgeographie stammende Forschungsrichtung untersucht die Qualität der Begegnung selbst – im Zusammenspiel mit ihrem räumlichen Kontext. Die Verbindung bzw. das Wechselspiel zwischen physischem Raum und Interaktionen zwischen Fremden wird als „situativer Ort“ begriffen (Dirksmeier et al. 2011, S. 84). Mit diesem bisher wenig erforschten Blick auf alltägliche und situative Begegnungen in öffentlichen Räumen grenzen sich die neueren Geographien der Begegnung ab von klassischen geographischen Forschungsarbeiten, die sich vorwiegend mit langfristigen, stabilen Begegnungsformen unterschiedlicher Bevölkerungsgruppen (z.B. sozialräumliche Mischung oder Segregation) in Stadtquartieren beschäftigen. Die Betrachtung von situativen Begegnungsverläufen wird dagegen unabhängig von der gesellschaftlichen Struktur diskutiert. Die Geographien der Begegnung wenden sich auch von der Kontakt-Hypothese, der vereinfachten Annahme ab, dass Begegnungen durch den Kontakt zwischen Fremden automatisch zu einem Verständnis für kulturelle Differenzen führen (vgl. Valentine 2008).

Auch Wiesemann macht deutlich, dass die Annahmen, dass Begegnungen in öffentlichen Räumen per se eine tolerante Haltung gegenüber Anderen und Verschiedenheit fördere, zu simplifizierend sei (vgl. Wiesemann 2015, S. 196f.). Dennoch sei festzustellen, dass öffentliche Räume sehr wohl vielerlei Kontaktformen ermöglichen (z.B. Small Talk, längere Unterhaltungen, gemeinsame Aktivitäten). „Momente der Geselligkeit“ (z.B. auf dem Spielplatz, dem Boule-Feld, dem Schachfeld oder der Bibliothek) zeigen, dass typische öffentliche Orte Schauplätze geselliger Begegnungen sein können. Diese temporär angeeigneten Orte können dabei als eine Art Teilöffentlichkeit fungieren, bei der „herkömmliche Kategorisierungsmuster nach ‚Wir‘ und ‚Sie‘ durchbrochen und neue Verbindungen miteinander eingegangen werden“ (2015, S. 198). Wiesemann verwendet hierfür den Begriff „Interaktionssituationen“.

Amin bezeichnet Orte für ein geselliges Miteinander, z.B. Sportvereine, Musikclubs, Theatergruppen, Gemeinschaftsgärten oder Gemeindezentren, als „*micro-publics*" (Amin 2002b, S. 2), als entscheidende Begegnungskontexte. An diesen Orten können sich Menschen mit verschiedenen sozialen und kulturellen Hintergründen auf Basis gemeinsamer Interessen zusammenfinden. Gleichzeitig seien sie Orte, an denen gemeinsame Aktivitäten und Projekte initiiert und realisiert würden (2002b, S. 15ff.).

Das verbindende Element von Alltagspraktiken betrachten die Autoren Vaiou und Kalandides in ihrem Artikel „Cities of ‚others': public space and everyday practices". Sie zeigen, wie „Fremde" bzw. „Andere" in den öffentlichen Raum integriert bzw. zu einem Teil des „Wir" werden können. Als Schlagworte führen sie Kategorien wie „*access*" „*visibility*", „*familiarisation*", „*contact*", „*recognition*", „*participation*" und „*negotiation*" auf (vgl. Vaiou & Kalandides 2009, S. 11ff.). Durch die Zurschaustellung von Alltagspraktiken in der Öffentlichkeit – z.B. grillende türkische Familien in innerstädtischen Parkanlagen wie dem Tiergarten in Berlin oder die Mutter, die „private" Handlungen wie Lesen oder Stricken vollzieht, während das Kind auf dem Spielplatz spielt – gewinnen diese Fremden bzw. anderen „visibility and perhaps become less strange through contact" (2009, S. 18). Zugänglichkeit und Sichtbarkeit interpretieren Vaiou und Kalandides als Schritt in Richtung Teilnahme (vgl. auch Mitchell 1995). Durch Alltagspraktiken („*everyday practices*") und Präsenz im öffentlichen Raum werden Kontakte mit anderen ermöglicht. „Thus, the borders between familiar and strange, insider and outsider are re-negotiated and even challenged, while public space acquires new meanings" (Vaiou & Kalandides 2009, S. 18).

Gesellige Begegnungen im überschaubaren Rahmen (z.B. der Teilöffentlichkeit) können also dazu beitragen, eine größere Offenheit gegenüber Menschen zu erlangen, die sich von einem selbst unterscheiden. Nach Ansicht von Fincher und Iveson erfüllen typische öffentliche Räume diese Bedingung aber nur unzureichend. Aufgabe der Stadtplanung sollte daher sein, vermehrt Einrichtungen zu schaffen, die Möglichkeiten für gesellige Begegnungen bieten (Fincher & Iveson 2008).

Räume der Begegnung: Bedingungen und Gestaltung

In der Architektur und Stadtplanung hat sich seit den 1970er Jahren Jan Gehl darauf spezialisiert, soziale Aspekte in der Gestaltung von Städten zur Grundlage seiner Entwürfe und Konzepte zu machen (vgl. u.a. Gehl 2015; Gehl & Svarre 2013). Für sein Buch „Life between Buildings. Using Public Space" untersuchte er alltägliche Räume und ihre Aktivitäten jenseits besonderer Anlässe (z.B. Märkte, Karneval, Hof- oder Straßenfeste). Er unterscheidet drei Typen von outdoor-Aktivitäten: *necessary activities*, *optional activities* und *social activities* (Gehl 1987, S. 11ff.). Während die notwendigen Aktivitäten wie zur Schule, Arbeit, zum Arzt oder einkaufen gehen unter nahezu allen Bedingungen stattfinden, werden optionale Aktivitäten (z.B. Spazierengehen) nur durchgeführt, wenn die äußeren Bedingungen wie das Wetter und die Qualität des Raumes dazu einladen. Er beobachtet eindeutige Abhängigkeitsbeziehungen zwischen der Art der Aktivität und der Qualität der physischen Umgebung (vgl. 1987, S. 13).

Die sozialen Aktivitäten entstehen spontan und hängen, so Gehl, von der Anwesenheit anderer in den öffentlichen Räumen ab. Kinderspiel, Grüße, Konversationen, Gemeindearbeit oder passive Kontakte (andere Menschen sehen und hören), beschreibt er auch als *resultant activities*, da sie in nahezu allen Situationen aus den anderen beiden Aktivitäten resultieren: „Very freely interpreted, a social activity takes place every time two people are together in the same space. To see and hear each other, to meet, is in itself a form of contact, a social activity. The actual meeting, merely being present, is furthermore the seed for other, more comprehensive forms of social activity" (1987, S. 15). In seinem Buch zeigt Gehl Beispiele, wie die Bedingungen für soziale Aktivität durch die Gestaltung von Räumen zum Gehen, Stehen, Sitzen, zum Entspannen oder zum Sehen, Hören und Unterhalten geschaffen werden können. Die Frage, welchen Beitrag die Gestalt bzw. Gestaltung öffentlicher Räume und damit die kommunale Planung leisten kann, wird allerdings unterschiedlich bewertet. Während Planer und Architekten Ästhetik und hochwertig gebauten Räumen im Sinne einer qualitätsvollen Baukultur einen hohen Beitrag zuschreiben, sehen dies andere Disziplinen (z.B. Stadtsoziologie und Siedlungsgeographie) durchaus differenzierter. Die Gestaltung habe nur eingeschränkte Bedeutung bei der Rolle öffentlicher Räume als Begegnungsorte, indem sie Rahmenbedingungen schaffe (vgl. Dangschat 2011). Momente sozialer Interaktion entstünden en passant in unvorhersehbaren Begegnungen in öffentlichen Räumen, ohne dass darauf mit planerischen Maßnahmen wirkungsvoll Einfluss genommen werden könne. Allerdings könnten „Momente der Geselligkeit", „Gelegenheitsstrukturen" und „Nutzungsangebote" geschaffen werden (vgl. Wiesemann 2015, S. 199).

Wesentlich gewichtiger bewerten Dirksmeier et al. die Bedeutung physischer Ausgestaltung öffentlicher Räume für Begegnungen: „Die Ausstattung und Exponiertheit des physisch-räumlichen Settings ist in mehrfacher Hinsicht bedeutsam für die Entstehung und Dynamik von Situationen der Begegnung. So sind hohe Interaktionsdichten zwischen Fremden beispielsweise eher dort zu erwarten, wo einem Kongregationspublikum umfangreiche Einblicke gestattet sind und zugleich ein Durchströmen vieler Arten von Passanten erlaubt ist" (Dirksmeier et al. 2011, S. 99). Ihr konkreter Ratschlag an Stadtplaner und (Landschafts-)

Architekten lautet demzufolge auch, dass physische Räume Bewegung ermöglichen sollten, damit es zu Begegnungen kommen kann. Sie stellen eine deutliche Wechselwirkung zwischen dem physischen Setting und der dadurch ermöglichten Begegnungen fest, z.B. durch die Anordnung von Sitzgelegenheiten, die zu unterschiedlichen Nutzungsformen anregen kann (vgl. 2011, S. 92). Damit weisen sie der Gestaltung öffentlicher Räume nicht unerhebliche Bedeutung bei, warnen aber auch vor einer „Übergestaltung", die offene Aneignungsprozesse und vielfältige offene Nutzungsarten einschränken würde. Die jeweils anwesenden anderen einer möglichen Begegnung bilden das Publikum der Performanzen. Dieser „theatrale Charakter" (2011, S. 96) kann ebenfalls durch das physische Setting beeinflusst werden, wie die Autoren am Beispiel des Monbijou-Parks in Berlin-Mitte herausgefunden haben. Durch die besondere Gestaltung des physischen Raums und seines Settings (Promenade als Bühne entlang der Spree und ansteigende Rasenfläche als Zuschauerrang), werden Möglichkeiten für spielerische Interaktionen geschaffen.

Auch Räume, die ausreichend groß, nutzungs(offen) bzw. divers gestaltet sind, so dass unterschiedlichste Nutzergruppen ihre Nische finden und sich nicht gegenseitig ausschließen (z.B. das Tempelhofer Feld oder der Park am Gleisdreieck in Berlin), fördern eine Anwesenheit verschiedener Menschen. „Möglichst viele und unterschiedliche Menschen sollten für sich das Gefühl haben, den Abstand zu »den Anderen« vor Ort selbstbestimmt und nach eigenen Interessen regeln zu können; d.h. bestimmen zu können, mit wem sie sich wann und zu welchem Anlass im öffentlichen Raum treffen wollen." (Dangschat 2011, S. 6).

Differenzierungen

Öffentliche Räume können also durchaus Bedeutung für den Zusammenhalt der Gesellschaft entfalten. Allerdings ist es mit ihrer bloßen Herstellung und Unterhaltung nicht getan. Entscheidend sind hier die Begegnungen und möglichen Interaktionen, deren Qualität wiederum abhängt von ihrer sozialen Verbindlichkeit. So können typische öffentliche Räume durchaus Schauplätze (geselliger) Begegnungen („*Convivial encounters*") sein, wenn dort z.B. unterschiedliche Personen und Gruppen auf Basis gemeinsamer Aktivitäten und Interessen zusammenkommen und temporär eine gemeinsame Identifikation herausbilden können Diese temporär angeeigneten Orte können dabei als eine Art Teilöffentlichkeit fungieren (Fincher & Iveson 2008, S. 145ff.). Entscheidend ist die soziale Verbindlichkeit dieser Teilöffentlichkeiten, die Kommunikationsanlässe über inhaltliche Gemeinsamkeiten sehr viel einfacher herstellen. Im Gegenzug ist jedoch auch die Zugangsschwelle höher, da die Teilnehmenden Verbindlichkeiten eingehen; sei es durch einen Vereinsbeitritt, Eintrittsgelder oder das zumindest teilweise Aufgeben der Anonymität, die charakteristisch für den öffentlichen Raum ist. Besondere Anlässe für Begegnungen können im Raum sichtbar werdende Alltagspraktiken sein (z.B. das Ausführen von Hunden oder Kinderspiel), die ebenfalls verbindenden Charakter aufweisen.

Unter dem Begriff „Begegnungen" sind – vereinfacht zusammengefasst – die Sichtbarkeit und die Interaktion zu unterscheiden. Die „Sichtbarkeit" („visibility") beschreibt die „simultane Präsenz im Raum". Mit der Wahrnehmung der anderen in alltäglichen Situationen werden zentrale Voraussetzungen für ein soziales Miteinander in den Städten geschaffen. Oder wie es Vaiou und Kalandides (2009, S. 18) ausdrückten: „the borders between familiar and strange, insider and outsider are re-negotiated and even challenged". Durch die simultane Präsenz unterschiedlicher Menschen im Raum entstehen situative Begegnungsverläufe („throwntogetherness of place" (Massey 2005, S. 141)).

Die „Interaktion" geht über die reine Wahrnehmung der anderen hinaus und umfasst verschiedene Arten des Reagierens aufeinander, z.B. Begrüßungen, kurze Gespräche, unterhaltsamer Austausch, ein Aufeinanderzugehen oder Ausweichen bis hin zu Momenten der Geselligkeit, Solidarität aber auch konfliktären Interagierens. Diese können wiederum nach verschiedenen „Momenten der Begegnung" (Wiesemann 2015, S. 193ff.) unterschieden werden. „Kontakt" im Sinne von absichtlich wie unabsichtlich ausgelöster Interaktion entsteht erst über bestimmte Aktivitäten. Ein „Austausch" setzt beiderseitiges aktives Interagieren voraus.

Differenziert werden sollte auch im Hinblick auf den Untersuchungsgegenstand selber. In der sozialwissenschaftlichen Forschung werden Forderungen formuliert, die Menschen statt über ihr Wohnumfeld und vorwiegend langfristige, stabile Begegnungsformen eher in ihren (sozialen) Netzwerken, Aktionsräumen und Bewegungsmustern, also in situativen und fluiden räumlichen Begegnungssituationen zu verorten (vgl. Urry 2007). Ausgehend von den situativ sich bildenden „sozialen" Orten entstehen andere Raumkonzepte, die weit weniger gestaltbar und berechenbar sind als die typischen öffentlichen Räume. Nicht der Platz oder der Park in seiner gestalteten Form selbst wirkt integrierend, sondern es sind vielmehr die Prozesse, die unterschiedliche Gruppen und Interessen zusammenführen, die für die Integrationskraft ausschlaggebend sind. Es sollte dementsprechend auch auf die Prozesse der Entstehung und Nutzung von Räumen geschaut werden. Dangschat beispielsweise hält partizipative Verfahren zur Gestaltung öffentlicher Räume insbesondere dann für einen wichtigen Beitrag zur Integration, wenn die Beteiligten selbst Hand anlegen und den Raum aktiv mitgestalten können (vgl. Dangschat 2011, S. 7). Auch aktive Aneignungsprozesse (z.B. Initiativen oder Patenschaften) könnten Begegnungen fördern, integrierend wirken und dann auch zum Zusammenhalt im Quartier und zwischen dessen Bewohnern führen. Erst in Momenten optionaler sozialer Aktivitäten kommt nach Gehl der Qualität und dem physisch-räumlichen Setting öffentlicher Räume eine signifikante Rolle zu.

Der hier zusammengestellte Überblick über verschiedene Diskurse zum öffentlichen Raum macht anschaulich, dass es einfach zu beschreibende Ursache-Wirkung-Beziehungen – etwa zwischen Gestalt und (sozialer) Funktion – nicht gibt. Schwierig ist auch die Formulierung von nicht-trivialen, über den Einzelfall hinausgehenden Aussagen. Gleichzeitig lässt die Literatur eine immense Vielfalt und Tiefe des bereits generierten Wissens über die Zusammenhänge zwischen Räumlichem und Sozialem aufscheinen. Allerdings bleiben die Fragen, ob öffentliche Räume Orte der Vielfalt sind und ob sie zu einer positiven lokalen Imagebildung beitragen, nach wie vor offen. Naheliegend ist es daher, hier durch exemplarische Forschung eine bessere Datengrundlage zu schaffen, die verlässliche Aussagen zulässt. Eine erste Annäherung an mögliche Antworten auf diese Fragen sollten Fallstudien erbringen, die im Folgenden erläutert werden.

2 Drei Fallstudien

Drei stadtgesellschaftlich vielfältige Quartiere standen im Mittelpunkt unserer Untersuchungen: Alt-Saarbrücken und die nördliche Innenstadt in Essen wurden ausgewählt, da in beiden Quartieren im Rahmen des Städtenetzwerks des vhw bereits Projekte zur Quartiersidentität und des Zusammenhalts der Menschen im Kontext einer Integrierten Stadtentwicklung angestoßen worden sind. Das Aachener Rehmviertel wurde als Referenzraum hinzugezogen, da hier auf vielfältige Vorarbeiten und Ortskenntnisse des Forscherteams zurückgegriffen werden konnte. Alle drei Quartiere weisen eine bauliche, soziale und hinsichtlich ihrer Nutzung heterogene Struktur auf.

Aachen-Nord ist ein Stadtteil im Stadtbezirk Aachen-Mitte und erstreckt sich von der Innenstadt in nordöstlicher Ausdehnung bis an den Stadtbezirk Haaren. Die Bezeichnung Aachen-Nord ist ein administrativer „Kunstname" mit förderpolitischem Hintergrund: Unter diesem Namen erfolgte 2009 die Aufnahme in das Bund-Länder-Programm „Soziale Stadt" für Stadtteile mit besonderem Entwicklungsbedarf. Das Programmgebiet ist eine seit Mitte des 19. Jahrhunderts gewachsene Erweiterung des Aachener Stadtkerns außerhalb des zweiten Mauerrings entlang der Achse Jülicher Straße und teilt sich in die drei Bereiche Rehm- und Ungarnplatzviertel, Jülicher Straße und Gut Kalkofen. Die drei Hauptbereiche weisen aufgrund ihrer geschichtlichen Entwicklung unterschiedliche städtebauliche Strukturen und Funktionen auf. Während die innerstädtischen Gründerzeitviertel Rehm- und Ungarnplatzviertel vorwiegend durch Wohnnutzung mit Büro-, Laden- und Gewerbenutzungen im Erdgeschoss geprägt sind, kennzeichnen den im Osten direkt anschließende Raum entlang der Jülicher Straße altindustrielle Bereiche, industrielle und gewerbliche Flächen, Kulturstandorte, Wohnbebauung, Handel und Dienstleistungsnutzung direkt an der Jülicher Straße.

Prägende öffentliche Freiräume im Untersuchungsgebiet sind die sogenannten Rehmplätze (Rehmplatz, Wenzelplatz und Oberplatz), die in den Jahren 2014/15 neu angelegt wurden und durch unterschiedlich gestaltete Bereiche eine vielfältige Nutzung anbieten. Ergänzt werden diese zentral gelegenen Quartiersplätze durch grünbestimmte Freiräume mit unterschiedlicher Aufenthaltsqualität. Neben dem Ostfriedhof stellen der Stadtgarten als Park und der zum Gut Kalkofen gehörende offene Landschaftsraum entlang der Wurm, der nur eingeschränkt öffentlich nutzbar ist, die größten Grünräume dar. Beide liegen nicht im, aber in unmittelbarer Nähe zum Untersuchungsgebiet.

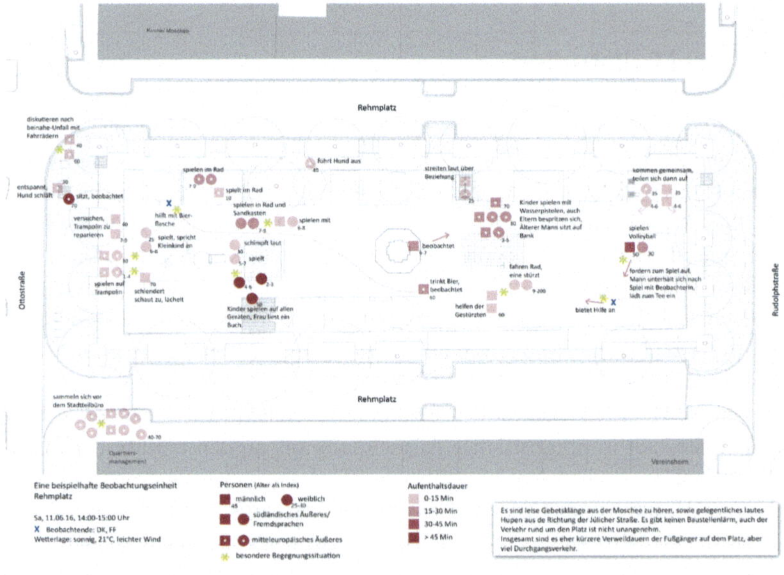

Abbildung 1 Raumbeobachtung auf dem Rehmplatz in Aachen-Nord (eigene Darstellung)

Das Kerngebiet der zweiten Fallstudie liegt in Alt-Saarbrücken (Tallage) zwischen Innenstadt und deutsch-französischer Staatsgrenze. Es wird im Norden und Nordosten vom Fluss Saar begrenzt, mehrere Brücken verbinden Alt-Saarbrücken über die Saar hinweg mit der Innenstadt Saarbrückens (Stadtteile St. Johann und Malstatt). Das Saarbrücker Schloss und der dazugehörige Schlossplatz liegen im Untersuchungsgebiet. Im Südwesten dominiert Geschosswohnungsbau in Zeilenbauweise, den östlichen Bereich charakterisieren hingegen mischgenutzte Blockrandbebauung und zahlreiche Solitäre. Im Besonderen hat die geschichtliche Entwicklung mit ihren zahlreichen Transformationen die baulich-räumliche Struktur Alt-Saarbrückens bestimmt. So prägt heute neben erhaltenen historischen Fragmenten wie der barocken Stadtanlage vor allem der Wiederaufbau nach dem Zweiten Weltkrieg das Stadtbild. Das heterogene Erscheinungsbild des Stadtteils wird noch dazu durch die Stadtautobahn sowie Verwaltungs- und Schulgebäude aus den 1950er Jahren verstärkt.

Auf den ersten Blick bestimmen die großflächigen Grünräume wie Stadtwald, Schanzenberg, Deutsch-Französischer Garten und Hauptfriedhof im Westen bzw. Südwesten sowie der Alte Friedhof im südlichen Abschnitt des Kerngebiets das Erscheinungsbild des Stadtteils. Alt-Saarbrücken scheint durch zahlreiche Grün- und Freiräume geprägt zu sein. Auf den zweiten Blick treten kleinräumigere Grünräume in der Tallage – wie der Grünzug entlang der Saar, der Schlossgarten, der Nanteser Platz, die Stengelanlage und Straßenbegleitgrün – hervor. Allerdings liegen die großen Grünräume vor allem außerhalb des Kerngebiets der Untersuchung. In der Tallage, dem Kernuntersuchungsgebiet, liegen die Stadtplätze Ludwigsplatz, Schlossplatz und Nanteser Platz.

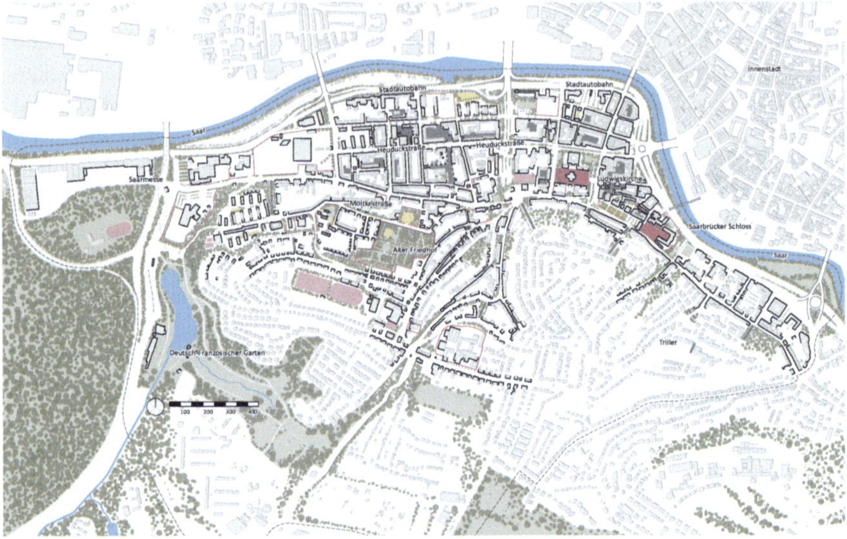

Abbildung 2 Grün- und Freiraumstruktur in Alt-Saarbrücken (eigene Darstellung)

In der Gesamtheit der öffentlich nutzbaren Räume im Kerngebiet zeigt sich ein differenziertes Bild. Der Anteil der öffentlich nutzbaren Innen- und Außenräume ist im östlichen Stadtbereich sehr hoch. Dies geht auf die zahlreichen öffentlichen Einrichtungen wie Museen, Schulen oder Verwaltungseinrichtungen zurück, die sich in diesem Stadtbereich befinden. Auch rund um den Ludwigsplatz sind viele öffentlich nutzbare Innenräume zu finden, denn neben dem öffentlich zugänglichen Platz selber ist die Kirche und der Großteil der angrenzenden Erdgeschosszonen (Staatskanzlei des Saarlandes, Polizei, Ev. Stift St. Arnual, Consulat Général de France) prinzipiell öffentlich zugänglich. Folglich wird in diesen Bereichen der Übergang von öffentlich nutzbaren Innen- und Außenräumen besonders deutlich.

Das dritte Untersuchungsgebiet, Essen-Nördliche Innenstadt und das umgebende erweiterte Plangebiet liegen im als „Stadtkern" bezeichneten Stadtteil im Stadtbezirk I der Großstadt Essen im Ruhrgebiet. Im Stadtkern befindet sich die Keimzelle der Essener Geschichte, die durch das Essener Münster („Dömchen") sowie die noch heute ablesbare mittelalterliche Straßenführung und Platzabfolge baulich zum Ausdruck kommt. Heute ist der Stadtkern mit seiner Fußgängerzone und zwei Einkaufszentren vor allem als Einkaufsstadt des Ruhrgebiets bekannt.

Vorherrschende Grün- und Freiraumtypen sind in der gesamten Essener Innenstadt Plätze und Fußgängerstraßen (Willy-Brandt-Platz, Burgplatz, Marktplatz, Flachsmarkt, Pferdemarkt, Rheinischer Platz und Viehofer Platz). Auch in der „zweiten Reihe" hinter den Baublöcken dieser zentralen Fußgängerstraße sind eine Vielzahl an Plätzen zu finden (Hans-Toussaint-Platz, Hirschlandplatz, Theaterplatz, Kennedyplatz, Salzmarkt, Kornmarkt, Kopstadtplatz und Weberplatz). Diese Plätze werden im Kerngebiet von Fußgängerstraßen und im übrigen Gebiet von Autostraßen verbunden. Sowohl Plätze als auch Straßen weisen überwiegend eine durchgängig steinerne Oberfläche auf. Lediglich der Burgplatz und der Hirschlandplatz haben mit ihren größeren Rasenflächen einen überwiegend grünen Charakter. Zentraler Platz ist der Kennedyplatz, der von Cafés und Restaurants umgeben ist und im Jahr mehrfach für Großveranstaltungen genutzt wird. Grünbestimmte Freiräume sind lediglich zwei im erweiterten Betrachtungsgebiet zu finden: der Waldthausenpark am westlichen Rand und der westliche Teil des Weberplatzes am nördlichen Rand des engeren Untersuchungsgebietes. Im nördlich angrenzenden Universitätsviertel ist in den 2010er Jahren darüber hinaus der fußläufig zu erreichende Universitätspark „Grüne Mitte" entstanden.

Durch die hohe Anzahl von Kultur-, Bildungs-, Veranstaltungs- und Sozialeinrichtungen sowie den Einzelhandel sind neben den öffentlich zugänglichen Freiräumen (Plätze, Fußgängerstraßen und Parks) auch viele Innenräume (Geschäfte, Einrichtungen etc.) öffentlich zugänglich. Diese Öffentlichkeit muss man im Falle des Handels und der Gastronomie insofern einschränken, als dass ein Aufenthalt nur eingeschränkt unentgeltlich (stöbern, schauen, ausprobieren) möglich ist. Ausnahmen sind kirchliche, soziale oder bildungsorientierte Einrichtungen. Somit spiegelt sich im Quartier ein typisches Bild von Kerngebieten wider.

Abbildung 3 Politische Aufführung auf dem Markt in der Essener Innenstadt (eigene Abbildung)

Erkenntnisleitende Fragestellungen

Die empirische Arbeit in den drei Quartieren wurde von vier erkenntnisleitenden Fragestellungen geführt:

1. Wie werden die untersuchten Räume genutzt? Bildet sich die stadtgesellschaftliche Vielfalt in der Nutzung der Räume ab?
2. Finden Begegnungen in den öffentlichen Räumen statt?
3. Wie werden die öffentlichen Räume im Quartier von der Bevölkerung wahrgenommen und welche Bedeutung haben sie für sie?
4. Was sind hindernde oder fördernde Faktoren (baulich-räumlich, sozial bzw. nutzungsbezogen) für Nutzung und Begegnung?

In allen Quartieren wurde ein Methodenmix aus unterschiedlichen quantitativen und qualitativen Verfahren angewendet. Es wurden zunächst Interviews mit Schlüsselpersonen durchgeführt, die dazu dienten, die Quartiere und ihre öffentlichen Räume kennenzulernen sowie Nutzerinnen und Nutzer für eine anschließende Befragung zu gewinnen. Diese wurden anschließend befragt und gebeten, ihre Raumwahrnehmungen in Mental-Maps festzuhalten, um so ein umfassendes Bild der subjektiven Wahrnehmung ihres Quartiers, individuell bedeutsamer Stadträume bzw. ihres Aktionsraums zu erhalten. In den auf diese Weise identifizierten öffentlichen Räumen von besonderer Bedeutung wurden dann Raumbeobachtungen durchgeführt. So sollten die Ergebnisse der vorangegangenen Befragungen stichprobenartig überprüft werden. So sollte ermittelt werden, wie und vom wem die ausgewählten Beispielräume genutzt werden, ob sich die Vielfalt des Stadtteils in den Räumen abbildet und ob (und wenn ja, in welcher Weise) Begegnungssituationen in Form von Interaktionen stattfinden. Hierzu wurden anwesende Personen erfasst, möglichst detailliert beschrieben und die genaue Art, Dauer und Ort ihrer Nutzung festgehalten. Besondere Begegnungssituationen wurden darüber hinaus gesondert erfasst. Die ersten Erkenntnisse aus der Fallstudienarbeit werden in den folgenden Abschnitten kurz zusammengefasst:

Wie werden die untersuchten Räume genutzt?

Ein zentrales Erkenntnisinteresse der Studie lässt sich relativ knapp und klar beantworten: Die stadtgesellschaftliche Vielfalt der Quartiere bildet sich auch in den von uns untersuchten öffentlichen Räumen ab. Das gilt für verschiedene Dimensionen der Diversität, die jedoch nicht alle »objektiv«, sondern z.T. nur anhand des Augenscheins erfassbar waren.

In Befragungen und Mental-Maps wurden Räume identifizierbar, die durchweg von allen genutzt werden. Aber nicht alle öffentlich nutzbaren Räume werde gleichermaßen wahrgenommen, bewertet und genutzt. Es gibt in allen untersuchten Stadtteilen auch Orte, die sozusagen blinde Flecken sind, und andere, die bewusst gemieden werden. Dies ist in der Regel auf Unsicherheitsgefühle bzw. mangelnde soziale Kontrolle zurückzuführen – und insofern nicht ungewöhnlich, sondern eher typisch für Verhaltensorientierungen im öffentlichen Raum.

Vor allem auf der Grundlage der Raumbeobachtungen spezifischer Räume lässt sich die eingangs getroffene Feststellung belegen: Tatsächlich werden diese Räume vielfältig und von Menschen verschiedenen Alters, Geschlechts und aus – augenscheinlich – unterschiedlichen Milieus genutzt.

Es kann unterschieden werden zwischen Räumen mit einem vielfältigen Nutzungsangebot (auf den Plätzen selbst bzw. an ihren Rändern) und solchen, die vorrangig von einem Nutzungsangebot bestimmt werden (Beispiel Kinderspiel). Es liegt nahe, dass sich daraus eine gewisse Vorab-Selektion der Nutzerinnen und Nutzer ergibt – ohne dass sich eine milieuspezifische Selektion beobachten ließ.

Finden Begegnungen in den öffentlichen Räumen statt?

Die Tatsache, dass in der „Stadt die Fremden wohnen" (Siebel 1997, S. 33) gilt als konstitutiv für städtische – im Gegensatz zu ländlichen – Siedlungsformen. Es sind die Straßen, Plätze und Parks der Städte, in denen diese Fremdheit und Verschiedenheit der Menschen sichtbar wird, erlebbar ist – oder doch sein sollte. So zumindest lautet eine der normativen Konsequenzen, die in der theoretischen Diskussion zur sozialen Funktion öffentlicher Räume gezogen wird. Öffentliche Räume werden als Orte der »Begegnung« angesehen, wobei allerdings das Verständnis von «Begegnung« sehr unterschiedlich ist. Gemäß der oben vorgenommenen Differenzierung wurde zwischen Sichtbarkeit („visibility") und Interaktion unterschieden. Im Rahmen der Beobachtungen bildeten die simultane Anwesenheit und die Sichtbarkeit im Raum die häufigste Form der »Begegnung«. Darauf stützt sich auch die resümierende Feststellung, dass sich die gesellschaftliche Vielfalt der Quartiere in ihren zentralen öffentlichen Räumen spiegelt. Darüber hinaus wurden aber auch zahlreiche Interaktionen unterschiedlicher Art beobachtet – wenige waren negativ: Nutzungskonflikte gab es lediglich vereinzelt durch sozial auffällige Einzelpersonen bzw. raumgreifende Gruppen. Deutlich häufiger waren Begrüßungen, kurze oder längere Gespräche – und natürlich gemeinsames Kinderspiel – zu beobachten. Ob sich in diesen Situationen einander fremde Personen begegneten, ließ sich aus der Beobachtungssituation nur bedingt beurteilen. Immerhin ließ sich unterscheiden, ob Personen zuvor gemeinsam oder allein die (Frei-)Räume betraten. Es liegt allerdings auf der Hand, dass die Interaktion zwischen einander bereits Bekannten wahrscheinlicher ist als die zwischen zwei sich bis zur Situation der Begegnung fremden Personen.

Eine weitere Beobachtung ist noch von Bedeutung: Vereinzelt war eine Diskrepanz zwischen dem Image von Räumen und der von uns beobachteten tatsächlichen Nutzung festzustellen – ersteres war »schlechter« als letztere: Die entsprechenden Räume wurden in den Befragungen als konfliktbehaftet und als Meidungsräume beschrieben, in den Beobachtungen ließen sich jedoch keine Konflikte, dafür aber eine rege Nutzung feststellen. Das könnte daran liegen, dass sich ein »schlechter Ruf« länger hält als die tatsächliche Situation – etwa zu beobachten beim Rehmplatz in Aachen, der offensichtlich wirkungsvoll umgestaltet wurde, aber in der Wahrnehmung einzelner Befragter noch immer unter seinem früheren Image leidet.

Wie werden die öffentlichen Räume im Quartier von der Bevölkerung wahrgenommen?

Die Befragungen und Mental-Map-Kartierungen bestätigten eine triviale Erfahrung, dass die Nutzung bzw. Nutzungen die Wahrnehmung bestimmen. Das führt im Ergebnis dazu, dass Städte insgesamt, aber auch einzelne ihrer Stadtteile individuell sehr verschieden wahrgenommen und dargestellt werden.

Im Zusammenhang des Forschungsprojektes zeigte sich so, dass es praktisch keine einheitliche Abgrenzung des »Quartiers« gab: Die Grenzziehungen waren vielmehr sehr stark durch die individuellen Aktionsräume geprägt und entsprechend verschieden. Aber es gab innerhalb der Untersuchungsräume durchaus Orte, die vielfach oder sogar von allen genannt wurden – etwa als Vermeidungsräume oder besonders prägende Orte im eigenen Lebensumfeld. Zentrale Plätze gehörten durchweg dazu und sind – wenn man so will: Identität stiftende – Orte im jeweiligen Stadtteil. Zugleich sind solche Schnittbereiche zwischen den verschiedenen Wahrnehmungs- und Raumnutzungsmustern Voraussetzung dafür, dass sich in einzelnen Räumen Vielfalt abbildet und Begegnung stattfinden kann.

Differenzieren muss man allerdings zwischen der Bedeutung eines Raumes (aus der Sicht der Quartiersbevölkerung) und seiner tatsächlichen Nutzung: So nimmt der Ludwigsplatz für viele Alt-Saarbrücker einen hohen Stellenwert ein, was sich aber nicht in der Intensität seiner Nutzung ausdrückt. Es ist in diesem Zusammenhang noch darauf hinzuweisen, dass einzelne Plätze oder Parkanlagen durchaus eine Identität stiftende, also den Ort unverwechselbar machende Funktion haben können (neben dem schon erwähnten Ludwigsplatz etwa der Rehmplatz in Aachen). Von der Identität des Ortes (zu der öffentliche Räume offensichtlich beitragen können) ist aber die Identifizierung mit dem Ort zu unterscheiden: Es liegt zwar auf der Hand, dass es zwischen dem einen und dem anderen Bezüge geben könnte, der »Identitätsgrad« also in Beziehung zur Möglichkeit der Identifizierung mit dem Ort, steht. Das aber ist empirisch schwer dingfest zu machen. Immerhin könnte man das »Kümmern« um einzelne Orte als einen Ausdruck einer so verstandenen »Identifizierung« ansehen. In dieser Hinsicht lassen sich aus den Raumbeobachtungen einige Illustrationen finden: etwa Bewohner, die Müll wegräumen oder defektes Spielgerät reparieren.

Was sind Faktoren für Nutzung und Begegnung?

Auf die Frage, was öffentliche Räume zu belebten Orten macht, in denen gesellschaftliche Vielfalt erlebbar und Begegnung ermöglicht wird, lassen sich aus den beschriebenen Untersuchungen zahlreiche Antworten geben. Dabei kann auf vielfache Weise an den bisherigen Diskussionsstand angeknüpft werden: Das gilt vor allem für die Unterscheidung von notwendiger und optionaler Nutzung, wie sie etwa von Gehl (1987) in die Diskussion eingeführt wurde. Notwendige Aktivitäten sind z.B. Durchquerungen des öffentlichen Raumes, um Ziele (Schule, Arbeit, Einkaufen) zu erreichen oder Aufenthalt etwa an Haltestellen des öffentlichen Verkehrs. Sie finden unabhängig von der Qualität der Räume statt. Optionale Aktivitäten sind hingegen wesentlich von der Attraktivität der Räume – Ausstattung, Gestaltung, Lage, bereits vorhandene Nutzungen etc. – abhängig.

Wenn man Wahrnehmung und Nutzung der Räume in unseren Untersuchungsgebieten vor diesem Hintergrund betrachtet, so sind auch hier zunächst die »notwendigen Nutzungen« hervorzuheben: Ein Platz, der zu häufig angestrebten Zielen auf häufig verwendeten Wegen überquert wird, ist a priori belebter als ein Raum, für den das nicht gilt. Fördernder Faktor ist hier die Tatsache, dass er »auf dem Weg« liegt oder – z.B. durch Nutzungsangebote an seinem Rand – selbst Ziel ist. Das gilt zum Beispiel für den Rehmplatz in Aachen und den Marktplatz in Essen.

Darüber hinaus sind zahlreiche Faktoren für Eignung und Attraktivität der von uns untersuchten Räume zu nennen, die man mit »optionaler Nutzung« in Verbindung bringen kann. Besonders zu nennen sind gute Lage und Erreichbarkeit, ein ungehinderter Zugang, eine klare räumliche Definition, Pflegezustand und Gestaltung sowie eine Vielfalt der Nutzungsangebote bei angemessener räumlicher Verteilung. Auch die Größe und Differenzierung des Raumes ist relevant, damit – wie es in der Literatur heißt (Dangschat 2011, S. 6) – man selbst entscheiden kann, wie groß der Abstand zu anderen Nutzern ist. Und natürliche spielen – wie in allen öffentlichen Räumen – Aspekte der Sicherheit bzw. Faktoren, die das Sicherheitsempfinden fördern (z.B. soziale Kontrolle oder Beleuchtung) eine Rolle.

Allerdings müssen nicht alle öffentlichen Räume gleiche Charakteristika aufweisen, um gleichermaßen beliebt und belebt zu sein. Denn einzelnen Räumen werden aufgrund ihrer Nutzungsangebote und der Lage durchaus unterschiedliche Funktionen und Bedeutungen zugeschrieben. So gibt es in Aachen mit dem Rehmplatz das »Wohnzimmer« des Viertels (auf dem sich unterschiedliche Generationen und Ethnien aus dem ganzen Quartier begegnen). Daneben existieren (Kinder-)»Spielzimmer«, in denen sich eher die Nachbarschaften der angrenzenden Wohnblöcke treffen. Ähnliches ist auch für Alt-Saarbrücken und Essen festzustellen: Es gibt Räume, die für alle von Bedeutung sind, daneben aber auch »spezialisierte« Räume, die vorrangig von einzelnen Nutzergruppen besucht werden. In diesem Zusammenhang ist der Hinweis wichtig, dass insbesondere im Kontext von Kinderspiel viele Begegnungssituationen entstehen – unter den Kindern, aber auch zwischen denen, die sie begleiten.

Ergänzend soll auch noch auf „Momente der Geselligkeit" – wie es in der Literatur heißt (vgl. Wiesemann 2015, S. 196ff.) – also Feste, Märkte und Aktionen hingewiesen werden. Sie sind in besonderer Weise geeignet, um Verschiedenheit sichtbar und Begegnung möglich zu machen. Auch dazu lassen sich im Rahmen unserer Untersuchung Belege und Hinweise finden: Zu nennen wären etwa Feste, Kunst- oder Wochenmärkte wie sie z.B. auf dem Ludwigsplatz stattfinden, Festivals und Konzerte in der Essener Innenstadt sowie nachbarschaftlich organisierte Treffen auf dem Aachener Rehmplatz.

Neben solchen temporären Veranstaltungen und Aktionen spielen in allen Fallstudien auch (soziale) Einrichtungen eine wichtige Rolle. Sie alle tragen dazu bei, dass »gesellige Begegnungen« oder, wie es in der Literatur heißt „convivial encounters" (Fincher & Iveson 2008, S. 145ff.) entstehen. Das wurde auch im Rahmen der Befragungen vielfach deutlich. So gaben z.B. in Essen ältere Befragte an, dass sie sich nicht zu Hause, sondern bei Nachbarschaftstreffs in unterschiedlichen Einrichtungen, beim Stammtisch in Kneipen oder Aktivclubs treffen. Auch die dort befragten Studierenden wiesen darauf hin, dass sie sich weniger in ihren privaten WGs und Wohnungen träfen als vielmehr in Kneipen, Cafés oder Bars – und natürlich in der Universität.

Im Übrigen können auch – das sei hier nur am Rande vermerkt – partizipative Planungsprozesse, mit denen alle Gruppen eines Stadtteils erreicht werden, eine wichtige Funktion für das Zusammenführen der Menschen im Quartier wahrnehmen.

Abschließend sei noch auf einen Faktor hingewiesen, der im Rahmen der hier beschriebenen Untersuchung aus methodischen Gründen nur bedingt nachweisbar ist, aber nach allen Erfahrung eine wesentliche Rolle spielt: »Use begets more use« (Whyte 1980, S. 18) – Nutzung erzeugt zusätzliche Nutzung: Wenn also z.B. Lage und Funktion/Ausstattung ausreichen, um Menschen zu Durchquerung und/oder zum Aufenthalt anzuregen und so einen öffentlichen Raum nicht leer und ungenutzt erscheinen zu lassen, zieht diese »Grundbelebung« weitere Nutzer an. Umgekehrt kann das aber auch heißen, dass ein an sich geeigneter Raum, der zu groß für seine Lage ist, um belebt werden zu können, aus dem use-begets-more-use-Effekt keinen Nutzen ziehen kann. Das könnte z.B. für den Ludwigsplatz in Alt-Saarbrücken gelten (dem es zudem aber auch an geeigneter Randnutzung fehlt und der lediglich an den Markttagen von vielen Nutzern aufgesucht wird).

Als die Nutzung eines Raums hemmende Faktoren können zunächst die Negativausprägungen der zuvor aufgeführten fördernden Faktoren genannt werden. Also: Die Wahrscheinlichkeit der Nutzung sinkt, wenn der öffentliche Raum peripher liegt oder aus anderen Gründen schlecht zugänglich bzw. erreichbar ist, keine attraktiven Nutzungsangebote aufweist, wenig überschaubar bzw. sozial schlecht kontrollierbar ist, ungepflegt erscheint und so fort. Hemmende Faktoren sind darüber hinaus Gruppen, die einzelne Räume »besetzen« und sie so für andere potenzielle Nutzer unattraktiver erscheinen lassen.

Auch Verkehr kann Nutzungen einschränken (Beispiel Nanteser Platz in Alt-Saarbrücken), schließt diese aber nicht automatisch aus: z.B. ist die Stengelanlage, ähnlich wie der Nanteser Platz, durch Straßenlärm belastet. Die stark frequentierte Bushaltestelle am Rande in Kombination mit diversen Sitzgelegenheiten »im Grünen« und der Nähe zum Ludwigsplatz führen dazu, dass sich hier viele unterschiedliche Nutzergruppen aufhalten.

3 Erste Folgerungen für die Quartiersentwicklung

Welche Impulse lassen sich für integrierte Entwicklungskonzepte in gesellschaftlich vielfältigen Quartieren gewinnen? Und: Welche Konsequenzen ergeben sich insbesondere für die Gestaltung der öffentlich nutzbaren Räume in Quartieren? In Bezug auf diese Fragen lassen sich folgende erste Hypothesen ableiten:

Öffentliche Räume sind für gesellschaftlich vielfältige Stadtteile von großer Bedeutung – zunächst und vor allem, weil sie das Bild dieser Quartiere in der Wahrnehmung von Innen und Außen wesentlich prägen. So entstehen Identität wie Image. Das aber heißt auch: Sie bedürfen entsprechender Beachtung, was ihr Erscheinungsbild, ihre Funktionsfähigkeit, Gestaltung und Pflege betrifft. Es ist daher nur konsequent, wenn dem Thema »Öffentlicher Raum« z. B. in den Strategien der Sozialen Stadt große Bedeutung zukommt. Zugleich ist ihre Umgestaltung ein geeignetes Thema für Partizipationsprozesse, die der Vielfalt und Verschiedenheit im Stadtteil gerecht werden wollen (und können). Und nicht zuletzt ist auch durch die Untersuchung deutlich geworden, wie wichtig Einrichtungen sind, die in den öffentlichen Raum ausstrahlen. Hier kommt gerade auch kulturellen oder sozialen Angeboten und schulischen Einrichtungen eine wichtige Rolle zu. Das macht zugleich deutlich, dass öffentliche Räume in solchen Quartieren ausdrücklich nicht als »reine« Gestaltungsaufgabe zu verstehen sind, sondern Gegenstand integrierter Handlungsstrategien sein sollten. Und es gilt auch, sie nicht nur einmalig herzurichten, sondern dafür Sorge zu tragen, dass sie in gutem Zustand und funktionsfähig bleiben bzw. für ihre »Belebung« in Form von (temporären) „Momenten der Geselligkeit" (vgl. Wiesemann 2015) gesorgt wird. Auch das kann, wie Beispiele zeigen, unter Einbeziehung der Bewohnerschaft geschehen.

Im Hinblick auf Bewegungs- und Aktionsräume sowie Raumnutzungsmuster verschiedener Gruppen ist der Quartiersbezug zu eng. Hier bedarf es erweiterter Erhebungsmethoden z. B. durch GPS-Tracking oder milieuspezifische Bewegungskarten über einzelne Quartiere hinweg. Ob die öffentlichen Räume genutzt werden, hängt von vielen Faktoren ab. Darauf wurde bereits verwiesen. Hier soll noch einmal der Aspekt der Wegebeziehungen hervorgehoben werden: Räume, die auf häufig gegangenen Verbindungslinien liegen, können von der daraus resultierenden Nutzungsfrequenz profitieren. Womit die Aufmerksamkeit auch auf die räumlichen Verbindungen und deren Attraktivität insgesamt gerichtet wird: Öffentliche

Räume sollten als »System« betrachtet werden, innerhalb des Quartiers, aber auch im gesamtstädtischen System öffentlicher Räume. Ihr Zusammenhang ist sowohl für die Wohnqualität im Quartier wie für die Nutzung einzelner Elemente dieses »Systems« von Bedeutung. Besonderes Augenmerk ist zudem Fuß- und Radwegeverbindungen zu widmen, die gefahrlos zu nutzen sind und so auch zur Erweiterung der Streifräume von Kindern beitragen. Auf eine Kehrseite solcher räumlichen Zusammenhänge muss jedoch auch hingewiesen werden: Die Untersuchungsgebiete liegen in unmittelbarer Nähe zur jeweiligen Innenstadt – und ihre öffentlichen Räume stehen damit in gewisser Weise in Konkurrenz mit den innerstädtischen Lagen. Das wird insbesondere in Saarbrücken deutlich: Die Menschen scheinen lieber in die Innenstadt zu gehen, als sich in Alt-Saarbrücken aufzuhalten. Das gilt insbesondere für die, die Plätze mit Geschäften, Cafés und weiteren Einrichtungen aufsuchen wollen.

Relevant sind aber nicht nur die Wegebeziehungen und die Lage von öffentlichen Räumen: Ein Quartier braucht unterschiedlich nutzbare Räume: Es braucht die zentralen, gut erreichbaren und von allen nutzbaren Räume, es benötigt aber auch spezialisierte Räume, die – wie Kinderspielplätze – nur einer Nutzergruppe vorbehalten sind, unterschiedliche Raumatmosphären und -größen. Wie „Momente der Geselligkeit“, „Gelegenheitsstrukturen“ und „Nutzungsangebote“ für Menschen (vgl. Wiesemann 2015, S. 199) geschaffen werden können, um soziale Interaktionen möglich zu machen, ist Aufgabe der Planung und Gestaltung. Neben räumlichen Maßnahmen wie dem Aufstellen von Bänken und Bereitstellen von Sportflächen, fördern auch Veranstaltungen wie Stadtteilfeste, begleitete Projekte durch engagierte Personen (»Kümmerer«) oder Patenschaften (Einbeziehung der Bürgerinnen und Bürger) und Kooperationen verschiedener Einrichtungen Begegnungen verschiedenster Art.

Ein Dauerthema in der Auseinandersetzung mit Diversität stellt die Beobachtung dar, dass selbst dort, wo man sich intensiv um partizipative Gestaltung von Planungs- und Entscheidungsprozessen bemüht, bestimmte Gruppen nicht erreicht werden bzw. den Teilhabeangeboten fernbleiben. Somit ist die Frage, ob und unter welchen Bedingungen »Prozesse der Vielfalt« organisiert werden (können) und welche Erfahrungen in der Praxis (mit Blick auf die Umgestaltung öffentlicher Räume) bereits gewonnen wurden, weiterhin von Interesse. In diesem Zusammenhang wäre insbesondere der Einsatz temporärer Rauminterventionen näher zu betrachten. Denn Beispiele zeigen, dass über niedrigschwellige konkrete Raumveränderungen Menschen angesprochen und eingebunden werden können, die sonst nicht erreicht werden. Kurzum: Es bleibt spannend in den öffentlichen Räumen – in der auf sie gerichteten Forschung und der Planungspraxis.

Literatur

Amin, A. (2002a). Ethnicity and the multicultural city: living with diversity. Environment and Planning A 34, S. 959–980.
Amin, A. (2002b). Ethnicity and the multicultural city: living with diversity. Report for the ESRC CITIES Programme and the Report for the Department of Transport, Local Government and the Regions. http://red.pucp.edu.pe/ridei/wp-content/uploads/biblioteca/Amin_ethnicity.pdf (01.03.2016).
Bauman, Z. (2003). Flüchtige Moderne. Frankfurt am Main: Suhrkamp.
Belina, B. (2005). Öffentlich/privat: Von strategischen Grenzziehungen in Gesellschaft und Raum. Berichte zur deutschen Landeskunde 79 (2/3), S. 317–327.
Bondi, L.. & Domosh, M. (1998). On the contours of public space: a tale of three women. Antipode 30/3, S. 270–289.
Carmona, M., Magalhães, C.. & Hammond, L. (2008). Public space: The management dimension. London/New York: Routledge.
Dangschat, J. (2011). Partizipation, Integration und öffentlicher Raum. eNewsletter Netzwerk Bürgerbeteiligung 01/2011 12.12.2011. Bonn. http://www.netzwerk-buergerbeteiligung.de/fileadmin/Inhalte/PDF-Dokumente/newsletter_beitraege/beitrag_dangschat_111212.pdf (02.02.2016).
Dirksmeier, P., Mackrodt, U.. & Helbrecht, I. (2011). Geographien der Begegnung. Geographische Zeitschrift 99 (2–3), S. 84–103.
Fincher, R.,. & Iveson, K. (2008). Planning and Diversity in the City. Redistribution, Recognition and Encounter. Basingstoke: Palgrave Macmillan.
Gehl, J. (1987). Life between buildings. Using Public Space. 2. englische Aufl. New York: van Nordstrand Reinhold.
Gehl, J. (2015). Städte für Menschen. Berlin: Jovis.
Gehl, J.,. & Svarre, B. (2013). How to Study Public Life. Washington/Covelo/London: Island Press.
Goffman, E. (2009). Interaktion im öffentlichen Raum. Frankfurt am Main, New York: Campus.
Jacobs, J. (1993). Tod und Leben großer amerikanischer Städte. Braunschweig/Wiesbaden: Vieweg.
Madanipour, A. (2010). Whose public space? In A. Madanipour (Hrsg.). Whose Public Space? International case studies in urban design and development (S. 237–243). London: Routledge.
Massey, D. (2005). For Space. London: Sage.
Mitchell, D. (1995). The end of public space? People's park, definitions of the public, and democracy. Annals of the Association of American Geographers 85, S. 108–133.
Sennett, R. (1983). Verfall und Ende des öffentlichen Lebens. Die Tyrannei der Intimität. Frankfurt am Main: S. Fischer.
Sennett, R. (1991). Civitas. Die Großstadt und die Kulturen des Unterschieds. Frankfurt am Main: S. Fischer.
Sennett, R. (1997). Fleisch und Stein. Der Körper und die Stadt in der westlichen Zivilisation. Frankfurt am Main: Suhrkamp.
Shaftoe, H. (2008). Convivial urban spaces: creating effective public places. London: Earthscan.

Siebel, W. (Hrsg.). (1997). Die Stadt der Zuwanderer. In Häußermann, H.. & Oswald, I. (Hrsg.). Zuwanderung und Stadtentwicklung. Leviathan Zeitschrift für Sozialwissenschaft (S. 30–41). Wiesbaden: VS Verlag für Sozialwissenschaften

Straub, E. (2015). Das Drama der Stadt. Die Krise der urbanen Lebensformen. Berlin: Nicolai.

Thrift, N. (2005). But Malice Aforethought: Cities and the Natural History of Hatred. Transactions of the Institute of British Geographers 30 (2), S. 133–150.

Urry, J. (2007). Mobilities. Cambridge: Polity Press.

Vaiou, D.,. & Kalandides, A. (2009). Cities of »others«: public space and everyday practices. Geographica Helvetica. Jg. 64 2009/1, S. 11–20.

Valentine, G. (2008). Living with Difference: Reflections on Geographies of Encounter. Progress in Human Geography 32, S. 323–337.

Whyte, W. H. (1980). The social life of small urban spaces. Washington: The Conservation Foundation.

Wiesemann, L. (2015). Öffentliche Räume und Diversität. Geographien der Begegnung in einem migrationsgeprägten Quartier – das Beispiel Köln-Mülheim. In L. Basten et. al. (Hrsg.). Schriften des Arbeitskreises Stadtzukünfte der Deutschen Gesellschaft für Geographie, Bd. 14. Berlin: LIT Verlag.

Behelfsstrukturen als Ausdruck lokaler Bedürfnisse und Kapazitäten

Untersuchung eines infrastrukturellen Aufwertungsprozesses im ländlichen Kamerun

Laura Zeidler

Zusammenfassung

Der Beitrag veranschaulicht anhand der Betrachtung eines infrastrukturellen Aufwertungsprozesses im Rahmen der Entwicklungszusammenarbeit im ländlichen Kamerun, wie Projekte scheitern können und welche Perspektiven bestehen, durch sorgfältige ethnografische Studien lokale Strukturen, Bedürfnisse und Kapazitäten besser zu berücksichtigen. Ziel ist es, Bewohner als die eigentlich Projektbegünstigten von infrastrukturell ausgerichteten Aufwertungsprozessen in der Stadterneuerung im globalen Süden stärker in den Mittelpunkt zu stellen.

U. Altrock et al. (Hrsg.), *Programmatik der Stadterneuerung*, Jahrbuch Stadterneuerung, https://doi.org/10.1007/978-3-658-26765-0_16

Dieser Beitrag betrachtet den Versuch eines infrastrukturellen Aufwertungsprozesses im Rahmen der Entwicklungszusammenarbeit im ländlichen Kamerun. Infrastrukturelle Aufwertungsprozesse im Rahmen von Entwicklungsprojekten im globalen Süden können in ihrem grundsätzlichen Vorgehen große Überschneidungen mit Stadterneuerungsprozessen im globalen Norden aufweisen, da es in beiden Fällen um die Veränderung bestehender lokaler Strukturen geht. Ein kontinuierlicher Austausch zwischen den verschiedenen Akteuren auf dem inhaltlich und geografisch weiten Feld der Planung, im Sinne eines voneinander und miteinander Lernens, wäre deshalb sinnvoll und erstrebenswert.

Diesem Beitrag ist mit der Darstellung ethnografischer Erhebungs- und Analysemethoden eine methodische Herangehensweise zu entnehmen, welche das weite Feld der Planung im globalen Norden wie Süden sinnvoll bereichern könnte. Der Einsatz ethnografischer Methoden in der Planung sowie während der Durchführung eines infrastrukturellen Aufwertungsprozesses kann es ermöglichen die lokalen Bedürfnisse, Kapazitäten und Strukturen an den Projektstandorten zu ermitteln und entsprechend zu berücksichtigen. Jedoch kommen ethnografische Methoden in der Planungspraxis von Entwicklungsprojekten nach wie vor nur selten zum Einsatz. Da dieses Versäumnis in vielen Fällen der Entwicklungspraxis durch keine geeignete alternative Herangehensweise ersetzt wird, werden die lokalen Gegebenheiten oftmals nur oberflächlich betrachtet bzw. berücksichtigt. In diesen Fällen wird der Grundstein für das Scheitern von geplanten Aufwertungsprozessen bereits in der methodischen Herangehensweise zu Beginn der Planung gelegt.

Neben der Beleuchtung der Faktoren, an denen ein Projekt zu scheitern drohen kann, liegt der Schwerpunkt der vorliegenden Untersuchung auch auf der Frage, welche Prozesse im Falle eines drohenden Scheiterns auf der ungenügend berücksichtigten lokalen Ebene in Gang gesetzt werden. Mit anderen Worten: Wie reagieren lokale Akteure, die eigentlich von den Aufwertungsprozessen profitieren sollten und welche Rolle spielen ihre Reaktionen im weiteren Verlauf des Projektprozesses? Behandelt wird diese Frage hier anhand eines Entwicklungsprojekts, mit dem eine kamerunische NGO versucht, den Zugang zu Strom im ländlichen Kamerun in Subsahara-Afrika zu verbessern. Mittels Mikro-Hydro-Elektrizitätswerken soll in zwei Dörfern im Nord-Westen sowie im Süd-Westen des Landes dezentral Strom erzeugt und für die lokale Bevölkerung nutzbar gemacht werden.

Mithilfe ethnografischer Erhebungs- und Analysemethoden konnte rekonstruiert werden, dass der Aufwertungsprozess in Ermangelung bedürfnisorientierter Projektinterventionen fehlschlägt, weshalb die betroffene Bevölkerung in Eigeninitiative Veränderungen und Anpassungen vornimmt. Diese Reaktionen werden im Folgenden Behelfsstrukturen genannt. Die Behelfsstrukturen ziehen jedoch ihrerseits Effekte nach sich, welche die negativen Effekte der Projektinterventionen noch verschärfen und sich schließlich destruktiv auf die Gesamtsituation vor Ort auswirken.

Im Rahmen der vorliegenden Untersuchung wurde ersichtlich, dass die Behelfsstrukturen negative Effekte zwar begünstigen können, sie jedoch keineswegs die eigentliche Ursache für ein mögliches Scheitern darstellen. Ihr Zustandekommen ist vielmehr die Folgeerscheinung einer nicht bedarfsorientiert geplanten und durchgeführten Projektintervention.

Im Ergebnis kann geschlussfolgert werden, dass es für die Arbeit von Planer*innen und Developern erstens von großer Bedeutung ist, im Vorfeld der Projektplanung ethnografische Studien im Projektgebiet durchzuführen, um dadurch lokale Strukturen, Bedürfnisse und Kapazitäten in Erfahrung zu bringen und in der Planung und Durchführung zu berücksichtigen. Zweitens kann geschlussfolgert werden, dass es wichtig ist, Behelfsstrukturen als lokale Reaktion auf möglicherweise unpassende Projektinterventionen zu identifizieren, anhand derer die eigentlichen Strukturen, Bedürfnisse und Kapazitäten der lokal betroffenen Akteure ersichtlich werden können. Werden auftretende Behelfsstrukturen dabei nicht als Problem, sondern als konstruktiver Beitrag der jeweiligen Bevölkerung erkannt und wertgeschätzt, so kann die Möglichkeit bestehen, die Projektinterventionen gemeinsam zu modifizieren und bedürfnisgerecht umzugestalten.

1 Impulse für infrastrukturelle Aufwertungsprozesse in Kamerun

Infrastrukturelle Aufwertungsprozesse im Rahmen von Projekten der Entwicklungszusammenarbeit ergeben sich aus aktuellen Trends im afrikanischen Subsahara-Staat Kamerun, wie bspw. dem ruralen Exodus bzw. der Landflucht der jüngeren Generation. Während sich in diesem Zuge in den Großstädten Kameruns ein Mangel an Wohnraum und eine steigende Arbeitslosenquote abzeichnet (vgl. OIM 2009, S. 27), fehlt es im ländlichen Raum an jungen Menschen. Diese werden dort jedoch für den landwirtschaftlichen Sektor, der in der wirtschaftlichen Dynamik des Landes eine wichtige Rolle spielt, eigentlich dringend gebraucht. Tatsächlich lässt sich als Folge der rapiden Landflucht bereits ein hoher Rückgang der Nutzpflanzenproduktion beobachten (vgl. Folefack 2015, S. 198).

Neben Dürreperioden, Epidemien und der Suche nach beruflichen Alternativen ist es häufig auch der fehlende Zugang zur Elektrizität, der zur Abwanderung der Menschen in die Städte führt (vgl. Folefack 2015, S. 197). Der Zugang zu Elektrizität liegt ca. bei 40 % im städtischen und 18 % im ländlichen Raum (vgl. investir au cameroun 2018). Als Gründe für den unzureichenden Ausbau der elektrischen Infrastruktur im ländlichen Raum lassen sich die niedrige Bevölkerungsdichte, das schwer zugängliche Terrain und das daher nur streckenweise ausgebaute Straßennetz nennen (Nfah et al. 2010, zitiert nach Abanda 2012). Selbst im Falle eines vorhandenen Stromnetzes im ländlichen Raum sorgen ständige Stromausfälle dafür, dass Strom nicht kontinuierlich verfügbar ist und daher kaum zur Unterstützung wirtschaftlicher Aktivitäten genutzt werden kann (Mensah 2016, S. 2). Zudem verhindern hohe Stromkosten einen Anschluss vieler Haushalte an das Netz, da ein Großteil der ländlichen Bevölkerung im landwirtschaftlichen Sektor tätig ist und das dort generierte Einkommen gering ist (vgl. Ndongsok & Ruppel 2017, S. 2). Die hohen Stromkosten sind zu großen Teilen auf die Teilprivatisierung des zentralen Energiekonzerns Kameruns, ENEO (ehemals SONEL und AES-SONEL), zurückzuführen (vgl. EUEI PDF 2018), die einen Anstieg des Strompreises zur Folge hatte (vgl. Pineau 2004, S. 7). Bislang hat ENEO trotz Marktöffnung seine Monopolstellung in der offiziellen Elektrizitätserzeugung und -verteilung beibehalten (vgl. Pineau 2004, S. 18, African Development Bank Group 2017, S. 25).

Die staatliche Regulierungsbehörde für Elektrizität, Agence de Régulation du Secteur de L'électricité (ARSEL), überwacht und reguliert Aktivitäten im Stromsektor und ist zuständig für die Festlegung und Kontrolle der Stromtarife. Sie wurde im Zuge der Dezentralisierungsreform gegründet, „um bei der Privatisierung des Energiemarktes die Entwicklung eines Wettbewerbs zu garantieren" und ist zudem verantwortlich für die „Formulierung von Grundsätzen und Empfehlungen zur ländlichen Elektrifizierung" (dena 2014, S. 31). Bei Nichteinhaltung der Normen kann ARSEL Strafen verhängen (vgl. dena 2014, S. 40f.). Des Weiteren besteht zwar noch die Agence d'Electrification Rurale (AER), die offiziell die Realisierung von Projekten der Elektrifizierung im ländlichen Kamerun technisch und finanziell unterstützen soll, diese Aufgabe jedoch aufgrund von Finanzierungsproblemen bisher nicht in größerem Maße umsetzen konnte (vgl. African Development Bank Group 2017, S. 26). Der Ausbau der ruralen Elektrizitätsversorgung wurde von der kamerunischen Regierung als Ziel formuliert (vgl. investir au cameroun 2017).

2 Untersuchungsgebiet und Untersuchungsgegenstand

Auf diese Begebenheiten reagieren Akteure der Entwicklungszusammenarbeit mit infrastrukturellen Aufwertungsprozessen beispielsweise im Bereich der Stromversorgung. Die diesem Beitrag zugrunde liegende Feldforschung hat dabei folgenden Prozess im Blick: Im ländlichen Raum des anglophonen Westens Kameruns verfolgt eine kamerunische NGO mit einem Entwicklungsprojekt seit einigen Jahren das Ziel, dass die Bevölkerung in zwei Dörfern mit je rund 400 Einwohner*innen selbstständig und dezentral Elektrizität mit sogenannten Mikro-Hydro-Elektrizitätswerken generieren und nutzen kann.

Funktionsweise der Mikro-Hydro-Elektrizitätswerke
Das in den beiden Dörfern installierte dezentrale Mikro-Hydro-Elektrizitätswerk mit einer Kapazität von je 20 KW basiert auf Wasserkraft. Durch den Bau eines Damms in einem abschüssigen Wasserlauf wird Wasser in einem Wasserreservoir angestaut und durch eine Filteranlage geleitet. Dort wird grobes Treibgut herausgefiltert, bevor das Wasser über ein Rohrsystem in abschüssiger Hanglage zu einer Turbine geleitet wird um diese anzutreiben. Diese ist mit einem Generator verbunden, der die Wasserkraft in elektrische Energie umwandelt. Das Wasser wird anschließend wieder in das Flussbett geleitet. Die generierte elektrische Energie wird über Stromkabel und Strommasten in das Dorf transportiert und dort über weitere Kabel an die Haushalte verteilt.

Ziel des Infrastrukturausbaus soll es sein, der Landflucht entgegenzuwirken sowie wirtschaftliche Aktivitäten zu ermöglichen und damit die lokale Armut zu verringern. Neben der Installation von je einem Mikro-Hydro-Elektrizitätswerk pro Dorf wurden noch eine dezentrale Infrastruktur zur Verteilung der Elektrizität per Stromnetz in Form von pro Dorf je 10 Haushalts-Anschlüssen sowie Wartungs-Komitees und Management-Komitees in den Dörfern realisiert, deren Mitglieder in beiden Fällen der lokalen Bevölkerung der Dörfer angehören und die zum einen für die Wartung und die technische Instandhaltung der Infrastruktur und zum anderen für die Selbstfinanzierung des Projekts verantwortlich sein sollten.

Tabelle 1 Übersicht über die am Projekt beteiligten Akteure

Beteiligte Akteure	Funktion der Akteure
Dorfbewohner*innen Lokale Bevölkerung	Die lokale Bevölkerung besteht hautsächlich aus Farmer*innen. Einige von ihnen sind Mitglieder der lokalen Management-Komitees oder Wartungs-Komitees. Mitglieder der letzteren Komitees werden lokale Techniker genannt.
„Eliten" und VdA	Sog. Eliten sind die Bildungseliten der Dörfer, die oft in Städten oder im Ausland leben und Mitglieder der Village Development Association (VdA) sind. Letztere berät, organisiert und finanziert in Teilen lokale (Infrastruktur-)Projekte.
Fon/Dorf-Chef und Quarterheads	Neben einem Dorf-Chef, dem Fon, gibt es eine Ratsversammlung sowie Vertreter*innen für jedes Dorfviertel (sog. Quarterheads).
NGO	Die NGO plante die Projektinterventionen und setzte sie im Rahmen eines Entwicklungsprojekts mit europäischen Mitteln der bilateralen Entwicklungszusammenarbeit um.
Externe Techniker	Ein Techniker installierte die zur Erzeugung des Stroms notwendigen Infrastrukturelemente, ein weiterer Techniker die Elemente zum Stromtransport und zur Stromverteilung in den Dörfern. Der Schwerpunkt in diesem Beitrag liegt auf dem ersten Techniker. Beide werden im Folgenden externe Techniker genannt, da sie nicht in den Dörfern sesshaft sind.
Kommune	Die Kommune wurde hier vertreten durch Kommunalpolitiker.

Zum Zeitpunkt der vorliegenden Untersuchung drohte das Infrastruktur-Projekt zu scheitern, da das Projektergebnis weder mit den Erwartungen der NGO noch mit denen der lokalen Bevölkerung übereinstimmte: Die lokale Bevölkerung äußerte ihren Unmut darüber, dass die NGO nicht allen Haushalten in den Dörfern Zugang zur Elektrizität gewährte, sondern nur je 10 Gebäude an das Stromnetz anschloss und dass die Stromversorgung aufgrund von vermehrten Stromausfällen oft nicht gewährleistet sei. Gleichzeitig äußerte die NGO, dass der Umgang der lokalen Bevölkerung mit den Projektinterventionen nicht ihren Erwartungen entspreche und schlussfolgerte, dass dieser Umgang der Hauptgrund dafür sei, dass das Projekt nicht funktioniere.

Daraus ergab sich als Forschungsfrage, aufgrund welcher Faktoren im Planungs- und Umsetzungsprozess das Projekt zu scheitern droht und welche Rolle dabei der Umgang der lokalen Bevölkerung mit den von den Planer*innen und Developern initiierten Projektinterventionen spielt.

3 Forschungsdesign

Ein klassisches Beispiel für die Betrachtung scheiternder Entwicklungsprojekte ist die Auseinandersetzung des Anthropologen James Ferguson mit dem Fall *Lesotho*. In seiner Publikation *The Anti-Politics Machine* (1990) erläutert er, wie es in Lesotho aufgrund eines Weltbankberichts, der das Land als Entwicklungsland einstufte, zu verschiedenen Interventionen im Rahmen der Entwicklungshilfe kam. Die Developer verließen sich auf die Informationen aus dem Weltbankbericht, die jedoch nicht die tatsächlichen lokalen Abläufe darstellten, sodass die Interventionen von den Begünstigten nicht angenommen wurden (vgl. Ferguson 2008/1990). Der Politikwissenschaftler Ulrich Menzel (1993, S. 132) deutet zudem an, dass die durch den globalen Norden im globalen Süden initiierten Entwicklungsprozesse im Ergebnis oft nur *Karikaturen* solcher im globalen Norden stattfindenden Prozesse seien. Die Relevanz, Entwicklungsprozesse auf der lokalen Ebene zu analysieren, zeigt sich schließlich in *Seeing Like A State (1998)* von James C. Scott, der darauf aufmerksam macht, dass Entwicklungsprojekte oftmals rücksichtslos über vorhandene lokale Strukturen hinweggehen (vgl. Scott 2008, S. 297f/1998).

Auch finden sich andere Beiträge zum lokalen *Umgang* mit Projekten, die ähnliche Beobachtungen wie die in diesem Beitrag identifizierten Behelfsstrukturen anführen. So nennt bspw. Bierschenk (2014, S. 17) Fälle, aus denen hervorging, dass Projektinterventionen an Projektstandorten umgesetzt wurden, während lokale Prozesse parallel existierten, ohne dass diese in der Projektplanung und -durchführung Berücksichtigung gefunden hätten. Eben weil der Projektstandort kein *clean slate* (unbeschriebene Tafel) ist (Norris 1993, zitiert nach Bierschenk 2014, S. 17), resultieren aus der Umsetzung der Projektinterventionen unvorhersehbare Folgen. So besteht bspw. die Möglichkeit „vielfältige[r] Prozesse der selektiven Aneignung" und lokaler Umkodierung umgesetzter Modelle (vgl. Norris 1993, zitiert nach Bierschenk 2014, S. 17).

Tess Lea und Paul Pholeros (2010) führen eine den Behelfsstrukturen ähnelnde Beobachtung an, die die Reaktion der betroffenen Bevölkerung auf ein Entwicklungsprojekt thematisiert: Die Autor*innen berichten über ein gescheitertes Entwicklungsprojekt zu indigenen Unterkünften in Australien. Die Ursache des Scheiterns wurde bei den Nutzer*innen der Unterkünfte gesehen. Die Recherchen der Autor*innen ergaben jedoch, dass sich das Scheitern des Projekts hauptsächlich durch schwache Konstruktionen, Mangel an Instandhaltung der Gebäude sowie ungenügende Strom- und (Ab-)Wasserleitungen begründen ließ, Bereiche, die in diesem Falle eigentlich in der Verantwortung der Projektinitiator*innen lagen. Weil die Gebäude dementsprechend nicht wie vorgesehen genutzt werden *konnten, musste* lokal eine andere Form der Nutzung der Gebäude stattfinden. Die Autor*innen nennen es „a failing that stands in need of comprehensive forms of correction“ (Tess and Pholeros 2010, S. 194): Da zwar durch das Projekt viele Unterkünfte errichtet, jedoch nicht alle an Wasser, Strom und Abwasser angeschlossen wurden, hielten sich mehr Menschen in den wenigen Unterkünfte mit Anschluss an *funktionierende* Infrastruktur auf, sodass es zu einer Überfüllung bzw. Übernutzung dieser Gebäude kam (2010, S. 203f).

Mit Ferguson als Wegbereiter entwickelte sich zu Beginn der 1980er Jahre der Postdevelopment-Ansatz, der sowohl die Entwicklungstheorie als auch die darauf zumeist basierenden Entwicklungsprojekte kritisiert und eine Fundamentalkritik am Begriff Entwicklung beinhaltet (vgl. Ziai 2012, S. 135). Laut Escobar (2007, S. 20) hebt der Postdevelopment-Ansatz hervor, dass im Zuge von Entwicklungsprojekten lokales Wissen, sowie Stimmen und Belange der lokalen Akteure ausgegrenzt werden: "It [Postdevelopment, Anm. d. Vf.] point[s] at the forms of exclusion that went along with the development projects, particularly the exclusion of knowledge, voices and concerns of those whom, paradoxically, development was supposed to serve". Oftmals wird der Postdevelopment-Ansatz dahingehend kritisiert, lokale Strukturen zu verklären (vgl. Escobar 2007, S. 22). Diese Kritik trifft jedoch nur auf die von Aram Ziai herausgearbeitete neo-populistische Strömung des Postdevelopment-Ansatzes zu, deren Vertreter*innen „‚Entwicklung‘ sowie die gesamte westliche Moderne pauschal verdammen“ (Ziai 2012, S. 135). Betrachtet man Entwicklung auch als Chance, so kann die Kritik durch den Postdevelopment-Ansatz ein fruchtbarer Ausgangspunkt zur Verbesserung der Entwicklungspraxis sein (Nustad 2007, S. 35).

Ethnografische Methoden in der Praxis

Obwohl durch die oben genannten Beispiele und die Kritik des Postdevelopment-Ansatzes die Notwendigkeit ersichtlich wird, in der *Analyse* von Entwicklungsprojekten den Fokus auf die lokale Ebene zu richten, bleibt diese oftmals ohne genauere Betrachtung, weil sie als schwierig zu differenzierendes und analysierendes Feld gilt (vgl. Hagber 2004 zitiert in Werthmann 2008, S. 27).

An dieser Stelle könnte die Ethnografie bzw. der Einsatz ethnografischer Methoden Abhilfe schaffen, da sie es zu leisten vermögen, die „Lebensbedingungen einer bestimmten Bevölkerungsgruppe, in deren Umkreis ein Projekt geplant oder durchgeführt wird“ (Zanolli 1979, S. 80), zu ergründen. In diesem Zuge kann die ethnografische Methode auch „Prognosen über mögliche Konsequenzen im soziokulturellen Rahmen einer bestimmten Intervention, bzw. Vorschläge über notwendige Anpassungen bei der Projektdurchführung [sowie] Evaluationen von abgeschlossenen Projekten umfassen“ (Zanolli 1979, S. 80).

Trotz dieser Möglichkeiten kommen ethnografische Methoden in der Entwicklungszusammenarbeit kaum zum Einsatz. „Ein immer wieder gehörter Einwand von Seiten der Entwicklungsorganisationen bezieht sich auf den sogenannten Zeitfaktor" (Zanolli 1979, S. 82). Gemeint ist die Diskrepanz zwischen dem durch die Projektinitiator*innen ausgeübten Zeitdruck auf der einen Seite und auf der anderen Seite dem hohen zeitlichen Aufwand der Ethnolog*innen für das Kennenlernen lokaler Strukturen und Kulturen, „um in Hinblick auf die von den Auftraggebern definierten Entwicklungsziele Empfehlungen abzugeben" (Zanolli 1979, S. 82). Als weiteres Hemmnis, ethnografische Methoden in der Entwicklungszusammenarbeit einzusetzen, nennt Zanolli sog. „‚fixfertige' Projekte [...], die von Planern zusammengestellt wurden, ohne auf lokaler Ebene mit den direkt betroffenen Bevölkerungen zusammenzuarbeiten" (Zanolli 1979, S. 82). Zudem bestehe „seitens des Ethnologen eine Verpflichtung, sofern er für eine Bevölkerung einstehen kann und ihre Interessen vertritt, unter Umständen über Jahre hinweg verfügbar zu sein". Somit könnte in diesem Zuge die von Ethnologen ausgehende „kritische Auseinandersetzung [...] für Planer und Durchführer möglicherweise bedrohlich werden" (Zanolli 1979, S. 82), woraufhin letzere den Einsatz von Ethnolog*innen häufig ablehnen. Im Ergebnis schließt Zanolli, dass „die Rolle des Ethnologen untergeordnet und im weitläufigen Geflecht der Entwicklungszusammenarbeit praktisch bedeutungslos bleibt" (Zanolli 1979, S. 83).

Im Gegensatz zu Zanolli ist Bierschenk (2014, S. 17) der Ansicht, dass die Ethnologie keine Gruppe präferieren sollte, auch nicht die lokale Bevölkerung. Stattdessen sollte das Feld aus einer Perspektive betrachtet werden, „die alle beteiligten Gruppen [...] mit ihren jeweiligen Handlungsstrategien und kulturellen Weltdeutungen gleichermaßen ernstnimmt." Gleichzeitig weist Bierschenk auf mögliche Vereinnahmungsgefahren hin: Demnach könnte es immer auch zu einer „‚Unterwerfung' des Ethnologen unter die Logik der Entwicklungspolitik" kommen (de Sardan 2005, S. 198ff., zitiert nach Bierschenk 2014, S. 16), in dessen Zuge die Ethnolog*in ähnlich eines „Erfüllungsgehilfen" (Splitter 1994, zitiert nach Bierschenk 2014, S. 16) agiere. Drei Jahrzehnte nach Zanolli sieht auch Bierschenk den Einsatz der Ethnologie als einen eigentlich wichtigen Baustein der Entwicklungszusammenarbeit, dessen tatsächlicher Einsatz in der Praxis jedoch nach wie vor unterrepräsentiert bleibe (Bierschenk 2014, S. 17).

Untersuchung der lokalen Ebene mittels ethnografischer Methoden

Die schwache Präsenz der Ethnologie und ihrer ethnografischen Methoden in der Entwicklungszusammenarbeit begründete umso mehr die Wahl dieser Methoden für die vorliegende Untersuchung: Bestimmten früher Reiseberichte und Fragebögen die ethnografischen Methoden, so entwickelte sich seit den 1930er Jahren die teilnehmende Beobachtung. Diese ist eine Mischung aus der Teilnahme am Alltag innerhalb des Untersuchungsfeldes sowie des Beobachtens dieses Alltags. In diese Vorgehensweise geht zwangsläufig zu gewissen Teilen die subjektive Haltung der Ethnolog*in ein, im Gegensatz zu vermeintlich objektiven Fragebögen bietet sich hierdurch jedoch viel eher die Möglichkeit, Erkenntnisse über die lokalen Strukturen und Vorgehensweisen im Untersuchungs- bzw. Projektgebiet zu generieren. Die vorliegende Untersuchung erstreckte sich über den Zeitraum April bis Juli 2016, in dem neben teilnehmenden Beobachtungen insgesamt 91 Interviews durchgeführt wurden.

Tabelle 2 Liste der Befragten

Kürzel der befragten Personen/Gruppe	Funktion der Befragten Person/Gruppe	Anzahl der Interviews
(D)	Dorfbewohner*innen (Präsent war vor allem die männliche Dorfbevölkerung)	60
(D_{FR})	Dorfbewohnerinnen	4
(D_{LT})	Lokale Techniker als Mitglieder der lokalen Wartungs-Komitees	15
(D_{Fon})	Der Fon/Dorfchef	2
(E)	Eliten als Mitglieder des finanziellen Akteurs der lokalen Dorfentwicklung, der Village Development Association (VdA)	3
(N)	Kamerunische NGO	1
(TE)	Externer Techniker, der die im Dorf eingesetzten Turbinen hergestellt hat	2
(KP)	Die jeweiligen Kommunalpolitiker der Kommunen, denen die Dörfer angehören	4

Zu Beginn der Untersuchung wurden einige narrative Interviews durchgeführt, um einen Eindruck der Lebenswelt der Dorfbevölkerung zu erhalten. Dabei wurde der interviewten Person durch eine einleitende Frage Anreiz zum Erzählen gegeben (vgl. Flick 2005, S. 146ff). Da diese Art des Interviews generell nicht dafür geeignet ist, gezielt bestimmte Informationen zu ermitteln, wurde ergänzend eine Vielzahl spontaner Interviews mit den Dorfbewohner*innen und Eliten zu bestimmten Sachverhalten durchgeführt.

Die Grenze dieser Art von Interview zeigte sich jedoch in der Interviewdauer und -verbindlichkeit, da ein Interview abrupt enden konnte, wenn die interviewte Person sich bspw. wieder ihrer alltäglichen Arbeit zuwandte. Spontane Einzelinterviews wurden in einigen Fällen zu einem Gruppeninterview bzw. zu einer

Gruppendiskussion, da nach und nach immer weitere Personen hinzukamen. Auch gezielte Gruppeninterviews wurden zur Datenerhebung angewendet, da sie ein offenes Setting erlauben (vgl. Flick 2005, S. 171) und sich in die soziale Dynamik der Dörfer einfügten. Gleichzeitig wurde die Erfahrung gemacht, dass Gruppen Kontrollinstanzen sein können, was zur Folge haben konnte, dass Personen mit extremen Meinungen nicht offen sprechen konnten. Diesen wurden wiederum Einzelgespräche angeboten oder von ihnen eingefordert.

Der Vorteil der in den Dörfern geführten Interviews zeigte sich auch darin, dass einige Themen an Orten besprochen werden konnten, die die Argumente der Person oder Gruppe veranschaulichten, unterstrichen und erklärten. Ebenso illustrierten skizzierte Karten, die im Zuge von Interviews von Mitgliedern der lokalen Bevölkerung erstellt wurden, eine Vielzahl von Informationen (vgl. Abb. 1 und 2). Mit ihrer Unterstützung konnte der Projektverlauf rekonstruiert, Rückschlüsse auf die einzelnen Phasen genommen und Faktoren herauskristallisiert werden, die das Scheitern des Projekts beeinflussten. In den Abschnitten zu den Erkenntnissen wird *eine* der beiden Karten erläutert, da sich hieraus eine Vielzahl von Informationen darlegen lässt. Die skizzierte Karte umfasst verschiedene Zeitfenster des Projektprozesses, sodass für eine bessere Lesbarkeit, auf der Grundlage dieser Skizze, verschiedene Karten erstellt wurden (vgl. Abb. 3, 4, 7, 8 und 11).

Zusätzlich wurden außerhalb des Dorfes mit der NGO und dem externen Techniker halbstandardisierte Interviews geführt, also terminlich vereinbarte Gespräche mit konzipierten Fragen (vgl. Flick 2005, S. 143). Die im Weiteren angeführten Zitate aus den Interviews wurden von der Autorin für diesen Beitrag vom Englischen und Französischen ins Deutsche übersetzt.

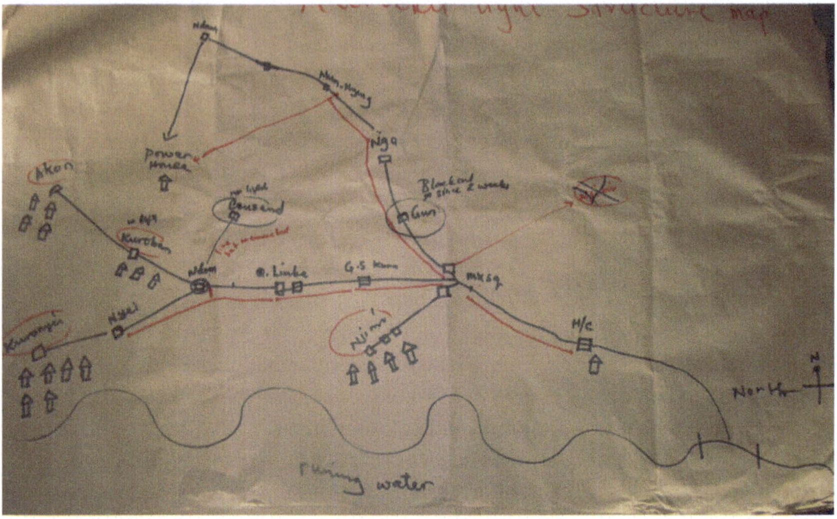

Abbildung 1 Skizzierte Karte, erstellt durch die lokale Bevölkerung in Dorf 1, Juni 2016.

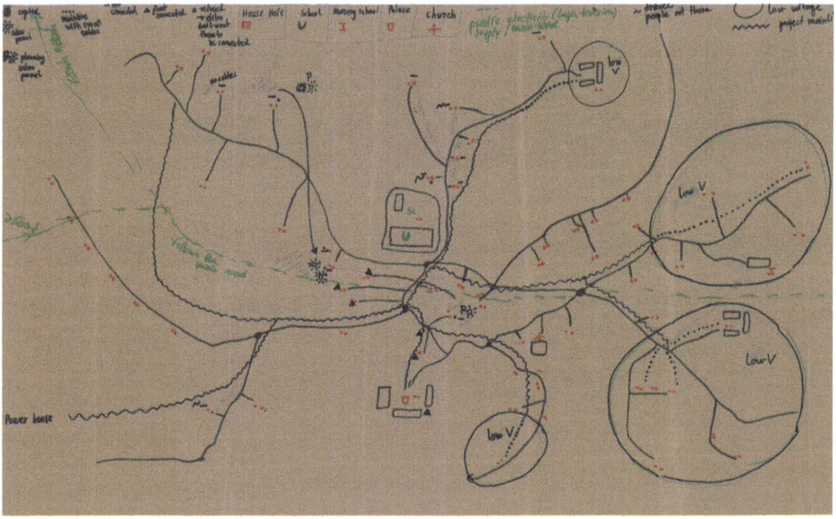

Abbildung 2 Skizzierte Karte, erstellt durch die lokale Bevölkerung in Dorf 2, Juni 2016.

Reflexion der eigenen Rolle in der ethnografischen Untersuchung

Während der ethnografischen Untersuchung war es herausfordernd die eigene Rolle zu definieren, während sie vom Gegenüber in den Interviews und teilnehmenden Beobachtungen immer wieder umdefiniert wurde. So hatte die Autorin zwar das Eigenverständnis, eine von der NGO losgelöste ethnografische Untersuchung vorzunehmen, jedoch mündete ihre Anwesenheit, einer Person mit augenscheinlich fremdem kulturellem Hintergrund, eher in der Rolle eines Katalysators (Zanolli 1978, S. 80): „Als Katalysator bringt er durch seine bloße Anwesenheit einen Prozeß in Gang, kann Reaktionen herbeiführen oder deren Verlauf bestimmen", beschreibt die Ethnologin Zanolli eine der möglichen Rollen der Ethnolog*innen in der Entwicklungszusammenarbeit.

In diesem Zuge wurde bspw. von der lokalen Bevölkerung sowie von der NGO die Rolle des „Aktions-Ethnologen" (Zanolli 1978, S. 82) gefordert und erwartet. In dieser Rolle bezieht die Ethnologin „eindeutig Stellung, greift aktiv ein, ist einbezogen in den Prozess der Veränderung, nimmt an Entscheidungen teil und ist somit Mit-Verantwortlicher" (Zanolli 1978, S. 82). So war es auch eine Herausforderung, im Laufe der Untersuchung die Objektivität zu wahren und sich nicht für oder gegen die NGO oder die lokale Bevölkerung zu positionieren. Denn seitens beider Akteure kam es während der Interviews anhand geäußerter Erwartungshaltungen und Forderungen zu Versuchen der Beeinflussung. So forderte die lokale Bevölkerung die Autorin auf, im Zuge der ethnografischen Untersuchung bspw. als Konflikt-Mediatorin aufzutreten: „Ehrlich, du, du bist die Arbeiterin, es ist an dir das zu arrangieren" (D). Des Weiteren ist auch der zeitliche Rahmen der Untersuchung von nur drei Monaten zu beachten. Ein längerer Untersuchungszeitraum hätte evtl. zu weiteren Erkenntnissen geführt. Zudem kam es in einigen Fällen vor, dass Aussagen inhaltlich gefiltert wurden, da Einzelne in Gruppeninterviews in der lokalen Sprache argumentierten und daraufhin von anderen Personen ins Englische oder Französische übersetzt werden mussten.

4 Ergebnisse der ethnografischen Untersuchung

Mit Hilfe der ethnografischen Methoden konnten verschiedene Faktoren im Planungs- und Umsetzungsprozess des hier vorgestellten Entwicklungsprojekts identifiziert werden, aufgrund derer dieses letztendlich zu scheitern drohte. Zudem konnte ermittelt werden, welche Rolle der für die NGO unerwartete Umgang der lokalen Bevölkerung mit den von den Planer*innen und Developern initiierten Projektinterventionen spielte.

Planung und Durchführung von Interventionen

Der Grund dieses unerwarteten Umgangs der lokalen Bevölkerung mit den Projektinterventionen lag darin, dass im Vorfeld des Projekts die bestehenden lokalen Strukturen, Bedürfnisse und Kapazitäten von der NGO nicht ausreichend ermittelt und berücksichtigt wurden, weshalb die Interventionen in der Planung und Umsetzung nicht daran orientiert waren.

Bestandsaufnahme

In diesem Beispiel hätten durch fundierte Vorab-Studien lokale Routinen und Organisationsstrukturen sowie bestehende Konflikte und Erfahrungen der lokalen Bevölkerung für die Planer*innen und Developer (NGO) sichtbar werden und das lokale Verfahren der Dorfentwicklung tiefergehend kennengelernt werden können. Wichtige Elemente sind in diesem Zusammenhang die *Eliten* als Mitglieder der *VdA*, die als finanzielle und organisatorische Akteure auftreten, der *Fon* und die Dorfversammlung mit *Räten* und *Quarterheads* als dorfpolitische Entscheidungsinstanzen sowie die sog. *communal work*, eine Art handwerkliche lokale Gemeinschaftarbeit, die an speziellen Tagen im Monat unentgeltlich stattfindet (vgl. dazu auch Njoh 2009, S. 9).

Interventionen entsprechen nicht den lokalen Bedürfnissen und Kapazitäten

Der Anschluss von nur je 10 Gebäuden je Dorf an die elektrische Infrastruktur entsprach nicht den Erwartungen der lokalen Bevölkerung. Sie erwarteten einen Zugang für alle.

Die Mitglieder des Wartungs-Komitees konnten und wollten ihre Aufgabe nicht erfüllen, weil sie nicht entsprechend qualifiziert waren und zudem die Arbeit nicht, wie von der NGO eigentlich erwartet, unentgeltlich zu leisten bereit waren.

Das Management-Komitee konnte die Eigenfinanzierung der Infrastruktur nicht gewährleisten, da entweder eine saisonale Armut die finanziellen Kapazitäten der lokalen Bevölkerung stark begrenzte (Dorf 2) oder die Strombeiträge der 10 angeschlossenen Haushalte nicht genügten um das Projekt selbstständig weiterzuführen (Dorf 1).

Behelfsstrukturen als Reaktion auf die Interventionen

Dieser Zustand wurde zunächst dadurch zu beheben versucht, dass die Bevölkerung in Eigeninitiative ohne vorherige Absprache mit der NGO hier sog. Behelfsstrukturen entwickelte, um die Projektinterventionen an lokale Bedürfnisse und Kapazitäten anzupassen:

- Die Elektrizitäts-Infrastruktur der NGO wurde den lokalen Bedürfnissen entsprechend erweitert, indem das Stromnetz räumlich erweitert wurde und weitere Haushalte an das Netz angeschlossen wurden.
- Das Wartungs-Komitee glich in einem der Dörfer seine fehlende Qualifizierung zunächst mittels eines kostenfreien Arrangements mit einem der externen Techniker aus, wodurch finanzielle Mittel und technisches Fachwissen zur Instandhaltung zunächst gesichert waren.
- Das Management-Komitee passte den Stromtarif an die Zahlungskapazitäten der Dorfbevölkerung an und versuchte finanzielle Defizite mittels Gebühren sowie Hilfen durch die *VdA* und den genannten externen Techniker auszugleichen.

Effekte der Behelfsstrukturen

Zwar ermöglichten die in Eigeninitiative vorgenommenen Erweiterungen der Infrastruktur mehr Menschen den Zugang zu Elektrizität, jedoch blieb die maximale Stromleistung der Mikro-Hydro-Elektrizitätswerke weit unter dem neuen Verbrauchsniveau, sodass es zu Netzüberlastungen bis hin zu kompletten Stromausfällen kam. Daraufhin machte die NGO die lokale Bevölkerung für das drohende Scheitern des Projekts verantwortlich.

Behelfsstrukturen als Ursache des drohenden Scheiterns des Projekts?

Bei der Frage nach den Gründen für das drohende Scheitern des Projekts muss jedoch berücksichtigt werden, dass die Behelfsstrukturen zwar negative Effekte nach sich ziehen, ihr Zustandekommen sich jedoch aus vorherigen Fehlern und Versäumnissen begründet:

- keine fundierten Vorab-Studien an den Projektstandorten
- keine tiefergehende Kenntnis über lokale Strukturen, Bedürfnisse und Kapazitäten
- Planung und Umsetzung von nicht bedürfnisorientiert gestalteten Interventionen

Auf Grundlage der vorliegenden Untersuchung lassen sich insgesamt drei unterschiedliche Behelfsstrukturen identifizieren, deren Entstehungsprozess im Folgenden dargelegt sei. Neben ihrer Entstehung und der Entstehung ihrer negativen Effekte wird zudem die vielfache Instabilität der Behelfsstrukturen deutlich. Vielfach aufgrund folgender Faktoren: Netzüberlastung, ungeeignetes Material, externe Planänderung seitens der NGO, rechtliche Normvorschriften seitens einer staatlichen Kontrollbehörde und nach wie vor schwierige Bedingungen bzgl. der Finanzierung.

5 Behelfsstruktur zur Erweiterung der bisherigen Projekt-Infrastruktur

Mit dem Ziel, der Landflucht entgegenzuwirken, lokale Armut zu verringern und wirtschaftliche Aktivitäten zu ermöglichen, bewarb die NGO in den Dörfern ihr Vorhaben einer elektrischen Infrastruktur, sodass sich unter der lokalen Bevölkerung bestehende Sehnsüchte und Erwartungen bzgl. des Zugangs zu elektrischer Infrastruktur intensivierten. Eine Dorfbewohnerin berichtete von diesem Prozess: „Während eines Workshops führte uns die NGO vor, wie wir mit Maschinen zur Verarbeitung von *Cassava* [eine Nutzpflanze; Anm. d. Vf.] umgehen, wie wir *Marketing* betreiben können [gemeint sind hier kleine Stände, an denen die Frauen des Dorfes am Abend verschiedene Waren anbieten; Anm. d. Vf.], wie wir mittels Kühlschrank Fisch verkaufen und wie man frisiert, um einen *hairdressing salon* zu eröffnen“ (D_{FR}). Eine andere Dorfbewohnerin führte weiter aus: „Als die NGO schließlich wieder ins Dorf kam, fragte sie uns, wie wir die Elektrizität nutzen könnten. Und wir antworteten, was wir gelernt hatten: Dass wir *Cassava* mit Maschinen verarbeiten könnten, dass wir Kühlschränke benutzen wollen um Fisch zu verkaufen und einen Friseursalon eröffnen wollen“ (D_{FR}). Mit der in Aussicht gestellten elektrischen Infrastruktur verlor die lokal bestehende Methode zur Lichterzeugung durch Petroleumlampen an Bedeutung, so ein Dorfbewohner (D).

Disparitäten im Zugang zur elektrischen Infrastruktur der NGO

Diesen Sehnsüchten und Erwartungen stand jedoch entgegen, dass mit dem Projekt zwar Zugang zu elektrischer Infrastruktur geschaffen wurde, deren tatsächliche Nutzung jedoch wider Erwarten nur einem kleinen Teil der Bevölkerung ermöglicht wurde (vgl. Abb. 3 und 4): In beiden Dörfern wurden zwar Elemente zur Stromverteilung räumlich großzügig installiert, jedoch wurden planmäßig je Dorf nur 10 Gebäude tatsächlich von der NGO an das Netz angeschlossen (vgl. Abb. 4). Hinzu kommt, dass die Auswahl der 10 zuerst angeschlossenen Haushalte entgegen vorheriger Absprachen ohne Mitsprache der lokalen Bevölkerung, sondern nach der Willkür eines externen Technikers erfolgte (D_{Fon}).

Entsprechend sahen die Reaktionen dazu bspw. in Dorf 1 wie folgt aus: „Da gibt es zwei der Viertel im Dorf, die nicht angeschlossen sind, bei denen die Stromleitung der NGO über ihnen hinweg verläuft, um letztendlich nur das Zentrum ans Stromnetz anzuschließen. Da frage ich mich, ob das ein Witz sein soll!“ (E). Die NGO rechtfertigte sich jedoch damit, dass es ihre Aufgabe gewesen sei, die ersten 10 Häuser anzuschließen, Betrieb und Management sei zukünftig die Aufgabe der lokalen Bevölkerung.

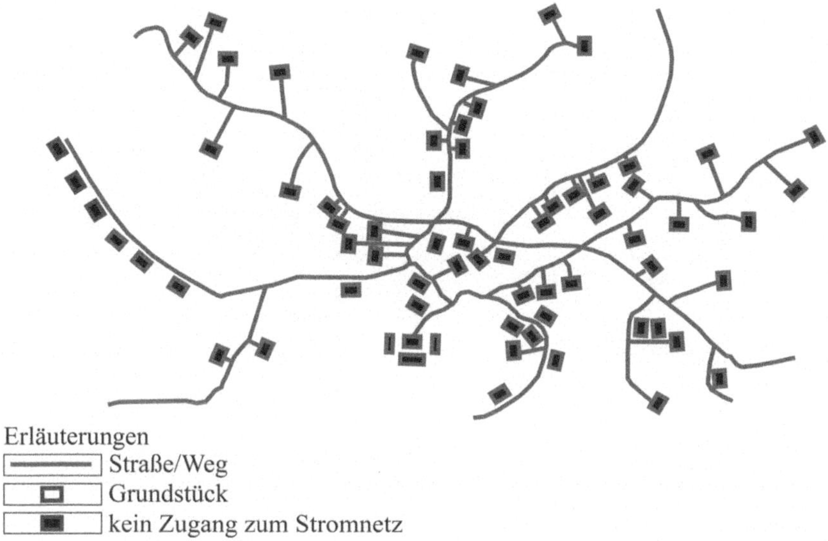

Abbildung 3 Kein Zugang zu elektrischer Infrastruktur vor Projektbeginn (Eigene Darstellung auf Grundlage der skizzierten Karte von Dorf 2).

Schwäche der Infrastruktur

Zusätzlich zum eingeschränkten Zugang der Infrastruktur wurde nach der Realisierungsphase ihre technische Schwäche sichtbar, die zum Teil darauf zurückzuführen ist, dass beim Bau laut Angaben der NGO wiederverwertetes Material verarbeitet wurde (N). Die Dorfbewohner*innen nannten in diesem Zusammenhang verschiedene aufgetretene Mängel: So kam es kurz nach der Fertigstellung zu einem Bruch der Dammmauer sowie zum Zeitpunkt der Untersuchung immer wieder zur Materialerosion, was sich bspw. anhand von Lecks an Wasserrohren zeigte (D) (vgl. Abb. 5 und 6).

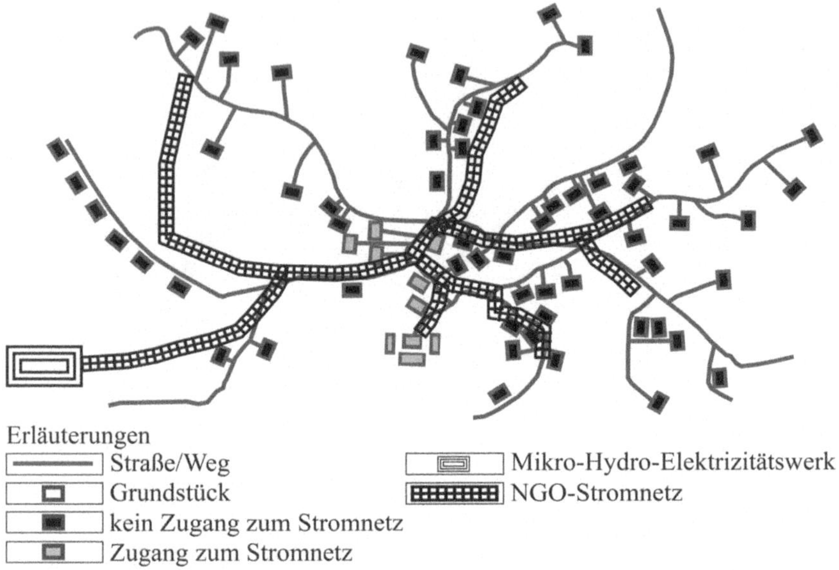

Abbildung 4 Disparitäten im Zugang zum NGO-Stromnetz nach Umsetzung der Projektintervention (eigene Darstellung auf Grundlage der skizzierten Karte von Dorf 2).

Der Zustand des Materials sowie die in Kamerun produzierten Turbinen wurden nach Angaben der NGO von den europäischen Finanziers bemängelt, die den Einsatz von Materialien besserer Qualität forderten (N). Diese neuen Auflagen konnten jedoch z.T. nicht erfüllt werden, da lt. NGO neu angeforderte finanzielle Mittel verwehrt oder nur zeitverzögert bewilligt wurden.

Zusätzlich wurde die Projekt-Infrastruktur durch die Austragung eines Konflikts zwischen NGO und einem externen Techniker geschwächt: Aufgrund einer Uneinigkeit dieser beiden Akteure deinstallierte jener Techniker einige der Stromanschlüsse. Diesem Konflikt mit lokalen dorfpolitischen Strukturen (Quarterheads und Fon) entgegenzuwirken schlug fehl, wie die Dorfbewohner*innen berichteten (D).

Abbildung 5 Leck an einem oberirdischen Wasserrohr in Dorf 2 hemmt Wasserfluss (Foto: Zeidler, Juni 2016).

Abbildung 6 Leck an einem unterirdischen Wasserrohr in Dorf 1 hemmt Wasserfluss (Foto: Zeidler, Juni 2016).

Beschreibung der Behelfsstruktur

Als lokale Reaktion auf die Projektsituation entstanden Behelfsstrukturen zur Erweiterung der bisherigen Projekt-Infrastruktur in zwei Stadien. Stadium 1 umfasste den Anschluss weiterer Haushalte an das bestehende NGO-Stromnetz durch Techniker des lokalen Wartungs-Komitees (vgl. Abb. 7 und 8). Stadium 2 verkörperte die Erweiterung des NGO-Stromnetzes und den Anschluss weiterer Haushalte an diese Erweiterung (vgl. Abb. 11), sodass nun der Großteil der Bevölkerung an das Stromnetz angeschlossen war. Der Zugang zur elektrischen Infrastruktur ersetzte nun die Petroleumlampe als vorheriges Mittel zur Lichterzeugung.

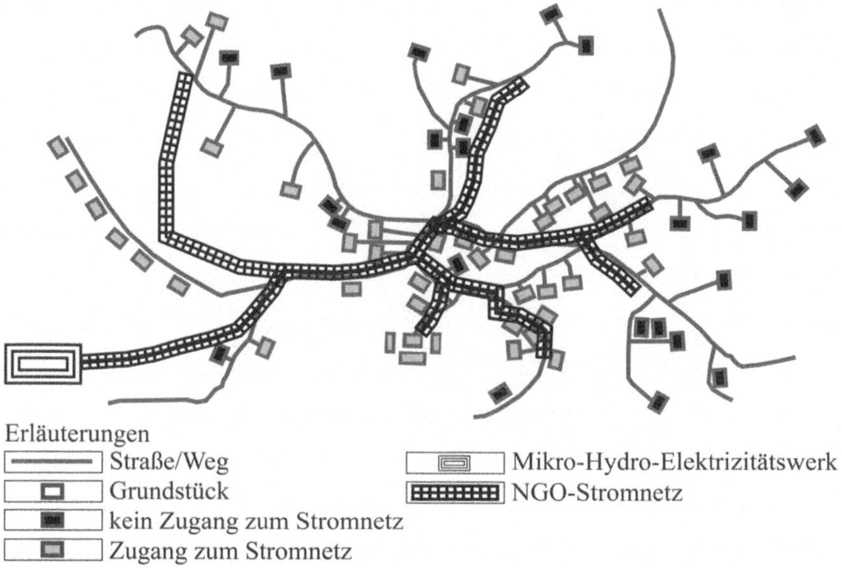

Abbildung 7 Weitere Anschlüsse an die NGO-Infrastruktur im Zuge des 1. Stadiums der Behelfsstruktur (eigene Darstellung auf Grundlage der skizzierten Karte von Dorf 2).

Folge 1: Netzüberlastung

Die Mikro-Hydro-Elektrizitätswerke produzierten jeweils 20 KW, die zunächst 10 Haushalte der Dörfer mit Strom versorgen können. Konstante Mängel schwächen jedoch die Infrastruktur, sodass ihre Maximalleistung von 20 KW ohnehin nur selten bis gar nicht erreicht werden kann. So kam es aufgrund der vielen zusätzlichen Anschlüsse schnell zur Überlastung des Stromnetzes.

Obwohl Leuchtmittel mit einer geringen Wattzahl von der NGO empfohlen wurden, wurden v.a. kostengünstige Leuchtmittel mit vergleichsweise hohen 60 Watt verwendet (D_{Fon}). Ihr Übriges zur Netzüberlastung verursachte die simultane Beanspruchung des Stromnetzes, vorwiegend in den dunklen Abendstunden ab ca. 18 Uhr, und die intensivierte Verwendung zusätzlicher elektrischer Geräte: „Wir nutzen das Licht meist am Abend. [...] Es gibt mehr als 100 Haushalte und über 10 nutzen einen Fernseher am Abend." (D_{FON}). Im Ergebnis kam es entweder zu massiven Netzüberlastungen bzw. nur geringer Leistungsstärke der Leuchtmittel (vgl. Abb. 9 und 10) und der angeschlossenen Geräte oder zu völligem Netzausfall bzw.

völliger Dunkelheit, welche aufgrund der vielfach bereits entsorgten Petroleumlampen vielerorts nicht mehr zu beheben ist.

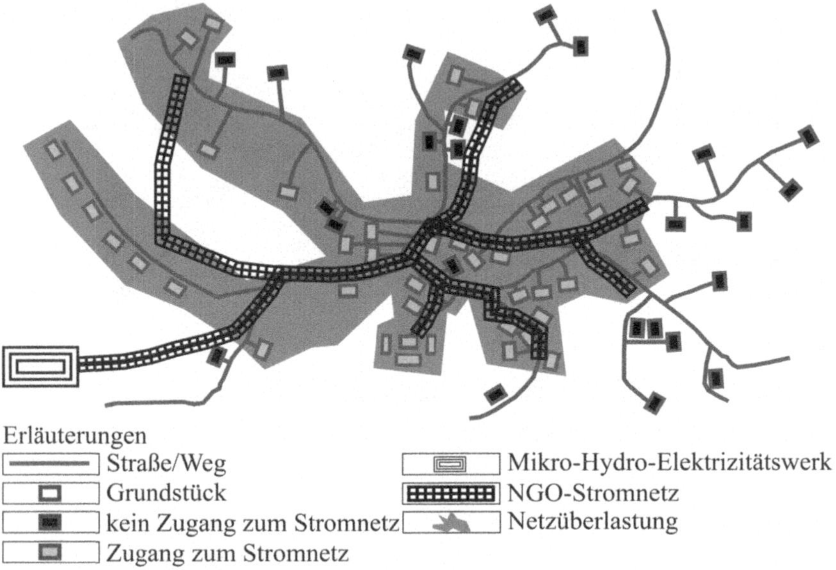

Abbildung 8 Netzüberlastung und weiterhin Disparitäten im Zugang zur Infrastruktur (1. Stadium der Behelfsstruktur) (eigene Darstellung auf Grundlage der skizzierten Karte von Dorf 2).

Abbildung 9 Helligkeit des elektrischen Lichts in Dorf 1 um 19 Uhr Ortszeit (Foto: Zeidler, April 2016).

Die Netzüberlastung spitzte sich im 2. Stadium der Behelfsstruktur weiter zu, da das Stromnetz sowie weitere Stromanschlüsse mittels schwacher, aber für die lokale Bevölkerung finanzierbarer Kabel erweitert wurden (vgl. Abb. 11). Ein Dorfbewohner berichtete: „Die lokalen Techniker nutzen kleine Kabel, nicht die richtigen Kabel. Deshalb kommt es dort zum Problem des Spannungsabfalls" (D). Ein anderer Dorfbewohner führte weiter aus: „Wenn das Netz stabil sein würde, dann hätten wir im Dorf eine Spannung von 220V. Aber die Spannung erreicht oft nicht mal 100V" (D).

Abbildung 10 Helligkeit des elektrischen Lichts in Dorf 1 um 19:30 Uhr Ortszeit (Foto: Zeidler, April 2016).

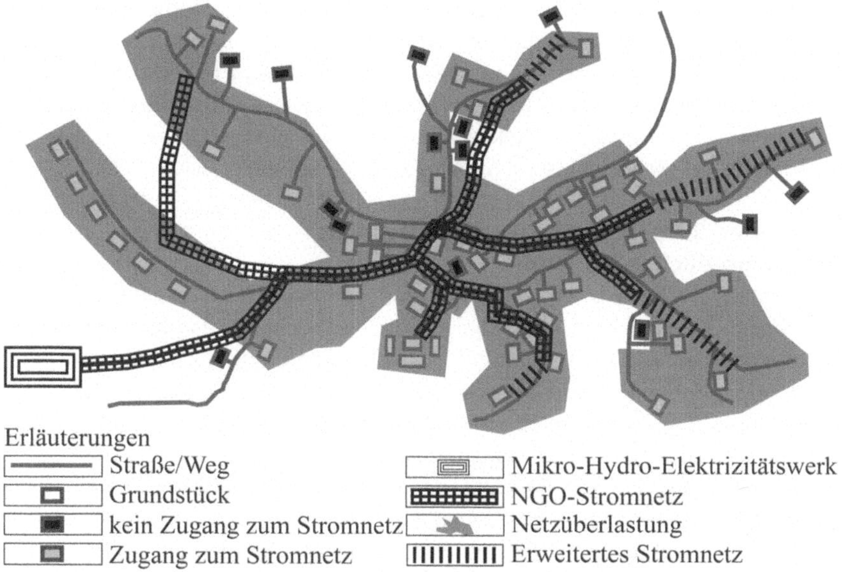

Abbildung 11 Erweiterung des bestehenden NGO-Stromnetzes inkl. weiterer Anschlüsse von Haushalten, erweiterte Netzüberlastung und Disparitäten im Zugang zur Infrastruktur (2. Stadium der Behelfsstruktur), (eigene Darstellung auf Grundlage d. skizzierten Karte Dorf 2).

Folge 2: Weiterhin Disparitäten im Zugang zur elektrischen Infrastruktur

Trotz der behelfsmäßigen Infrastruktur-Erweiterung blieben aufgrund topografischer Unüberwindbarkeiten einige Haushalte ohne Anschluss. In Dorf 1 waren 15 Grundstücke hiervon betroffen. Als Reaktion hierauf bildeten sich in Dorf 1 zwei oppositionelle Gruppen, wie ein Mitglied der Eliten berichtete (E). Dies führte zur Störung des lokalen Verfahrens der Dorfentwicklung. So verweigerten bspw. die nicht angeschlossenen Haushalte die in den anglophonen Dörfern übliche *communal work*, konkret, die Mitarbeit für ein Wohnhaus des Fons: Sie machten den Stromanschluss ihrer Haushalte über die Behelfsstruktur zur Bedingung wieder zu kooperieren (D).

In Dorf 2 wurde der Zugang zur Behelfsstruktur zusätzlich durch einen lokalen Konflikt aus einem vorangegangenen Infrastrukturprojekt verhindert. Gegenstand des Konflikts waren noch offene finanzielle Beiträge bzgl. eines früheren Projekts zur Wasserversorgung, deren Begleichung einige Eliten verweigerten. Als Konsequenz verwehrte die *VdA* nun den im Dorf ansässigen Verwandten jener zahlungsunwilligen Eliten das Recht, an das erweiterte Stromnetz angeschlossen zu werden. Hieraus ergab sich, dass sich diese betroffenen Haushalte anderen Möglichkeiten der dezentralen Energieversorgung zuwandten – in diesem Falle Solarpaneelen: „Dieses Grundstück", so ein lokaler Techniker, „wird auch angeschlossen, falls sie die Konditionen erfüllen, was bedeutet, dass ihre Verwandten erst den Beitrag für das letzte Projekt leisten müssen. Momentan nutzen sie Solarenergie" (D_{LT}).

Drohender Zerfall: Behelfsstruktur entspricht nicht behördlichen Normen

Ein Ausfall der Infrastruktur, der sich durch ihre materialbedingte Schwäche und Netzüberlastung andeutete, könnte u.U. durch eine Stilllegung seitens der Regulierungsbehörde für Elektrizität, ARSEL, endgültig besiegelt werden. Entspricht die Infrastruktur nicht den festgelegten Normen, so besteht lt. NGO die Gefahr, dass das Projekt nicht weiter bestehen darf (N). Die Anschlüsse, die von der lokalen Bevölkerung vorgenommen wurden, würden nach Angabe der NGO einer solchen Kontrolle nicht standhalten (N). Da die hier installierten Mikro-Hydro-Elektrizitätswerke jedoch nur 20 KW (entspricht 0,02 MW) leisten, muss die Infrastruktur bei ARSEL nur *bekannt* gegeben werden, anstatt für sie wie bei Anlagen mit einer Kapazität über 1 MW eine umfangreichere Genehmigung einholen zu müssen (vgl. dena 2014, S. 38).

Zudem ist ARSEL berechtigt finanzielle Strafen zu verhängen, wenn Normen nicht eingehalten werden (vgl. dena 2014, S. 40f.). Diese richten sich v.a. an große Stromproduzenten (vgl. EUEI PDF 2018), wenn bspw. Stromausfälle die Versorgung der Konsument*innen regelmäßig unterbrechen. Es ist anzunehmen, dass im Falle einer Kontrolle und Strafe die NGO als verantwortlicher Akteur herangezogen werden würde: Zwar besteht das Ziel der kamerunischen Regierung, die rurale Elektrifizierung voranzutreiben (vgl. investir au cameroun 2017), jedoch müssen trotzdem „für Fabrikate, Installationen und involvierte Arbeitskräfte die im Gesetz verankerten Standards und Normen eingehalten werden" (dena 2014, S. 38). So ist es tatsächlich fraglich, ob die Norm-Abweichung des durch die lokale Bevölkerung erweiterten Stromnetzes, bspw. die Art der Anschlüsse, angesichts der Gesetzeslage geduldet werden würde. Zudem hat die NGO nach eigenen Aussagen zum Zeitpunkt der Untersuchung die Mikro-Hydro-Elektrizitätswerke noch nicht bei ARSEL bekannt gegeben: „Tatsächlich müssten wir uns an ARSEL wenden. Denn normalerweise ist es so, dass wenn nun ein Problem auftritt, wir als NGO zur Verantwortung gezogen werden" (N). Schon im Falle einer versäumten Bekanntmachung kann bereits eine Strafe von 100.000 bis 500.000 XAF, umgerechnet rund 152 bis 762 EUR, erwartet werden (vgl. dena 2014, S. 40).

6 Behelfsstruktur zur Instandhaltung der Projekt-Infrastruktur

Eine weitere Behelfsstruktur entstand als Reaktion auf die von der NGO geplanten Wartungs-Komitees, welche eigentlich als lokale Techniker für die Instandhaltung des Projekts angedacht waren. Trotz der Existenz der Komitees übernahmen sie nicht die Mängelbehebungen an der Infrastruktur, sondern statt ihrer, externe Techniker.

Lokale Kapazitäten zur Instandhaltung der Infrastruktur

Zwar fand einmalig eine Schulung der lokalen Techniker durch einen der zwei externen Techniker zum Thema Instandhaltung der Infrastruktur statt; hierdurch konnten sich die lokalen Techniker das notwendige Wissen zur eigenständigen Wartung der Infrastruktur jedoch nicht aneignen. Entsprechend berichtete der Fon in Dorf 2: „Einige wurden geschult, aber sie reinigen nur den Filter von Blättern. Sie arbeiten nicht an der Turbine und dem Generator, weil sie keine richtigen Techniker sind (D_{Fon}). Ein lokaler Techniker in Dorf 1 bestätigte die Situation: „Wir fassen die Maschine nicht an!" (D_{LT}). Stattdessen wartete ein externer Techniker die Infrastruktur: „Der Techniker kommt von außerhalb" (D).

Zudem plante die NGO die Wartungs-Komitees in der Annahme, dass die lokalen Techniker die ihnen angedachte Aufgabe nicht nur übernehmen, sondern dies unentgeltlich tun würden. Im Gegensatz zu den frankophonen Dörfern in der Region der NGO ging diese bei den anglophonen Dörfern (Dorf 1 und Dorf 2) davon aus, dass die lokalen Komitees ihre Arbeit als *communal work* ansehen und diese als eben solche unentgeltlich tätigen würden: „Sie [die anglophonen Dörfer; Anm. d. Vf.] partizipieren mehr als die frankophonen, aufgrund der Einstellung, die man ihnen während der Kolonialzeit vermittelt hat" (N). Zwar mag die *communal work* ihren Ursprung in der traditionellen Art der *lokalen* Gemeinschaftsarbeit vorkolonialer Zeiten haben, wie bspw. Collins (1981, S. 251) bzgl. einiger afrikanischer Staaten berichtet. Okia (2012) beschreibt allerdings am Beispiel Kenia, wie die Art der lokalen kollektiven Arbeit durch die britischen Kolonialkräfte vereinnahmt, umgedeutet und für den Ausbau der Infrastruktur genutzt wurde und macht deutlich, dass *communal work* unter den Kolonialherren oft mit Gewalt und Unterdrückung verbunden war und somit seinen ursprünglichen Sinn von gemeinwohlorientierter Arbeit verlor.

In der Realisierungsphase des Projekts leistete die lokale Bevölkerung tatsächlich *communal work* in kraft- und zeitaufwändiger Weise, indem sie Baumaterial von der Straße an die Projektstandorte transportierte, aufgrund von Topografie und Entfernungen ein zeitintensives Unterfangen (TE). Nach der Realisierungsphase blieben lokale Techniker jedoch gehäuft den Projekt-Treffen fern oder machen die finanzielle Entlohnung zur Bedingung der Erfüllung ihrer Aufgaben. Hintergrund dieser Forderung ist die Annahme der lokalen Techniker in Dorf 1, der externe Techniker, der die Wartung der Turbinen tätigte, würde für seine Arbeit von der NGO finanziell entlohnt: „Er [der externe Techniker; Anm. d. Vf.] soll seinen Job machen. Ich werde ihm nicht helfen. Ich arbeite für das Dorf. Aber sie [die NGO; Anm. d. Vf.] schicken Leute hierher, deren Arbeit [von der NGO; Anm. d. Vf.] bezahlt wird. Ich werde ihm nicht helfen und ohne Lohn arbeiten. Das werde ich nicht tun“ (D_{LT}). Der externe Techniker berichtete jedoch: „Ich werde nicht unbedingt für meine Arbeit bezahlt. Die Turbinen sind vielmehr ein Produkt, das ich auf die Beine gestellt habe. Wenn sie funktionieren und die anderen Dörfer es sehen und an solch einem Projekt interessiert sind, kann ich an diese Dörfer Turbinen verkaufen“ (TE).

Potenziert wurde der Wunsch der lokalen Techniker nach Entlohnung durch zwei weitere Faktoren: Wie ein Großteil der lokalen Bevölkerung stehen auch die Mitglieder des Wartungs-Komitees unter finanziellem Druck, weil sie durch ihre hauptberufliche Tätigkeit in der Landwirtschaft nur ein geringes Einkommen erwirtschaften. Auch muss berücksichtigt werden, dass die lokalen Techniker in den Dörfern aufgrund der von ihnen umgesetzten bedürfnisorientierten Erweiterung des NGO-Stromnetzes ein relativ hohes Ansehen genießen und lokal als „special people“ bezeichnet werden (D). Eine finanzielle Würdigung ihrer Tätigkeit blieb jedoch auch auf Dorfebene aus.

Beschreibung der Behelfsstruktur

Die oben genannten Faktoren führten schließlich zur Entstehung folgender Behelfsstruktur: Der externe Techniker hält vorerst unentgeltlich die Infrastruktur instand. Dazu gehört, dass er die Turbine wartet und notwendige Ersatzteile kauft. Das Engagement des externen Technikers begründet sich durch dessen Hoffnung, dass – für den Fall des dauerhaften Funktionierens dieses Projekts – weitere Dörfer auf eine ähnliche Technik zurückgreifen möchten und hierfür u.a. die notwendigen Turbinen kaufen, welche durch den externen Techniker nicht nur gewartet werden, sondern auch von diesem hergestellt und verkauft werden. Ein Umstand, der so nicht von der NGO vorgesehen war, von dem das eigentlich vorgesehene lokale Wartungs-Komitee jedoch profitiert. Ein Umstand, der die lokale Bevölkerung jedoch gleichsam – anders als geplant – abhängig macht von der Arbeit und dem Wissen externer Personen.

Drohender Zerfall: Planänderungen der NGO

Ungeahnt problematisch wird diese Abhängigkeit dadurch, dass die NGO anstrebt, die Turbinen an den Projektstandorten durch im Ausland produzierte Modelle auszutauschen: „Wir werden in Dorf 2 die Turbine austauschen. Diesmal werden wir sie in Slowenien produzieren lassen, das ist günstiger, aber von Qualität!" (N). Werden die Turbinen in den Dörfern tatsächlich ersetzt, so ist davon auszugehen, dass die kostenlose Wartung der Infrastruktur durch den externen Techniker nicht mehr gegeben wäre und damit u. U. keine Person mit dem notwendigen Fachwissen mehr zur Verfügung steht.

7 Behelfsstrukturen zur Finanzierung der Projekt-Infrastruktur

Aufgrund der Schwäche und Mängel der Infrastruktur besteht ein hoher Bedarf an der Finanzierung von Ersatzteilen. Den von der NGO geplanten lokalen Management-Komitees wurde die Aufgabe zugedacht, mittels eines Stromtarifs die Instandhaltung der Infrastruktur zu finanzieren. Obwohl diese Komitees in den Dörfern existieren, konnte zum Zeitpunkt der Untersuchung keine selbsttragende Finanzierungsbasis erreicht werden.

Lokale Kapazitäten zur Weiterfinanzierung

Bzgl. der Höhe des lokalen Stromtarifs kommentiert die NGO: „Die Bevölkerung sagt, sie wollen monatlich 1.000 XAF pro angeschlossenem Haushalt bezahlen" (N). Das entspricht ca. 1,50 EUR. In Dorf 1 verweigern diejenigen Haushalte, die nicht zu den 10 offiziell von der NGO angeschlossenen Haushalten gehören, jedoch die Beitragszahlung. Verstärkt wird diese Haltung noch dadurch, dass durch ständige Netzüberlastungen Licht und elektrische Geräte nur selten bis gar nicht genutzt werden können.

Die Beitragszahlungen jener 10 offiziell angeschlossenen Haushalte allerdings würden ohnehin nicht zur dauerhaften Eigenfinanzierung der Projekt-Infrastruktur ausreichen. Folgerichtig erläutert ein Dorfbewohner die Forderungen des Dorfes: „Das Dorf will, dass die NGO das Stromnetz professionell erweitert. Dann könnten alle, die Licht haben, monatlich 1,000 XAF zahlen, wir sind mehr als 400 Haushalte. Das würde bedeuten, dass wir im Monat 400.000 XAF zur Verfügung hätten" (D).

In Dorf 2 hingegen ist die Zahlung des monatlichen Beitrags nicht umsetzbar, da es in diesem Dorf während der Regenzeit zu saisonaler Armut kommt, da dann nur geringe Einnahmen aus der Landwirtschaft zu verzeichnen sind. Der Fon dieses Dorfes gibt außerdem zu bedenken, dass die Beiträge, die die lokale Bevölkerung normalerweise in einem Projekt leistet, mehr physischer als finanzieller Natur sind: „Der Beitrag der lokalen Bevölkerung ist lokal eher die *communal work*. Finanzielle Beiträge leisten eher die Eliten" (D_{Fon}).

Als es in Dorf 2 zu einem Generator-Defekt kam, griff man, wie in dieser Region in Fragen der Dorfentwicklung üblich, auf die finanzielle Unterstützung der Eliten zurück. Jedoch sei der neue Generator laut NGO nicht mit der bestehenden Technik kompatibel. Daraus schlussfolgert die NGO: „Diese Erfahrung lehrt uns, dass wir beim nächsten Projekt zuerst die Rolle der Eliten definieren müssen" (N).

Beschreibung der Behelfsstrukturen

In Dorf 2 passte die lokale Bevölkerung den Stromtarif ihren Kapazitäten entsprechend an: Insgesamt reduzierte sie den lokalen Stromtarif von 1.000 XAF auf 550 XAF. Zusätzlich besteht keine Verpflichtung für die Zahlung der Monatsbeiträge während der saisonalen Armut. Ein Dorfbewohner fasst zusammen: „Bislang haben wir monatlich je 550 XAF für den Stromtarif bezahlt, aber momentan machen wir das nicht mehr [...]. Wir haben keine Nutzpflanzen wie z.B. Kaffee, die wir verkaufen können. In der Trockenzeit werden wir die Bezahlung fortsetzen. Aber momentan ist es sehr schwierig für uns" (D).

Um zusätzlich finanzielle Defizite auszugleichen, erhob die lokale Bevölkerung eine Gebühr für eigeninitiativ durchgeführte Anschlüsse an das erweiterte NGO-Stromnetz. Gleichzeitig verlässt man sich in Dorf 2 bei der Beschaffung und zur Finanzierung von Ersatzteilen auf den externen Techniker. Dieser berichtete: „Oft bringe ich Ersatzteile mit, die ich gekauft habe, z.T. kaufen auch die Dorfbewohner etwas. Manchmal geben sie mir auch den Betrag für die Ersatzsteile wieder" (TE). Wie auch bzgl. der technischen Instandhaltung der Infrastruktur profitiert die lokale Bevölkerung von der Hoffnung des externen Technikers, seine Turbinen zukünftig in umliegenden Dörfern verkaufen zu können.

Drohender Zerfall: Behelfsstruktur entspricht nicht behördlichen Normen

Wie bereits erwähnt, droht das Arrangement mit dem externen Techniker jedoch aufgrund der geplanten Turbinenbeschaffung aus Slowenien zu enden. Zudem bleiben trotz der alternativen Finanzierungswege und der niedrigen Stromgebühr einige Haushalte von einem Stromzugang ausgeschlossen, da sie die Anschlussgebühr aufgrund geringer Finanzkraft nicht zahlen können.

Ähnlich wie bei der nicht normgerechten Infrastruktur-Erweiterung entspricht zudem auch der Stromtarif nicht dem staatlich verordneten Mindesttarif. Es besteht deshalb die Gefahr, dass ARSEL diesen Tarif im Falle einer Kontrolle nach oben anpasst. „Bzgl. des Strompreises untersucht ARSEL, ob der Tarif eingehalten wird und ob er eine Instandhaltung der Anlage erlaubt“ (N), so die NGO. Es wurde jedoch bereits deutlich, dass in beiden Dörfern die finanzielle Instandhaltung der Infrastruktur weder mit den lokalen Zahlungskapazitäten noch den Behelfsstrukturen abgesichert werden konnte. Allerdings lässt die Behörde indirekt niedrige Stromtarife zu, wie kamerunische Medien 2015 im Falle des Stromkonzerns ENEO berichteten: ARSEL verrechnete die finanzielle Strafe des Stromkonzerns mit den Tarifen, sodass letztendlich die Konsument*innen von niedrigeren Stromtarifen profitierten (vgl. Investingincameroon, 2015).

8 Reaktionen der NGO und der lokalen Bevölkerung

Es wurde ersichtlich, dass der Zugang zur Infrastruktur sowie die eigenständige Instandhaltung und Finanzierung auch mittels der Behelfsstrukturen nicht langfristig ermöglicht werden kann. Zwar können kurze Besserungen der Gesamtsituation erreicht werden, doch durch die materielle und finanzielle Schwäche der vorangegangen Projektinterventionen und deren Zuspitzung durch die Behelfsstrukturen sowie durch externe Entscheidungen und behördliche Instanzen drohen auch die Behelfsstrukturen zu scheitern.

Hinwendung zu Alternativen zur Projekt-Infrastruktur

Da sich das Scheitern der Behelfsstrukturen und somit auch der Infrastruktur andeutet, kommt es seitens der lokalen Bevölkerung zu einem Rückgriff auf vorherige Strukturen, v. a. Petroleumlampen oder in einigen Fällen auch zur Nutzung eines anderen dezentralen Energieträgers, der Solarenergie.

Der Rückgriff auf die zuvor verwendeten Petroleumlampen ist jedoch bei einer Vielzahl der Bevölkerung nicht mehr möglich, da diese in der Erwartung der neuen Infrastruktur und im Rahmen der Stromanschlüsse durch die Behelfsstrukturen größtenteils entsorgt oder nicht mehr instandgehalten wurden. „Als das Elektrizitäts-Projekt kam, haben wir sie [die Petroleumlampen; Anm. d. Vf.] abgeschafft bzw. hat der Rost sie mittlerweile unbrauchbar gemacht, weil wir sie nicht genutzt haben“ (D), berichtete ein Dorfbewohner. Ein weiterer Dorfbewohner beschrieb anschaulich, dass die Neuanschaffung von Petroleumlampen für die meisten Dorfbewohner*innen nicht umgehend möglich sei: „Ein Farmer verdient in 10 Tagen circa 5.000 XAF. Soviel kostet eine Petroleumlampe, ein Liter Öl nochmal 550 XAF. Das reicht für eine Woche. Größere Grundstücke nutzen jedoch 10 Petroleumlampen; dort wird sogar ein Liter für eine Nacht benötigt“ (D).

Abbildung 12 Petroleumlampe, (Foto: Zeidler, Juni 2016).

In Dorf 2 zeichnete sich mit der Hinwendung zur Solarenergieerzeugung eine weitere Alternative ab. Ein lokaler Techniker erklärte mit Verweis auf die Kartenskizze: „Dieses Grundstück hat bei diesem Grundstück gesehen, dass Solarenergie funktioniert. Jetzt planen sie auch Solarpaneele anzubringen. Und diese hier möchten an das Stromnetz angeschlossen werden. Aber weil es nicht geht, nutzen sie Solarenergie" (D_{LT}) (vgl. Abb. 8). Es ist jedoch davon auszugehen, dass die Nutzung von Solarpaneelen in den Dörfern aufgrund der Einkommenssituation der lokalen Bevölkerung und der vergleichsweise geringeren Anzahl von Solareinstrahlung in den Projektregionen mit ca. 4,45–4.75 kWh/m²/Tag auf wenige Haushalte begrenzt bleibt (vgl. dena 2014, S. 46f.).

Stabilisierungsversuche der NGO

Unterdessen versuchte die NGO das Projekt durch eine alternative Finanzierung vor dem Scheitern zu bewahren bzw. die Verantwortung weiterzureichen. Dieser Versuch drohte allerdings aufgrund politischer Rahmenbedingungen ins Leere zu laufen und sich überdies negativ auf die Gesamtsituation vor Ort auszuwirken.

Die NGO erkannte durchaus die Schwierigkeiten bzgl. der lokalen Selbstfinanzierung der elektrischen Infrastruktur, weshalb sie nun anstrebte, die Kommune als langfristigen Finanzier für das Projekt zu gewinnen: „Die Rolle der Kommune ist von großer Bedeutung. Wo sollen die finanziellen Mittel jetzt noch herkommen? Nicht von uns, der NGO, nicht von der lokalen Bevölkerung. Jetzt muss man sich an die Kommune wenden, damit sich die Kommune an die Regierung wendet" (N). Jedoch kam es im Zuge von vorangegangenen Infrastrukturprojekten in den Dörfern, an denen die Kommune beteiligt war, zu Konflikten, bspw. aufgrund einer nicht abgesprochenen Gebühr für einen Trinkwasserzugang in Dorf 1. Das verschärfte das generelle Misstrauen der lokalen Bevölkerung gegenüber den Aussagen und dem Handeln der Kommunalpolitiker (D).

Ungeachtet dessen initiierte die NGO eine offizielle *Übergabe* des Projekts an die Kommune, im Zuge derer der Fon ein offizielles Dokument unterzeichnete. Die Eliten drückten daraufhin ihre Befürchtungen aus, dass die aus der Dezentralisierungsreform Kameruns resultierende Finanzschwäche vieler Kommunen dazu führen könnte, dass eine kommunale Beteiligung an der Projekt-Infrastruktur nur über eine Erhöhung von Steuern realisierbar sei, was im Umkehrschluss zu einer höheren finanziellen Belastung der lokalen Bevölkerung führen würde. Eine solche Entwicklung ist nicht unwahrscheinlich, wie im Folgenden nachvollzogen werden kann: 1996 wurde das Ziel der Dezentralisierung in die nationale Verfassung aufgenommen (vgl. Auswärtiges Amt 2017a). Schick (2008, S. 173) formulierte dazu: „Im Dezentralisierungsprozess werden den Kommunen viele neue Aufgaben zugewiesen. In Kamerun erfolgt dies bisher jedoch ohne die entsprechende finanzielle Unterstützung." Auch ein Jahrzehnt später, so zeigen die Interviews mit den Dorfbewohner*innen, zweifelt man trotz oder gerade wegen der Dezentralisierungsreform an der Kommune als langfristigem Finanzier (D). Zwar wurden Handlungsfelder und Aufgaben auf die kommunale Ebene transferiert, der Transfer der finanziellen Mittel von der staatlichen auf die kommunale Ebene gestaltet sich jedoch nach wie vor zäh. Noch verstärkt ist dies der Fall, wenn die Kommunalpolitiker der staatlichen Oppositionspartei Social Democratic Front (SDF) angehören, wie ein Kommunalpolitiker der SDF kommentierte (KP). Die finanzielle Schwäche der Kommune, so bestätigte ein weiterer Kommunalpolitiker, führt nicht selten dazu, dass Steuern erhöht werden um die Finanzschwäche auszugleichen (KP). Denn „die Einnahmen einer Kommune in Kamerun setzten sich hauptsächlich aus zwei Komponenten zusammen: Zum einen aus den finanziellen Zuweisungen des Zentralstaates [...] und zum anderen aus kommunalen Steuereinnahmen [...]" (Schick 2008, S. 173).

9 Schlussfolgerungen

Dieser Beitrag ist ein Plädoyer für die Suche, Kenntnisnahme, Rücksichtnahme und Wertschätzung lokal existierender Strukturen, Bedürfnisse und Kapazitäten der betroffenen Bevölkerung bei der Planung und Durchführung von (Entwicklungs-)Projekten. Zudem ist er ein Appell an Planer*innen und Developer, *während* des Projekts aufmerksam die Reaktionen der lokalen Bevölkerung in den Blick zu nehmen, mit ihnen im Dialog zu bleiben und bei eventueller Unzufriedenheit gemeinsam Lösungen zu erarbeiten.

Der Fokus der Untersuchung des Entwicklungsprojekts lag daher auf den hier sog. Behelfsstrukturen, verstanden als ein Ausdruck lokaler Eigeninitiative und lokaler Bedürfnisoffenlegung der betroffenen Bevölkerung im Rahmen von Projektinterventionen eines Entwicklungsprojekts. Das Ziel dieses Beitrags war es, zu veranschaulichen, dass ethnografische Methoden ein wichtiger Bestandteil in der Planung und Durchführung von Entwicklungsprojekten sein können, da sie Aufschluss über lokal existierende Strukturen, Bedürfnisse und Kapazitäten geben können. Bei der vorliegenden Untersuchung wurde auf eben solche Methoden zurückgegriffen, sodass bzgl. des scheiternden Entwicklungsprojekts folgende Erkenntnisse generiert werden konnten:

1. Im vorliegenden Fall wurden keine ausreichenden ethnografischen Studien durchgeführt, sodass die bestehenden lokalen Strukturen, Bedürfnisse und Kapazitäten im Vorfeld des Projekts nicht ermittelt werden konnten und demnach auch in der Planung des Projekts nicht berücksichtigt wurden. Das führte in der Durchführung des Projekts zu unerwarteten Hindernissen.
2. Des Weiteren stand der quantitativ nur sehr geringen Anzahl an das Stromnetz angeschlossener Haushalte (10 je Dorf) eine hohe Erwartungshaltung

der Dörfer („alle haben Zugang zu Strom“) gegenüber. Dies führte von Seiten der lokalen Bevölkerung zu Verwirrung und Unmut.

3. Zudem konnte eine lokal dauerhaft selbsttragende Weiterführung der Stromversorgung seitens der Dorfbewohner*innen weder auf technischer Ebene (fehlende Qualifikation) noch auf finanzieller Ebene (geringe Einkommen und saisonale Armut) dauerhaft gewährleistet werden.
4. Als Folge dieser Begebenheiten drohte das Projekt zu scheitern.
5. Als lokale Gegenmaßnahme wurden in Eigeninitiative folgende Behelfsstrukturen entwickelt, um die NGO-Infrastruktur den lokalen Bedürfnissen und Kapazitäten anzupassen:
   - Erweiterung der NGO-Infrastruktur (Erweiterung des Stromnetzes, Anschluss weiterer Haushalte)
   - Absenkung der lokalen Stromtarife sowie Berücksichtigung saisonal bedingter finanzieller Engpässe
   - Arrangement mit einem externen Techniker
6. Die Behelfsstrukturen spitzen jedoch negative Effekte der Projektinterventionen zu (technische Mängel der Infrastruktur, Netzüberlastung, eingeschränkter Zugang zur Infrastruktur).
7. Aus Verärgerung über die Zustände zahlen neben ohnehin Zahlungsunfähigen nun auch immer mehr Zahlungsfähige die Stromkosten nicht mehr.
8. Die NGO sieht in der von der Bevölkerung realisierten Infrastruktur-Erweiterung sowie in den nicht flächendeckend gezahlten Strombeiträgen die Hauptgründe für das Scheitern des Projekts.
9. Schließlich drohen nach den Projektinterventionen auch die Behelfsstrukturen zu scheitern. Gründe hierfür sind:
   - ungeeignetes Material
   - Netzüberlastung,
   - externe Planänderung seitens der NGO,
     rechtliche Vorschriften seitens der staatlichen Kontrollbehörde
   - und nach wie vor schwierige finanzielle Bedingungen.
10. Auch die zuvor bestehende Methode zur Lichterzeugung (Petroleumlampen) wurde mit der voranschreitenden Elektrifizierung im Rahmen der Behelfsstrukturen abgeschafft oder nicht mehr instandgehalten, sodass sich die Gesamtsituation im Vergleich zur Zeit vor der Projektdurchführung sogar verschlechtert hat (kein Strom, keine Petroleumlampen, kein Licht).
11. Auch der Versuch der NGO, das Projekt mittels der Kommune als finanziellen Partner zu stabilisieren, deutet sich aufgrund der politischen Rahmenbedingungen der Dezentralisierung als eine Verschlechterung der Gesamtsituation der Bevölkerung an, da die Kommune die finanzielle Beteiligung

über eine Erhöhung der Steuern refinanzieren müsste, wodurch die Bevölkerung insgesamt u.U. sogar höhere Stromkosten zu erwarten hätte.

Empfehlungen

Auf Grundlage dieser konkreten Erkenntnisse können für Planer*innen und Developer folgende allgemeine Empfehlungen für die Planung und Begleitung von Entwicklungsprojekten gegeben werden:

1. In der Vorbereitung von (Entwicklungs-)Projekten ist es wichtig, lokale Strukturen, Bedürfnisse und Kapazitäten zu ermitteln, um sie bei der Umsetzung des Projekts bedarfsgerecht berücksichtigen zu können.
2. Sowohl während der Durchführung eines Projekts als auch im Rückblick ist es wichtig die eventuelle Existenz von Behelfsstrukturen nicht von vornherein als Ursache für das Scheitern auszumachen. Stattdessen gilt es zu prüfen, ob diese nicht eine Folgeerscheinung und Rettungsversuche der lokalen Bevölkerung sind, ein bereits gescheitertes Projekt oder dem Scheitern nahes Projekt den eigenen Bedürfnissen, Kapazitäten und Strukturen anzupassen.
3. Entsprechend können Planer*innen und Developer auch die positive Dynamik von Behelfsstrukturen aufgreifen, nämlich in dem Sinne, dass daraus die eigentlichen Bedürfnisse, Kapazitäten und Strukturen der Betroffenen sichtbar werden.
4. Durch die Angleichung der Planung an lokale Bedürfnisse, Kapazitäten und Strukturen kann gleichzeitig möglichen negativen Effekten der Behelfsstrukturen entgegengewirkt werden und das Gesamtprojekt erfolgreich modifiziert werden.
5. Was wiederum fünftens zeigt, dass ethnografische Analysemethoden sowohl im Vorfeld eines Entwicklungsprojekts als auch projektbegleitend durchgeführt werden sollten.
6. Es sollte davon ausgegangen werden, dass die Ergebnisse einer Projektintervention niemals in Stein gemeißelt sind, sondern gerade unter Berücksichtigung der Behelfsstrukturen, immer auch die Möglichkeit besteht, bedürfnisorientierte Veränderungen einzuleiten.

Wie genau der Prozess dieser bedürfnisorientierten Anpassung der Planung im Nachhinein umgesetzt werden kann und welche Herausforderungen er für alle Beteiligten birgt, könnte als interessante weiterführende Fragestellung untersucht werden.

Literatur

Abanda, F. H. (2012). Renewable energy sources in Cameroon: Potentials, benefits and enabling environment. http://www.sciencedirect.com/science/article/pii/S1364032112002699#bib5 (24.07.2017).

African Development Bank Group (2017). Green Mini-Grids Market Development Programme. Document Series. https://greenminigrid.se4all-africa.org/file/179/download:26 (11.07.2018).

Cameroon-Info. (2017). Cameroun – Electrification rurale: Seulement 21,7 % de localités couvertes. http://www.cameroon-info.net/article/cameroun-electrification-rurale-seulement-217-de-localites-couvertes-298176.html (21.05 2018).

Bierschenk, Th. (2014). Entwicklungsethnologie und Ethnologie der Entwicklung: Deutschland, Europa, USA. Arbeitspapiere des Instituts für Ethnologie und Afrikastudien der Johannes Gutenberg-Universität Mainz/Working Papers of the Department of Anthropology and African Studies of the Johannes, Gutenberg University Mainz 150. http://www.ifeas.uni-mainz.de/Dateien/AP_150.pdf (17.06.2017).

Collins, P. (1981). Administration for Development in Nigeria. Introduction and Readings. Lagos (Nigeria): African Education Press.

Dena – Deutsche Energie-Agentur (2014). Länderprofil Kamerun. Stand 2014. Informationen zur Nutzung und Förderung erneuerbarer Energien für Unternehmen der deutschen Branche. https://shop.dena.de/fileadmin/denashop/media/Downloads_Dateien/erneuerbare/8165_Laenderprofil_Kamerun.pdf (03.06.2018).

EUEI PDF – European Union Energy Initiative – Partnerships Dialogue Facility (2018). RECP, Africa – EU Renewable Energy Cooperation Programme. Cameroon. Governmental Framework. Government Institutions. https://www.africa-eu-renewables.org/market-information/cameroon/governmental-framework/(13.07.2018).

Ferguson, J. (2008/1994). The Anti-Politics Machine: „Development" and Bureaucratic Power in Lesotho. The Ecologist (1994). In: Chari, S.. & Corbridge, S. (Hrsg.). The Development Reader (S. 322–33). New York: Routledge.

Flick, U. (2005). Qualitative Sozialforschung. Eine Einführung. Hamburg: Rowohlt Taschenbuch Verlag.

Folefack, A. J. J. (2015). The Rural Exodus of Young Farmers and its Impact on the Shortage of Labor and Food Crop Production in Cameroon: A Computable General Equilibrium Model's Analysis. Journal of Human Ecology. Bd. 49. Aufl. 3 (S. 197–210). Neu Dehli: Kamla-Raj Enterprises. doi:10.1080/09709274.2015.11906838

Investingincameroon (2015). „The electricity regulator in Cameroon announced a heavy penalty against Eneo." https://www.investiraucameroun.com/energie/0907–6527-pour-2015-le-regulateur-de-l-electricite-au-cameroun-annonce-une-lourde-penalite-contre-eneo (09.07.2018).

Investir au cameroun (2017). The Cameroonian government has a rural electrification plan for 10,000 towns by 2035. https://www.businessincameroon.com/electricity/0704–7039-the-cameroonian-government-has-a-rural-electrification-plan-for-10–000-towns-by-2035 (12.07.2018).

Investir au cameroun (2018). Cameroun: le gouvernement veut rendre opérationnel le Fonds d'énergie rurale, neuf ans après sa création. https://www.investiraucameroun.com/electricite/1106–10925-cameroun-le-gouvernement-veut-rendre-operationnel-le-fonds-d-energie-rurale-neuf-ans-apres-sa-creation (14.06.2018).

Escobar, A. (2007). Post-development as concept and social practice. In: Ziai, Aram (Hrsg.). Exploring post-development. Theory, practice, problems and perspectives (S. 18–33). New York und London: Routledge.

Lea, T.; Pholeros, P. (2010). A pipe is not a pipe. The Treacheries of Indigenous Housing. https://www.researchgate.net/publication/249879335_This_Is_Not_a_Pipe_The_Treacheries_of_Indigenous_Housing (01.07.2018).

Mensah, T. J. (2016). Bring Back our Light: Power Outages and Industrial Performance in Sub-Saharan Africa. https://editorialexpress.com/cgi-bin/conference/download.cgi?db_name=CSAE2016&paper_id=517 (10.07.2018).

Menzel, U. (1993). 40 Jahre Entwicklungsstrategie = 40 Jahre Wachstumsstrategie. In: Nohlen, D.. & Nuscheler, F. (Hrsg.). Handbuch der Dritten Welt. Bd. 1: Grundprobleme, Theorien, Strategien (S. 131–155). Bonn: J.H.W. Dietz Nachf.

Ndongsok, D.. & Ruppel, O. (2017). Country report . State of Electricity Production and Distribution in Cameroon. http://www.kas.de/wf/doc/kas_50984–1522-1–30.pdf?171206175612 (03.06.2017).

Njoh, A. (2009). Self-Help, a Viable Non-Conventional Urban Public Service Delivery Strategy: Lessons from Cameroon. Case study prepared for Revisiting Urban Planning: Global Report on Human Settlements 2009. https://unhabitat.org/wp-content/uploads/2010/07/GRHS2009CaseStudyChapter03Cameroon.pdf (10.07.2018).

Nustad, K. G. (2007). Development: the devil we know? In: Ziai, A. (Hrsg.). Exploring post-development. Theory, practice, problems and perspectives (S. 35–47). New York und London: Routledge.

Okia, O. (2012). Communal labor in colonial Kenya: the legitimization of coercion, 1912–1930. New York: Palgrave Macmillan.

OIM – Organisation international pour les migrations (2009). Migration au Cameroun. Profil National 2009. http://publications.iom.int/system/files/pdf/cameroun_profile_2009.pdf (24.04.2017).

Pineau, P. (2004). Transparency in the Dark – An Assessment of the Cameroonian Electricity Sector Reform. University of Victoria, Canada. https://www.internationalrivers.org/sites/default/files/attached-files/transparencyinthedark.pdf (01.02.2017).

Scott, J. C. (2008/1998). Seeing like a state. How certain schemes to improve the human condition have failed. Conclusion. In: Chari, S. (Hrsg.); Corbridge, S.: The Development Reader (S.297–305). New York: Routledge.

Schick, A. R. (2008). Il manque d'argent. Dezentralisierung und Finanzverwaltung in Nkolmetet (Centre). In: Werthman, K. (Hrsg.): Staatliche Herrschaft und kommunale Selbstverwaltung: Dezentralisierung in Kamerun (wissen & praxis) (S. 171–185). Frankfurt: Brandes & Apsel.

Werthmann, K. (2008). Dezentralisierung in Kamerun. In: K. Werthmann (Hrsg.), Staatliche Herrschaft und kommunale Selbstverwaltung: Dezentralisierung in Kamerun (wissen & praxis) (S. 13–39). Frankfurt: Brandes & Apsel.

Zanolli, N. V. (1979). Entwicklungszusammenarbeit ohne Ethnologen? Geographica Helvetica. doi:10.5194/gh-34–78-1979

Ziai, A. (2012). Post-Development: Fundamentalkritik der „Entwicklung“. Geographica Helvetica. doi:10.5194/gh-67–133-2012

Kaiserslautern Nordwest auf dem Weg zur Sozialen Stadt

Julian Schneider, Viktor Warzecha, Thomas Münchow und Thomas Fischer

Zusammenfassung

Ein Studienprojekt an der Technischen Universität Kaiserslautern und eine daraus aufbauende Eigenforschung haben entscheidende Impulse gegeben, eine Wohnsiedlung der Nachkriegszeit als Fördergebiet „Soziale Stadt" auszuweisen. Der Beitrag gibt einen Überblick über das Quartier und beschreibt das Bestreben, die Akteure als Kooperationspartner zusammenzuführen und den Begriff „integrierte Planung" in der Stadt Kaiserslautern mit Leben zu füllen.

U. Altrock et al. (Hrsg.), *Programmatik der Stadterneuerung*, Jahrbuch Stadterneuerung, https://doi.org/10.1007/978-3-658-26765-0_17

Entstanden in der Nachkriegszeit des II. Weltkriegs mit zahlreichen inzwischen in die Jahre gekommenen Geschosswohnungsbauten, gelegen am Rande der Stadt und ebenso am Rande der Wahrnehmung der Stadtöffentlichkeit, bewohnt von einer sozial schwachen Bevölkerung – solche Quartiere existieren in nahezu jeder größeren deutschen Stadt. Auch in Kaiserslautern in der Westpfalz gibt es solch ein Quartier, *Kaiserslautern Nordwest*, das sich im Westen an die Innenstadt anschließt. In diesem Quartier kommen zahlreiche Herausforderungen zusammen. Zum einen ist die Baustruktur sehr heterogen und reicht von Hochhäusern über Zeilenbauten, oft im Eigentum vor allem renditeorientierter Wohnungsunternehmen, bis hin zu „klassischen" Einfamilienhäusern. Die Topographie ist sehr bewegt und das Quartier zu fast allen Seiten von breiten Straßen umgrenzt. Zum anderen lebt hier eine stark migrantisch geprägte und oft sozial benachteiligte Bevölkerung. Eine dieser Situation angemessene soziale Infrastruktur ist nicht vorhanden.

Stadtpolitik, Stadtverwaltung und die städtische Öffentlichkeit haben sich um dieses Quartier über lange Jahre hinweg wenig gekümmert. Auch das hat *Kaiserslautern Nordwest* mit seinen zahlreichen „Verwandten" in der Bundesrepublik gemein. Auf den ersten Blick könnte man denken, das Quartier bestehe einfach so vor sich hin, ohne große Aufmerksamkeit zu erfahren. Ganz trifft dieser Eindruck allerdings nicht zu, denn in *Kaiserslautern Nordwest* gibt es eine engagierte Gruppe sozialer Akteure, die mit ihrem Einsatz dafür sorgen, dass überhaupt eine soziale Infrastruktur und Betreuung im Quartier aufrechterhalten bleiben.

Konfrontiert mit dieser Ausgangslage startete das Fachgebiet *Stadtumbau und Ortserneuerung* der Technischen Universität Kaiserslautern (TUK) mit Prof. Dr.-Ing. Holger Schmidt und Dr.-Ing. Thomas Fischer ein Studienprojekt zur Untersuchung randstädtischer Lagen in *Kaiserslautern Nordwest*. Über mehrere Monate beschäftigten sich Studierende des Bachelor-Studiengangs Raumplanung mit dem Quartier und erstellten fundierte Analysen und Konzepte zu den Herausforderungen und Problemen, die es dort zu bewältigen gilt. Diese Arbeit blieb nicht unbeobachtet. Im Laufe des Prozesses wurde das Interesse an *Kaiserslautern Nordwest* bei der Stadtöffentlichkeit immer größer. Durch die konkrete Analyse zeigt sich, dass *Kaiserslautern Nordwest* zu der Art von Quartieren gehört, für die das Städtebauförderungsprogramm *Soziale Stadt* geschaffen wurde. Hier vermengen sich soziale und baulich-räumliche Herausforderungen, die eng miteinander verwoben sind und nur im Einklang miteinander gelöst werden können.

Aufgrund der positiven Resonanz zu dem Studienprojekt und der dringenden Handlungsbedarfe in Kaiserslautern Nordwest entschied sich das Fachgebiet *Stadtumbau und Ortserneuerung*, das studentische Projekt in ein Forschungsprojekt der TUK zu überführen. Ziel des Forschungsprojektes ist es, die lokalen

Akteure in *Kaiserslautern Nordwest* sowie Verwaltung und Politik für die lokale Situation zu sensibilisieren, die Akteure zu vernetzen und das Quartier in das Städtebauförderungsprogramm *Soziale Stadt* zu bringen. Der vorläufige Höhepunkt dieses erfolgreichen Prozesses ist ein einstimmiger Stadtratsbeschluss über die Einrichtung eines Fördergebiets in *Kaiserslautern Nordwest*.

Der Beitrag zeichnet den Weg dieser Entwicklung vom Beginn des Studienprojektes bis zu den aktuellen Entwicklungen in *Kaiserslautern Nordwest* nach und geht dabei sowohl auf die baulichen und sozialen Strukturen des Quartiers wie auch auf die theoretischen Überlegungen ein, die dem Forschungsprojekt zugrunde gelegen haben. In dieser Hinsicht haben vor allem das beständige Bestreben, die Akteure als Kooperationspartner zusammenzuführen und den Begriff „integrierte Planung" in Kaiserslautern mit Leben zu füllen sowie die gemeinsame Betrachtung der sozial-räumlichen und der baulich-räumlichen Stadt den bisherigen Erfolg des Projektes begründet.

Die Fachöffentlichkeit setzt sich seit Langem mit solchen benachteiligten Quartieren auseinander. So widmete sich 2016 das *Jahrbuch Stadterneuerung* dem Thema „Stadterneuerung und Armut". Der folgende Beitrag möchte diese Diskussion über Stadterneuerung in benachteiligten Quartieren am konkreten Beispiel weiterführen.

1 Kaiserslautern Nordwest im Blickfeld der Stadtöffentlichkeit

„Untersuchung randstädtischer Wohnlagen am Beispiel *Kaiserslautern Nordwest*" – vor diesem Hintergrund nahmen im Sommersemester 2017 ca. 20 Studierende im Rahmen des Bachelorstudiengangs Raumplanung an der TU Kaiserslautern das Wahlmodul „Projekt: Konzepte" wahr. Ziel des Projekts war es, den Studierenden die Untersuchung eines Stadtquartiers und die Erarbeitung eigener Konzeptansätze anhand von Kaiserslautern Nordwest praxisnah zu ermöglichen.

Die Wahl des Untersuchungsquartiers ergab sich nicht willkürlich, sondern anhand klarer Kriterien. *Kaiserslautern Nordwest* befindet sich am nordwestlichen Stadtrand Kaiserslauterns in einer von der Innenstadt isolierten Lage. Das hängt weniger mit der absoluten Entfernung von nur etwa 1,8 Kilometer zusammen, sondern vielmehr mit den stark befahrenen Straßen (Vogelwoogstraße, Pariser Straße/ Berliner Straße, Lauterstraße), die das Quartier an drei Seiten umschließen und eine starke Barrierewirkung entfalten. Lediglich im Nordwesten geht das Quartier direkt in das Naherholungsgebiet um den Hammerwoog, einen kleinen See im Wald, über. Die Topographie in *Kaiserslautern Nordwest* ist sehr bewegt. Mittig wird das Quartier durchzogen von einer Talmulde, dem sogenannten Lothringer Dell, wodurch bei einer Durchquerung Höhenunterschiede von bis zu 20 m zu bewältigen sind.

Dem Besucher zeigt sich in *Kaiserslautern Nordwest* eine Bebauung, die neben den Trennwirkungen durch Straßen und Topographie auch baustrukturell klare Trennlinien innerhalb des Quartiers erkennen und sich in verschiedene Teilgebiete gliedern lässt. Die älteste Bebauung stammt aus den 1920er-Jahren. Damals wurden im Lothringer Dell in einer Siedlergemeinschaft Einfamilienhäuser auf großzügigen Grundstücken errichtet. Bis in die 1980er-Jahre wurde diese Einfamilienhausbebauung erweitert und zieht sich so charakteristisch durch die Mitte des Quartiers. Während die Siedlerhäuser des *Lothringer Dells/Pfeifertälchens* in der Talmulde entstanden, wurden in den 1950er-Jahren auf dem höher gelegenen Teil des Quartiers im Bereich der *Slevogt- und Feuerbachstraße* zahlreiche drei- bis viergeschossige Zeilenbauten in Schlichtbauweise errichtet, wie sie typisch sind für die Zeit des Wiederaufbaus in Deutschland. In den 1970er-Jahren entstanden am Waldrand im Westen des Stadtteils Großwohnanlagen für die US-amerikanischen Streitkräfte. Prägend stechen hier vor allem die zwei hofartigen Wohnanlagen *Wohnhöfe* und die drei 13-geschossigen, stadtbildprägenden Hochhäuser *Drei Riesen* hervor.

Der heterogenen Bebauungsstruktur entspricht in *Kaiserslautern Nordwest* eine ebenso heterogene Bevölkerungsstruktur. Insgesamt leben hier ca. 5.500 Einwohner, also rund 5,5 % der knapp unter 100.000 Einwohnern liegenden großen Mittelstadt. Grob lässt sich das Gebiet anhand seiner Sozialstruktur in zwei Teile gliedern. In den Einfamilienhausgebieten um das *Lothringer Dell/Pfeifertälchen* herum lebt eine tendenziell ältere deutsche Bevölkerung, die kaum durch demographische oder eher soziale Auffälligkeiten gekennzeichnet ist.

Anders stellt sich die Situation in den Teilgebieten *Wohnhöfe*, *Drei Riesen* und *Slevogt- und Feuerbachstraße* dar. Exemplarisch sollen hier die Sozialdaten der Einwohner der *Wohnhöfe* betrachtet werden; die anderen beiden Teilgebiete weisen ähnliche Besonderheiten auf. Abbildung 2 zeigt einen großen Anteil von Menschen mit Migrationshintergrund an den Einwohnern der *Wohnhöfe*. Über 50 Prozent der 1.091 Einwohner haben einen Migrationshintergrund; fast 30 Prozent besitzen keine deutsche Staatsbürgerschaft.

Abbildung 1 *Kaiserslautern Nordwest* und seine Teilgebiete (Quelle: Stadt Kaiserslautern, bearbeitet)

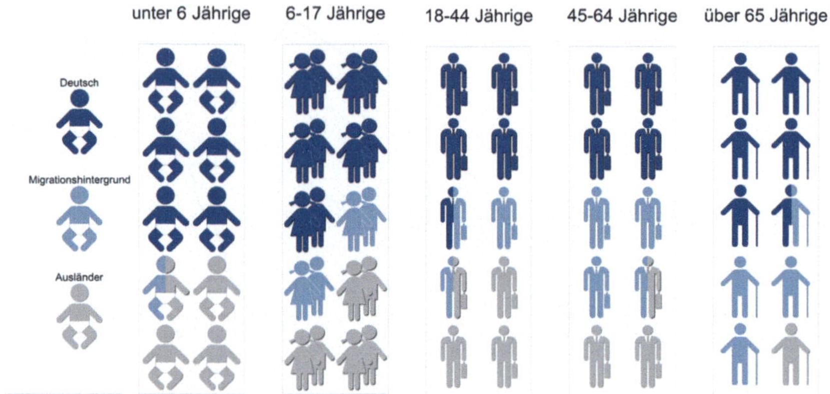

			unter 6 Jährige		6-17 Jährige		18-44 Jährige		45-64 Jährige		über 65 Jährige	
Deutsch	absolut	%	77	63%	110	50%	188	44%	86	40,5%	61	56%
Migrant	absolut	%	9	7%	46	21%	96	22,5%	74	35%	39	36%
Ausländer	absolut	%	36	30%	67	30%	144	33,5%	51	24,5%	9	8%
Gesamt	absolut	%	122	100%	223	100%	428	100%	211	100%	109	100%

Abbildung 2 Altersstruktur der Wohnhöfe (Quelle: Sozialamt Stadt Kaiserslautern, Stand 2017, eigene Darstellung)

In den *Wohnhöfen* leben auch überdurchschnittlich viele Kinder und Jugendliche; ihr Anteil beträgt 31,6 Prozent (Gesamtstadt Kaiserslautern 14,3 Prozent). Vor allem in dieser Altersklasse gibt es viele Einwohner mit Migrationshintergrund (ca. 30 Prozent). Auffällig ist die große Bandbreite der Herkunftsländer: in *Kaiserslautern Nordwest* leben Menschen aus 88 verschiedenen Nationen (und damit zahlreichen Kulturen) zusammen. Hauptherkunftsländer sind Russland, Kasachstan, die Ukraine, Polen, Syrien und Afghanistan.

Als die Studierenden im Frühjahr 2017 zum ersten Mal durch *Kaiserslautern Nordwest* gingen, hatten sie lediglich eine ungefähre Vorstellung von der Situation im Quartier. Erst im Verlauf des Projektes bekamen sie ein Gefühl für die Besonderheiten, die den Stadtteil *Kaiserslautern Nordwest* kennzeichnen. Im Rahmen des Studienprojektes führten die Studierenden zahlreiche Expertengespräche und Ortsbegehungen durch und werteten die Sozialdaten auf zuvor abgegrenzte Teilgebiete (s. Abb. 1) bezogen aus.

Die Erkenntnisse der Ortsbegehungen und der Analysen verdeutlichten verschiedenste Handlungsbedarfe in den Teilgebieten des Quartiers. So wurde festgestellt, dass die Gebäude und Freiräume der *Wohnhöfe*, *Drei Riesen* und *Slevogt- und Feuerbachstraße* einen größeren Sanierungsstau aufweisen. Hier stehen die Sanierung und Umgestaltung der Gebäude, die Nutzbarmachung und Aufwertung der Freiräume und die Schaffung von Spielmöglichkeiten an.

Abbildung 3 Das sogenannte „Gefängnis" in der Slevogtstraße (Foto: Autoren)

Als Beispiel hierfür sollen wieder die *Wohnhöfe* dienen. Durch die Addition der zwei baugleichen Gebäudekomplexe entstand mittig ein großer, nahezu geschlossener Platz, der ein großes Potential für eine qualitativ hochwertige Freiraumgestaltung birgt (s. Abb. 4). In das Konzept der Wohnanlage ist dieser „Innenhof" jedoch so gut wie nicht eingebunden. Sitzmöglichkeiten gibt es nicht, der zentrale Bereich des Hofes ist von einer konfusen Melange aus Bäumen und Gestrüpp geprägt. Zudem verläuft über den „Innenhof" eine theoretisch mögliche Achse zur Anbindung des Stadtteils über die Danziger Straße an das angrenzende Naherholungsgebiet am Hammerwoog. In diesem Bereich gilt es, das Potential des „Innenhofs" als erlebbaren Gemeinschaftsraum mit Möglichkeiten zur interkulturellen Verständigung, zentraler Grünachse und qualifiziertem Grünraum für die Bewohner der Geschosswohnungsbauten zu mobilisieren. Die Konzeptvorschläge der Studierenden sehen u.a. eine kleine Parkanlage, Spielanlagen und einen interkulturellen Gemeinschaftsgarten vor.

Abbildung 4 Der zentrale Innenhof zwischen den Gebäudekomplexen der Wohnhöfe (Foto: Autoren)

Zudem wurde ein unzureichendes sozio-kulturelles Angebot angesichts der besonderen Bevölkerungsstruktur erkannt. In *Kaiserslautern Nordwest* besteht zum Beispiel ein hoher Fehlbedarf an wohnortnahen KiTa-Plätzen. Circa 160 Betreuungsplätzen in Kindertagesstätten stehen 269 Zwei- bis Fünfjährige gegenüber. Die Möglichkeit, die Kinder in Kindertagesstätten mit freien Plätzen in anderen Stadtteilen zu schicken, eröffnet sich längst nicht allen Familien. Da die Mobilitätsmöglichkeiten der oft wirtschaftlich schwachen Familien des Stadtteils eingeschränkt sind, stellt die zu überbrückende Distanz – gekoppelt mit Treppen ohne Rampen – eine große Hürde für den Besuch einer Kindertagesstätte dar. Gerade für die hohe Zahl ausländischer Kinder ist das im Sinne des Spracherwerbs und der Integration aber von großer Bedeutung. Auch ist die schulische Laufbahn in *Kaiserslautern Nordwest* nach der Grundschule beendet – alle weiterführenden Schulen wurden geschlossen.

Abbildung 5 Der Freibereich der Drei Riesen (Foto: Autoren)

Bereichert um diese Erkenntnisse wurde das Studienprojekt öffentlichkeitswirksam mit einem Quartiersrundgang und einer Ausstellung der Projektergebnisse abgeschlossen, worüber auch in der Lokalpresse berichtet wurde. Dabei gelangten die Studierenden, aber auch viele Akteure vor Ort zu der Erkenntnis, dass das Quartier besonderen Handlungsbedarf aufweist. Nachdem *Kaiserslautern Nordwest* durch dieses Projekt nach langer Zeit wieder ins Bewusstsein der Stadtöffentlichkeit gerückt worden war, begannen nun die Überlegungen, wie mit den Ergebnissen des Studienprojektes umzugehen sei.

2 Kaiserslautern Nordwest bleibt im Fokus

Schon während des Studienprojektes erhärtete sich die Erkenntnis, dass eine Aufwertung des Quartiers nur mit finanzieller Unterstützung erfolgen könne und hierfür das Städtebauförderungsprogramm „Soziale Stadt“ besonders in Frage käme. In § 171e Abs. 2 BauGB werden die Tatbestände umrissen, die ein Quartier erfüllen muss, um in das Förderungsprogramm aufgenommen werden zu können (Hervorhebung durch die Autoren):

> „Städtebauliche Maßnahmen der Sozialen Stadt sind Maßnahmen zur Stabilisierung und Aufwertung *von durch soziale Missstände benachteiligten Ortsteilen* oder anderen Teilen des Gemeindegebiets, in denen *ein besonderer Entwicklungsbedarf* besteht. *Soziale Missstände* liegen insbesondere vor, wenn ein Gebiet *auf Grund der Zusammensetzung und wirtschaftlichen Situation der darin lebenden und arbeitenden Menschen* erheblich benachteiligt ist. Ein *besonderer Entwicklungsbedarf* liegt insbesondere vor, wenn es sich um *benachteiligte innerstädtische oder innenstadtnah gelegene Gebiete* oder verdichtete Wohn- und Mischgebiete handelt, in denen es einer aufeinander abgestimmten Bündelung von investiven und sonstigen Maßnahmen bedarf."

Kaiserslautern Nordwest erfüllt die Tatbestände des Vorliegens sozialer Missstände und eines besonderen Entwicklungsbedarfes zur Genüge. Zeitnah entschied sich das Fachgebiet *Stadtumbau + Ortserneuerung*, das Studienprojekt in ein vertiefendes Forschungsprojekt zu überführen, das ein klares Ziel verfolgt: *Kaiserslautern Nordwest* soll in das Städtebauförderungsprogramm „Soziale Stadt" aufgenommen werden.

Zuerst ging es darum, das frisch geweckte Interesse an *Kaiserslautern Nordwest* aufrechtzuerhalten, die Notwendigkeit zum Handeln allen erfolgsentscheidenden Akteuren detailliert vor Augen zu führen und deren Vernetzung zu fördern. Zunächst vertieften die Autoren, die am Studienprojekt beteiligt gewesen waren, als Nachwuchsforscher die Ergebnisse des Projektes weiter. Inhaltlich wurde dabei auf die Ergebnisse des Studienprojektes zurückgegriffen (Technische Universität Kaiserslautern, Fachgebiet Stadtumbau und Ortserneuerung 2017).

Große Aufmerksamkeit galt der differenzierten Aufbereitung der Sozialdaten, um die Besonderheiten des Quartiers noch einmal prägnanter herausstellen zu können. Damit den Sozialdaten verwertbare Erkenntnisse entnommen werden konnten, war es notwendig, die Daten nicht nach der üblichen Einteilung in den relativ großen statistischen Bezirk auszuwerten, sondern gegliedert nach den oben benannten Teilgebieten. Diese Feingliederung war notwendig, da die Abgrenzung nach statistischen Bezirken nicht nach städtebaulichen Kriterien wie der Bautypologie erfolgt. Nun gibt es aber einen Unterschied zwischen einem Einfamilienhaus und einem in die Jahre gekommenen fünfstöckigen Geschosswohnungsbau – die Bewohnerschaften der beiden Gebäudetypen werden sich von ihrer Sozialstruktur her vermutlich unterscheiden.

Bei einem gemeinsamen statistischen Bezirk besteht die Gefahr, dass die tendenziell ältere Bevölkerung der Einfamilienhausgebiete die tendenziell jüngere Bevölkerung der „Wohnhöfe" statistisch ausgleicht und so möglicher Handlungsbedarf nicht sichtbar wird. Erst nach dieser differenzierten Untersuchung der Sozialdaten nach Bautypologien konnten tatsächlich demographische Besonderheiten, die den Handlungsbedarf erkenntlich machen, für einzelne Teilgebiete *Kaiserslautern Nordwests* identifiziert und unverfälscht betrachtet werden.

Die ausgewerteten Sozialdaten zeigen außerdem, wie oben bereits erwähnt, dass *Kaiserslautern Nordwest* ein stark durch Migranten geprägtes Quartier ist. Diese Besonderheit reicht schon weit in die Geschichte des Quartiers zurück. Zunächst kamen US-Amerikaner, für die u.a. Teile der Großwohnanlagen in den 1970er-Jahren errichtet wurden. Nachdem immer mehr Amerikaner *Kaiserslautern Nordwest* verlassen hatten, ließen sich dort seit den 1990er-Jahren zahlreiche Russlanddeutsche nieder, die bis heute in großer Zahl im Quartier vertreten sind. In den vergangenen Jahren kamen verstärkt Asylsuchende etwa aus Syrien oder Afghanistan hinzu.

Was sich aus dieser kurzen Geschichte der Migration in *Kaiserslautern Nordwest* ablesen lässt, ist dessen Bedeutung als „Ort der Ankunft". Für Generationen von Migranten war das Quartier aufgrund seines niedrigpreisigen Wohnraumangebots oftmals die erste Anlaufstelle in Kaiserslautern und erster Berührungspunkt mit dem Alltagsleben in Deutschland. Für viele dieser Neuankömmlinge ist der Ankunftsort aber nicht die letzte Station. Das lässt sich am Beispiel der Russlanddeutschen veranschaulichen, von denen zahlreiche – zumal in der zweiten Generation –, nachdem sie sich eingelebt und eine Existenzgrundlage geschaffen hatten, in andere Viertel mit höherpreisigem Wohnraum zogen.

Damit wird aber auch die Aufgabe deutlich, die das Quartier im Stadtgefüge ausübt: Hier kommen viele Migranten an, werden mit den Funktionsweisen der deutschen Gesellschaft konfrontiert und erlernen die Kompetenzen, die ihnen Teilhabe an eben jener Gesellschaft ermöglichen. Diese Aufgabe ist von zentraler Bedeutung, wenn es um die Integration der Migranten aus anderen Kulturen geht. In der Konsequenz heißt das aber auch: Das Quartier muss mit einer sozialen Infrastruktur ausgestattet sein, die diesen Anforderungen angemessen ist.

In *Kaiserslautern Nordwest* fehlt diese Infrastruktur fast vollständig. Gerade hier, wo eine enge Betreuung der Kinder oder Treffpunkte der Kommunikation nötig wären, besteht ein großes KiTa-Platz-Defizit, und ein Anlaufpunkt im Quartier existiert überhaupt nicht. Die Liste der Beispiele ließe sich problemlos weiterführen. Angesichts dieses Ungleichgewichts zwischen Anforderungen und Ausstattung ist es eine große Leistung, dass das Quartier überhaupt (noch) funktioniert – was nicht zuletzt an einer sehr engagierten und beherzten Arbeit der örtlichen sozialen Akteure liegt. Diese haben sich in großer Zahl im „Arbeitskreis West" zusammengetan, wo sie ihre Arbeit koordinieren und die soziale Betreuung im Quartier soweit wie möglich aufrechterhalten (TUK 2017).

Ein weiteres Anliegen der vertiefenden Auseinandersetzung mit *Kaiserslautern Nordwest* war zudem, zu verdeutlichen, welche Betrachtungsebenen für die erfolgreiche Behebung der Missstände im Quartier und dessen zukunftsfähige Entwicklung notwendig sind. Einmal handelt es sich um die baulich-räumliche Ebene (*die gebaute Stadt*) und gleichberechtigt daneben um die sozio-kulturell-räumliche Ebene (*die gelebte Stadt*).

Die *gebaute Stadt* in *Kaiserslautern Nordwest* weist einen immensen Sanierungsstau auf – im Gebäudebestand, den Freiräumen, der Infrastruktur –, der behoben werden sollte. Allein durch eine bauliche Aufwertung des Quartiers werden die vorhandenen Problemlagen aber nicht in den Griff zu bekommen, geschweige denn dauerhaft in positive Bahnen zu lenken sein. Vielmehr beruht der Erfolg solcher Aufwertungsmaßnahmen auf der engen Verzahnung mit der *gelebten Stadt*, also dem Geflecht aus sozialen Infrastrukturen und Netzwerken, welches in dem Quartier existiert. Hierzu zählen etwa Kinderbetreuungsangebote, Quartierstreffpunkte, Versorgungseinrichtungen, aber auch das bürgerschaftliche Engagement und das gesamte öffentliche Leben in *Kaiserslautern Nordwest.*

Denn es sind diese beiden Ebenen, die den Doppelcharakter einer jeden Stadt ausmachen. Nur durch die Betrachtung beider Ebenen, der *gebauten* wie der *gelebten Stadt*, kann diese als Lebensraum des Menschen ganz erfasst und verstanden werden. Bauwerke machen eine Stadt nicht zur Stadt – das passiert erst durch die sozialen Netzwerke und Infrastrukturen, die in der gebauten Stadt interagieren. Folglich müssen ganzheitliche Lösungsansätze, wie sie in *Kaiserslautern Nordwest* angestrebt werden, die *gebaute* und die *gelebte Stadt* immer in Überlagerung denken und behandeln.

Der Umstand, dass *Kaiserslautern Nordwest* jahrelang nicht im Bewusstsein der Stadtöffentlichkeit und auch nicht der Stadtverwaltung stand, hat viele Defizite auf beiden Ebenen anwachsen lassen, die nun dringend behoben werden müssen, sofern das Quartier auch in Zukunft als Ankunfts-, Wohn- und Lebensort „funktionieren" soll. Nun ist das Quartier aber keines, das auf große Investitionen hoffen kann. Betrachtet man zudem seine Funktion als Ankunfts- und Wohnort für Menschen mit niedrigem Einkommen, so wären die mit groß angelegten Sanierungen zu erwartenden Mietpreissteigerungen auch gar nicht wünschenswert.

Aus diesem Grund verfolgte das *Fachgebiet Stadtumbau und Ortserneuerung* gemeinsam mit den Studierenden von Anfang an den Ansatz, dass viele kleinere Maßnahmen zusammengenommen in *Kaiserslautern Nordwest* eine größere Wirkung entfalten als wenige große Investitionsprojekte. Die Losung lautet hier, im Bestand und mit dem Bestand zu arbeiten sowie den Einwohnern eine höhere Wohnqualität zu bieten, ohne deren finanzielle Lage aus dem Blick zu verlieren. Als Maßnahmen wurden etwa die Neugestaltung der Eingangssituationen, die Aufwertung von gemeinschaftlichen Freiflächen und Spielflächen, die Verringerung der Barrierewirkung, die Verkehrsberuhigung an Schlüsselstellen etc. erarbeitet.

Somit steht dem Quartier ein analysefundierter Pool an handlungsorientierten Maßnahmen zur Verfügung, der von den Immobilieneigentümern und der Stadt als Planungsgrundlage für ihre Entwicklungsbestrebungen betrachtet werden kann. Auch wird deutlich, dass ebenso mit kleineren Maßnahmen in die Jahre gekommene Quartiere zukunftsfähig gemacht werden können.

Abbildung 6 Handlungsfelder *Kaiserslautern Nordwest*

Die vertiefende Aufbereitung der Forschung mündete in eine Präsentation, in der anschaulich der Handlungsbedarf in *Kaiserlautern Nordwest* aufgezeigt wird. An dieser Stelle wurden nun wieder, wie während des Studienprojektes, die für das Quartier relevanten Akteure angesprochen. In *Kaiserslautern Nordwest* existiert ein gut vernetzter Arbeitskreis der sozialen Akteure, an dem neben der Caritas, den Schulen, Kirchen und Kindergärten unter anderem auch die Sozialplaner der Stadt Kaiserslautern beteiligt sind.

Anders sah die Situation jahrelang bei der Einbeziehung der Eigentümer der Wohnanlagen aus. Die Gebiete *Wohnhöfe*, *Drei Riesen* und Teile der *Slevogt- und Feuerbachstraße* befinden sich schon seit langer Zeit im Eigentum wechselnder, renditeorientierter Wohnungsunternehmen. Bis zum letzten Verkauf im Jahr 2017 waren dies oft Exit-Strategen, die kein Interesse an dem konkreten Standort hatten und der Stadtverwaltung in vielen Fällen nicht einmal bekannt waren. Diese Situation änderte sich erst, als im Frühjahr 2017 ein neuer Eigentümer die besagten Wohnungsbestände in *Kaiserslautern Nordwest* übernahm, der anders als seine Vorgänger seine Erträge nicht aus schnellen Weiterverkäufen, sondern aus einer langfristig angelegten Bestandsentwicklungsstrategie generieren will. Damit befindet sich gegenwärtig ein großer Teil der Wohnungen im Quartier in der Hand eines Eigentümers, der an einer ernsthaften Entwicklung ihrer Bestände sowie einer Zusammenarbeit mit der Stadt und auch dem Fachgebiet Stadtumbau und Ortserneuerung sehr interessiert ist. Für *Kaiserslautern Nordwest* ist das ein Glücksfall und für den Erfolg der Etablierung des Förderprogramms „Soziale Stadt" eine zentrale Stütze.

Die Strategie der Forschergruppe sah vor, in mehreren Gesprächsrunden alle relevanten Akteure von der Wichtigkeit der Programmetablierung „Soziale Stadt" zu überzeugen und so mit breiter Unterstützung im Rücken diese Idee in die Stadtpolitik zu tragen, wo der erforderliche Beschluss gefasst werden muss. Im Laufe der Gesprächsrunden mit den örtlichen Akteuren und den betroffenen Referaten der Stadtverwaltung stieß das Unterfangen, *Kaiserslautern Nordwest* durch ein Städtebauförderungsprogramm zu fördern, auf weitere Zustimmung – die Notwendigkeit zum Handeln wurde den Beteiligten immer deutlicher. Gleichfalls erkannten die Autoren, wie wenig Wissen über das Quartier zwischen den unterschiedlichen Akteuren ausgetauscht wurde. Hier versteht das *Fachgebiet Stadtumbau und Ortserneuerung* seine Rolle darin, das bestehende Wissen zu bündeln und weiterzugeben. Während einer Gesprächsrunde kamen dann auch zum ersten Mal in Bezug auf *Kaiserslautern Nordwest* alle Beteiligten der Stadtverwaltung – von den Sozial- über die Schul- bis hin zu den Stadtplanern – gemeinsam an einen Tisch.

Erstaunlich ist dabei die Eigendynamik, die das Unterfangen entfaltet hat, *Kaiserslautern Nordwest* in ein Städtebauförderungsprogramm zu überführen. Durch die Information und Vernetzung der Akteure fühlten sich jene, die schon lange Handlungsbedarf konstatiert hatten, bestärkt und ermutigt, die Probleme offen anzusprechen. Außerdem formierten sich ganz neue „Allianzen", alle mit dem Ziel, in *Kaiserslautern Nordwest* eine nachhaltige Entwicklung in Gang zu bringen.

Diese Eigendynamik gipfelte im September 2018 in einem Grundsatzbeschluss des Stadtrates auf Antrag der SPD-Fraktion, dass in *Kaiserslautern Nordwest* das Städtebauförderungsprogramm „Soziale Stadt" eingeführt werden soll. (Stadt Kaiserslautern 2018). Dies geschah erstaunlicherweise noch bevor die Stadtpolitik überhaupt direkt in die Gesprächsrunden einbezogen worden war und zeigt deutlich, wie durch die Schaffung von Netzwerken und Kommunikationswegen „Katalysatoren" für eine Idee entstehen können.

3 Fazit

Von nun an wird es darum gehen, diesen Stadtentwicklungsprozess weiter zu begleiten und wissenschaftlich zu betreuen. Der Grundsatzbeschluss über ein mögliches Fördergebiet „Soziale Stadt Kaiserslautern Nordwest" ist zwar gefasst, wann aber tatsächlich das endgültige Konzept beschlossen werden kann, ist kaum abschätzbar, da noch eine weitere Vertiefung der Auseinandersetzung mit dem Quartier vonnöten sein wird, um alle Grundlagen für das Förderprogramm zusammenzutragen. Das *Fachgebiet Stadtumbau und Ortserneuerung* sieht seine Aufgabe dabei weiterhin als Ansprechpartner und in der Information und Vernetzung der Akteure.

Aber auch wenn die Arbeit längst noch nicht beendet ist, so ist es doch bereits gelungen, auf die dringenden Handlungsbedarfe in *Kaiserslautern Nordwest* aufmerksam zu machen, die Schlüsselakteure zu überzeugen und für die Idee einer „Sozialen Stadt Kaiserslautern Nordwest" gewinnen zu können. Dieser erfolgreiche Verlauf des Forschungsprojektes mag zwei Faktoren geschuldet sein, die jedem Schritt vom Studienprojekt bis hin zur Einbeziehung der Stadtpolitik zugrunde lagen:

Zum einen ist hier die Ganzheitlichkeit der Betrachtung des Quartiers zu nennen. *Gebaute Stadt* und *gelebte Stadt*, objektbezogen und stadtteilbezogen, Eigentümer und Mieter, Stadtverwaltung und Stadtpolitik – die Betrachtung einzelner Aspekte wirft jeweils ein anderes Licht auf *Kaiserslautern Nordwest.* Unter einem konsequenten Einbezug aller Perspektiven auf das Quartier konnten dessen gebaute und gelebte Struktur sowie die im Quartier wirkenden Mechanismen ausreichend erkannt und offengelegt werden.

Des Weiteren gelang es während des Forschungsprojektes, die noch sehr fachspezifisch denkenden, aber gleichsam in *Kaiserslautern Nordwest* involvierten Teile der Stadtverwaltung untereinander ins Gespräch zu bringen. Der in der Fachliteratur oft aufgegriffene Begriff der „integrierten Planung" ist in vielen deutschen Kommunalverwaltungen noch nicht in der Praxis angekommen (vgl. Selle 2018, S. 393). Zwar beschäftigte sich die Schulplanung ebenso mit dem Quartier wie die Sozialplanung und die Stadtplanung, jeder aber nur auf seinem eigenen Fachgebiet. Das ganze Ausmaß des Handlungsbedarfs konnte jedoch nur in der mehrperspektivischen Betrachtung erkannt werden.

Durch den Input des *Fachgebiets Stadtumbau und Ortserneuerung* wurden die verschiedenen Fachressorts mitsamt ihren Erkenntnissen und Sorgen zu *Kaiserslautern Nordwest* zusammengebracht, wodurch die einzelnen Fragmente ein Ganzes ergaben und somit eine Erkenntnis erhärten ließ: In *Kaiserslautern Nordwest* muss gehandelt werden. Wie das in den kommenden Jahren geschehen wird, darüber wird zu gegebener Zeit berichtet werden können.

Literatur

Selle, K. (2018). Stadt entwickeln. Arbeit an einer Gemeinschaftsaufgabe. Lemgo: Verlag Dorothea Rohn.

Stadt Kaiserslautern (2018). Soziale Stadt – Weiteres Gebiet? Amtsblatt der Stadt Kaiserslautern vom 27. September 2018, S. 1. https://www.kaiserslautern.de/mb/presse/pdf/amtsblatt_180927.pdf (10.02.2019)

Technische Universität Kaiserslautern, Fachgebiet Stadtumbau und Ortserneuerung (Hrsg.). (2017). Studienprojekt „Untersuchung randstädtischer Wohnlagen am Beispiel Kaiserslautern Nordwest". Kaiserslautern. Unveröffentlicht.

Kulturlandschaftsentwicklung in den nordalbanischen Alpen

Im Spannungsfeld zwischen Tradition und Moderne

Franziska Maier und Alessa Strubel

Zusammenfassung

Die nordalbanischen Alpen stellen eine in Europa einzigartige Kulturlandschaft dar, die sich allerdings seit einigen Jahren mit zunehmender Geschwindigkeit verändert. Der vorliegende Beitrag beschäftigt sich mit diesen Veränderungen und stellt deren Einflüsse auf die traditionelle Kultur und die mit dem Einzug moderner Einflüsse verbundenen Auswirkungen dar, welche insbesondere durch den rasant wachsenden Tourismus dominiert werden. Der damit verbundene wirtschaftliche Aufschwung für die eher strukturschwache und durch Landwirtschaft geprägte Alpenregion äußert sich derzeit primär durch eine unkoordinierte und unkontrollierte Ausbreitung der Dörfer in den Tälern sowie einen explosionsartigen Anstieg der Touristenzahlen und den damit verbundenen überwiegend negativen Folgen für die Natur und Landschaft. Dieser Vorgang ist mittlerweile bereits stark vorangeschritten und im Begriff, die Kulturlandschaft irreparabel und ohne Rücksicht auf kommende Generationen zu verändern. Um diese wertvolle und einzigartige Landschaft einer nachhaltigen Entwicklung zuzuführen, bedarf es gemeinsamer Ziele und Leitbilder, welche mit sämtlichen Akteuren zwingend abgestimmt werden sollten.

U. Altrock et al. (Hrsg.), *Programmatik der Stadterneuerung*, Jahrbuch Stadterneuerung, https://doi.org/10.1007/978-3-658-26765-0_18

Um diese drastischen Veränderungen der Kulturlandschaft bewerten zu können und einen möglichen Verlust der kulturellen Identität oder Teile davon zu verhindern, erfordert es einer tiefergehenden Untersuchung und Analyse der Thematik. Somit können eventuelle Problembereiche und Potenziale dieser einzigartigen Region und ihrer Bewohner herausgearbeitet und definiert werden. Dies war der Anlass für die interdisziplinäre Auseinandersetzung mit der Kulturlandschaftsentwicklung in den nordalbansichen Alpen von acht Masterstudierenden aus den Fachrichtungen Stadtplanung und Landschaftsplanung der Universität Kassel im Sommersemester 2017 unter der Leitung von Prof. Dr.-Ing. Uwe Altrock und Prof. Dr. rer. nat. Gert Rosenthal.

Ziel des Semesterprojektes war es, gezielte Maßnahmen und Vorgehensweisen zu erarbeiten, mit deren Hilfe eine möglichst nachhaltige Kulturlandschaftsentwicklung auch in Zukunft sichergestellt werden kann. Kernelement des Projektes war eine Exkursion im Mai 2017 in den kleinen Ort Theth im gleichnamigen Nationalpark in den nordalbanischen Alpen, welcher stellvertretend für die Untersuchung der Kulturlandschaft der gesamten Alpenregion ausgewählt wurde. Impulsgeber für die Initiierung des Projektes war die Gesellschaft für internationale Zusammenarbeit (GIZ) mit der Organisation einer gemeinsamen Summer School von albanischen Studierenden und Studierenden der Universität Kassel.

Nach einer Auseinandersetzung mit den landeskundlichen Grundlagen wurden umfassende Bestandsaufnahmen und Gespräche mit der lokalen Bevölkerung während der einwöchigen Exkursion im Nationalpark Theth durchgeführt, die eine maßgebende Erhebungsmethode und insofern eine Basis für die vorgenommenen Analysen darstellten. Daran knüpfte eine Digitalisierung der erhobenen Daten sowie die Erstellung von Kartenmaterial mit Hilfe Geographischer Informationssysteme (GIS) an, die ebenfalls als Grundlage für die spezifischen Analysen und Auswertungen diente, welche vorrangig die örtliche Landschaft und die Landwirtschaft, die Siedlungsentwicklung und Baukultur sowie die Organisation und Struktur des lokalen Tourismus umfassten. Daraus wurden grundsätzliche Defizite und Potenziale abgeleitet, die zudem in drei überspitzten, aber dennoch denkbaren Zukunftsszenarien mögliche künftige Entwicklungen für das Alpental abbilden. Auf der Basis der vorgenommenen Bestands-, Potenzial- und Problemanalyse wurden schließlich unter dem Leitbild der „nachhaltigen Kulturlandschaftsentwicklung" allgemeine Leitlinien definiert, auf deren Grundlage konkrete Maßnahmen entwickelt wurden.

Ziel des Semesterprojektes war es, mit Hilfe eines Gesamtkonzeptes Impulse für einen Mittelweg zwischen Tradition und Moderne zu geben. Denn es gilt, diese einzigartige Kulisse zu schützen und die einzigartige Kulturlandschaft vor unwiederbringlichen negativen Veränderungen zu bewahren.

Im folgenden Beitrag werden die wesentlichen Erkenntnisse im Umgang mit den derzeitigen Herausforderungen der Kulturlandschaftsentwicklung in den nordalbansichen Alpen aus planerischer Sicht dargelegt und zusammengefasst.

1 Räumliche Einordnung der nordalbanischen Alpen

Die Republik Albanien (Republika e Shqipërisë) liegt in Südosteuropa auf der Balkanhalbinsel am adriatischen und ionischen Meer. Angrenzende Länder sind Montenegro, Kosovo, Mazedonien und Griechenland. Albanien hat eine Landesfläche von 28.748 km^2 und 2,89 Mio. Einwohner (ca. 100 Einwohner/km^2). Im Vergleich dazu leben in Deutschland 82,2 Mio. Einwohner auf einer Landesfläche von 357.050 km^2 (ca. 230 Einwohner/km^2). Die Hauptstadt Tirana liegt in der Mitte des Landes und ist die größte Stadt Albaniens mit über 400.000 Einwohnern (Auswärtiges Amt 2017). Im Norden Albaniens an der Grenze zu Montenegro und dem Kosovo liegen die Albanischen Alpen, die zwei Nationalparke und ein Naturreservat umfassen. Der westlich gelegene Theth-Nationalpark in den nordalbanischen Alpen wurde 1966 gegründet und weist eine Fläche von 2.630 ha auf. Der östlich angrenzende Valbona-Nationalpark schützt eine Fläche von 8.000 ha, das Gashi-Fluss-Naturreservat 3.000 ha, beide im Jahr 1996 gegründet (Keçi und Krog 2014, S. 7 ff.). Der Theth-Nationalpark liegt in dem durch den Fluss Shala gebildeten Tal. Er ist geprägt von Wäldern landwirtschaftlich genutzten Flächen sowie kleinen Siedlungen und zeichnet sich durch seine Artenvielfalt aus. Die Siedlungen bilden den Ort Theth, der zur etwa 75 km weit entfernten Gemeinde Shkodra gehört (Keçi und Krog 2014, S. 22).

2 Prägende Phasen der Geschichte Albaniens

Albanien hat in den vergangenen 150 Jahren eine bewegte Geschichte mit den unterschiedlichsten Entwicklungen und Veränderungen vorzuweisen, welche die Politik, die Gesellschaft und die Kultur bis heute prägen. Ab Mitte des 20. Jahrhunderts entwickelte sich das Land zu einer sozialistischen Diktatur unter Enver Hoxha, der eine Abschottung nach außen und eine extrem kommunistische Entwicklung nach innen vorantrieb. Bezeichnend für diese Veränderungen waren der Bruch mit der Sowjetunion, der Austritt aus dem Warschauer Pakt 1968 und die Zuwendung zu China, welche jedoch auch nur wenige Jahre anhielt, da Hoxha schließlich einen eigenen abgeschotteten Weg des Kommunismus durchsetzte (Kohl 2003, S. 188). Zusätzlich ließ der Diktator rund 750.000 Betonbunker im gesamten Land errichten, um Albanien vor feindlichen Invasoren zu schützen (Spiegel Online 2012). Mit dem Tod Hoxhas 1985 und dem langsamen Zusammenbruch des Ostblocks zu Beginn der 1990er änderte auch Albanien die eigene Politik hin zur Öffnung und Demokratisierung des Landes. Diese Wende wurde zusätzlich radikal durch die albanische Studenten- und Widerstandsbewegung vorangetrieben (Celaj 2012, S. 17). Das Land wurde nach dem Sturz der Diktatur 1990 eine parlamentarische Republik. Die albanische Demokratie war jedoch in ihren Anfängen mehr oder weniger ein Scheinbild, da die kommunistischen Führer aus den 80er und 90er Jahren nach wie vor an der Macht waren (Agolli 2008, S. 70).

Die Europäische Union gilt bereits seit den 1990ern als eine der wichtigsten Institutionen, was Entwicklungs- und Aufbauhilfe anbetrifft. Diese äußern sich insbesondere durch erhebliche finanzielle Unterstützungen (Celaj 2012, S. 50). Zudem trat Albanien am 1. April 2009 der NATO bei und reichte wenige Wochen später die Kandidatur für einen Beitritt zur EU ein, der bis heute aussteht (Celaj 2012, S. 25f.). Nichtsdestoweniger versucht sich Albanien heutzutage als offenes demokratisches Land zu präsentieren, das den Tourismus als bedeutendsten Wirtschaftszweig ausbauen und die bestehende Landwirtschaft modernisieren möchte (Ministria e Punëve të Jashtme, Republika e Shqipërisë 2017). Diese Entwicklungen zeigen, welche intensiven Veränderungen Albanien in den vergangenen 150 Jahren durchlebt hat und verdeutlicht ebenfalls, wie weit Politik und Gesellschaft zum Teil voneinander entfernt sind und woher das Misstrauen der Bürger gegenüber dem Staat und der Politik kommt. Dieses wird zusätzlich durch die enorm hohe Rate an organisierter Kriminalität und Korruption, die sich seit dem Ende der kommunistischen Ära und den ersten Reformen zur Auflösung der Geheimpolizei und eines Großteils des Militärs gebildet hatte, bestärkt (Agolli 2008, S. 113). Seit dem Jahr 2017 wird das Land nun von dem sozialistischen Staatspräsidenten Ilir Meta und dem Ministerpräsidenten Edi Rama regiert (Auswärtiges Amt 2017).

3 Administrative Strukturen und das Planungssystem Albaniens

Die folgenden Ausführen erheben keinen Anspruch auf Vollständigkeit, sondern führen lediglich für das weitere Verständnis relevante Bestandteile des Planungssystems auf. Im Gegensatz zu manchen anderen post-kommunistischen Staaten wurde Planung in Albanien in den Jahren nach dem Zusammenbruch des kommunistischen Systems eher als ein Hindernis denn als ein nützliches Instrument angesehen. Zudem steht die Stadt-, Regional- und auch die Naturschutzplanung in Albanien vor dem Problem, dass hier aufgrund der bewegten Vergangenheit des

Landes eine besonders starke Anti-Haltung gegenüber dem Staat und seinen Institutionen ausgeprägt ist (Ruijsnik et al. 2013, S. 6). Reformen der vergangenen Jahre hin zu subsidiären und dezentralen Verwaltungsstrukturen eröffnen der Planung allerdings mittlerweile immer mehr Möglichkeiten, auch um zusammen mit den Bürgern zu planen und zu entwickeln.

Mit dem Gesetz zur Dezentralisierung in Albanien, dem sogenannten „Organic Law" von 2000, haben Gemeinden z.B. das Recht auf lokale Autonomie, und die Organisation mit der Zentralregierung wird nach dem Prinzip der Subsidiarität durchgeführt. Zu den Kernaufgaben der Gemeinden zählen deshalb die Aufstellung von Wirtschaftsprogrammen und die Organisation öffentlicher Dienstleistungen. Zusätzlich besitzen die Gemeinden seither Kompetenzen im Bereich der Stadt- und Raumplanung (Arnold 2011, S. 9). Die Stadtplanung wird in Albanien in erster Linie durch übergeordnete Entwicklungspläne gesteuert. Diese zeigen in der Regel nur, welche Art von Nutzung geplant ist und gebaut werden darf. Dabei fehlen jedoch Angaben darüber, wer diese Nutzungen baut, öffentliche oder private Investoren, und wie die Planung der Gebäude auszusehen hat. Zudem sind diese Entwicklungspläne stark architektonisch ausgerichtet. Dabei fehlen in der Regel interdisziplinäre Bezüge zur sozialen und wirtschaftlichen Struktur der Gesamtstadt (Kuci 2016, S. 154). Dieser Ordnung zufolge wäre die Verwaltung der Präfektur Shkodra, in welcher der Ort Theth liegt, der direkte Adressat und Ansprechpartner für potentielle Entwicklungsmaßnahmen und -szenarien.

Neben den Entwicklungsplänen (z.B. Territorialer Entwicklungsplan Shkodra) gibt es einen Managementplan, der für die beiden Nationalparks Theth und Valbona Valley partizipativ erarbeitet wurde. Die Vision für die Nationalparks wird im Managementplan wie folgt formuliert: „an Albanian Alps National Park as an inspirational example of sustainable development in which thriving communities and visitors have an opportunity to understand, enjoy and contribute to preserve the richness of cultural heritage and biodiversity" (Ministry of Environment 2014, S. 18).

Das albanische Umweltministerium („Ministria e Mjedisit") besteht aus fünf Direktionen (Umweltbeurteilungsdirektion, Umweltdaten-/Informationsdirektion, Umwelt- und Qualitätssicherungsdirektion, Forstdirektion, Direktion für Finanz- und Unterstützungsdienste), deren Hauptaufgaben die Aufnahme und Laborauswertung von verschiedenen Umweltparametern (Luft, Boden, Gewässer, Biodiversität und Wälder), die Überwachung des Zustandes der Umwelt sowie der Aufbau und die Verwaltung eines nationalen Umweltinformationsdienstes und die nationale Waldbestandsaufnahme sind. Zudem gibt es seit der Umstrukturierung des Umweltministeriums im Jahr 2014 die Nationale Umweltagentur NEA („Agjencia Kombëtare e Mjedisit"), die Vorhaben genehmigen und zulassen kann (ähnlich einer UVP). Über Selbstüberwachungsberichte der jeweiligen Betreiber („self-monitoring reports") erhält die NEA außerdem Informationen über den Zustand von genehmigten Vorhaben (National Environment Agency of Albania 2016, S. 1f.). Hieraus wird deutlich, dass Strukturen für den Umgang mit der Umwelt vorhanden sind – inwieweit sie wirken, bleibt jedoch offen.

4 Nebeneinander von Hyper- und Unterurbanisierung

Ein entscheidender Faktor in der jüngsten räumlichen Entwicklung in Albanien sind die Wanderungsbewegungen. Neben den Außenwanderungen über die Grenzen Albaniens hinaus ist vor allem die Zunahme der Binnenwanderung für die räumlich extrem differenzierte Siedlungsentwicklung verantwortlich. Die aktuelle Hyperurbanisierung zeigt sich durch ein rasantes Städtewachstum in den beiden größten Städten Tirana und Durres im Landeszentrum. Das wird besonders durch den schnellen Wachstumsprozess sichtbar, der europaweit bzw. im Kontext der Transformationsstaaten einmalig ist. Abzulesen ist dies am Urbanisierungsgrad, der sich in Albanien von 35,8 % im Jahr 1990 auf 47 % im Jahr 2000 (Becker et al. 2005, S. 129ff.) erhöht hat. Für das Jahr 2030 wird ein Anstieg auf 60,7 % vorausgesagt, was allerdings im europäischen Vergleich immer noch gering ist (Becker et al. 2005, S. 129ff.). Eine drastische Folge dieser Entwicklungen sind die informellen Bautätigkeiten am Stadtrand, die vorwiegend auf die Zuwanderung aus ländlichen bzw. peripheren Regionen zurückzuführen sind. Diese Wanderungsbewegungen führen auch zu einer Unterurbanisierung der peripheren Regionen in Süd- und Nordalbanien, vor allem im küstenfreien, gebirgigen Hinterland. Sichtbar wird das vor allem durch den sozioökonomischen Entwicklungsstand (Becker et al. 2005, S. 129ff.). So ist die Wirtschafts- und Lebensweise in den Bergregionen bis heute durch Weidewirtschaft zur Selbstversorgung und baulich durch Streusiedlungen mit geringer Ortsgröße, jedoch großer Ausbreitung aufgrund der Verteilung der Gehöfte, geprägt. Ihr Zusammenschluss bildet eine räumlich geschlossene Gemarkung, die sich durch eine fehlende Mittelpunktfunktion auszeichnet (Born 1977, S. 107f.).

5 Landwirtschaft und Tourismus

Die Landwirtschaft prägt auch heute noch das Leben zahlreicher Menschen in Albanien. Während im Flachland rund 60 % der Nahrungsmittel direkt vom Produzenten selbst verbraucht werden, liegt dieser Anteil im Berg- und Hügelland bei 90 %. In den Bergen wird Landwirtschaft demnach überwiegend in Subsistenzwirtschaft zur Ernährung der eigenen Familie durchgeführt, während in den Küstengebieten landwirtschaftliche Erzeugnisse zu 40 % verkauft werden (Christian 2004, S. 20). Die nordalbanischen Alpen gehören aus diesem Grund zu den rückständigsten und am geringsten entwickelten Landesflächen Albaniens. Viele junge Menschen verlassen aufgrund dieser Perspektivlosigkeit die kleinen Gemeinden und bevorzugen ein Leben in den großen, modernen Städten, die ihnen neue Möglichkeiten bieten. Das Thema Landflucht ist daher gegenwärtig, denn die Zeit scheint seit Jahrzehnten still zu stehen (BMZ 2008, S. 21). Dennoch führt in dieser Region seit geraumer Zeit der Strukturwandel zu einem Rückgang der traditionellen Landwirtschaft hin zu einer Intensivierung im Tourismussektor und nimmt somit einen enormen Einfluss auf die zukünftige Entwicklung des Alpenraums ein. Die nordalbanischen Alpen verfügen sowohl aufgrund ihrer einzigartigen Natur, die sich durch die klimatische Vielfalt, die Gebirge, Seen, Flüsse, Naturparks sowie die artenreiche Flora und Fauna zu erkennen gibt, als auch angesichts der lokalen Gemeinschaften, die einen traditionellen Lebensstil und ein reiches kulturelles Erbe pflegen, über ein enormes touristisches Potenzial. Naturnahe Aktivitäten wie Wandern, Angeln oder Mountainbiken sowie die lokalen Sehenswürdigkeiten zählen zu dem touristischen Angebot. Die Alpenregion weist somit optimale Voraussetzungen für Wanderer und Naturliebhaber auf (Ministria e Zhvillimit Urban dhe Turizmit 2014, S. 15f.).

Die nordalbanische Alpenregion bietet vor allem ein großes Potenzial für die Entwicklung eines sanften, umweltfreundlichen Tourismus. Diese nachhaltige Tourismusform sollte zukünftig gestärkt und gefördert sowie negativen Einflüssen wie Umweltverschmutzungen oder Massentourismus in Form von Skitourismus aktiv entgegengewirkt werden. Denn bei Betrachtung der Entwicklung der mitteleuropäischen Alpen lässt sich einerseits feststellen, dass der Erwerbszweig des Tourismus viele Ansässige dazu gebracht hat, die Landwirtschaft vollständig aufzugeben. Andererseits sind viele Menschen aufgrund der geringen Erwerbsaussichten in der Landwirtschaft in die Städte abgewandert, da nicht alle Dörfer vom Tourismus profitieren. Es lassen sich daher grob gesagt zwei Richtungen ausmachen: Zum einen gibt es Teile in den Alpen, die verstädtern, zum anderen gibt es Regionen, die mittlerweile menschenleer sind. Diese Entwicklungen prägen die Kulturlandschaft (Venzin 2016). Diese Entwicklungstendenzen und teilweise drastischen Überprägungen der Kulturlandschaft in den mitteleuropäischen Alpen geben den Anlass, die Entwicklung der noch vorhandenen Kulturlandschaft in den nordalbanischen Alpen hinsichtlich der bereits beginnenden Überformung durch den Tourismus planerisch zu steuern.

6 Potenziale und Gefährdungen der Kulturlandschaft

Die Entstehung einer Kulturlandschaft ist ein dynamischer Prozess. Sie entsteht über viele Jahrzehnte bis Jahrhunderte und ist daher geprägt von vielfältigen politischen und kulturellen Einflüssen sowie neuen technischen Errungenschaften und Möglichkeiten. Gerade aus diesem Zusammenspiel entsteht eine einzigartige Kulturlandschaft. Die im Rahmen des Projektes durchgeführte Bestandsaufnahme vor Ort und die Analyse haben gezeigt, dass die nordalbanische Alpenregion sowohl charakteristische Besonderheiten als auch wesentliche Herausforderungen aufweist. Diese werden im Folgenden kategorisiert dargestellt, um einen Eindruck von der Alpenregion Theth, der Landschaft, den Einwohnern, der Lebensweise und den Traditionen zu vermitteln. Es soll die vorhandene Bandbreite der essentiell zu erhaltenden Elemente sowie der potenziellen Gefährdungen und Herausforderungen verdeutlicht werden, um auf die künftig notwendige Planungsrelevanz für diese Region aufmerksam zu machen.

Die nachfolgenden Ausführungen basieren auf Erkenntnissen, die im Rahmen der Exkursion erlangt wurden. Dazu zählen Gespräche mit Bewohnern, fachliche Inputs durch lokale Experten sowie die vorgenommene Bestandsaufnahme.

Landschaft

Theth liegt in einem Tal inmitten der nordalbanischen Alpen. Hohe felsige Berge, welche teilweise bis ins späte Frühjahr schneebedeckt sind, prägen das Landschaftsbild. Das Tal selbst wird von dem Gebirgsfluss Shala geteilt. Dabei handelt es sich um ein sehr naturnahes und klares Fließgewässer, dessen Rauschen im gesamten Tal widerhallt und von einer weitläufigen Aue mit dichten Auwäldern umgeben ist. Besonders auffällig stellt sich das weite Flussbett dar (siehe Abb. 1), welches aufgrund mehrerer großer Überschwemmungen und Geröllawinen von der Natur geschaffen wurde. Die besiedelten und landwirtschaftlich genutzten Bereiche verteilen sich über das gesamte Tal und werden durch Waldgebiete relativ eng begrenzt. Dabei handelt es sich überwiegend um weitläufige Buchenwälder, die sich bis zur Baumgrenze die steilen Berghänge hochziehen. Dennoch fallen inmitten der dichten Wälder immer wieder offene Weideflächen auf, die sich die Bewohner durch Rodung nutzbar gemacht haben. Ebenso springen im Landschaftsbild häufig Felsflächen und Felsformationen ins Auge, die bis in den Talboden reichen. Das Zusammenspiel der verschiedenen kleinen Äcker, Wiesen und Obstbäume in Kombination mit den versprenkelten Höfen und schmalen Straßen erzeugt ein Mosaik, das den äußeren Charakter der nordalbanischen Kulturlandschaft in seiner gesamten Vielschichtigkeit darstellt.

Abbildung 1 Blick auf das Shalatal der nordalbanischen Alpenregion Theth (Foto: Autoren)

Flora und Fauna

Aufgrund des Klimas in den Bergen und der extensiven Bewirtschaftung existiert in den albanischen Alpen eine rege Vielfalt an Pflanzenarten, die in anderen Teilen Europas nur sehr selten auftreten und oft stark gefährdet sind. Besonders Arten, die magere Standorte benötigen, finden in Theth bis zu diesem Zeitpunkt zahlreiche Lebensräume. Ein exemplarisches Beispiel stellt dabei das Brand-Knabenkraut dar (siehe Abb. 2), das in Deutschland nur im Alpenraum verbreitet und im restlichen Süddeutschland verstreut zu finden ist. Zudem befindet sich diese Art in Deutschland auf der Roten Liste und gilt mit Gefährdungsstatus 2 als stark gefährdet. Die Gefährdungsursachen liegen insbesondere im hohen Flächenverbrauch durch Bebauung, in der intensiven Wiesenbewirtschaftung, Düngung und zu häufiger Mahd sowie dem Brachfallen von Wuchsorten. Da diese Veränderung der Siedlungsentwicklung und Art der Landwirtschaft in Theth bisher noch nicht stattgefunden hat, findet sich das Brand-Knabenkraut in voller Blüte auf vielen Wiesen. Auch die Magerrasenflächen, welche in den höheren Lagen vorkommen und traditionell als Allmendeweiden genutzt werden, sind als bedeutsam zu bewerten, ebenso wie die wechselfeuchten Lavendel-Weiden-Auwälder im Bereich des Baches mit einer artenreichen Krautschicht. Hier wurden z.B. verschiedene Orchideenarten gefunden. Zudem finden sich im Tal und auf den Gebirgshängen zahlreiche Kräuter und Heilpflanzen, sodass die Bewohner das Tal auch als „Medizinschrank" bezeichnen.

Viele außergewöhnliche Tierarten, die bspw. in anderen Teilen Europas stark gefährdet oder auf dem Rückzug sind, prägen das Bild der nordalbanischen Alpen. Die extensive Bewirtschaftung von Flächen lässt zahlreiche Lebensräume entstehen, in denen viele verschiedene Vogelarten heimisch sind. Zusätzlich finden unzählige Reptilienarten einen für sie optimalen Lebensraum im Tal. Neben giftigen Arten, wie der Hornviper, lassen sich ebenfalls ungefährliche Arten wie die Smaragdeidechse auffallend häufig antreffen, auch, da sie insbesondere durch ihre Farbenpracht sehr ins Auge fällt. Diese Reptilienart ist auf warme Standorte mit reichlichen Strukturen angewiesen und findet damit in Theth optimale Lebensbedingungen. Seltener sind dagegen der Luchs, Braunbär und Wolf anzutreffen. Diese sehr scheuen Tierarten meiden den Menschen und seine Siedlungsbereiche, gelten jedoch trotzdem in den höheren Lagen der nordalbanischen Alpen als heimisch.

Abbildung 2 Das Brand-Knabenkraut in den nordalbanischen Alpen (Foto: Autoren)

Landwirtschaft

Die Landwirtschaft in den nordalbanischen Alpen stellt eine sehr traditionelle und nahezu altmodische Art der Felderbewirtschaftung dar. Die Ackerflächen im Talboden sind in viele kleine Parzellen aufgeteilt, auf denen die Kleinbauern in erster Linie Selbstversorgung betreiben. Entlang der Berghänge haben die Bewohner der Natur einige wenige Weide- und Ackerterrassen abgerungen, um so auch den höher gelegenen Siedlungsbereichen die Möglichkeit zum Ackerbau und der Viehzucht zu geben. Auch heute noch finden sich kaum landwirtschaftliche Maschinen vor und die Hauptarbeit auf dem Feld wird nach wie vor von den Bauern, ihren kleinen Gerätschaften und den Zugtieren verrichtet (siehe Abb. 3). Diese Arbeit ist sehr mühselig und zeitaufwändig, was als einer der Gründe dafür gilt, weshalb insbesondere die jüngeren Bewohner von der Landwirtschaft in das Tourismusgewerbe wechseln. Dieser Rückgang hat ebenfalls zur Folge, dass exponierte Terrassenflächen verbuschen und die niedriger gelegenen lediglich als Allmendeweideflächen genutzt werden, da diese Art der Bewirtschaftung einen deutlich geringeren Zeitaufwand bedeutet. Dennoch stellt diese traditionelle Landwirtschaft mit ihrer Kleinfeldwirtschaft eines der Kernelemente der nordalbanischen Kulturlandschaft dar.

Weitere typische Kulturlandschaftselemente wie Flechtzäune, Trockensteinmauern oder Hutebäume prägen das Landschaftsbild. Die im Tal befindlichen Zäune bestehen aus sehr unterschiedlichen Materialien. Flechtzäune aus dünnen Ästen sowie Steinmauern sind die häufigsten Formen. Um die Weidetiere außerhalb der Wiesen und Ackerflächen zu halten, wurden an vielen Stellen die traditionellen Flechtzäune gebaut. Die Errichtung der Zäune und Mauern des Tals ist jedoch ein langer und immer noch aktueller Prozess, sodass nicht davon ausgegangen werden kann, dass ein bestimmter Typ Zaun oder Mauer in einer konkreten Entwicklungsphase entstanden ist. Heute werden schrittweise neue Formen und Materialien genutzt, sodass zunehmend Maschendraht, Metall- oder Betonbestandteile zu finden sind, welche teilweise auch als durchgängige Betonsockel errichtet wurden.

Durch die zunehmende Aufgabe der landwirtschaftlichen Nutzung besteht ein steigendes Sukzessionsrisiko mit Verlust von wertvollen Offenlandbereichen. Bereits teilweise stark fortgeschrittene Sukzession wurde aufgrund von ruderalen Hochstaudenfluren und zunehmender Verbuschung sowie vorhandenen Abbruchkanten verzeichnet. Diese Bereiche stellen kritische Entwicklungen innerhalb der Untersuchungsraumes dar, die es zu verhindern gilt. Des Weiteren sollten vergleichbare Flächen, die sich in Zukunft unter ähnlich hoher Sukzession verändern würden, entsprechend gepflegt werden.

Abbildung 3 Bewohner bei der traditionellen Feldbewirtschaftung (Foto: Autoren)

Bewohner

Die Kulturlandschaft der nordalbanischen Alpen wird maßgeblich durch ihre Einwohner geprägt. Neben einigen jungen Familien, die in die künftige Entwicklung der Region investieren, gibt es vor allem viele ältere Bewohner, die das traditionelle Leben und Wirken vor Ort repräsentieren. Das derzeitige Bild wird demnach insbesondere durch das Aufeinandertreffen der unterschiedlichen Altersgruppen und Charaktere geprägt. Während die jüngeren Generationen nach Theth zurückkehren, um von dem Aufschwung des zunehmenden Tourismus zu profitieren und mit dem Ausbau von Gästehäusern in den Sommermonaten Geld zu erwirtschaften, betreibt die ältere Bevölkerung bis heute traditionellen Ackerbau zur Selbstversorgung. Dabei haben die jüngeren Einwohner oftmals einen sehr optimistischen Blick auf das Tal und dessen zukünftige Entwicklung, im Gegensatz zu dem überwiegenden Anteil der älteren Bewohner, die eine gewisse Portion Skepsis gegenüber der rasanten Entwicklung im Tal äußern.

Architektur

Die traditionelle Architektur und Bauweise der albanischen Alpen ist in Theth trotz der zahlreichen Neubauten deutlich zu erkennen. Der Großteil der Gebäude vor Ort wurde vor 1944, demnach vor der kommunistischen Ära, erbaut. Steinerne Fassaden, kleine Fenster und mit Holzschindeln gedeckte Dächer, allesamt aus Baumaterialien der näheren Umgebung errichtet, galten noch vor nicht einmal 100 Jahren als die dominierenden Gestaltungselemente in der Baukultur. Eine aus dieser Bauweise hervorstechende Gebäudeart stellt die Kulla dar, welche als Wehranlage der einzelnen Ortschaften bei Gefahr dem ganzen Familienclan Schutz bot (siehe Abb. 4). Auch die im Shalatal verstreuten Bunker dienten während der kommunistischen Phase dem Schutz der Bevölkerung und sind heute größtenteils stark vernachlässigt. Da die kommunistischen Relikte der Erhaltung prägender Elemente der Landschaft sowie der Identifizierung der Bevölkerung mit der Vergangenheit Albaniens dienen, ist die Bewahrung dieser Bunker vor dem Verfall anzustreben. Diese Bauten bieten aufgrund ihrer Bauweise und auch ihrer Entstehungsgeschichte ein besonderes Potenzial, Touristen die albanische Geschichte näher zu bringen.

Insgesamt tragen die vor dem Kommunismus (vor 1944) errichteten Gebäude mit ihren prägenden Materialien (Steinfassade, graues Wellblechdach, Holzdach) wesentlich zum Landschaftsbild des Tals bei. Allerdings kann sich die traditionelle Bauweise neuen Einflüssen nicht entziehen. Neben den steinernen Gebäuden finden sich heute zunehmend verputzte Betonbauten oder mit Wellblech gedeckte Wohn- und Gästehäuser. Diese Art des Bauens begründet sich schlichtweg durch einen deutlich niedrigeren Preis und einen erheblich geringeren Zeitaufwand bei der Errichtung. Insbesondere im Bereich der Neubauten nach 1992 finden sich vermehrt Auffälligkeiten bzw. Loslösungen in Bezug auf die Materialwahl, das Bauvolumen sowie die Farbwahl der Bauten von der traditionellen Bauweise des Dorfes. Es besteht folglich Handlungsbedarf, um derartige Veränderungen der Kulturlandschaft in Zukunft zu vermeiden beziehungsweise dem derzeitigen Bautrend entgegenzuwirken. Dies ist insbesondere zum teilweisen Erhalt der traditionellen Bauweise zwingend notwendig, da diese einen bedeutenden Beitrag zur Einzigartigkeit der Kulturlandschaft leistet.

Abbildung 4 Die traditionelle Bauweise in den nordalbanischen Alpen (Foto: Autoren)

Verkehrsinfrastruktur

Der defizitäre Zustand der Verkehrsinfrastruktur, in Form von abgebrochenen Brücken und maroden, unausgebauten und nicht asphaltierten Straßen, prägen das Bild des Alpendorfes. Insbesondere die Passstraße, welche als Hauptverbindung zwischen Theth und der nächstgelegenen Stadt Shkodra genutzt wird, ist in außerordentlich schlechtem Zustand, da das Geld für nötige Reparaturarbeiten fehlt. Die schmale Schotterstraße führt entlang einer Felswand kilometerweit ins Tal und ist im Winter oft monatelang nicht passierbar. Der zunehmende Zerfall von Gebäuden und illegale Abfallentsorgungen entlang der Passstraße tragen zusätzlich zu einem negativen Erscheinungsbild bei. Auch die weiterführenden Pistenstraßen durch das Tal sind nicht ausgebaut und deshalb nur beschwerlich befahrbar. Eine Bus- oder Autofahrt in und durch das Tal stellt demnach eine regelrechte Abenteuerreise dar.

Neben diesem unzureichenden Straßenausbau und der schlechten Straßenbeschaffenheit weist das Dorf zudem kaum touristische Infrastrukturen auf. Nicht vorhandene Wegebeschilderungen sowie fehlende Sitzmöglichkeiten und öffentliche Abfalleimer, vor allem im Wanderwegenetz, stellen weitere Defizite im Bereich der verkehrstechnischen Infrastruktur dar und könnten im Gegensatz zum bestehenden Straßennetz problemlos behoben werden. Fakt ist folglich, dass sowohl die touristische Infrastruktur als auch das Straßennetz einen Ausbau sowie eine Sanierung benötigen, um einerseits der Bevölkerung Verbesserungen zu verschaffen und andererseits den Touristen eine sichere Fahrt und einen bestmöglichen Aufenthalt vor Ort zu ermöglichen. Ob nun das bestehende Straßennetz nahezu erhalten und lediglich einer Sanierung unterzogen werden soll oder aber vollkommen ausgebaut und damit asphaltiert werden soll, hängt von der Wahl der künftigen Entwicklungsperspektive für das Alpendorf sowie der Tourismusentwicklung ab. Selbst die lokale Bevölkerung ist diesbezüglich geteilter Meinung, denn ein Straßenausbau würde konsequenterweise das traditionelle Erscheinungsbild der Kulturlandschaft zerstören. Ein Straßenausbau stellt letztlich die Schlüsselinvestition für die weitere Entwicklung von Theth dar und sollte daher gründlich abgewogen werden.

Versorgungsinfrastruktur

Neben der Verkehrsinfrastruktur weist auch die Versorgungsinfrastruktur erhebliche Defizite auf. Die Bäche im Nationalpark werden sowohl für Trinkwasser als auch für die Bewässerung in der Landwirtschaft sowie zur Stromgewinnung genutzt. Frei zugängliche Stromhäuser und abgebrochene Strommasten, die zeitweise zu Stromausfall führen, sind ein alltägliches Bild in Theth. Im gesamten Tal befinden sich alte Kanäle, vermutlich zeitgleich mit den Ackerterrassen errichtet, zur Bewässerung der landwirtschaftlich genutzten Flächen. Die Wasserversorgung wird jedoch weitestgehend über Wasserschläuche, die das Wasser aus dem Fluss Shala und den angrenzenden Bächen kilometerweit in die Haushalte transportieren, geregelt. Die Schläuche sind oftmals defekt und verlieren teils Unmengen an Wasser. Im Norden des Tals wurde zudem vor wenigen Jahren im Fluss eine betonierte Staustufe inklusive eines parallel zum Fluss verlaufenden Kanals errichtet. Der Kanal wird zurzeit nicht genutzt und auch durch eine genauere Untersuchung der Anlage ist kein eindeutiger Nutzen erkennbar. Diese Bauten wirken deplaziert und stellen einen starken Eingriff in die Natur dar. Auch wenn sie Teil eines Entwicklungsprojektes waren, so wird dieses seit längerer Zeit nicht mehr fortgeführt. Hierfür könnte die stark verbreitete Korruption in Albanien als ein Grund aufgeführt werden. Förderprojekte wie dieses laufen insbesondere in ländlichen und abgelegenen Regionen Gefahr, missbraucht zu werden.

Einzelhandel und soziale Infrastruktur

Die gesamte Bevölkerung Theths ist auf die Städte angewiesen, da es in dem Alpendorf keine Lebensmittelläden oder Geschäfte gibt. Der Großteil der Bevölkerung besorgt daher im Durchschnitt ein- bis zweimal in der Woche Lebensmittel und

Hygieneartikel in der Stadt Shkodra. Was die Einwohner allerdings selbst anbauen können, wird somit auch in Theth erworben. Vorrangig im Winter ist das Passieren der Passstraße nicht möglich, was viele Bewohner dazu veranlasst, den Winter über in den Städten zu leben. Auch aus Gründen des weiterführenden Bildungsangebotes verlassen viele junge Einwohner den Ort, da es nur eine Grundschule gibt. Die ärztliche ist zudem auf eine Erstversorgung beschränkt.

Entsorgungsinfrastruktur

Eine große Herausforderung stellt die Abfallentsorgung im Tal dar, da kein geregeltes Entsorgungssystem existiert, über das bspw. der Abfall nach Shkodra abtransportiert, dort wiederverwertet oder entsorgt wird. Im gesamten Tal finden sich deshalb zahlreiche Standorte, an denen der Abfall vergraben oder verbrannt wird (siehe Abb. 5). Entlang des Flussufers fallen erhebliche Ansammlungen von angeschwemmtem Abfall ins Auge, was darauf schließen lässt, dass dieser auch in der Landschaft und über den Fluss entsorgt wird. Auch entlang der Wanderwege findet sich immer wieder Plastikabfall, der von Wanderern unachtsam weggeworfen wird. Nicht nur das Landschaftsbild, sondern auch die Trinkwasser- und Bodenqualität leiden unter dieser Verschmutzung. Die Gefahren für seltene, wilde Tiere, welche diesen Abfall verschlucken, können nur vermutet werden.

Da der Großteil der lokalen Bevölkerung wöchentlich Lebensmittel und Drogerieprodukte in Shkodra besorgt und in das Tal transportiert, entstehen große Abfallmengen durch verpackte Produkte. Sowohl Plastikabfall, Papier und biologischer Abfall als auch Bauschutt entstehen letztlich im Alltag der Bevölkerung. Letzterer ist Ergebnis der starken Neubau- und Umbautätigkeiten in Theth, für die die Bewohner dementsprechend große Mengen an Baumaterial benötigen. Zudem ist zu beobachten, dass auch in unmittelbarer Umgebung bereits fertiggestellter Gebäude oder brachliegender Rohbauten reichlich Baumaterial auf den Freiflächen der Grundstücke umherliegt. Trotz der Tatsache, dass diese Baumaterialien in der Regel auf privaten Grundstücken abgeladen sind, ergibt sich in deren Häufigkeit ein starker Kontrast zu den grünen Wiesen und Weiden, die als ortsbildprägende Umgebung der Gebäude in den Alpen erwartet werden. Eine künftige weitere hohe Bautätigkeit droht dieses Erscheinungsbild noch zu verschlimmern.

Abbildung 5 Überreste von verbranntem Abfall (Foto: Autoren)

Tourismus

Die Bergregion Theth profitiert von ihrer Lage mitten in den albanischen Alpen und angrenzend an die Balkanstaaten. Die malerischen Berghänge und die wilde Shala zeichnen ein Bild wie auf einer Postkarte. Die vorhandenen Sehenswürdigkeiten (drei Denkmale, ein Wasserfall) sowie potenziellen Sehenswürdigkeiten (ethnographisches Museum und alte Wassermühlen) können zur Attraktivität des Tals sowie des Erlebens seiner Entstehungsgeschichte und Naturschauspiele beitragen. Das Tal und seine nähere Umgebung bieten eine Vielzahl an besonderen, faszinierenden oder überraschenden Ausblickstandorten. Besonders der Blick von den Gebirgshängen hinab hilft, die Landschaft zu verstehen. Die aktuell vorhandenen Wanderwege führen nur an einer kleinen Zahl dieser besonderen Aussichtspunkte vorbei. Daher stellen diese Standorte ein interessantes Potenzial zur verstärkten Frequentierung dar. Entsprechende Wanderrouten könnten das bestehende Netz ergänzen. Außerdem ist bisher kaum touristische Infrastruktur in Form von Gestaltung bestimmter Aussichtspunkte vorhanden. Bereits das Aufstellen von Sitzmöglichkeiten und die Freihaltung der Standorte von Verbuschung würde hier die Möglichkeit des Erlebens der Landschaft deutlich verbessern und das Gebiet für Touristen attraktivieren.

Viele Wandertouristen durchqueren das Tal auf ihren Touren durch den Balkan (Peaks of the Balkan), und ihre Zahl steigt von Jahr zu Jahr rasant an. Im Zuge dieser Entwicklung kehren immer mehr junge Menschen in das Tal zurück, um ebenfalls von diesem Boom zu profitieren. Mittlerweile prägen zahlreiche Gästehäuser und Restaurants das Ortsbild. Somit werden seit einigen Jahren moderne touristische Infrastrukturen im Tal entwickelt. Die jüngst neu gebaute Tourismusinformation ist nur eines der vielen Zeugnisse für die modernen Einflüsse im Shala-Tal. Insgesamt führen mehr Touristen konsequenterweise zu einem erhöhten Abfallaufkommen, zu einem steigenden Verkehrsaufkommen und Wasserverbrauch. Die Etablierung eines Abfallmanagements, die Sanierung von Straßen, die Reparatur defekter Wasserleitungen sowie die Aufstellung neuer Strommasten sind demnach essentielle Aufgaben für die Zukunft von Theth. Ein unkontrollierter Ausbau der Region mit Hotelanlagen, Golfplätzen oder sogar Skiliften würde das Bild des Shala-Tals stark verändern und birgt somit keinen Bezug zur ursprünglichen landwirtschaftlichen Streusiedlung mehr.

Zwischenfazit

Abschließend lässt sich festhalten, dass viele Elemente in Theth die Kulturlandschaft prägen. Derzeitige Veränderungen im Erwerbssektor innerhalb des Tales weg von der Landwirtschaft hin zum Tourismus haben Auswirkungen auf die Kulturlandschaft. Die Landnutzung im Bereich der Terrassen ist ebenfalls von der Entwicklung weg von der Landwirtschaft hin zum Tourismus geprägt. Eine Aufgabe der Nutzung der Ackerterrassen trägt zur Veränderung des Kulturlandschaftserlebnisses bei. Besonders im Bereich der Neuerrichtung von Gebäuden und Zäunen sind moderne Einflüsse wie die Nutzung „neuer Materialien“ erkennbar, die wiederum Einfluss auf das Bild der Kulturlandschaft haben. Wichtig ist an dieser Stelle eine Steuerung aller angesprochenen Entwicklungen, um einen vollständigen Verlust traditioneller Elemente der Kulturlandschaft zu verhindern.

7 Strategien für die Kulturlandschaft der nordalbanischen Alpen

Die nordalbanischen Alpen stehen, wie bisher ausführlich dargestellt, zunehmend im Spannungsfeld zwischen Erhalt und Abkehr von jahrhundertealten Traditionen hinsichtlich der Baukultur, der Landwirtschaft und der Lebensweise. Daher gilt es, durch eine spezifische, individuelle Strategie einen Mittelweg für eine zukunftsorientierte Entwicklung des Alpendorfs Theth und nach Möglichkeit auch übertragbar auf die gesamte nordalbanische Alpenregion anzustreben, um die einzigartige Kulisse der Kulturlandschaft zu stärken und folglich das zu schützen, was künftig nicht verloren gehen darf. Die Förderung einer „nachhaltigen Kulturlandschaftsentwicklung" gilt daher als Leitbild für die zukünftige Entwicklung von Theth. Anhand dessen wurden auf der Basis der vorgenommenen Analysen und Auswertungen allgemeine Leitlinien formuliert, die als Orientierung für die zukünftige Entwicklung der albanischen Alpenregion dienen. Zur Verwirklichung dieser Leitlinien bedarf es bestimmter Schwerpunktsetzungen, auf deren Grundlage konkrete Maßnahmenempfehlungen getätigt wurden. Einige dieser Empfehlungen erhielten eine detaillierte, konzeptionelle Ausarbeitung, um die Entwicklung der Alpenregion nachhaltig und positiv mitzugestalten.

Allgemeine Leitlinien

Um das angestrebte Leitbild einer „nachhaltigen Kulturlandschaftsentwicklung" zu konkretisieren, wurden vier allgemeine Leitlinien definiert. Diese umfassen:

- das Aufzeigen der vorhandenen Werte,
- den Erhalt des aktuellen Zustands der Kulturlandschaft,
- die kontrollierte Entwicklung des Alpentals,
- sowie die Wiederherstellung prägender Kulturlandschaftselemente und -nutzungen.

Diesen Leitlinien wurden entsprechende Ziele zugeordnet, auf deren Grundlage jeweils konkrete Maßnahmen empfohlen wurden. Die vier Leitlinien mit ihren jeweiligen Zielen und Maßnahmen sollen im Folgenden näher erläutert werden.

Wert des Vorhandenen aufzeigen

Die Einzigartigkeit und Besonderheit der Landschaft in und um Theth wurde bereits ausführlich thematisiert. Die lokale Bevölkerung ist sich allerdings häufig dieser Besonderheiten sowie der Konsequenzen ihrer eigenen Handlungen nicht bewusst, was sich durch Umweltverschmutzungen oder aber Sanierungs- und Neubautätigkeiten ohne jeden traditionellen Bezug im Alpendorf bemerkbar macht. Der Fokus liegt zunehmend eher auf der Modernisierung als auf der Bewahrung des Althergebrachten, das den Einwohnern teilweise rückständig erscheint. Aufgrund fehlender Kontrollen und fehlender Einsicht der Bewohner werden allgemeine Verbote gebrochen, sofern sie nicht den Vorstellungen der Einwohner entsprechen. Strikte Ver- und Gebotsregelungen erhalten in Theth somit keine Anwendung. Daher ist es essentiell, dass die Bewohner von der Besonderheit ihrer Landschaft überzeugt werden, da sie nur dann an ihrer Bewahrung aktiv mitarbeiten werden. Das Aufzeigen der vorhandenen Werte stellt somit eine der vier definierten Leitlinien für eine nachhaltige Kulturlandschaftsentwicklung dar. Zentrales Ziel ist somit die Sensibilisierung, Aufklärung und Weiterbildung der ansässigen Bevölkerung für die Werte des Vorhandenen ihrer Region. Die Bereitstellung von Informationen, die Organisation von Infoveranstaltungen sowie die Etablierung pädagogischer Angebote für Schüler und Schülerinnen sind daher sinnvolle Maßnahmen, die an dieser Stelle dringend empfohlen werden.

Erhalt des aktuellen Zustands der Kulturlandschaft

Neue Einflüsse prägen zunehmend die Kulturlandschaftsentwicklung und führen zu Veränderungen des traditionellen Erscheinungsbildes der Kulturlandschaft. Aus diesem Grund steht die Alpenregion zurzeit im Spannungsfeld zwischen der Bewahrung des Althergebrachten sowie dem rapiden Einfluss der Moderne. Vor dem Hintergrund des schleichenden Veränderungsprozesses der einzigartigen Kulturlandschaft ist es somit notwendig, den aktuellen Zustand der Kulturlandschaft zu erhalten. Es gilt daher, unter anderem Relikte alter Nutzungen, traditionelle Bewirtschaftungsformen sowie die zahlreichen Lebensräume für gefährdete Tier- und Pflanzenarten aufrecht zu erhalten, um Zeugen früherer Nutzungen zu bewahren, altes Wissen weiterzutragen und letztlich heimische Tier- und Pflanzenarten nicht zu vertreiben. Der traditionelle Zustand der Kulturlandschaft symbolisiert schließlich die Identität des Ortes sowie ihrer Bewohner und somit die jahrhundertealte Geschichte der Alpenregion. Zur Verwirklichung dieser Leitlinie wurden folgende Ziele formuliert:

- der Erhalt der Lesbarkeit der Landschaft sowie der historischen Zustände,
- der Erhalt der Biodiversität,
- der Erhalt halboffener, heterogener Landschaften,
- die Sicherung der schulischen und ärztlichen Grundversorgung,
- der Erhalt der traditionellen Baukultur,
- der Erhalt der Streusiedlung in Kombination mit den Einzelhöfen sowie
- die Sicherung der Verkehrswege.

Um all diese Ziele zu erreichen, wurden jedem Ziel konkrete Maßnahmen zugeordnet, die im Folgenden aufgelistet werden und nachdrücklich empfohlen werden. Die Förderung der kulturhistorischen Erlebbarkeit, die Pflege und Neuerrichtung von traditionellen Kulturlandschaftselementen sowie die Förderung und Sicherung der Allmende-Beweidung und der traditionellen Bewirtschaftungsform stellen Maßnahmen dar, die zum Erhalt der Lesbarkeit der Landschaft sowie der historischen Zustände beitragen können.

Maßnahmen zum Erhalt der vorhandenen Biodiversität sind ebenfalls die Förderung und Sicherung der Allmende-Beweidung und der traditionellen Bewirtschaftungsform sowie die Pflege und Neuerrichtung von traditionellen Kulturlandschaftselementen. Weitere Maßnahmenempfehlungen umfassen die Förderung der extensiven Bewirtschaftung artenreicher Grünländer und des „natürlichen Zerfalls" der Ruinen sowie die Ausweisung von Nutzungsverbotszonen auf naturnahen Flächen. Um die halboffenen, heterogenen Landschaften zu erhalten, gilt es wiederum, die Allmende-Beweidung sowie die traditionelle Bewirtschaftungsform vor Ort zu fördern und zu sichern.

Für die Sicherung des aktuellen Zustands der schulischen und ärztlichen Grundversorgung ist es notwendig, dass seitens der Gemeinde Shkodra eine weiterführende Bereitstellung der Leistungen von ärztlicher Versorgung und schulischer Grundbildung erfolgt und dass eine Kenntnisweitergabe über die traditionelle Naturheilkunde sichergestellt wird. Eine Gestaltungssatzung sowie eine geregelte Nutzung der Entnahme von Baumaterialien aus der Landschaft stellen Maßnahmen dar, die zum Erhalt der traditionellen Baukultur vor der kommunistischen Ära beitragen können. Maßnahmen zum Erhalt der Streusiedlung sind die Ausweisung von Entwicklungsflächen sowie die Reaktivierung von verfallener, leerstehender Gebäudesubstanz, um nach Möglichkeit Neubautätigkeiten zu vermeiden. Um letztlich eine Sicherung der Verkehrswege zu ermöglichen, gilt es, die lokalen Straßen auszubessern und zu sanieren.

Kontrollierte Entwicklung des Tals

Das Aufeinanderprallen der unterschiedlichen Nutzungsansprüche führt in der albanischen Gebirgskette zu erheblichen Disparitäten innerhalb des Naturraums. Das potenzielle Ungleichgewicht zwischen Siedlungsentwicklung, Landwirtschaft, Naturraum und Tourismus erhöht die Gefahr einer unkoordinierten Entwicklung in eine ganz spezifische Richtung. Gerade der Strukturwandel, der sich durch den Rückgang der traditionellen Landwirtschaft aufgrund einer Intensivierung im Tourismussektor kennzeichnet, hat einen enormen Einfluss auf die zukünftige Entwicklung des Alpenraums. Notwendig ist somit die Bildung eines Regulierungsmechanismus insbesondere zur Kontrolle der explosionsartigen touristischen Entwicklung und den damit verbundenen negativen Folgen für Umwelt, Landschaft und Menschen. Eine kontrollierte und koordinierte Entwicklung des Alpentals stellt somit eine weitere Leitlinie für das Leitbild der nachhaltigen Kulturlandschaftsentwicklung in Theth dar. Zu den zentralen Zielen zur Verwirklichung dieser Leitlinie zählen:

- der Aufbau regionaler Kooperationen,
- die Förderung eines kulturlandschaftsverträglichen, sanften Tourismus,
- die Förderung einer nachhaltigen Landwirtschaft,
- die Koordination von Neubautätigkeiten
- sowie der Aufbau eines Systems für ein Abfallmanagement.

Die nachfolgend aufgelisteten Maßnahmenempfehlungen werden vorrangig empfohlen, um zur Realisierung der formulierten Ziele beizutragen. Die Etablierung eines regionalen Siegels sowie eines Netzwerkes für die Einbindung von Freiwilligen zur Bewältigung allgemein dienlicher Aufgaben stellen Maßnahmen dar, die unter anderem zum Aufbau regionaler Kooperationen beitragen können. Maßnahmen zur Förderung eines kulturlandschaftsverträglichen und sanften Tourismus umfassen die Etablierung eines regionalen Siegels, die Regulierung der Bettenzahlen in Gästehäusern, die Förderung eines landschaftsschonenden Tourismus- und Freizeitangebotes und damit gleichzeitig ein Verbot von motorisierten Freizeitangeboten sowie Skitourismus. Zu den weiteren Maßnahmenempfehlungen zählen die Etablierung von Naturführungen und Themenwegen zur Aufklärung über die Einzigartigkeit der Landschaft, die Förderung einer umweltverträglichen Mobilität, die Vermarktung von regionalen Produkten sowie die Verbesserung der Tourismusinfrastruktur. Zur Förderung einer nachhaltigen Landwirtschaft gilt es, finanzielle Unterstützungen sowohl für neue Existenzgründungen als auch für ehemalige landwirtschaftliche Flächen, die der Verbuschung unterliegen, zu schaffen. Die Formulierung einer Gestaltungssatzung für die traditionelle Bauweise und Architektur soll zur Koordination der zahlreichen Neubautätigkeiten beitragen. Maßnahmen, die zum Aufbau eines Abfallmanagementsystems beitragen, umfassen die Schaffung einer geregelten Abfallentsorgung und die Installierung von Abfalleimern. Ein Verbot zur Abfallentsorgung und Abfallverbrennung in der Landschaft stellt eine weitere essentielle Maßnahmenempfehlung dar.

Wiederherstellung prägender Kulturlandschaftselemente und -nutzungen

Vor dem Hintergrund der aktuellen Veränderungsprozesse im Tal kommt es zunehmend zum Verlust der prägenden Kulturlandschaftselemente und Kulturlandschaftsnutzungen. Hierzu zählen bspw. Zäune, Mauern oder Ruinen. Die Wiederherstellung dieser prägenden Kulturlandschaftselemente und -nutzungen stellt daher die vierte und letzte Leitlinie für eine nachhaltige Entwicklung dar. Die definierten Ziele dieser Leitlinie umfassen:

- die Rekultivierung der noch nicht vollends sukzessierten Weiden,
- die Reaktivierung leerstehender Bausubstanz sowie
- die Sanierung von Verkehrswegen.

Die nachfolgend aufgelisteten Maßnahmenempfehlungen werden dringend empfohlen, um zur Realisierung dieser formulierten Ziele beizutragen. Die manuelle Entbuschung von Weideflächen sowie ein höherer Besatz von Herden stellen Maßnahmen dar, die zu einer Rekultivierung der noch nicht vollends sukzessierten Weiden auf höher gelegenen Terrassen beitragen. Maßnahmen zur Reaktivierung leerstehender Bausubstanz umfassen deren Sanierung sowie die Nachnutzung von Gebäuden. Um eine Sanierung von Verkehrswegen anzustreben, wird empfohlen, einzelne Straßenbrücken wieder aufzubauen.

8 Ausblick

Im Rahmen des Semesterprojektes „Kulturlandschaftsentwicklung in den nordalbanischen Alpen im Spannungsfeld zwischen Tradition und Moderne“ wurde ein umfangreicher Bericht mit detaillierten Ansätzen für eine zukunftsorientierte Entwicklung für das Alpendorf Theth erarbeitet. Zentrales Ergebnis dieses Projektes ist, dass die touristische Entwicklung vor Ort zwar als positiv zu betrachten ist, allerdings die aktuellen durch die lokalen Einwohner verursachten Veränderungen vielfach eher als negativ zu bewerten sind. Ein allmählicher Verlust der lokalen Kulturlandschaft scheint durch deren Handlungen vorbestimmt und unaufhaltsam und steht folglich einem Erhalt sowie einer Weiterentwicklung entgegen. Die einwöchige Exkursion im Alpendorf hat gezeigt, dass ein Großteil der lokalen Bevölkerung ohne jegliche Regelungen handelt, zusätzlich äußerst kurzfristig denkt sowie meist auf den eigenen Vorteil bedacht ist. Eine Überforderung des Tals aufgrund der rapide fortschreitenden Kulturlandschaftsentwicklung ist somit zu befürchten.

Das Tal bedarf daher künftig einer koordinierten und kontrollierten Steuerung sowie Entwicklung bei gleichzeitiger Etablierung mindestens informeller politischer Selbstverwaltungsstrukturen. Ohne jene zielgerichtete Einschreitung führt die aktuelle Entwicklung konsequenterweise zu einem Rückgang der landwirtschaftlichen Tätigkeit, insbesondere in den abgelegenen Siedlungsbereichen, und infolgedessen zu einer deutlich sichtbaren Verbuschung der Landschaft. Darüber hinaus verdeutlichen die erarbeiteten Ergebnisse, dass gegenwärtig eine unkoordinierte und unkontrollierte Bautätigkeit merkbar zunimmt und die Siedlungsbereiche sich zunehmend durch zahlreiche Neubauten für touristische Zwecke verdichten. Zudem ist eine Loslösung von der kulturlandschaftsprägenden, traditionellen Bauweise zu verzeichnen. Diese Entwicklung muss schnellstmöglich in geordnete Bahnen gelenkt werden, denn je länger diese voranschreitet, desto schwieriger stellen sich entsprechende Gegenmaßnahmen dar. Veränderungen sind folglich notwendig, um einen sanften Wandel der Kulturlandschaft herbeizuführen und zuzulassen. Eine geordnete Entwicklung muss hierbei zwingend als gemeinsamer Prozess durchgeführt werden, welcher zunächst als Aufklärungsarbeit und Sensibilisierung der Bevölkerung vonstatten gehen kann. Als zweiter Schritt sollte dieser Prozess die gemeinsame Erarbeitung von Ideen, Wünschen, Handlungsmaßnahmen und Konzepten mit der Bevölkerung beinhalten. Konkrete Maßnahmen- und Konzeptumsetzungen sind schließlich abhängig von der Mitwirkung und Bereitschaft der Bewohner.

Der teilweise Verlust der Kulturlandschaft hat sich letzten Endes in den mitteleuropäischen Alpen bereits vollzogen, und die touristische Entwicklung hat gravierende Folgen im Landschafts- und Siedlungsbild hinterlassen. Dieser Beitrag soll darauf aufmerksam machen, der aktuell unkoordinierten und unkontrollierten Entwicklung entgegenzusteuern sowie letztlich die Kultur mit Hilfe eines „angemessenen Mittelweges“ zwischen Tradition und Moderne zu erhalten. Die Zusammenarbeit mit den Menschen vor Ort ist hierbei der Schlüssel für eine nachhaltige Entwicklung. Die Kulturlandschaft der nordalbanischen Alpen, insbesondere in Theth, hat in den letzten Jahren durch moderne Einflüsse und Verbesserungen einen extremen Entwicklungssprung vollzogen. Nun ist es an den Bewohnern, dass dieser nicht im kalten Wasser endet und für die kommenden Generationen ein böses Erwachen nach sich zieht.

Literatur

Agolli, A. (2008). Demokratisierungsprozess in Albanien. Irrwege einer Demokratie. Wien: Fakultät für Sozialwissenschaften der Universität Wien.

Arnold, P. (2011). Die praktische Relevanz von strategischen Plänen in Gemeinden – Vergleichende Studie am Beispiel einer Gemeinde in Albanien (Dajç) und in der Schweiz (Riehen). Bern: Kompetenzzentrum für Public Management der Universität Bern.

Auswärtiges Amt (2017). Albanien. Berlin. http://www.auswaertiges-amt.de/DE/Aussenpolitik/Laender/Laenderinfos/01-Nodes_Uebersichtsseiten/Albanien_node.html (01.08.2017).

Becker, H.; Friemer, M.. & Göler, D. (2005). Aktuelle stadtgeographische Veränderungsprozesse in Südosteuropa. Wohnungsmarkt und Citybildung in Tirana, In: H. Kopp (Hrsg.), Mitteilungen der Fränkischen Geographischen Gesellschaft. Band 52. Erlangen. http://fgg-erlangen.de/fgg/ojs/index.php/mfgg/article/viewFile/58/45 (13.08.2017).

Born, M. (1977). Geographie der ländlichen Siedlungen. Die Genese der Siedlungsformen in Mitteleuropa. Bd. 1. Stuttgart: Teubner Verlag.

Bundesministerium für wirtschaftliche Zusammenarbeit und Entwicklung (BMZ) (2008): Gemeinsam für Morgen. 20 Jahre deutsch-albanische Entwicklungszusammenarbeit. Materialie 189. Bonn. Berlin. http://www.bmz.de/de/mediathek/publikationen/archiv/reihen/infobroschueren_flyer/infobroschueren/Materialie189.pdf (27.07.2017).

Celaj, K. (2012). Ein Vergleich zwischen Kroatien und Albanien auf ihrem Integrationsweg in die Europäische Union. Wien: Fakultät für Sozialwissenschaften der Universität Wien.

Christian, S. (2004). Die Albanische Landwirtschaft – gegenwärtige Situation und Untersuchungen zu Entwicklungschancen des ökologischen Landbaus. Eberswalde: Fachbereich Landschaftsnutzung und Naturschutz Fachhochschule Eberswalde.

Keçi, E.. & Krog, E. (2014). Thethi & Valbona Valley National Parks, and Gashi River Strict Nature Reserve – Management Plan. Tirana. https://www.researchgate.net/publication/270050073_Albanian_Alps_Management_Plan (27.07.2017).

Kohl, C. von (2003). Albanien. 2., überarb. und aktualisierte Aufl. München: Beck.

Kuci, F. (2016). Urban Planning System in Albania, need for Strategic Approaches. In: D. Kastrioti, International Journal of Advanced Research in Social Sciences and Humanities Vol. 5, No. 7. (S. 149–157). Tirana.

Ministria e Punëve të Jashtme, Republika e Shqipërisë Homepage (2017). Albania – economic developments, achievements and challenges. Ohne Ort. http://www.punetejashtme.gov.al/en/mission/economic-diplomacy/albania-economic-developments-achievements-and-challenges (27.07.2017).

Ministria e Zhvillimit Urban dhe Turizmit (2014). National Strategy of Tourism 2014–2020. Tirana.

Ministry of Environment Albania (2014). Draft Management Plan Albanian Alps. Tirana. https://www.researchgate.net/publication/270050073_Albanian_Alps_Management_Plan (04.08.2017).

National Environment Agency of Albania (2016): About NEA. Tirana. http://epanet.pbe.eea.europa.eu/european_epas/countries/national-environment-agency-albania-member-profile (01.08.2017).

Ruijsink, S.; Duka, I.. & Toto, R. (2013). Urban planning and the free market in Albania. Tirana.

Spiegel Online (2012). Bunkerland Albanien – Alle in Deckung. Ohne Ort. http://www.spiegel.de/einestages/bunker-in-albanien-ein-volk-unter-beton-a-947666.html (02.08.2017).

Venzin, G. (2016). Mehr Wildnis – weniger Bauern. Wie weiter im Alpenraum. Dokumentation auf 3sat vom 28.09.2016.

Übersicht über die Autorinnen und Autoren dieses Bandes

Uwe Altrock
Jahrgang 1965; Dr.-Ing., Bauassessor, Stadtplaner und Mathematiker; 2003 bis 2006 Juniorprofessor für Urban Structures an der BTU Cottbus. Seit 2006 Professor für Stadtumbau und Stadterneuerung bzw. Stadterneuerung und Planungstheorie an der Kassel; Arbeitsschwerpunkte: Planungstheorie, Planungsgeschichte, Stadterneuerung. Seit 2000 Mitherausgeber des Jahrbuch Stadterneuerung.

Elisa Böhme
Jahrgang 1985, M. Sc., Studium der Geographie (B.Sc.) mit dem Nebenfach Landschaftsplanung; Studium im Fach Raumentwicklung und Naturressourcenmanagement (M. Sc.) an der Technischen Universität Dresden und der Universität Vilnius. Von 2015 bis 2018 wissenschaftliche Mitarbeiterin am Leibniz-Institut für ökologische Raumentwicklung (IÖR) im Bereich Interdisziplinäres Zentrum für ökologischen und revitalisierenden Stadtumbau (IZS). Forschungsschwerpunkte: Grün/Biodiversität in der Stadt, Instrumente der Stadtplanung insbesondere Programmatik der deutschen Städtebauförderung.

Felix Ekardt
Jahrgang 1972, Prof. Dr. Dr., LL.M., M.A.; seit 2009 Professor für Öffentliches Recht und Rechtsphilosophie an der Universität Rostock (Juristische Fakultät), Mitglied des Leibniz-Wissenschaftscampus Phosphorforschung Rostock. Gründer und Leiter der Forschungsstelle Nachhaltigkeit und Klimapolitik (FNK) in Leipzig und Berlin. Forschungsschwerpunkte: Governance, Recht und Ethik der Nachhaltigkeit und die Bedingungen sozialen Wandels.

U. Altrock et al. (Hrsg.), *Programmatik der Stadterneuerung*, Jahrbuch Stadterneuerung, https://doi.org/10.1007/978-3-658-26765-0

Thomas Fischer

Jahrgang 1972, Dr.-Ing., Stadtplaner (AK-LSA); Vermessungstechniker, Studium der Raum- und Umweltplanung an der Universität Kaiserslautern; 2002–2008 Stadtplaner im Büro für Siedlungserneuerung Dessau; 2008–2009 Siedlungsplaner in Bern/CH; seit 2009 Wissenschaftlicher Mitarbeiter im FG Stadtumbau + Ortserneuerung der TU Kaiserslautern; 2015 Promotion an der TU Kaiserslautern mit einer Arbeit zum Thema der Stadtumbau & Kultur; Mitbegründer diverser ehrenamtlicher Initiativen u.a. Schwabehaus e.V. Dessau, Freundeskreis Flussbaden Dessau, raumpiraten Kaiserslautern; *Arbeitsschwerpunkte:* Kulturelle Vermittlung von Stadtumbaumaßnahmen, Behutsame Stadterneuerung, Integrierte Stadtentwicklungsplanung, Informelle Planungsinstrumente, Beteiligungsprozesse und zivilgesellschaftlich getragene Projektentwicklung, Aktivierungsstrategien von Eigentümern, Umgang mit Wohnungsleerstand, BMBF- Verbundprojekt: Stadterneuerung am Wendepunkt – die Bedeutung der Bürgerinitiativen gegen den Altstadtverfall für die Wende in der DDR“ (Stadt-Wende).

Friederike Fugmann

Jahrgang 1990, Dr.-Ing., Studium der Architektur 2009 bis 2015 an der RWTH Aachen, anschließend 2015-2018 Promotion am Lehrstuhl für Planungstheorie und Stadtentwicklung der RWTH Aachen. Schwerpunkte in Lehre und Forschung: öffentliche Räume sowie die Kommunikation zwischen den an ihrer Entwicklung beteiligten Akteuren. Seit 2019 bei der Landmarken AG im Bereich Quartiersentwicklung tätig.

Nils Hans

Jahrgang 1989, M.A., Studium der Geographie und Stadt- und Regionalentwicklung an der Universität Bremen. Wissenschaftlicher Mitarbeiter am ILS – Institut für Landes- und Stadtentwicklungsforschung gGmbH. Arbeitsschwerpunkte: Integrierte Quartiersentwicklung sowie Migrations- und Integrationsforschung in Ankunftsquartieren.

Markus Hirth

Jahrgang 1962, Dipl.-Ing., Städtebauarchitekt und Stadtplaner (AKH), Planer (SRL), Moderator (bfub), Studium der Architektur mit Schwerpunkt Städtebau an der FH Darmstadt, seit Sommer 2001 freiberuflich tätig im eigenen Büro projekt. stadt in Bensheim und Berlin mit dem Tätigkeitsprofil: Stadtplanung, Moderation, Stadtteilmanagement. Arbeitsschwerpunkte: partizipative Planung, Moderation und Beratung im Rahmen der Bund-Länder-Programme Soziale Stadt und Stadtumbau. Für verschiedene Städte in Hessen mit unterschiedlichen Aufgabenschwerpunkten tätig. Moderation unterschiedlicher Workshops und Veranstaltungen. Von 2011 bis 2015 Lehrbeauftragter an der Hochschule Esslingen, seit 2016 Lehrauftrag an der Universität Kassel. Mitglied der Projektgruppe Städtebauförderung der SRL, Mitglied der Expertenkommission zur Evaluation der Soziale Stadt beim Bundesbauministerium und viele Jahre Sprecher des AK Soziale Stadt und Präventive Stadtentwicklung der SRL.

Melana Jäckels
Jahrgang 1991, Studium der Raumplanung an der TU Kaiserslautern, Bachelorarbeit „Civic Crowdfunding – Ein neues Instrument für eine lebendige Stadtentwicklung?“, anschließend Studium der Stadt- und Regionalentwicklung an der TU Berlin und der Architektur an der Universitätsrat für Architektur und Urbanismus in Bukarest (RO).

Daniela Karow-Kluge
Dr.-Ing., Studium der Landschafts- und Freiraumplanung an der Leibniz-Universität Hannover und der Wageningen Agricultural University (NL), Promotion 2008 an der Leibniz-Universität Hannover zu experimentellen Planungsprozessen. Lehre und Forschung an den Universitäten in Hannover, Wien, Kapstadt und Maskat. Nach beruflichen Stationen in der Planungspraxis 2011 bis 2017 wissenschaftliche Mitarbeiterin am Lehrstuhl für Planungstheorie und Stadtentwicklung der RWTH Aachen. Seit 2018 bei der Stadt Aachen in der Stadterneuerung und -gestaltung tätig. Seit 2003 freiberuflich an Projekten und als Dozentin in der Landschaftsarchitektur und Stadtentwicklung tätig.

Robert Knippschild
Jahrgang 1974, Prof. Dr.-Ing., Studium der Raumplanung an der Technischen Universität Dortmund. 2001–2016 Tätigkeiten als wissenschaftlicher Mitarbeiter und als Freiberufler. 2008 Promotion an der Technischen Universität Dortmund, Fakultät Raumplanung. 2009–2012 Gast- und Vertretungsprofessur für Regionalplanung an der Brandenburgischen Technischen Universität Cottbus-Senftenberg. 2010–2014 Vertretungsprofessur für Raumordnung an der Technischen Universität Dresden. Seit 2016 Leitung des Interdisziplinären Zentrums für ökologischen Stadtumbau (IZS) am Leibniz-Institut für ökologische Raumentwicklung (Dresden) sowie Universitätsprofessur an der Technischen Universität Dresden, Internationales Hochschulinstitut Zittau. Forschungsschwerpunkte: Strategien und Instrumente für eine nachhaltige Stadt- und Regionalentwicklung, Lebensqualität in Städten und Regionen, interkommunale und grenzüberschreitende Kooperation, Urban und Regional Governance.

Philipp Kopp

Jahrgang 1982, Dipl.-Ing. (FH) und M. Eng., Fachrichtung Stadtplanung, Freier Stadtplaner (AKBW), Wirtschaftsförderer (VWA). Studium der Stadtplanung in Nürtingen und Stuttgart sowie der Wirtschaftsförderung in Freiburg. Seit 2018 Partner im Büro Stemshorn Kopp Architekten und Stadtplaner PartGmbB in Ulm; Arbeitsschwerpunkte: Stadtentwicklung, Stadterneuerung, Städtebaulicher Entwurf und Bauleitplanung. Seit 2018 Promotion an der TU Kaiserslautern zum Thema Stadtraumentwicklung.

Arvid Krüger

Jahrgang 1979; Dr. des.; Dipl.-Ing. der Stadt-/Raumplanung; Studium an der TU Berlin und der KTH Stockholm; Promotion an der Bauhaus-Universität Weimar zum 21.12.2018; Mitarbeiter im Planungsbüro Jahn, Mack & Partner (Berlin) sowie am Forschungsverbund „Neue Suburbanität" an der Universität Kassel; 2012 bis 2018 Wissenschaftlicher Mitarbeiter an der Bauhaus-Universität Weimar; 2009 bis 2013 als freier Mitarbeiter der Howoge Quartiersmanager in Neu-Hohenschönhausen (Berlin); Arbeitsschwerpunkte: Stadterneuerung; soziale Infrastruktur; jüngere Planungsgeschichte; Wohnungsforschung; Stadt-Umland-Forschung; Planungstheorie. Sprecher des SRL-Arbeitskreises Soziale Stadt und Präventive Stadtentwicklung.

Jens Kunert

Jahrgang 1980, Dipl.-Ing., 2001 bis 2007 Studium der Stadt- und Regionalplanung an der Technischen Universität Berlin, 2007 bis 2011 Wissenschaftlicher Mitarbeiter am Institut für Städtebau Berlin, 2008 bis 2011 Leiter der Bundesgeschäftsstelle der Deutschen Akademie für Städtebau und Landesplanung, seit 2011 Akademischer Mitarbeiter an der Brandenburgischen Technischen Universität Cottbus-Senftenberg, Fachgebiet Planungs- und Baurecht, seit 2013 Promotion bei Prof. Dr.-Ing. Silke Weidner, LS Stadtmanagement an der BTU Cottbus-Senftenberg. Weitere Forschungsschwerpunkte: Klimaschutz und Klimaanpassung in der Stadtplanung, Allgemeines und Besonderes Städtebaurecht, Gesunde Stadtplanung.

Ronald Kunze

Jahrgang 1950, Dr.-Ing., Assessor für Städtebau, Stadtplaner IfR/SRL. 1970 bis 1977 Studium der Infrastruktur- und Raumplanung an der TU Darmstadt. 1979 bis 1981 Referendariat in der Fachrichtung Städtebau, 1991 Promotion an der Universität Kassel. 1977 bis 1993 wissenschaftlicher Mitarbeiter in staatlichen Forschungsinstitutionen sowie an der Leibniz-Universität Hannover am Institut für Freiraumplanung und planungsbezogene Soziologie, der Universität Kassel im Lehrgebiet Stadterneuerung und Stadtumbau und der TU Hamburg-Harburg im Arbeitsbereich Städtebau. 1991 Gastdozent im Lehrgebiet Städtebau an der Hochschule für Architektur und Bauwesen Weimar (HAB); jetzt Bauhaus Universität Weimar. 1994 bis 1997 Leiter der Ortsplanungsstelle Leipzig. Seit 1998 Büro für Städtebau und Kommunalberatung; Fachautor für Planungsrecht und Städtebau; Mitherausgeber des Praxishandbuch für Bauleitplanung und des Städtebaurechts, 1996 bis 2011 Mitglied der Redaktion der Fachzeitschrift PlanerIn, seit 2011 Mitglied der Redaktion der „RaumPlanung. Fachzeitschrift für räumliche Planung und Forschung". Seit 1990 Mitherausgeber des Jahrbuch Stadterneuerung.

Detlef Kurth
Jahrgang 1967, Prof. Dr.-Ing., Stadtplaner SRL/DASL. 1985–1992 Studium der Stadt- und Regionalplanung an der TU Berlin, 1992 bis 1997 Mitarbeiter bei Planergemeinschaft Dubach, Kohlbrenner Berlin, 1997 bis 2003 wissenschaftlicher Mitarbeiter an der Universität Dortmund, Fakultät Raumplanung, Fachgebiet Städtebau und Bauleitplanung; Forschungsprojekte zur sozialorientierten Stadterneuerung mit der Arbeitsgruppe Bestandsverbessrung; 2003 Promotion über Strategien der Stadterneuerung am Beispiel Berlin an der Universität Dortmund. Von 2003 bis 2017 Professor an der Hochschule für Technik Stuttgart, Fakultät Architektur und Gestaltung: Forschungsprojekte zu District Centre Management, energiegerechtem Stadtumbau und energieeffizienter Stadt. Mitgliedschaften in DASL, SRL, IfR, AESOP, Architektenkammer Baden-Württemberg. Mitarbeit in der Redaktion der SRL Zeitschrift PlanerIn sowie im ASAP Ausschuss Stadtplanung. Seit 2017 Professor für Stadtplanung an der TU Kaiserslautern. Seit 2017 Mitherausgeber des Jahrbuch Stadterneuerung.

Franziska Maier
Jahrgang 1990, M.Sc. Stadt- und Regionalplanung; Studium an der Universität Kassel (2012–2018), studentische Mitarbeiterin am FG Integrierte Verkehrsplanung und Mobilitätsentwicklung (2013–2016) sowie FG Stadterneuerung und Planungstheorie (2016–2018); Masterarbeit zur Relevanz von urbanem Freiraum in gründerzeitlich dichten und sozial benachteiligten Stadtteilen. Derzeit angestellt bei Wick + Partner Stadtplaner Architekten in Stuttgart. Arbeitsschwerpunkte: Stadterneuerung, integrierte Stadtentwicklung, städtebaulicher Entwurf.

Juliane Mathey

Jahrgang 1959, Dr. rer. nat., Studium der Biologie an der Rheinischen Friedrich-Wilhelms-Universität in Bonn. Seit 1992 wissenschaftliche Mitarbeiterin und Projektleiterin am Leibniz-Institut für ökologische Raumentwicklung, Dresden (IÖR). Seit 1994 Lehrtätigkeiten u. a. an der Technischen Universität Dresden. Forschungsschwerpunkte: Stadtökologie, Förderung von Biodiversität in der Stadt, Stadtumbau und ökologische Entwicklung städtischer Frei-, Grün- und Brachflächen, Integration naturschutzfachlicher Belange in die Stadtplanung, freiraumplanerische Strategien zur Anpassung an die Folgen des Klimawandels in Städten, urbane Ökosystemleistungen. Zahlreiche (Verbund-)Projekte in nationalem und europäischem Kontext zusammen mit Partnern aus Wissenschaft und Praxis.

Thomas Münchow

Jahrgang 1997, Student im achten Semester Raumplanung, Bachelor of Science, an der Technischen Universität Kaiserslautern. Seit Sommer 2017 studentischer Mitarbeiter im Forschungsprojekt „Stadtteil Kaiserslautern Nordwest“ am Fachgebiet Stadtumbau + Ortserneuerung der TU Kaiserslautern.

Rolf Novy-Huy

Jahrgang 1957, Bankkaufmann. Mitbegründer und Vorstand der Stiftung trias, gemeinnützige Stiftung für Boden, Ökologie und Wohnen, Hattingen (Ruhr). Aus seiner Tätigkeit bei der GLS Gemeinschaftsbank eG in Bochum verfügt er über eine gute Einsicht in zivilgesellschaftliche Projekte, insbesondere zum Thema gemeinschaftliches Wohnen. In der Stiftung trias engagiert er sich weiter in diesem Bereich, ergänzt um Fragen des Bodens und der Ökologie.

Stefanie Rößler

Jahrgang 1978, Dr.-Ing., Studium der Landschaftsarchitektur an der Technischen Universität Dresden. Seit 2003 wissenschaftliche Mitarbeiterin am Leibniz-Institut für ökologische Raumentwicklung, Dresden (IÖR). 2009 Promotion an der TU Dresden, Fakultät Architektur. Dissertation zur Freiraumplanung im Stadtumbau, gefördert mit einem Promotionsstipendium der Deutschen Bundesstiftung Umwelt. Projektleiterin und Seniorwissenschaftlerin im Bereich Interdisziplinäres Zentrum für ökologischen und revitalisierenden Stadtumbau (IZS). Lehraufträge an der TU Dresden. Forschungsschwerpunkte: formelle und informelle Instrumente der Stadt- und Freiraumplanung, freiraumplanerische Anpassungsstrategien an die Folgen des Klimawandels, Freiräume und demografischer Wandel, urbane Ökosystemleistungen, biologische Vielfalt in der Stadt.

Delia Rothas
Jahrgang 1993; B. Sc. Raumplanung; 2012 bis 2016 Studium der Raumplanung an der TU Kaiserslautern, wissenschaftliche Hilfskraft am Fachgebiet Stadtumbau und Ortserneuerung, Auslandssemester an der Université Nice Sophia Antipolis (Nizza, Frankreich), Bachelorarbeit „Nutze die Stadt! Ein Leitfaden zum Einsatz von Urban Art in der Stadtentwicklung", seit 2017 Masterstudium der Stadt- und Regionalplanung an der Universität Kassel, seit 2018 bei der Stadtverwaltung Wiesloch in der Stadtplanung/ Stadtentwicklung tätig, seit 2019 freiberufliche Kuratorin.

Holger Schmidt
Jahrgang 1959, Prof. Dr.-Ing., 1981–1988 Studium der Stadtplanung an der heutigen Bauhaus-Universität in Weimar, 1989 Promotion, 1991 bis 2000 Ständiger Leiter der Akademie und wissenschaftlicher Mitarbeiter an der Stiftung Bauhaus in Dessau, ab 2000 eigenes Büro für Siedlungserneuerung mit den Arbeitsfeldern Stadterneuerung und Stadtumbau in Dessau, seit 2009 Professur für Stadtumbau und Ortserneuerung an der TU Kaiserslautern. Seit 2017 Mitherausgeber des Jahrbuch Stadterneuerung.

Gisela Schmitt
Jahrgang 1956, Dipl.-Ing. Architektur und Stadtplanung, seit 1987 wissenschaftliche Mitarbeiterin am Lehrstuhl für Planungstheorie und Stadtentwicklung, Fakultät Architektur RWTH Aachen, Arbeitsschwerpunkte: Planungstheorie, Stadtentwicklung, Bestandserneuerung und Wohnen. Seit 2011 Mitherausgeber des Jahrbuch Stadterneuerung.

Julian Schneider
Jahrgang 1995, Student im achten Semester Raumplanung, Bachelor of Science, an der Technischen Universität Kaiserslautern. Seit Sommer 2017 studentischer Mitarbeiter im Forschungsprojekt „Stadtteil Kaiserslautern Nordwest" am Fachgebiet Stadtumbau + Ortserneuerung der TU Kaiserslautern.

Alessa Strubel
Jahrgang 1992, M. Sc. Stadt- und Regionalplanung; 2016–2018 Masterstudium der Stadt- und Regionalplanung an der Universität Kassel; 2012 bis 2016 Studium der Raumplanung an der TU Kaiserslautern; studentische Hilfskraft bei der Entwicklungsagentur Rheinland-Pfalz e.V., an der TU Kaiserslautern, im Büro Stadtimpuls in Landau und bei der Sweco GmbH im Bereich Regionalentwicklung in Koblenz; seit 2018 Mitarbeiterin der Geschäftsstelle der des Städtenetzes Mitten am Rhein der Zukunftsinitiative „Starke Kommunen – Starkes Land" des Landes Rheinland-Pfalz.

Mona Wallraff

Jahrgang 1987, M. A. Stadt- und Regionalentwicklung, Studium an der Universität Köln (B. Sc.) und der Ruhr-Universität Bochum (Master of Arts). Wissenschaftliche Mitarbeiterin im ILS – Institut für Landes- und Stadtentwicklungsforschung gGmbH in der Forschungsgruppe ‚Sozialraum Stadt'. Arbeitschwerpunkte: Integrierte Quartiers- und Stadtentwicklung sowie Evaluation und Monitoring von Förderprogrammen.

Viktor Warzecha

Jahrgang 1993, Student im achten Semester Raumplanung, Bachelor of Science, an der Technischen Universität Kaiserslautern. Seit Sommer 2017 studentischer Mitarbeiter im Forschungsprojekt „Stadtteil Kaiserslautern Nordwest" am Fachgebiet Stadtumbau + Ortserneuerung der TU Kaiserslautern und am Lehrstuhl für öffentliches Recht der TU Kaiserslautern.

Laura Zeidler

Jahrgang 1988, studierte an der Universität Kassel Stadt- und Regionalplanung und arbeitete als studentische Hilfskraft am Fachbereich ASL im Fachgebiet Urbane Praxis und am Fachbereich Gesellschaftswissenschaften in der Fachgruppe Soziologie. Ihre Schwerpunktthemen während des Masterstudiums: Kulturschaffende als Stadtgestaltende; Strategien der Raumaneignung in Vietnam; interkultureller Dialog im räumlichen Kontext; bedürfnisorientierte infrastrukturelle Dorfentwicklung in Kamerun. Wichtiger Bestandteil ihrer Arbeiten ist der Einsatz ethnografischer Methoden.

Ralf Zimmer-Hegmann

Jahrgang 1962, Dipl. Sozialwissenschaftler, stellvertretender Leiter der Forschungsgruppe ‚Sozialraum Stadt' im ILS – Institut für Landes- und Stadtentwicklungsforschung gGmbH. Forschungsschwerpunkte: Erforschung von kleinräumiger sozialer Segregation und Polarisierung innerhalb von Städten, Integrationspolitiken sowie der Stabilisierung von benachteiligten Stadtteilen durch integrierte Arbeitsweisen und Konzepte.

Autorinnen und Autoren 1990 – 2019

U. Altrock et al. (Hrsg.), *Programmatik der Stadterneuerung*, Jahrbuch Stadterneuerung, https://doi.org/10.1007/978-3-658-26765-0

Ortsregister 1990 – 2019

Afrika

Asien

U. Altrock et al. (Hrsg.), *Programmatik der Stadterneuerung*, Jahrbuch Stadterneuerung, https://doi.org/10.1007/978-3-658-26765-0

Australien/Ozeanien

Europa

Nord-/Mittelamerika

Südamerika

Stichwortregister 1990 – 2019

Bitte beachten Sie

Angegeben ist jeweils die Seitenzahl, auf dem ein Artikel beginnt. Der inhaltliche Bezug kann sich dabei auch erst auf einer späteren Seite befinden.

Bei der Fülle an bisher erschienenen Beiträgen war es nachträglich nicht möglich, die Schlagwortvergabe absolut korrekt und widerspruchsfrei durchzuführen. Hineise zu falschen Zuordnungen oder fehlenden Verweisen nimmt die Redaktion gerne entgegen. Wir hoffen, dass Ihnen dieses Stichwortverzeichnis bei der Benutzung des Jahrbuches Stadterneuerung weiterhilft.

Die fett hervorgehobenen Stichworte waren zuvor ein Schwerpunktthema im Jahrbuch Stadterneuerung. Dieses beinhaltet gewöhnlich eine ausführliche Einführung in das Thema. Der entsprechende Artikel ist in der Auflistung ebenfalls fett hervorgehoben.

Die unterstrichenen Artikel nähern sich dem Thema von einer stark theoretisch orientierten Richtung.

Die kursive Schreibweise (Seitenzahl) gibt einen Hinweis auf internationale Beiträge.

A

B

C

U. Altrock et al. (Hrsg.), *Programmatik der Stadterneuerung*, Jahrbuch Stadterneuerung, https://doi.org/10.1007/978-3-658-26765-0

T